Anfangsgründe

der

Erd-, Völker- und Staatenkunde.

Ein Leitfaden

für

Schüler von Gymnasien, Militair- und höheren Bürgerschulen.

Für einen stufenweisen Unterrichtsgang

berechnet und entworfen

von

Albrecht v. Roon.

Drei Abtheilungen.

Zwölfte, berichtigte Auflage.

Berlin.

Druck und Verlag von Georg Reimer.

1868.

Vorwort zur ersten Auflage.

Wenn sich die vor kaum zwei Jahren von mir verfaßten, von C. Ritter eingeführten „Grundzüge der Erd-, Völker- und Staatenkunde rc." einer ehrenvollen Aufnahme erfreut haben, so erkennt der Verfasser sehr wohl, wie er diese letztere großentheils dem berühmten Namen seines gefeierten Vorredners verdanke; dennoch wagt er es, der Schulwelt hier einen neuen Versuch eines geographischen Leidfadens darzubieten.

Die „Grundzüge rc." waren zunächst für die Militair-Bildungs-Anstalt, an welcher er unterrichtete, deren Bedürfnisse er genau zu kennen glaubte, — sie waren nicht bloß für den Schüler, sondern für den Schüler und Lehrer bestimmt.

Man hat verschiedentlich versucht, sie auch auf anderen höheren Schulen einzuführen, wenigstens danach zu unterrichten. Dies war nicht ganz ohne günstigen Erfolg, wie der Verfasser aus zuverlässigen, zum Theil amtlichen Quellen weiß. — Vielfältig wurde indeß der Wunsch nach einem, im Sinne der „Grundzüge" abgefaßten kürzeren Büchlein, — welches ausschließlich für den Gebrauch der Schüler bestimmt und geeignet sei, — sowohl von Behörden als von Schulmännern ausgesprochen. — Diesem Wunsche zu genügen schien um so natürlicher, als die „Grundzüge," nach des Verfassers Meinung, erst dadurch allgemein nutzbar werden und ihre richtige Stellung in der Schule einnehmen konnten. Ob der vorliegende Versuch dem angeregten Zwecke entspricht, wird die Erfahrung lehren.

Die Einrichtung des Buchs ist auf einen stufenweisen Unterrichtsgang berechnet, vermöge dessen der Schüler die Räume der Erde unter drei verschiedenen Gesichtspunkten, — dem topischen, physikalischen und dem ethnographisch-statistischen, — durchwandern muß. Es zerfällt daher in drei Abtheilungen, deren jede, um die Anschaffung des Ganzen auch unbemittelten Schülern zu erleichtern, einzeln verkauft wird.

Die erste Abtheilung — topische Geographie — bildet die Grundlage des Ganzen; dann folgt in der zweiten die physikalische Erdkunde, — in der dritten die Ethnographie und Statistik. Diese Stufenfolge wurde schon in der Vorrede zu den „Grundzügen rc." empfohlen; wir können daher hier füglich die Rechtfertigung derselben mit Stillschweigen übergehen.

Da der Verfasser von der Ansicht ausgeht, der Lehrer, dessen Schüler die vorliegenden Anfangsgründe in der Hand haben, werde wohlthun, die „Grundzüge" bei seinem Unterricht zu Rathe zu ziehen: so mögen hier einige Bemerkungen Platz finden, welche sich auf beide Schriften beziehen.

Vorwort zur ersten Auflage.

Wenn sich die vor kaum zwei Jahren von mir verfaßten, von C. Ritter eingeführten „Grundzüge der Erd-, Völker- und Staatenkunde zc." einer ehrenvollen Aufnahme erfreut haben, so erkennt der Verfasser sehr wohl, wie er diese letztere großentheils dem berühmten Namen seines gefeierten Vorredners verdanke; dennoch wagt er es, der Schulwelt hier einen neuen Versuch eines geographischen Leidfadens darzubieten.

Die „Grundzüge zc." waren zunächst für die Militair-Bildungs-Anstalt, an welcher er unterrichtete, deren Bedürfnisse er genau zu kennen glaubte, — sie waren nicht bloß für den Schüler, sondern für den Schüler und Lehrer bestimmt.

Man hat verschiedentlich versucht, sie auch auf anderen höheren Schulen einzuführen, wenigstens danach zu unterrichten. Dies war nicht ganz ohne günstigen Erfolg, wie der Verfasser aus zuverlässigen, zum Theil amtlichen Quellen weiß. — Vielfältig wurde indeß der Wunsch nach einem, im Sinne der „Grundzüge" abgefaßten kürzeren Büchlein, — welches ausschließlich für den Gebrauch der Schüler bestimmt und geeignet sei, — sowohl von Behörden als von Schulmännern ausgesprochen. — Diesem Wunsche zu genügen schien um so natürlicher, als die „Grundzüge," nach des Verfassers Meinung, erst dadurch allgemein nutzbar werden und ihre richtige Stellung in der Schule einnehmen konnten. Ob der vorliegende Versuch dem angeregten Zwecke entspricht, wird die Erfahrung lehren.

Die Einrichtung des Buchs ist auf einen stufenweisen Unterrichtsgang berechnet, vermöge dessen der Schüler die Räume der Erde unter drei verschiedenen Gesichtspunkten, — dem topischen, physikalischen und dem ethnographisch-statistischen, — durchwandern muß. Es zerfällt daher in drei Abtheilungen, deren jede, um die Anschaffung des Ganzen auch unbemittelten Schülern zu erleichtern, einzeln verkauft wird.

Die erste Abtheilung — topische Geographie — bildet die Grundlage des Ganzen; dann folgt in der zweiten die physikalische Erdkunde, — in der dritten die Ethnographie und Statistik. Diese Stufenfolge wurde schon in der Vorrede zu den „Grundzügen zc." empfohlen; wir können daher hier füglich die Rechtfertigung derselben mit Stillschweigen übergehen.

Da der Verfasser von der Ansicht ausgeht, der Lehrer, dessen Schüler die vorliegenden Anfangsgründe in der Hand haben, werde wohlthun, die „Grundzüge" bei seinem Unterricht zu Rathe zu ziehen: so mögen hier einige Bemerkungen Platz finden, welche sich auf beide Schriften beziehen.

Wenn in den „Grundzügen ꝛc." Manches weitläuftig ausgeführt war, was in den „Anfangsgründen" in wenige Worte und Zeichen zusammengedrängt ist, so folgt daraus nicht immer, daß der Verfasser seine Ansicht über die Wichtigkeit des Gegenstandes geändert habe, sondern nur, daß er nicht mehr mißverstanden zu werden glaubt, nachdem er sich einmal ausführlich erklärt hat.

Bei der Darstellung der statistischen Verhältnisse ist die tabellarische Form hier, aus ökonomischen Rücksichten, aufgegeben worden, wobei es uns erfreulich war, dadurch zufällig der Meinung Derjenigen nachgeben zu können, welche die Tabellenform aus pädagogischen Rücksichten für unzweckmäßig erachten.

Bei Spanien, Frankreich, Rußland u. a. Staaten sind die älteren Landes-Eintheilungen den jetzigen administrativen vorgezogen worden, weil jene, in Folge ihrer historischen Wichtigkeit, nicht fehlen durften, diese hingegen nur von vorübergehender Bedeutung sind, und meist schon durch die von Städten, Flüssen, Gebirgen ꝛc. entlehnten Namen der Gouvernements, Departements, Provinzen ꝛc. erläutert werden.

Man wird in den numerischen Angaben manche Abweichungen von den „Grundzügen" wahrnehmen; dies sind entweder, wie ich hoffe, Verbesserungen, oder die Angaben der „Grundzüge" in runden Zahlen.

Wenn endlich in den beiden ersten Abtheilungen der „Grundzüge ꝛc." die spezielle Völkerkunde keinen Platz finden, und das dahin gehörige Material nur tabellarisch behandelt werden konnte, weil ihre eigentlich wissenschaftliche, ihre belebende Seite, in einer dritten Abtheilung beleuchtet werden sollte: so ist es schon dadurch klar, warum auch in der betreffenden Abtheilung der vorliegenden Schrift fast nur ein nacktes Gerüst der Völkerkunde gegeben wird. Wem dies nicht genügt, und wer sich demnach über die Magerkeit dieser Abtheilung beklagt: der möge erwägen, daß gerade die Fruchtbarkeit der Völkerkunde in der Darlegung der gegenseitigen Bedingung der historischen und geographischen Verhältnisse eines Landes, in der Nachweisung des Zusammenhangs der Natur und der Menschheit, des Landes und Volks-Charakters bestehe, daß eine solche Nachweisung nicht füglich gedacht werden könne ohne umständliche Auseinandersetzungen, lebendige Erörterungen des früher angeeigneten Materials, selbst nicht ohne allen Schmuck der Diktion. — Dies Alles würde über den Umfang dieses Leitfadens hinausgeführt haben, denn mit locker verbundenen Stichwörtern konnte dem weitläuftigen, und bisher leider so wenig angebauten Felde keine lebendige Frucht entlockt werden. — Der freien Geistes-Thätigkeit des Lehrers ist daher hier ein weiter Spielraum gelassen; sie ist hier wie überall beabsichtigt worden: denn nur durch diese kann aus dem trockenen Gerüste, welches den Schülern an sich wenig Freude gewährt, ein wohlausgebautes, reich geschmücktes, symmetrisch verziertes Gebäude werden, dessen Theile sich wechselseitig stützen und tragen, und in welchem die jungen Seelen sich um so heimischer und behaglicher fühlen, je deutlicher und bestimmter ihnen die Geheimnisse des großen Baues offenbart werden.

Minden, den 30. April 1834.

Der Verfasser.

Bemerkung. Ich benutze diese Gelegenheit, um die Schulwelt hier auf den von dem Herrn v Liechtenstern zu den „Grundzügen rc.“ herausgegebenen Schul-Atlas aufmerksam zu machen, der mir sowohl beim Gebrauch der Grundzüge, als des vorliegenden Leitfadens, nicht allein wegen seiner Billigkeit, Sauberkeit und naturgemäßen Darstellungsweise, sondern auch wegen der Vermeidung jedes für den Elementar-Unterricht störenden Details vor vielen ähnlichen Werken empfehlenswerth scheint Einzelne Blätter, namentlich das Alpenland, sind in diesen Beziehungen wahrhaft ausgezeichnet. Gleichzeitig erlaube ich mir, den Lehrern einen von Hrn. v. Canstein entworfenen, die klimatischen und pflanzengeographischen Verhältnisse der Erde darstellenden Planiglob als das vorzüglichste Veranschaulichungsmittel der von mir gewählten Behandlungsweise der Klimalehre zu empfehlen, — anderer Vorzüge dieses ächt wissenschaftlichen Unternehmens nicht zu gedenken *).

A. v. R.

Vorwort zur zehnten Auflage.

So unbequem es der Schule auch erscheinen mag, wenn die älteren Auflagen eines eingeführten Lehrbuchs oder Leitfadens der neuesten theilweise so wenig gleichen, daß sie neben dieser kaum noch gebraucht werden können: so liegt dem Verfasser dennoch die Pflicht ob, seine neue Auflage, den neugewonnenen Standpunkten und Resultaten seiner Wissenschaft gemäß, fleißig zu verbessern, zu berichtigen und selbst zu erweitern, sofern solches den Zwecken der Schule frommt.

Nun sind aber bekanntlich in den seit dem Erscheinen der neunten Auflage dieses Buches verflossenen drei Jahren viele bis dahin noch schwebende geographische Fragen zu geographischen Resultaten geworden, deren Kenntniß auch der Schule nicht länger vorenthalten werden durfte. — Dies möge die nicht unbedeutenden Veränderungen, ja Umgestaltungen ein-

---

*) Als ein anderes sehr brauchbares Hülfsmittel beim geographischen Unterrichte ist der von dem Hrn. v. Sydow entworfene Atlas von Wandcharten, — dessen erstes Blatt (Asien) von einem kompetenten Beurtheiler mit Recht sehr gerühmt worden ist, — namentlich denjenigen Lehrern zu empfehlen, welchen die Zeit oder die Fertigkeit zum freien Entwurfe von Charten-Zeichnungen an der Wandtafel mangelt. — Für denselben Zweck ist auch die, größtentheils nach meinen „Grundzügen rc.“, von Winkelmann bearbeitete „Fluß- und Gebirgs-Wandkarte von Deutschland“ (Eßlingen 1844), als ein wahrhaft plastisches Bild unseres vaterländischen Bodens, höchlich zu rühmen. —

Neuerlich sind erschienen:

1) Bauerkeller's Handatlas der allgemeinen Erdkunde, der Länder- und Staatenkunde rc. in 80 Karten, bearbeitet von L. Ewald (Darmstadt), und
2) J. M. Ziegler's Geograph. Atlas über alle Theile der Erde, bearbeitet nach der Ritterschen Lehre und dem Hr. Prof. Dr. C. Ritter zugeeignet, (Berlin, bei D. Reimer, 1851) in 24 Blättern größesten Formats.

Beide Werke sind, ihre Vorgänger überflügelnd, der Schulwelt als sehr schätzbare Hülfsmittel beim Unterricht aufs wärmste zu empfehlen. —

(Spätere Bemerk. des Verf.)

zelner, namentlich der ethnographischen Kapitel rechtfertigen, welche bei der Abfassung dieser zehnten Auflage unerläßlich schienen; übrigens sind der Plan und die Einrichtung des Buchs unverändert geblieben.

Was, schließlich, die erwähnte Umarbeitung einzelner ethnographischer Kapitel betrifft, so erlaube ich mir, diejenigen Herrn Docenten, welche über die betreffenden Materien rechtfertigende Aufschlüsse suchen, auf die im vorigen Jahre erschienene dritte Auflage des 1. Bandes III. Abtheilung meiner „Grundzüge ꝛc." zu verweisen.

Cöln am Rhein den 14. Januar 1856.

Der Verfasser.

Vorwort zur zwölften Auflage.

Das zur Einführung der zehnten Auflage Gesagte gilt in sehr erhöhtem Grade auch von dieser zwölften Auflage: die in Deutschland und Italien seitdem stattgefundenen Umwälzungen sowie die neuern statistischen Forschungen haben eine so gänzliche Umgestaltung einiger Kapitel der dritten Lehrstufe nothwendig gemacht, daß dieselbe denen der früheren Auflagen dieses Leitfadens wenig ähnlich geblieben ist — wenn auch die angeordnete allgemeine Vertheilung des Stoffes nur die durchaus erforderlichen Aenderungen erfahren hat. Dennoch dürfte das hiermit dem Schulgebrauche übergebene Lehrbuch in der neuen Gestalt nicht unwillkommen sein, weil der Inhalt der älteren Auflagen den thatsächlichen Verhältnissen denn doch zu wenig mehr entspricht. Bei der Berichtigung der beiden ersten Lehrstufen, deren Angaben zum Theil von denen der früheren Auflagen gleichfalls nicht unerheblich abweichen, ist auf die neuesten Resultate der Berechnung des Areals der Erdoberfläche, sowie auf die neuen Entdeckungen, in den Polargegenden ꝛc., und namentlich in Afrika, Rücksicht genommen worden.

Am 30. April 1868.

Erste Lehrstufe:

Topische Geographie.

Erste Lehrstufe.

Erster Abschnitt.

Vorläufige Erläuterungen aus der mathematischen Geographie.

1. Die Erde hat die Gestalt einer Kugel oder eines Balles, daher Erdkugel, Erdball. Der Globus ist ihr Abbild.

2. Gesichtskreis oder Horizont wird derjenige Kreis genannt, welchen die von einem jeden Standpunkte im Freien wahrgenommene scheinbare Berührung des Himmels und der Erde bildet. (Scheinbarer Horizont.)

3. Der Horizont wird nach dem, zu verschiedenen Tageszeiten verschiedenen, Stande der Sonne in vier Haupt-Himmels- oder Weltgegenden getheilt: Mittag oder Süden, Mitternacht oder Norden, Morgen oder Osten, Abend oder Westen. Unterabtheilungen: Nord-Ost, Süd-Ost, Süd-West, Nord-West u. s. w.

4. So wie der Globus das Abbild der Erdkugel ist, so, aber auf andere Weise, stellen die Pläne und Landcharten kleinere oder größere Abschnitte der Erdoberfläche auf der Ebene des Papiers dar. Man unterscheidet General- und Spezial-Charten. Je größer der auf diese Weise abgebildete Abschnitt der Erdrinde, desto untreuer wird das Bild, am untreuesten in Planiglobien. —

5. Durchmesser. Es sind unendlich viele Durchmesser der Erde denkbar.

6. Die Erde dreht sich in der Richtung von W. nach O. um sich selbst, sie rotirt. — Derjenige Erd-Durchmesser, welcher bei dieser Drehung seine Lage unverändert beibehält, wird Erdaxe genannt, seine Endpunkte Pole, und zwar Nordpol und Südpol.

7. Größter Kreis. Es sind unendlich viele größte Kreise der Erdkugel denkbar.

8. Derjenige größte Kreis der Erdkugel, welcher sie in zwei gleiche Halbkugeln — die nördliche und die südliche — theilt, wird Gleicher der Aequator, auch „die Linie" genannt.

9. Der Aequator wird in 360 gleiche Theile (Grade) getheilt, jeder Grad (1°) in 60 Minuten, jede Minute (1′) in 60 Sekunden (60″).

10. Der funfzehnte Theil eines Aequators-Grades (4′) ist eine geographische Meile. Der Aequator daher = 5400 geographischen Meilen. Andere Längenmaaße beruhen auf einer andern Eintheilung des Aequators-Grades.

11. Quadratmeile (□Meile). Die Erdoberfläche = 9,261203 □Meilen.

12. Jeder durch die beiden Pole gezogene größte Kreis schneidet den Aequator rechtwinklig in zwei Punkten, theilt ihn in zwei gleiche Theile oder Halbkreise, und wird Mittagskreis oder Meridian genannt. Man denkt sich 180 solcher Mittagskreise beschrieben, von denen jeder durch zwei Theilpunkte des in 360° getheilten Aequators geht. Aber es sind ihrer unendlich viele denkbar. — Jeder Mittagskreis besteht aus zwei Halbkreisen, deren jeder von Pol zu Pol reicht, den Aequator einmal schneidet, und uneigentlich auch wohl vorzugsweise Meridian genannt wird. Bei 180 Mittagskreisen also 360 Meridiane.

13. Den Unterschied in der westlichen oder östlichen Lage zweier Punkte (oder ihrer Meridiane) nennt man uneigentlicher Weise ihre geographische Länge.

14. Der Meridian, den man sich über die Insel Ferro gezogen denken kann, wird gemeiniglich der erste genannt. Von diesem ersten Meridian (0°) zählt man in östlicher oder westlicher Richtung von 1 bis 359, oder in östlicher Richtung 180 und zugleich in westlicher 180° Längengrade (richtiger Parallelgrade), und unterscheidet östliche und westliche Länge von Ferro. (Der Mer. von Paris = 20° O.L. v. Ferro, also auch d. Mer. v. F. = 20° W.L. v. Paris. *)

15. Der Mittagskreis von Ferro, so wie jeder andere, theilt die Erdkugel in eine östliche und eine westliche Hemisphäre.

16. Wird jeder Mittagskreis in 360° getheilt, so hat jeder Meridian 180°, und zwar 90° auf der nördlichen und 90° auf der südlichen Halbkugel. — Der Abstand jedes Punktes der Erdoberfläche vom Aequator wird seine geographische (nördliche oder südliche) Breite genannt.

17. Kreise, welche durch die Theilungspunkte der Meridiane, parallel mit dem Aequator, beschrieben werden, heißen Parallelen, Parallel- oder Breitenkreise. Dergleichen sind durch jeden beliebigen Punkt denkbar. — Wendekreise oder Tropen, 23½° vom Aequator, nördlicher Wendekreis oder Wendekreis des Krebses, — südlicher oder Wendekreis des Steinbocks. — Polarkreise, 66½° vom

*) Die Engländer nehmen den durch Greenwich gehenden Meridian als ersten an.

Aequator: Nördlicher oder arktischer Polarkreis, — südlicher oder antarktischer Polarkreis.

18. Die Parallelkreise werden immer kleiner, je weiter sie vom Aequator abstehen; daher verkleinern sich die Längengrade von 15 Meilen bis 0, während die Breitengrade immer = 15 M. sind.

Zweiter Abschnitt.

Vorläufige Erläuterungen aus der physikalischen Geographie.

I. Erde, Wasser, Luft.

1. Die Erdkugel besteht aus drei verschiedenen, aber gleich wesentlichen Bestandtheilen: Erde, Wasser, Luft.

2. Erde oder Land, der festeste und härteste derselben, bildet den Kern der Erdkugel, und besteht aus verschiedenen Körpern, die sämmtlich gewisse charakteristische Eigenschaften haben.

3. Das Wasser ist ein tropfbar-flüssiger Körper, und verändert gesetzmäßig und unaufhörlich seinen Ort und seine Form.

4. Die Luft ist elastisch-flüssig, und füllt alle Räume aus, die nicht von andern Körpern eingenommen werden.

5. Die Luft umgiebt den festen Erdkern auf allen Seiten in einem Umkreise von 8 bis 10 Meilen; diese Lufthülle der Erde wird Luftkreis genannt.

6. Das Wasser stellt sich in verschiedenen Formen dar: entweder im Zusammenhange, als Ozean oder Weltmeer; — oder durch weite Landflächen umschlossen, als Land- oder Binnengewässer; — oder es schwebt, in Gestalt von Wolken, in den untern Theilen des Luftkreises, von wo es dann als Niederschlag auf die Erdoberfläche zurückfällt.

7. Der untere, mit Wolken mehr oder minder angefüllte Theil des Luftkreises wird Dunstkreis oder Atmosphäre genannt.

8. Der feste Bestandtheil der Erde erscheint an ihrer Oberfläche entweder als zusammenhängende Landfläche: Kontinent, Festland, Erdfeste, oder rings vom Meere umgeben als Insel, oder als Staub in Luft und Gewässern.

9. Die Erdoberfläche ist uneben, d. h. nicht überall gleichweit vom Erdmittelpunkte entfernt; sie hat daher Erhöhungen und Vertiefungen. Der Meeresboden ist ihre bedeutendste und ausgedehnteste Vertiefung, die Meeresfläche oder der Meeresspiegel (Niveau) überall gleichweit vom Erdmittelpunkte entfernt, daher eben.

II. Land und Meer.

10. Land und Meer der Erdrinde im Gegensatz. Umschlossen, umschließend — getrennt, zusammenhängend.

11. Vertheilung von Land und Meer. Die Meeresfläche verhält sich nach neueren Ermittelungen zur Fläche des festen Landes etwa wie 2,7 : 1, indem die erstere ungefähr 6,798,000
die letztere etwa 2,463,000 □M. einnimmt.
9,261,000 □M.

Von der angegebenen Flächenausdehnung des Landes kommen über 150,000 □M. auf die Inseln.

Auf der östlichen Halbkugel fast 2½mal so viel Land, als auf der westlichen, — und auf der nördlichen dreimal so viel, als auf der südlichen. — Kontinentale — ozeanische Halbkugel.

12. Beim Anblick der Erdkugelfläche unterscheiden wir zwei Haupt-Erdfesten, uneigentlich die alte und die neue Welt genannt; jene, im nördlichen Theile der östlichen Halbkugel, heißt deshalb auch das östliche, diese, auf der westlichen vorherrschend von Norden nach Süden ausgedehnt, das westliche Festland. Außerdem, im Südosten der alten Welt, ein dritter, kleinerer, fast inselartiger Kontinent, der australische (Neu-Holland).

13. Das große Festland der östlichen Halbkugel zerfällt in die drei Erdtheile: Europa, Asien, Afrika; — das Festland der westlichen Halbkugel bildet den vierten Erdtheil: Amerika, — Australien den fünften. Jedem derselben gehört eine mehr oder weniger bedeutende Zahl von größeren oder kleineren Inseln; am reichsten ist in dieser Beziehung Australien (Polynesien). —

14. Wie verhalten sich die alte und die neue Welt und wie die einzelnen Erdtheile der Fläche nach, wenn
Australien = 161,100 (wovon 138,000 auf d. Kontinent kommen)
Europa = 178,100
Afrika = 545,000
Amerika = 743,800
Asia = 835,000 □Meilen einnimmt?

Der östliche Kontinent erstreckt sich von S. nach N. 1700, von W. nach O. 2300 M. weit; der westliche dehnt sich von S. nach N. 2000, von W. nach O. 500—600, höchstens 800, M. weit aus.

15. Die zusammenhängende Fläche des Weltmeers wird, nach der Lage ihrer Theile, in fünf große Ozeane gesondert:

1. der große oder stille Ozean . . . . 3,300000 □M.
2. der atlantische Ozean . . . . 1,626000 „
3. der indische Ozean . . . . 1,322000 „

4. das südliche Eis- oder antarktische Polarmeer	.	350000 □M.
5. das nördliche Eis- oder arktische Polarmeer .	.	200000 „
		6,798000 „

16. Wie verhalten sich, der Fläche nach, die einzelnen Ozeane gegen einander und gegen die Kontinente und Erdtheile?

III. Grenzen zwischen Land und Meer.

17. Land und Meer begrenzen sich gegenseitig; ihre Grenzen, Küsten, Gestade, Strand genannt, sind mehr oder minder einförmig.

18. Die Einbiegungen des Meeres ins Land heißen, nach ihrer Größe und Gestalt, Meerbusen oder Golfe, Bayen oder Buchten, Fiorde, Limane, Rias u. s. w. — Ein auf zwei entgegengesetzten Seiten vom Lande eingeschlossener Meeresarm wird Meerenge, Straße, Sund oder Kanal genannt.

19. Die Inseln oder Eilande des Meeres bilden, nach der Form ihres Beieinanderliegens, Archipelage oder Inselgruppen, Inselreihen oder Inselketten.

20. Ein auf drei Seiten vom Meere umgebener Theil des Landes wird Halbinsel, bei großer Schmalheit Land- oder Erdzunge genannt. Land- oder Erdengen (Isthmen) verhalten sich so zum festen Lande wie Meerengen zum Ozean. Einzelne ins Meer vorspringende Punkte des Landes werden je nach ihrer Beschaffenheit Landspitzen oder Kaps, Vorgebirge, Nasen u. s. w. genannt.

21. Die Tiefe des Meeres ist mitunter so gering, daß der Meeresboden den Meeresspiegel fast berührt. Solche seichte Stellen heißen im Allgemeinen Untiefen und nach ihrer besonderen Beschaffenheit Sand- und Schlammbänke, Klippen und Riffe.

Dritter Abschnitt.

Ozeanographie.

I. Das nördliche Eismeer.

1. Grenzen: Die N.-Küsten Asiens, Europa's und Amerika's und — gegen den atlantischen und stillen Ozean — der nördliche Polarkreis.

2. Inseln: Spitzbergen, 1400 □M., Inselgr. unter 32° O.L. und südw. am 81° N.B.; — die Lofodden, Inselreihe; — Nowaja-Semlja, 2000 □M., Doppel-Ins. im S. von 76½° N.B., zu beiden Seiten des 76½ O.L.; — Neu-Sibirien, Inselgr. im S. von 76° N.B., zu beiden Seiten d. 160° O.L.; — d. amerikanische Polar-Archipelag m. theilweis unbestimmten Eisküsten; dazu gehören: d. Beh-

rings-Insn., Banksland, 104° W.L. u. 73° N.B.; Prinz Alberts- u. Victoria-Land, im S. des 74° N.B., zwischen 90 u. 100° W.L.; Melville-I., nördlich davon unter 75° N.B.; Pr. Patrick-I., 102° W.L., 76½° N.B.; Pr. Wales-I., Parry- u. Cornwall-I., 82° W.L.; N.-Sommerset, Cockburn und Baffins-Land, Inselgruppe zu beiden Seiten des nördl. Polarkreises, zwischen 73° und 43° W.L. (zusammen etwa 15,000 □M. groß); südlich davon Southampton; — im N. von Baffinsland: Nord-Devon, 70° W.L., 75° N.B. — weiter nördlich: N.-Lincolns-Land u. Grinnell-Land, unter 60° W.L., zu beiden Seiten des 80° N.B. u. bis zum 82° N.B. neuerdings erforscht (Kap Union 82° 30′ N.B. nördlichster Punkt); östlich davon erstreckt sich der nördliche arktische Kontinent Grönland (über 20,000 □M.), zwischen 55° und 1° W.L., südlich bis Kap Farewell 60° N.B., — während die nördlich des 81° N.B. (Washington-Land) liegenden Küsten noch unbekannt sind.

3. Theile: Das grönländische, spitzbergische, lappländische M., letzteres zu beiden Seiten des Nordkaps (71⅙° NB. u. 43⅜° O.L.) mit zahlreichen Fiorden; — das weiße Meer, zw. dem heiligen Vorgebirge (58° O.L.) und Kap Kanin (61° O.L.), südw. bis jenseit des Polarkreises reichend, mit mehreren Buchten; — das karische Meer, westw. durch mehrere Straßen mit dem offenen Meere verbunden; — das sibirische Meer mit dem obischen (90° O.L.), jenißeiskischen (100° O.L.), Taimur-Busen (im S.W. des unter 78° N.B., 122° O.L. gelegenen K. Sjewerowostotschui), dem Lena- (145° O.L.), Indigirska- (169° O.L.) u. m. a. Limanen; — das noch unerforschte Polar-Bassin (?) i. N. der Parry-Insn.; das Meer der nördlichen Durchfahrten mit dem Belcher-Kanal und dem Jones-Sund, welche letztere beide das Polar-Bassin i. N. v. Nord-Devon mit d. Baffins-Bay verbinden, während v. Mackenzie-Liman (117° W.L.) u. d. N.-Küsten des amerik. Kontinents her die langgesuchte Nordwest-Passage oder Prinz v. Wales-Str. zw. Prinz Alberts- und Banks-Land nordostw. hindurchführt einerseits in die Banks-Str. und das Polar-Bassin, andrerseits in den Melville-Sund und aus diesem, durch die Barrow-Str. (i. S. der Parry-Insn.) u. d. Lancaster-Sund (i. S. v. Nord-Devon) gleichfalls in die Baffins-Bay. Aus dieser führt nach S. die breite Davis-Str. i. d. atlantischen Ozean, nach N. aber der Smith-Sund in die Kane- und Peabody-Bucht; und von dieser aus scheint der Kennedy-Kanal — zwischen Grinnell- und Washington-Land — wiederum eine Verbindung mit dem vermutheten nördlichen Polar-Becken herzustellen. Andere meist noch unbestimmte Buchten und Sunde zerschneiden und trennen die zahlreichen Inseln dieses Archipelags. Unter diesen noch zu nennen: Prinz Regents-Einfahrt, welche (72° W.L.) aus der Barrow-Str. in den

Boothia-Golf (um 70° N.B. u. 70° W.L.) und die Fury- und Hekla-Str., welche (70° N.B.) aus dem letzteren in den Fox-Kanal (siehe unten!) führt.

Zwischen dem nordöstlichsten Punkt der alten u. dem westlichsten der neuen Welt, zw. d. Ostkap (66° N.B., 152° W.L.) und Prinz-Wales-Kap (65½° N.B., 150½° W.L.): die Behrings-, auch Cooks-Str., welche das nördliche Eismeer mit dem stillen Ozean verbindet.*)

II. Das südliche Eismeer.

4. Es wird durch den antarktischen Polarkreis begrenzt, und ist ein ganz uneingeschlossener Ozean, der aber nach den neuesten Entdeckungen nicht ohne größere Inseln, ja sogar nicht ohne Kontinent zu sein scheint.

5. Enderby-Land unter dem Polar-Kreise 64° O.L.; Adélie-Land, gleichfalls unter dem Polar-Kreise und etwa 160° O.L.; in der Nähe noch m. a. Küstenstriche; die kl. Gruppe der Balleny-Insn., unter derselben Breite und etwa 180° W.L.; fast unter demselben Meridian südlicher: Süd-Victoria-Land (zw. 70 u. 80° S.B.); südlich von Amerika, unter 50° W.L. und nördlich von 68° S.B.: Grahams-Land und in der Nähe Alexander-Land.

III. Der große Ozean (stille Ozean, Südsee).

6. Grenzen: Im N. die Behrings-Str., i. S. das südliche Eismeer, im W. die Ost-Küsten von Asien, die Ost- und Süd-Küsten von Neu-Holland u. d. Meridian des neuholländischen K. Leeuwin (132½° O.L., 34½° S.B.), im O. Amerika und der Meridian der S.-Spitze Amerika's.

7. Inseln des großen Ozeans.

a. Im N. des nördlichen Wendekreises und zwar:

aa. In der Nähe der asiatischen Küsten. Eine einzige Inselreihe bestehend aus: den Kurilen, Inselk. v. K. Lopatka (51° N.B.), s.w.-w. bis 45½° N.B.; Karafta oder Tarakai od. Saghalin (1400 □M.); die japanesischen Inseln (über 7000 □M.), 300 Ml. lange Inselk. von vier größeren und mehreren kleinen Inseln, s.w.-w. bis zum 31° N.B., die beiden größten: Nipon (4200 □M.), und Jeddo od. Jeso (1500 □M.); — die chinesischen Inseln: zwei Gruppen und die Insel Formosa oder Taivan (1060 □M.) (unt. d. nördl. Wendekreise).

bb. In der Nähe der amerikanischen West-Küsten: die Aleuten,

*) Wo liegen die aufgeführten Meerestheile, zwischen welchen Inseln und Ländern, welche Verbindung besteht unter ihnen? rc. Diese Fragen hat sich der Schüler hier und später stets vorzulegen, und mit Hülfe der Charte zu beantworten, und zwar so lange bis er im Stande ist, aus dem Kopfe selbst eine leidliche Charte davon zu entwerfen.

Inselk. im N. des 52° N.B., w.w. bis 170° W.L.; — die Inselk. der nord-amerikanischen West-Küste v. 48½° — 58° N.B., die größten derselben: Sitka, Prinz Wales-, Charlotten- und Vancouvers-Insel.

b. Inseln zwischen beiden Wendekreisen:

aa. Die Marianen oder Ladronen oder Diebs-Inseln, Inselk. zw. 13 und 51° N.B., von S. gegen N. ausgestreckt.

bb. Die eilf Sandwich-Inseln, Inselk. zw. 136 u. 158° W.L., nahe am nördl. Wendekreise, von N.W. geg. S.O. sich erstreckend, — die östliche und größte: Owaihi (Hawaii) = 229 □M.

cc. Die äußere australische Inselreihe besteht aus mehreren von W.N.W. geg. O.S O. sich 150 Mln. weit ausbreitenden Inselketten, zw. 150 und 250° O.L.; die wichtigsten derselben: die Pelew-Insn. u. die Carolinen von 150—180° O.L., Lord Mulgraves-Archipel von 180—165° W.L., zw. 3° S.B. und 13° N.B.; d. Viti- (Fidgi-) Insn. um 165° W.L.; d. Freundschafts- od. Tonga-Insn. um 156° und die Schiffer- (Navigator-) Insn. um 155° W.L.; die Cooks-Insn. um 141° W.L.; d. Gesellschafts-Insn. um 133° W.L. (Tahiti), d. Mendañas-Gruppe (Markesas) um 120° W.L.; die sehr zahlreichen (79) niedrigen od. Tnamotu-Insn., u. s. w.

dd. Die innere australische Inselreihe im W. u. S. der äußeren, parallel mit d. westl. Theil derselben, vom Aequator bis zum südl. Wendekreise, zw. 188—190° O.L., besteht aus folgenden Inseln und Inselgr.: Neu-Guinea (fast 13,000 □M.) zw. 149 und 166° O.L.; vom Aequator bis zum 10° S.B.; der neubritannische Archipelag um 160° O.L., aus mehreren kleinen und zwei größeren Inseln bestehend; die neuen Hebriden od. heiligen Geist-Inseln; d. Insel Neu-Caledonien.

c. Im Süden des südlichen Wendekreises:

aa. Die Austral-Inseln, in der Fortsetzung der inneren australischen Inselk.: Kermadek-Inseln (um 30° S.B. u. 160° W.L.), Neu-Seeland (fast 5000 □M., Doppelinsel, deren Nord-Kap unter 34½° S.B. und 169° W.L., deren Süd-Kap unter 47° S.B. und 174° W.L.) u. e. a.

bb. Inseln an der Küste Neu-Hollands: Van Diemens-Insel oder Tasmania (1200 □M.) unter dem Mer. des östlichen Punktes von Neu-Guinea, zw. 41 und 44° S.B.; mehrere kleine Inseln.

cc. Inseln an den Küsten des südlichen Amerika: Chiloe unter dem Parall. der Van Diemens-Insel, Campana (49° S.B.), Mutter Gottes-Insel (50° S.B.) u. m. a. kleinere.

dd. Ganz isolirt: die Oster-Insel und mehrere andere von eben so geringer Bedeutung.

8. Theile des großen Ozeans.

a. Der nördliche große Ozean:

aa. Theile desselben an den asiatischen Küsten: das Behrings-Meer mit mehreren Busen; das kamtschatkische M.; das lamutische oder ochozkische M. mit Buchten, die bis 62° N.B. ins Land dringen; es hängt zusammen durch den tatarischen Sund und die Straße la Perouse mit dem japanesischen M., welches durch die Sangar-Str. mit dem offenen Ozean, durch d. Str. v. Korea (34° N.B.) mit dem ost-chinesischen M. verbunden ist, dessen nördlichster Theil, das gelbe Meer, mehrere tiefeinschneidende Buchten hat. Der Kanal von Fu-Kian führt aus dem ost-chinesischen ins indische Meer.

bb. Meerestheile an Amerika's Küsten: Cooks Einfahrt; Prinz Williams-Sund; Kreuz-Sund; Diksons-Einfahrt; der Meerb. von Georgia mit seinen Zugängen: Königin Charlotten-Sund u. Juan de Fucas-Einfahrt; — der Meerb. von Californien oder das Purpurmeer, vom nördl. Wendekreise nw.-w. bis 32½° N.B. ins Land dringend.

b. Der tropische große Ozean:

aa. Theile an Amerika's Küsten: die Golfe von Tehuantepek (16° N.B.), v. Panama (n. bis 9° N.B. einschneidend) und von Guayaquil (3° S.B.).

bb. An den australischen Gestaden: die Korallen-See, welche durch die Torres-Str. (10° S.B.) mit dem indischen Ozean zusammenhängt.

c. Der südliche große Ozean.

aa. An den australischen Gestaden: Botany-Bay (34° S.B.); Bass-Str.; der Austral-Golf; Cooks-Str.

bb. An Amerika's Küsten: nur kleine Buchten, wie die von Valparaiso u. m. a. an der S.-Spitze des Kontinents.

IV. Der indische Ozean.

9. Grenzen: Im N.: Asien, — im O.: eine Linie vom Kanal von Fu-Kian zur Torres-Str., die N.- und W.-Küsten von Neu-Holland und der Meridian des K. Leeuwin, — im W.: Afrika und der Mer. der Süd-Spitze v. Afrika (Vorgebirge der guten Hoffnung unter 36° O.L.), — im S.: der südliche Polarkreis.

Der südliche Wendekreis theilt den indischen Ozean in einen nördlichen und einen südlichen.

10. Inseln des indischen Ozeans.

A. Im nördlichen indischen Ozean:

a. Der asiatische oder ostindische Archipelagus, auch Austral-Asien, zwischen dem Parall. der Torres-Str. und dem der nördlichsten Marianen-Ins., zw. 109 u. 153° O.L., 33,000 □M. einnehmend, besteht aus drei Inselreihen.

1. Die äußere, die Philippinen (fast 5000 □M.) um 140°O.L., v. S. g. N. zw. 5° N.B. u. d. Par. d. nördlichst. Marianen Insel; Mindanao od. Magindanao (1175 □M.), Mindoro u. Luzon od. Manila (1937 □M.) sind die bedeutendsten dieser Insn.

2. Die mittlere, eine westliche Fortsetzung der inner-australischen Inselreihe, besteht aus mehreren Gruppen und zwei großen Insn., nämlich den Gruppen der Gewürzinseln oder Molukken (1070 □M.), — der Insel Celebes (3300 □M.) zw. 2° N., 6° S.B. und 136 u. 143° O.L. — u. der Insel Borneo (etwa 13,000 □M.) zw. 7° N. u. 4½° S.B. u. zw. 126 und 136° O.L.

3. Die innere Reihe, im S. von Neu-Guinea von 153° g. W. bis 122° O.L., dann nordwestw. bis 14° N.B. reichend, besteht aus den kleinen Sunda-Insn., unter denen Timor (420 □M.) die größte, — den großen Sunda-Insn., nämlich: Java (2300 □M.), von 9° S.B. g. W.N.W. bis zum Par. d. Süd-Spitze v. Celebes u. zw. 123° O.L. u. d. Mer. des K. Leeuwin, u. Sumatra (7600 □M.) v. Par. der Süd-Spitze v. Celebes u. d. Mer. d. West-Spitze von Java gegen N.W. bis 5° N.B. und 113° O.L. ausgedehnt. — Mehrere kleine Inselgruppen bis 14° N.B. reichend.

b. Einzelne Inseln und Inselketten in der Nähe der asiatischen Küste: Hainan (1050 □M.) um 19° N.B. u. 127° O.L. — Ceylon (1250 □M.) zw. 6 u. 10° N.B. und um 98° O.L. — Westlich v. Ceylon, um 91° O.L. und zw. 7° S. und 12° N.B. die aus 3 Gruppen bestehende Inselk. der Mala-Diven und Lakka-Diven.

c. Inseln in der Nähe der Ost-Küste Afrika's: Madagaskar (10,900 □M.) zw. 12 und 26° S.B., um 64° O.L., viermal so lang als breit. — Mehrere kleine Inselgr.: Comoro-, Sechellen-, Amiranten-Inseln, Sokotra; — die Maskarenen (Bourbon u. Mauritius oder Isle de France) um 21° S.B. und 74° O.L.

B. Im südlichen indischen Ozean. Kerguelensland und mehrere andere unbedeutende Inseln.

11. Theile des indischen Ozeans.

a. Des nördlichen: der Kanal von Mosambique (90 M. br.) mit der Bay v. Sofala; — das rothe Meer oder der arabische Meerb. (30 M. breit, 11mal so lang) mit der Str. Bab-el-Mandeb (12⅔° N.B.), den Golfen von Suez (bis 30° N.B. nw. eindringend) und von Akaba; — das persische Meer, im N. einer vom afrik. K. Guardafui (11⅔° N.B. und 69° O.L.) z. asiatischen K. Comorin (8°

N.B. und 95½° O.L.) gezogenen Linie, heißt im N.W. arabisches Meer, welches durch die Str. v. Ormus (26⅓° N.B. u. Mer. d. Maskarenen) zusammenhängt mit dem persischen Meerb., der (120 M. lang) g. N. bis zum Par. des Golfes von Suez reicht; die Golfe v. Cutsch u. Cambay. — Der bengalische Meerb., im N. einer v. K. Comorin zur N.-Spitze von Sumatra gezogenen Linie; Theile: der Manaar-Golf und die Palks-Str. (Adamsbrücke, 9° N.B.), der Golf v. Martaban; d. Str. von Malakka (zum Theil nur 7 M. breit) führt in das östliche Meer (im O. und SO. des bengalischen Busens, im S. des Kan. v. Fu-Kian, im N.W. d. Torres-Str., im N. von Neu-Holland), welches aus dem süd-chinesischen Meer (zw. Austral-Asien u. d. Festlande) mit den Golfen v. Siam u. v. Tonkin u. d. Str. v. Hainan, — der Mindoro-See (zw. den südl. Philippinen und Borneo), — der Celebes-See (im N. d. Insel Celebes), — der Sunda-See (zw. Borneo, Celebes u. d. Sunda-Inseln), welche durch die Str. v. Makassar mit d. vorigen verbunden ist, — u. dem Molukken-Meer besteht. — Der Golf v. Karpentaria und die Kings-Bay an der neuholländ. Küste. Außer der Malakka-Str. führen noch ins östliche Meer: die große und die östliche Sunda-Str., die Str. v. Formosa u. m. a.

b. Theile des südl. indischen Ozeans: Er bespült nur wenige einförmige Küsten; darum Mangel an Busen und Straßen. Die Delagoa- und die falsche Bay an Afrika's, die Freycinet- und Geographen-Bay an Neu-Hollands Küsten sind die wichtigsten, aber an sich flachen und geringen Einschnitte dieses Meeres.

V. Der atlantische Ozean.

12. Grenzen: Die beiden Polarkreise im N. und S., die drei Erdtheile der alten Welt und der indische Ozean im O., die Ost-Küsten der neuen Welt und der große Ozean im W.

Durch den Meridian von Ferro wird er in eine größere westliche und eine kleinere östliche Hälfte, durch die Wendekreise in einen nördlichen, tropischen und südlichen Ozean getheilt.

13. Der nördliche atlantische Ozean.

A. Inseln und zwar

1) im offenen Ozean unfern d. Küsten d. alten Welt:

a. Die britischen Inseln (5724 □M.) zw. 50 u. 61° N.B., nämlich zwei große Inseln: Großbritannien (3900 □M.) zw. 50 (K. Landsend) u. 58⅔° N.B. (K. Dunkanby) und zu beiden Seiten d. 15° O.L. — und Ireland (1500 □M.) zw. 51½° (K. Clear) u. 55½° N.B. (Malin Head) und zu beiden Seiten des 10° O.L. — und mehrere kleine Ins. und Inselgr.: die Insn. Wight, Anglesea, Man und die Gruppen der normannischen, der westlichen Inseln oder Hebriden, der Orkneys-Inseln od. Orkaden in der Nachbarschaft der großbritannischen Küsten; außerdem die Shetlands-Inseln.

b. Die Faröer-Inseln um 62° N.B. u. 11° O.L.

c. Die Nordsee-Inseln, Inselk. in der Nähe des Festlandes; Texel, die südwestlichste, unter 53° N.B. und 22½° O.L. — Außerdem Helgoland (44° N.B. und 25½° O.L.).

An Afrika's Küsten:

d. Die nördlichen canarischen Inseln. — Hauptinsel Madeira um 33° N.B. und 1° W.L.

e. Die südlichen canarischen Inseln um 28° N.B. Unter ihnen Ferro und Teneriffa.

2) Isolirte ozeanische Inseln:

a. Island (1860 □M.) zu beiden Seiten des Mer. von Ferro mit der N.-Spitze den Polarkreis erreichend.

b. Die Azoren (westliche, auch Habichts-Inseln) um 39° N.B. und 10° W.L.

c. Die Bermudas um 46° W.L.

B. Theile des nordatlantischen Ozeans an den Küsten der alten Welt.

1) Uneingeschlossene:

Das canarische, das marokkanische, das biscayische oder aquitanische Meer (Golf v. Gascogne), dieses letztere im O. einer Linie von K. Ortegal (10° O.L.) bis zur Insel Ouessant (12½° O.L., 48½° N.B.) und g. S.O. bis z. 44° N.B. und 16° O.L. in Europa's Küste einschneidend: der Canal la Manche od. das Aermel-Meer, auch britischer oder englischer Kanal, zw. Ouessant, K. Landsend und der Straße von (Pas de) Calais (5½ M. breit, unter 19° O.L.) mit dem normannischen Busen od. der Bay von St. Michel; — der Kanal von Bristol (51½° N.B.); — die irische See, durch den Nord- und St. Georgs-Kanal mit dem Ozean verbunden, enthält die Caernarvon-, Morecambe- und Solway-Bucht an Großbritanniens, die Bayen von Dublin, Dunkalk und Belfast an Irelands Küsten; — an den westl. und nördl. Küsten Irelands: die Dingle-, Galway-, Clew- und Donegal-Bay, die Swilly- u. Foyle-See; — an den gleichnamigen Küsten Großbritanniens: die Linnhe-See, das caledonische Meer od. der Minsh u. die Pentland-Str.; — die Nordsee od. das deutsche Meer (12,000 □M.) mit dem Murray-Busen, dem Forth od. Frith of Forth u. d. Wash-Busen, der Zuyder-Zee (Pampus, Y), d. Dollart, der Hamburger Bucht (Jahde-Busen), der skandinavischen oder norwegischen See, welche die Drontheim-, Sogne-,

Hardanger- u. v a. Fiorde enthält, dem Skagerrack im N. v. 57, im S. v. 59° N.B., im W. v. 29° O.L., — b. Kattegat im N. v. 56° N.B. und (mit Ausnahme des Lym-Fiord) im O. v. 28° O.L. — Aehnlichkeit der zersplitterten Küstenbildung der N.- u. W.-Gestade der beiden großen britischen Inseln und der Fiordenbildung des lappländischen und skandinavischen Meeres. —

2) Binnenmeere:

a. Die Ostsee oder das baltische M. (6400 □M.), — durch die dänischen Inseln (245 □M.), nämlich Seeland (127 □M.), Fünen (56 □M., im N. v. 55° N.B. und um 28° O.L.), Langeland, Laaland, Falster, Möen u. m. a. kleinere (an und auf 55° N.B.) u. Femern vom Kattegat geschieden und vermittelst des (Öre-) Sundes, des großen u. kleinen Belts mit ihm verbunden — ist v. W. nach O. 10 bis 90 M. breit, bildet zwei tief eingreifende Busen, nämlich den bothnischen (im N. des 60° N.B., im S. durch die Ålands-Inseln und viele andere klippige Eilande (Skären) fast geschlossen und durch die Meerenge Quarken mit der offenen Ostsee verbunden) und den finnischen Meerbusen, welcher sich mit fortgesetzter Skären-Bildung ostw. zieht, und mit seinem östlichsten Winkel, der Kronstadter Bucht, bis zu 48° O.L. einschneidet; — außerdem mehrere flache Golfe: der rigaische Meerb., dem die Inseln Oesel (56 □M.) und Dagö od. Dagden (zw. 58 u. 59° N B.) vorliegen; — die Danziger Bucht (36—37° O.L.); — die Swinemünder Bucht (32° O.L.), die südlichste der Ostsee; — der rügensche oder Greifswalder Bodden, dem die, durch die Meerenge Gelln vom Festlande getrennte, Insel Rügen (um 31° O.L. u. 16 □M. groß) nordw. liegt; — die Lübecker und die schleswigsche Bucht. — Noch sind zu merken die Inseln: Bornholm, Oeland (28 □M., durch den Kalmar-Sund vom Festlande geschieden) und Gothland (49 □M.).

b. Das mittelländische oder Mittel-Meer, ein 47,500 □M. großer, zwischen drei Erdtheilen liegender, von W. nach O. über 500 M. langer, von N. gegen S. bis 240 M. breiter, vielgegliederter Meerb., der allein im W., durch die nur 3 M. breite Straße v. Gibraltar (36° N.B., 12° O.L.), mit dem Ozean zusammenhängt. Sein nördlichster Punkt unter 46° N.B. u. 31° O.L.; der südlichste unter 30° N.B. u. 36° O.L.; der östlichste: 54° O.L.

Wir merken im westlichen Mittelmeere: die Inself. der Pithyusen (unter denen Iviza = 8½ □M.) und die Balearen (von denen Mallorca = 63 □M. und Menorca die größten) zw. 38½ u. 40° N.B. und 19 u. 22° O.L. ≐ 80 □M. — Im N. derselben d. Golf v. Valencia; dann ostw. die Golfe v. Lion und v. Genua od. d. ligurische M. Südlich von diesem, zw. 43 u. 39° N.B. und unt. 27° O.L., die Insn. Sardinien (430 □M.) u. Corsica (160 □M.) von einander getrennt durch die Straße v. Bonifacio (41½° N.B.); — d. Insel Elba im W. des Kanals v. Piombino; — d. Insel Sicilien, zw. 36⅝ u. 38¼° N.B. und zw. 30 u. 33⅓° O.L. (495 □M.), von Afrika nur 15 M. entfernt, von Europa's Festlande nur durch die ¼ M. breite Str. (Faro) v. Messina getrennt. Zw. den vier zuletzt genannten Inseln u. dem Festlande: d. toskanische od. tyrrhenische M. mit den Buchten v. Gaëta, Neapel u. Salerno, d. Inseln Ischia u. Capri u. d. Inselgr. d. Liparen; — im W. von Sicilien d. Aegaden, im S. d. Inseln Malta, Gozzo u. Comino (um 36° N.B. u. 32° O.L.); — d. Bay v. Tunis. —

Im östlichen Mittelmeere: d. Bay v. Cabes oder d. kleine Syrte, u. d. Meerb. v. Sydra od. d. große Syrte, d. südlichste Theil d. Mittelmeers; — d. ionische Meer mit d. Inselk. d. ionischen Insn. (45 □M.), unt. denen Corfu (Corcyra), Paxo (Paxos), Sta. Maura (Leucadia), Thiaki (Ithaka), Cefalonia (Cephalenia), Zante (Zakynthos) u. Cerigo (Cythera) zu merken, durch viele enge Str. von einander u. vom Festlande getrennt; — d. Golf v. Arta, der ostw. bis 39° O.L. ins Land dringt, der Golf v. Patras, durch die Str. v. Lepanto (39½ O.L.) verbunden mit dem Meerb. v. Korinth, d. ostw. bis 41° O.L. ins Land einschneidet; d. Golfe v. Koron und v. Kolokythia; — d. Meerb. v. Taranto oder Tarent; — das adriatische Meer (über 2900 □M.), welches durch d. Str. v. Otranto mit d. ionischen verbunden ist, im N. d. Golfe v. Triest (den nördlichsten Theil d. Mittelmeeres) und v. Venedig, im W. d. Golf v. Manfredonia bildet, u. an seinen Ost-Ufern d. Fortsetzung d. ionischen Inselk., d. dalmatischen Insn., enthält, welche, wie jene, durch viele enge Kanäle von einander u. d. Küsten des Festlandes geschieden sind; — das ägäische Meer, ein Meer voll kleiner Insn., die zusammen griechischer Archipelagus heißen, u. aus zwei Gruppen und mehreren einzelnen Insn. bestehen, nämlich den reihenförmig, im N. v. 36° N.B. u. im W. v. 44° O.L. v. S.O. g. N.W. ausgebreiteten Kykladen (Naxia od. Naxos [5 □M.] die größte, Paro od. Paros, Dili od. Delos u. v. a.), — u. den Sporaden, zw. 36 u. 40° N.B., längs d. Küsten Asia's gruppirt (Rhodos [21 □M.] die südlichste, Samothraki die nördlichste; außerdem Lesbos oder Mytilene, Skio oder Chios, Samos, Palmosa oder Patmos, Stankhio oder Kos u. v. a.); — im S. wird das ägäische M. zum Theil durch die Insel Kandia oder Kreta (190 □M.), zw. 41⅓ und 44° O.L. und nordw. am 35° N.B., begrenzt, — im W. bildet dasselbe die Golfe von Nauplia, dem d. Insel Hydria nordw. vorliegt, — v. Aegina, in welchem die Inseln Aegina und Koluri (Salamis), — v. Negroponte

u. v. Zeitun, welchen beiden d. Ins. Negroponte oder Euböa (60□M.) vorliegt, — im N. den Busen v. Salonichi (im W. v. 41° O.L.) und v. Kontessa, dem ostw. d. Insel Thasos vorliegt, — im O. die Golfe v. Saros (44° O.L.); v. Metelino, v. Smyrna, v. Samos und v. Stankhio; — das levantische Meer mit dem Meerb. von Skanderun, dem östlichen Gliede des Mittelmeeres, dem die Insel Cypern (250 □M.) vorliegt.

Das europäische Gestade des Mittelmeeres bildet eine bedeutend längere Linie als das afrikanische, welches nur wenige flache Einbiegungen hat.

c. Das schwarze Meer (8700 □M.; Pontus Euxinus), fast völlig eingeschlossen von Theilen Europa's und Asia's, ostw. bis 59° O.L., nordw. bis 47° N.B. reichend, nur mit dem Mittelmeer in Zusammenhang (weshalb es auch als ein Theil desselben angesehen wird) vermittelst der schmalen, 10 M. langen Str. d. Dardanellen (Hellespont; 40° N.B.), des 30 M. langen, 10 M. breiten Marmora-Meeres (Propontis) u. der 4 M. langen Str. v. Konstantinopel (thrazischer Bosporus), — bildet nur an der N.-Küste bedeutendere Einschnitte, unter denen das todte Meer u. d. asofsche Meer mit d. faulen Meere; die Str. v. Jenikale od. v. Kaffa (kymmerischer Bosporus; 45° N.B.) verbindet das asofsche mit dem schwarzen Meere.

C. Ozeanische Inseln an den nordatlantischen Küsten der neuen Welt.

Neu-Fundland oder Terre neuve (1000 □M.; zw. 47 u. 51½° N.B. und um 38° W.L.); im S.O. dieser Insel die Bank von Neu-Fundland; — Kap Breton (110 □M.); — Anticosti u. St. John (jede etwa 55 □M.); — Long Island (um 43° N.B., 48 □M.); — die Lucayos- oder Bahama-Inseln (23½° N.B.).

D. Offene Meerestheile an den nord-atlantischen Küsten Amerika's.

Der St. Lorenzo-Busen, etwa so groß, als der biscayische; — die Fundy-Bay (45° N.B.), — Massachusets-Bay, — der Long Island-Sund, — die Delaware- und Chesapeak-Bay (beide etwa 39° N.B.), — der Meerb. v. Georgien (im N. v. 30° N.B.), — der neue Bahama-Kanal (62° W.L. u. 26° N.B.).

E. Binnenmeere an den nordatlantischen Küsten Amerika's.

Die Hudsons-Bay (zw. 51 und 66½° N.B., im W. des 60° W.L.) mit d. James-Bay, d. Chesterfields-Einfahrt (64° N.B.), die Bagers-Bay (66½° N.B), u. d. Fox-Kan., zw. welchen beiden letzteren d. Ins. Southampton liegt; — die Cumberland-Str. im N., die Hudson-Str. im S. führen, zu beiden Seiten mehrerer unwichtiger Inseln, aus der Hudsons-Bay in den Ozean.

14. Der tropisch-atlantische Ozean.

A. Isolirte Inseln desselbe'n.

Ascension (8° N.B., 3° O.L.), St. Helena (16° S.B.) u. Trinidad (20° S.B., 13° W.L.).

B. Inseln in der Nähe von Afrika.

Die kapverdischen Inseln oder die Inseln des grünen Vorgebirgs, Inselgr. um 17° N.B.; die Bissagos- ($11\frac{2}{3}$° N.B.) u. d. Guinea-Inseln (Inselk. i. O. v. 25° O.L.), unter denen Fernando do Po die nördlichste, St. Thomas die südlichste und größte.

C. Meerestheile an Afrika's Küsten.

Der Meerb. v. Guinea mit den Buchten v. Benin ($6\frac{1}{2}$° N.B.) u. v. Biafra (5° N.B., 27° O.L.).

D. Tropisch-atlantische Inseln in der Nähe Amerika's.

West-Indien oder der amerikanische Archipelagus (zw. 10 und 26° N.B. und im W. des 42° W.L.) besteht aus mehreren Reihen großer und kleiner, länglich geformter Inseln, zusammen = 4580 □M., nämlich:

a. Die (südliche) lucayische Inselk. oder Bahama-Insn. (g. S.O. bis 21° N.B. u. 53° W.L. ausgestreckt), meist nur Klippen u. Riffe, als deren Fortsetzung die Bahama-Bank anzusehen ist, und wenige größere Inseln, unter denen Bahama grande u. S. Salvador oder Guanahani zu merken.

b. Die großen Antillen (3850 □M.), Inselk. zw. 18 und 22° N.B., 47 u. 67° W.L., besteht aus den Inseln Cuba (1960 □M.; zw. 67 u. $56\frac{1}{2}$° W.L.), Haiti, früher Hispaniola oder St. Domingo (1368 □M.; zw. 57 u. $50\frac{2}{3}$° W.L. und um 19° N.B.), Jamaika (270 □M.), Porto-Rico (180 □M.) nördl. am 18° N.B. und mehrere kleine Inseln.

c. Die kleinen Antillen bestehen aus zwei Inselketten. Die äußere, die karaibischen Inseln, bildet eine doppelte Reihe, eine östl. und eine westl. — Zu merken in der östlichen: Antigua (17° N.B.), Barbados ($13\frac{1}{2}$° N.B.), Tabago ($11\frac{1}{2}$° N.B.) u. Trinidad ($10\frac{1}{2}$° N.B.); in der westlichen: Guadalupe und Martinique. — In der inneren Kette: Margarita und Curaçao.

E. Tropisch-atlantische Meerestheile an Amerika's Küsten.

Der mexikanische Meerb. oder der Golf von Mexiko, ein Binnenmeer zwischen 18 und 30° N.B., zw. 64 und 80° W.L., hängt durch die Straße von Florida (24° N.B.) mit dem Bahama-Kanal, durch die Straße von Yukatan mit

dem karaibischen Meere zusammen. Theile des letzteren: die Honduras- und Mosquitos-Bay, die Golfe von Darien, von Maracaibo und von Paria. Die Zugänge des karaib. Meerb. sind sehr zahlreich; wir nennen den alten Bahama-Kan., d. Windward- u. Mona-Passage.

Im S. des Karaiben-Meeres sind nur noch wenige flache Küstenbiegungen zu merken: der Marañon-Busen (0° B. u. 32° W.L.), die Allerheiligen-Bay (im N. d. 13° S.B.) und die Bay von Rio Janeiro (23° S.B.).

15. Der süd-atlantische Ozean.

Die Falklands-Inseln oder Maluinen (51° S.B., 43° W.L.); Feuerland, größer als Ireland, nur durch d. schmale Magalhaëns-Str. (54° S.B. u. 54° W.L.) von der Süd-Spitze Amerika's getrennt, von mehreren kleinen Inseln umgeben, deren südlichster Punkt das K. Hoorn (56° S.B., 49⅜° W.L.); d. Staaten-Insel, durch die Straße le Maire von der Ost-Spitze Feuerlands getrennt. —

Entfernter von Amerika noch mehrere, aber unwichtige Inseln, wie Süd-Orkney-Insn., Neu-Süd-Georgien, Sandwichland, Neu-Süd-Shetland u. a.

Gesonderte Meerestheile von Bedeutung fehlen; wir merken an der amerikanischen Küste nur d. Bay v. Buenos-Ayres (35° S.B.), an der Süd-Spitze Afrika's die Tafel-Bay.

Vierter Abschnitt.

Vorbegriffe aus der Orographie und Hydrographie.

Erstes Kapitel.

Orographie.

1. Der Meeresspiegel, die dem Erdmittelpunkte nächste Fläche der Erdrinde, dient als Vergleichungs-Ebene für die Bestimmung der Unebenheiten, deren verschiedene Höhen eben darum Niveau-Unterschiede bilden. Absolute — relative Höhe.

2. Die größte Niveau-Verschiedenheit auf der Erdoberfläche ist unbedeutend im Vergleich mit den Dimensionen des Erdballs. —

3. Die Oberfläche des festen Landes ist nirgend vollkommen eben; selbst der Meeresspiegel bildet eine gekrümmte Fläche: dennoch nennen wir solche Theile der festen Erdrinde, deren Oberflächen dem Meeresspiegel mehr oder weniger gleichlaufend zu sein scheinen, Ebenen oder Flachländer.

4. Sie heißen Tiefebenen (Tief-, Niederungs- oder Niederländer),

wenn sie sich wenig, Hochebenen (Plateaus), wenn sie sich ansehnlich über das Meeres-Niveau erheben.

5. Wo Ebenen aufhören, da beginnen Unebenheiten, d. h. ein Wechsel von Erhöhungen und Vertiefungen.

Die ersteren heißen, je nach ihrer geringeren oder größeren Höhe, Hügel, Anhöhen, Berge. Zusammenhängende Erhöhungen werden Hügelreihen, Landrücken, Höhenzüge, Bergrücken, Bergketten genannt, wenn sie sich vorherrschend in einer Richtung ausdehnen, — Hügel- oder Berggruppen, wenn sie haufenförmig neben einander liegen. —

6. Ebenen, von Erhöhungen unterbrochen, werden wellenförmige Ebenen, Hügel- oder Berglandschaften, aber auch Hochland genannt, je nach der Größe der Erhöhungen — und dem ursprünglichen Charakter der Ebenen.

7. Bergketten oder Berggruppen von einer gewissen absoluten Höhe, und vorherrschend aus festem Gestein bestehend, heißen Gebirge.

Man unterscheidet, nach der größeren oder geringeren mittleren Kammhöhe: Hoch- oder Alpengebirge (über 5000′), Mittelgebirge (2000 bis 5000′) und Vorberge; — nach der Form: Ketten-, Rand-, Massen-Gebirge; — man theilt die letzteren, nach ihrer Ausdehnung, in Gebirgsgruppen und Gebirgsganze.

8. Man unterscheidet an jedem Hügel, Berge u. s. w. seinen Gipfel (Kuppe, Spitze), seine Abhänge, Böschungen oder Abdachungen (konkave und konvexe, stetige und gebrochene, sanfte, steile, schroffe, jähe, prallige) und seinen Fuß; die Linie, welche die höchsten Theile einer Bergkette verbindet, heißt Kamm, First oder Grat.

Das Zusammentreffen mehrerer Gebirgsketten auf einem Punkte bildet einen Gebirgsknoten oder Gebirgsstock. — Die niedrigen Stellen des Gebirgskammes heißen Einsattelungen, Sättel (Col, Joch); die Gipfel werden nach ihrer Form: Horn, Zahn (Dent), Nadel (Aiguille), Nase, Thurm, Pik, Kuppe, Kopf, Puy, Ballon ꝛc. genannt.

9. Die Vertiefungen zwischen zwei oder mehreren, nahe bei einander liegenden Erhöhungen heißen Schluchten, Thäler, Spalten oder Klüfte, Schlünde, Becken oder Kessel, je nach ihrer größeren oder geringeren Weite, Tiefe, Steilheit, mehreren oder minderen Eingeschlossenheit, ihre unteren Flächen Sohle oder Boden, die einschließenden Seitenflächen Wände, Hänge, Ränder.

Man unterscheidet nach der Größe: Haupt-, Neben- und Seitenthäler; nach der Richtung: Längen- oder Parallel- u. Quer-

oder Transversal-Thäler. Die letzteren bilden in Kettengebirgen Durchbrüche oder Pforten.

10. Einsattelungen, welche zur Verbindung zweier benachbarter Thäler benutzt werden, heißen Pässe (Cols, Joche, Puertos u. s. w.), die Wege, welche, vermittelst eines oder mehrerer Pässe, quer über ein ganzes Gebirge führen, Gebirgspassagen.

11. Die Beschreibung aller Unebenheiten der Erde wird Orographie genannt. —

Zweites Kapitel.

Hydrographie.

12. Alle Landgewässer werden durch den Niederschlag aus der Atmosphäre gebildet und ernährt. — Sie bedecken die relativ tiefsten Stellen der festen Erdrinde; sie durchfließen die Vertiefungen der Thäler und Schluchten, sofern deren Sohlen fortgesetzt geneigte Flächen bilden.

13. Aller Niederschlag wird entweder vom Lande eingesogen oder nicht, je nach der Beschaffenheit und Dichtigkeit des Bodens. Da, wo der letztere entweder unmittelbar an der Oberfläche oder in einer gewissen Tiefe das Eindringen verhindert, entsteht — über- oder unterirdisch — eine Ansammlung von Wasser, welche abfließend Quelle genannt wird. Aus der Vereinigung mehrerer Quellen entsteht ein Bach, aus Bächen ein Fluß, aus Flüssen ein Strom.

Fließendes Wasser, welches ohne Bett über geneigte Flächen hinabströmt, heißt wildes Wasser; füllt es sein Bett aber nur zu gewissen Zeiten, läßt es dagegen zu andern trocken, so wird es Regenfließ, Wildriesel, Sturz- oder Wildbach genannt.

14. Relativ niedrige, übermäßig befeuchtete, abflußlose Stellen des Landes bilden, bei einer besonderen Bodenbeschaffenheit, Flächen, welche im Allgemeinen Weichland und je nach ihrer besonderen Natur nasse Wiese oder Moor, Bruch, Sumpf oder Morast genannt werden; für Moor und Bruch hat man auch andere Namen. —

15. Die Theile des Landes, welche ein Wasser unmittelbar einschließen, heißen Gestade, Ufer (rechtes, linkes), die von den Ufern eingeschlossene Vertiefung Bett, die tiefsten Stellen des letzteren Rinnsal oder Thalweg. — Der Höhenunterschied zweier oder mehrerer Punkte der Oberfläche eines fließenden Wassers, sein Gefälle, bedingt, neben der Größe der Wassermasse, die Schnelligkeit seines Fließens. Plötzliche Höhenunterschiede im Thalwege erzeugen Wasserfälle, Katarakte, Kaskaden, — plötzliche Verengungen des Bettes Stromschnellen. — Theilt sich ein fließendes Wasser so, daß es in mehreren getrennten Betten weiter geht, dann entsteht eine Spaltung (Stromspaltung) in

(Haupt- und Neben-) Arme. Die von den Armen eingeschlossenen Inseln werden zuweilen Werder, Auen, Kämpen u. s. w. genannt.

16. Man unterscheidet Haupt-, Neben- und Zuflüsse, Landströme, Küsten- und Steppenflüsse, je nachdem sie sich in einen andern Fluß oder ins Meer (nach längerem oder kürzerem Lauf) oder in ein stehendes Landwasser ergießen, ferner schiffbare und unschiffbare Flüsse 2c., je nach ihrer Tiefe und der Beschaffenheit ihres Bettes.

17. Die Endpunkte alles Fließenden werden Mündungen, Ausflüsse genannt; der Weg, der von der Quelle bis zur Mündung zurückgelegt wird, heißt Lauf. Die kürzeste Linie zwischen der Quelle und der Mündung heißt der direkte Abstand beider, im Gegensatz zur Stromentwickelung. Man sagt von der Entstehung eines fließenden Wassers: es entspringt, entquillt, es entspinnt sich; von seinem Aufhören: es mündet, ergießt sich, wird aufgenommen.

18. Man spricht von dem Quellbezirke und dem Mündungslande, dem oberen, mittleren und unteren Laufe eines Baches, Flusses u. s. w., und nennt die Landstriche, welche ein Fluß 2c. in den verschiedenen Theilen seines Laufes durchströmt, seine Stufenländer (oberes, mittleres, unteres Stufenl.), da der Quellbezirk eines Stromes häufig im Hochgebirge, und immer bedeutend höher liegt als sein Mündungsland.

Die breitere Thalsohle eines Flusses in der Nähe seiner Mündung heißt Niederung im Allgemeinen, Delta, wenn sie durch mehrere Flußarme in Inseln zerspalten wird. — Lagunen-Bildung bei periodischer Ueberschwemmung des Mündungslandes, durch Eindeichungen in Polder verwandelt.

19. Untiefen vor der Mündung oder im Bette eines Flusses heißen Bänke, Barren oder Stromriegel. Stehende Gewässer vor der Mündung eines Flusses, welche durch Landzungen — Nehrungen — oder durch größere, fast zusammenhängende Inseln vom Meere beinahe ganz geschieden sind, werden Haffe genannt. Liman heißt die erweiterte Mündung eines Flusses, wenn ihr viele kleine Inseln vorliegen, ohne sie haffartig einzuschließen. —

20. Der Landstrich, welcher einem und demselben Gewässer all sein Fließendes zusendet, heißt das Gebiet desselben; man unterscheidet Meer-, Stromgebiet 2c.

Die Grenzlinie zweier Gebiete heißt, nach der Bedeutung dieser letzteren, Haupt-Wasserscheide oder Wasserscheide schlechthin.

In der Gegend der größten Annäherung zweier schiffbarer Flüsse liegt, in ihrer Wasserscheide, ein sogenannter Tragplatz (Portage). Schiffbare Gräben, welche schiffbare Flüsse, häufig vermittelst der Tragplätze, miteinander verbinden, heißen Schiffs-Kanäle oder Kanäle.

21. Ueberall, wo sich auf der Oberfläche des festen Landes, es sei nun unmittelbar in Folge des Niederschlags oder vermittelst verborgener Quellen, Wasser sammelt, welches, vermöge der Beschaffenheit seines Bettes oder seiner Ufer, nicht abfließen und, in Folge der Beschaffenheit des Erdreichs, nur theilweise oder gar kein Weichland bilden kann, entsteht ein stehendes Landgewässer, das nach der Größe Lache, Weiher, Teich oder See heißt. —

Stehende Landgewässer verhalten sich zum rings umschließenden festen Lande wie Meeresinseln zum Meere.

Man theilt die Seen in Quell-, Fluß- u. Steppen-Seen. —

Fünfter Abschnitt.

Australien oder Polynesien, auch Süd-Indien oder Ozeanien.

Räumliche und hydrographische Verhältnisse.

1. Australien zerfällt in das Festland von Neu-Holland und die im dritten Abschnitt unter III. 7, b. und c. erwähnten Inseln.

2. Australien reicht von W. nach O., vom 130° O.L. bis 110° W.L. (1657 M.), v. N. nach S., vom 20° N. bis 50° S.B. (1050 M.). Dennoch ist sein Flächeninhalt, werden Neu-Holland, Neu-Guinea und Neu-Seeland abgerechnet, nur c. 6000 □Meilen.

3. Neu-Holland oder der australische Kontinent dehnt sich von W. nach O., vom Vorgebirge Steep-Point (131° O.L.) bis zum sandigen Vorgebirge (171° O.L.) weiter aus (550 M.), als von N. nach S., vom K. York bis K. Wilson (429 M.). — Wie verhält sich sein Flächeninhalt (138,000 □M.) zu andern bereits bekannten Räumen?

Sein Küstenumfang = 1900 Meilen verhält sich = 1:73 zum Areal; daher nur eine Halbinsel von Belang, die von Karpentaria.

4. Das Innere Neu-Hollands ist zu einem großen Theil noch unbekannt. Die Ost-Küste heißt Neu-Süd-Wales, nördlich davon Queensland; — die N.-Küste: Karpentaria, Arnheims-, Van Diemens- oder Tasmans-, De Witts-Land; — an der W.-Küste: Kolonie West-Australien (Eintrachts-, Edels- und Leeuwins-Land); — die S.-Küste: Nuits-, Flinders-, Grants-Land und Victoria-Land im S.O.

5. Die Hydrographie Neu-Hollands ist bis jetzt noch sehr unvollständig. Einigermaßen bekannt sind: das große Torrens-Becken,

der Eyre- (früher Georgs-) See mit zahlreichen Zuflüssen — u. v. a. sumpfige, sehr häufig salzige, Binnen-Seen, meist i. d. Mitte d. Kontinents; an der Ost-Küste: der Hawksbury-Fluß, der im N. von Botany-Bay, der Hunter, welcher bei 33° S.B. mündet, der Fitzroy-Fl., aus dem Dawison und dessen l. Zufluß Mackenzie entstanden, mündet unter dem südl. Wendekreise; — nach S. fließend: der Murray (Quellflüsse: Morumbidgie mit d. Lachlan und der Darling mit d. Macquarie), der unt. 35½° S.B. und 156½° O.L. mittelst des Alexandrina-Sees mündet; — der Schwanenfluß, welcher an der W.-Küste (32° S.B.) mündet, und dessen Quellen man nicht kennt; — und im N. der Victoria-Fluß, dessen Mdg. unter 15° S.B. —

6. Die Vertheilung der Unebenheiten ist nicht mit Bestimmtheit anzugeben; man kennt an der S.O.-Küste ein von S. gegen N. streichendes, im Mittel 5 Meilen vom Gestade entferntes Randgebirge unter dem Namen der schwarzen, weißen, blauen Berge ꝛc.; dasselbe erreicht unter dem Namen australische Alpen u. Warragong-Kette im S.O. die größte Höhe. Ferner ist bemerkenswerth: im S.O. das Bergland von Victoria; im N. der blauen Berge das Bergland von Queensland; u. an der N.-Küste das Bergland von Arnhemsland. Das Innere besteht aus sehr einförmigen Hochebenen, welche nur an den Küsten von Eintrachts-, De Wilts- und Nuits-Land mit einem flachen Strande endigen. —

Sechster Abschnitt.

Amerika.

I. Räumliche Verhältnisse im Allgemeinen.

1. Amerika reicht unter allen Kontinenten am weitesten gegen S., aber seine größere Hälfte liegt auf der nördlichen Halbkugel.

Sein südlichster Punkt: K. Forward (54° S.B., 53½° W.L.); sein nördlichster: Elsons Spitze (71⅓° N.B., 138⅔° W.L.); der westlichste: Prinz Wales K. (65⅔° N.B., 150⅔° W.L.); der östlichste: K. S. Roque (5° S.B., 17½° W.L.). — Prinz Wales K. ist von dem Ost-Kap Asia's nur 7, K. S. Roque dagegen von dem westlichsten, also nächsten Punkte der alten Welt, dem grünen Vorgebirge, 390 M. entfernt.

2. Amerika ist in der Richtung von N. nach S. am weitesten ausgedehnt: von Elsons Spitze bis K. Forward = 1870 M. direkter Entfernung; — in der Richtung von W. nach O., die größte Ausdehnung zwischen Prinz Wales K. und K. Charles (52⅙° N.B.) = 865 M., — die geringste: Landenge von Panama (9° N.B.) = 6 M.

Amerika's Küstenumfang = 9400 M., von denen 5100 durch den atlantischen, 3500 durch den großen und 750 M. durch den arktischen Ozean bespült werden. — Amerika hat also auf je 70 □M. Bodenfläche 1 M. Küstenlänge.

Amerika besteht aus zwei, fast dreiseitigen, durch den Isthmus von Panama verbundenen Halbinseln — Nord- und Süd-Amerika, — deren jede ungefähr eben so groß, als die beiden Erdtheile Europa und Australia zusammengenommen. Nord-Amerika (mit Central-Amerika und dem westindischen und arktischen Archipelagus) über 416,000, Süd-Amerika 327,000 □M.

Nord-Amerika liegt ganz auf der nördlichen Halbkugel; sein südlichster Punkt der Morro de Puercos (7° N.B.), sein nördlichster die Elsons Spitze, der westlichste Prinz Wales-K., der östlichste K. Charles. — Vom Morro de Puercos bis zum Wales-K. 1200, bis zum K. Wostenholm (N.W.-Spitze von Labrador) 835, vom südlichsten Punkte der James-Bay bis zum nördlichsten des Golfs von Mexiko 320 M.; die breiteste Stelle zwischen dem Meerbusen von Mexiko und Californien = 230 M.

Nord-Amerika's Küstenumfang = 6000 M. (2280 M. gehören dem großen, 2970 dem atlantischen Ozean an). Wie verhält sich der Flächeninhalt zur Küstenentwicklung in Nord- und wie in Süd-Amerika?

Süd-Amerika, größtentheils auf der südlichen Halbkugel, reicht nordwestl. mit der Punta de Galinas bis $12\frac{1}{2}$° N.B.; sein südlichster Punkt K. Forward, der westliche die Punta Pariña unter $63\frac{3}{4}$° W.L., der östlichste K. S. Roque. — Vom K. Forward bis zur Punta de Galinas 1000, von der Punta Pariña bis zum K. S. Roque 690 M.

Nord-Amerika's verhältnißmäßig große Küstenentwickelung bedingt seine Gliederung. Süd-Amerika hat nur Küstenbiegungen, keine tiefeinschneidenden Meerbusen, daher auch keine Halbinseln. — Die nordamerikanischen nehmen etwa 36,000 □M. ein, nämlich:

1.	Melville	4500	□Meilen.
2.	Labrador	24,000	=
3.	Neu-Schottland oder Akadia	650	=
4.	Maryland	290	=
5.	Florida	1100	=
6.	Yukatan	2200	=
7.	Aliaska	400	=
8.	Tschugatschen-Halbins. (zw. Cooks Einfahrt und Prinz Williams Sund)	250	=
9.	Californien	2600	=

Sie haben zusammen einen Küstenumfang von mehr als 2200 M., das sind fast ⅔ des südamerikanischen. — Sie nehmen fast den zehnten Theil Nord-Amerika's und etwa $\frac{1}{20}$ von ganz Amerika ein.

II. Hydrographisches Netz.

3. Amerika hat die größten Ströme der Erde; es ist der wasserreichste Kontinent. Es zerfällt in drei Meergebiete: das des arktischen, des großen und des atlantischen Ozeans. Nord-Amerika gehört allen dreien, Süd-Amerika den beiden letzteren, jedoch dem großen Ozean nur sehr geringen Theils an.

4. Flußnetz von Amerika.

A. Das Gebiet des arktischen Meeres.

a. System des Athapeskow- oder Elenn-, des Sklaven- und Mackenzie-Fl.

Quelle des Elenn unt. d. Par. d. N.-Spitze v. Ireland; Münd. in den Athapeskow-See (59° N.B., 90° W.L.); der Sklaven-Fl. verbindet diesen mit dem großen Sklaven-See (Par. d. Faröer), dem d. Mackenzie, unt. d. M. v. Banksland, entfließt; dieser mündet unter 69° N.B. u. 117° W.L.

Nebenflüsse:

1. d. Unschiga od. Friedensfl.
Q.: Par. d. Elenn-Q. und 105° W.L.
Münd.: in d. W.-Ende des Athapeskow-Sees.

2. d. große Bären-Fl.
Abfluß des gleichn. Sees unt. 65° N.B. u. d. Mer. der Unschiga-Q.
Münd.: unt 65° N.B.

b. Der Kupferminenfluß.

Quelle im N. des gr. Sklaven-Sees.
Münd.: 68° N.B. und 98° W.L.

c. Der Back-Fluß.

Q.: d. Sussex-See; Lauf durch den Garry-See.
Münd.: 67° N.B. und 77° W.L. (?)

5.

B. Das Gebiet des großen Ozeans.

a. Der Columbia- oder Oregon-Fluß.

Q.: etwa unt. d. P. d. S.W.-Spitze Großbritanniens u. d. Mer. d. W.-Endes des Sklaven-Sees.
Münd.: unt. d. Par. des Golfs v. Triest.

Nebenfluß:

der Lewis od. Schlangen-Fl.
Q.: unt. d. Par. d. Str. v. Otranto.
Münd.. unt. d. Par. d. Columbia-Münd.

b. Der Colorado.

Q.: unt. d. Par. der Str. v. Otranto.
Münd.: in d. N.-Ende d. californischen Meerb. ($32\frac{1}{2}$° N.B.).

6.

C. Das Gebiet des atlantischen Ozeans.

Gebiet der Hudsons-Bay.

Das Wasser-System des Winnipeg-Sees.

Um den Par. des Kap Charles u. d. Mer. des westlichsten Punktes des mexikan. Meerb. liegt der große Winnipeg-See. Ihm fließt zu, außer m. kleinen Flüssen:

der Saskatchavan.

Zwei Quellfl.: d. nördl. Par. des Kap Charles, Mer. d. Columbia-Q.; d. südl. Par. d. Columbia-Mdg., Mer. d. Athapeskow-Mdg.

Münd.' unt. 53° N.B. u. 82° W L.

Der Winnipeg hat, vermittelst mehrerer kleinen Seen, Verbindung mit

dem Nelson-Fluß,

der auf diese Weise die Gewässer desselben zur Hudsons-Bay führt (57° N.B. und 75° W.L.). Mehrfache natürliche Wasserverbindung mit dem Athapeskow- und den übrigen angrenzenden Wasser-Systemen, vermittelst größerer und kleinerer Landseen und kurzer Flußläufe.

Zahlreiche andere, aber kleinere Flüsse und Seen, wie Churchil, Albany-Fl. u. a.

Unmittelbares Gebiet des atlantischen Ozeans.

a. Der St. Lorenz-Strom.

Um d. Par. d. Süd-Spitze v. Neu-Fundland (47° N.B.) u. um 70° W.L. liegt der von W. n. O. 118 Mln. lange, von N. n. S. 35 Mln. breite Obere See; im S. seines O.-Endes der Michigan-See, der südw. bis z. Par. der Str. von Bonifacio ausgestreckt ist. Beide hangen durch Seeengen ostwärts mit dem Huronen-See zusammen, der seine Gewässer südw., durch eine andere Seeenge (Sinclair-Fl.), zum Erie-See führt. Dieser stürzt, mittelst des Niagara (Par. des Sinclair), nordw. in den Ontario-See, dessen Abfluß, der St. Lorenz-Strom, in den gleichnamigen Busen mündet. Die genannten 5 Seen zusammen = 4600 □M.*).

b. Die atlantischen Küstenflüsse.

Der St. Johns-Fl.; Münd. in die Fundy-Bay.
" Connecticut; Münd. d. O.- } Spitze von Long-Island gegenüber.
" Hudson; Münd. d. West.- }
" Delaware; Münd. in die Bay gleiches Namens.
" Susquehannah }
" Potomak } Münd. in die Chesapeak-Bay;
" James-Fl. }
und verschiedene andere.

*) Vgl. mit dem Flächeninhalt der Ostsee, des adriatischen Meeres rc.

Das Gebiet des mexikanischen Meerbusens.

a. Das Stromgebiet des Missisippi.

Quelle: Par. des oberen Sees u. 78° W.L.

Münd. des Haupt-Arms: 29° N.B. u. 72° W.L.

Nebenflüsse:

1. d. Illinois.

Q.: d. S.O.-Ufer d. Michigan benachbart.

Münd.: Par. d. Delaware-Bay.

3. d. Ohio.

Q.: 42° N.B. u. unt. d. M. d. Niagara.

Münd.: 37° N.B.

Zufluß (links):

Tenessee.

Q. und Münd.: Par. d. Ohio-Münd.

2. d. Missouri.

Q.: 44° N.B., 92½° W.L.

Münd.: Par. d. Delaware-Bay.

4. d. Arkansas.

Q.: Par. d. Illinois-Münd. u. Mer der Platte-Q.;

Münd.: 34° N.B.

5. d. rothe Fl. (Red River).

Q.: 35° N.B. Münd.: 31° N.B.

b. Der Rio grande del Norte.

Quelle: Par. d. Lewis-Q., Mer. des Athapeskow-Sees.

Münd.: Par. des neuen Bahama-Kanals u. d. Mer. des Winnipeg-Sees.

Das Gebiet des Antillen-Meeres.

a. Der Nicaragua-See, um 11° N.B. entsendet den S. Juan-Fluß südostw.

b. Der Atrato, Q. 5° N.B., fließt nordw. zum Golf v. Darien.

7. Flußnetz von Süd-Amerika.

Gebiet des Antillen-Meeres; Fortsetzung.

c. Der Magdalenen-Fluß.

Quelle: 2° N.B.

Münd.: 11° N.B. und Mer. der West-Spitze von Haiti.

Nebenfluß:

Cauca.

Q.: Par. d. Magdalenen-Q.

Münd.: 9½° N.B.

Unmittelbares Gebiet des atlantischen Ozeans in Süd-Amerika.

a. Der Orinoco.

Quelle: Par. d. Magdalenen-Q. und 47° W.L. (?)

Münd.: Par. d. Bay v. Panama und 42½° W.L.

Nebenflüsse:

1. Meta.

Q.: Par. d. Bay von Choco, 56° W.L.

Münd.: 6½° N.B.

2. Apure.
Q.: P. d. Morro de Puercos u 54° W.L.
Münd.: unt. demf. P u. 50° W.L.

3. Caroni.
Q.· 4½° N.B.; Münd.: 45° W.L.

b. Die Küstenflüsse:

Essequibo (Q.: Par. d. Magdalenen-Q.; Münd.: 41° W.L.), Demerary, Surinam, Maroni, Oyapok u. v. a.

c. Der Amazonenstrom oder Marañon.

Quelle: 10½° S.B., 59° W.L. (Llauri-See).

Münd.: unt. 0° B. u. 32° W.L., in zwei Hauptarmen (der südliche heißt Para).

Nebenflüsse:

1. Ucayali.
Zwei Quellflüsse zw. 15 und 16° S.B.
Münd.: unt. 4° S.B. u d. M. des K. Forward.

2. Yapura.
Q.: Mer. d. Marañon-Q.
Münd.: Mer. d. Orinoco-Q.

3. Rio negro.
Q. unbekannt.
Münd.: Mer. d. Orinoco-M. (Natürliche Wasserverb. mit dem Orinoco durch den Cassequiare).

4. Madeira.
Mehrere Quellflüsse: der bedeutendste der Rio grande.
Q.: 18° S.B. u. 49° W L.
Münd.: Mer. d. Essequibo-Münd.

5. Tapayos.
Q.: 14° S.B., 42° W L.
Münd: 37° W.L.

6. Xingu.
Q: 15° S B.
Münd.: 34° W.L.

7. Tocantins.
Q.: P. d. Inf. St. Helena (16° S.B.).
Münd.: in den Para.

Zufluß:

Araguay.
Q.: P. d. Madeira-Q.
Münd.: 6° S.B.

d. Der Paranaiba.

Quelle: Par. d. Marañon-Q.

Münd.: Par. d. Bay v. Guayaquil, 24° W.L.

e. Der San Franzisco-Fl.

Quelle: 21° S.B. und 27° W.L.

Münd.: Par. der Marañon-Quelle.

f. Der Rio de la Plata.

Quelle: 22° S.B. und Mer. d. S. Franzisco-Q.

Münd.: in d. Bay von Buenos-Ayres, unter 38° W.L.

Nebenflüsse:

1. Paraguay.

Q.: P. d. Allerheiligen-Bay u. 39° W.L.
Münd.: 27° S.B. u. Mer. d. Essequibo-Mündung.

2. Rio salado.

Q.: 24° S.B. und Mer. der Riogrande-Quelle.
Münd.: 32° S.B.

3. Uruguay.

Q.: 28° S.B. und d. Merid. d. Marañon-Münd.
Münd.: 33½° S.B. und 40° W.L.

Bemerk. Der Hauptfluß führt bis zur Mündung des Uruguay den Namen Parana.

Außerdem m. a. große, aber unbedeutende Flüsse.

8. Stromlänge und Stromgebiete der Hauptflüsse Amerika's:

Namen.	Direkter Abstand zw. Quell. u. Mdg.	Strom-entwickelung.	Stromgebiet.
Mackenzie (Unschiga-Q. als Ursprung angenommen)	225 Mln.	450 (?) Mln.	27,000 □M.
St. Lorenz	250 "	460 "	62,300 "
Missisippi (Missouri-Q.)	320 "	730 "	54,000 "
Orinoco	100 "	320 "	20,000 "
Marañon	430 "	730 "	136,000 "
La Plata (Parana-Q.)	260 "	470 "	72,000 "

9. Unter den verschiedenen Meergebieten ist das des atlantischen Ozeans, entsprechend der überwiegenden Küstenentfaltung Amerika's gegen O., bei weitem das größte. Zum großen Ozean münden nur zwei bedeutendere Flüsse. —

10. In Süd-Amerika finden wir den Seereichthum Nord-Amerika's nicht wieder. Von Bedeutung sind nur der See von Maracaibo, welcher von vielen kleinen Flüssen ernährt wird, und durch eine Enge mit dem Golf von Maracaibo verbunden ist, — und der Titicaca-See, unt. dem Par. d. Tocantins-Q. und 52° W.L., ohne sichtbaren Abfluß und ohne bemerkbare Verbindung mit dem Meere.

III. Räumliche Verhältnisse der Unebenheiten Amerika's.

11. Eins der Hauptgebirge der Erde, Cordilleren, auch Anden, richtiger Cordilleras de los Andes genannt, erstreckt sich durch ganz Amerika in einer Länge von 1900 Meilen, mit wechselnder Breiten-Ausdehnung, vom K. Forward bis zur Mackenzie-Münd., und von der Magellhaëns- bis zur Behrings-Str., immer unmittelbar an der West-Küste

oder doch in der Nähe derselben. — Außerdem liegen auf der Ost-Seite des Erdtheils mehrere Gebirgsgruppen, unter sich und mit dem Hauptgebirge meist ohne Zusammenhang.

12. Die Cordilleren oder Anden, südwärts der Landenge von Panama, heißen:

a. Süd-amerikanische Cordilleren; diese zerfallen in folgende Abschnitte:

A. Die patagonische Cordillere, vom K. Forward bis zum Parallel d. Jnſ. Chiloe.

B. Die Cordilleras de los Andes von Chile, von da bis zum südlichen Wendekreiſe, mit mehreren öſtl. Verzweigungen zw. den oberen Flußläufen im S. des Salado.

C. Die Cordilleren von Peru, vom ſüdl. Wendekreiſe bis zum Parallel der Ucayale-Münd., mit mehreren öſtlichen Abzweigungen zwiſchen den Quellflüſſen des Madeira und den oberen Läufen der rechten Nebenflüſſe des Paraguay.

D. Die Cordilleren von Quito reichen nordw. bis zu den Quellen des Magdalenen-Fluſſes.

E. Die Cordilleren von Neu-Granada, welche durch die Thäler des Cauca- und Magdalenen-Fluſſes in drei Parallelketten geſpalten werden: die Cordillere von Choco im Weſten, die Cord. von Quindiu zwiſchen den beiden genannten Flüſſen und die Sierra de Suma Paz im Oſten.

b. Die Cordilleren von Nord-Amerika.

A. Die Cordillere von Guatemala, welche nordw. bis zur Breite der Golfe von Tehuantepek und Campeche reicht, und nordoſtw. die Sierra von Yukatan entſendet.

B. Die Cordilleren von Mexiko, nordw. bis 21° N.B.

C. Die Central-Cordillere von Nord-Amerika, die v. 21° N.B., unt. verſchiedenen Namen (Sierra Madre bis 36° N., Grenz-Cordillere von Neu-Mexiko von 36—42° N., dann Oregon-, auch Felſengebirge od. Rocky Mountains) bis zur Mackenzie-Mündung reicht.

D. Die öſtliche Cordillere von Nord-Amerika, mit mehreren breiten Unterbrechungen und unter vielen Spezial-Namen, vom 22° N.B. bis zur Platte-Quelle, wo ſie ſich (42° N.B.) an die Central-Kette anſchließt. Aus dieſer Gegend zieht der Landrücken d. ſchwarzen Hügel nordoſtw. zum Miſſouri, und dann, auf der Waſſerſcheide, im. N. des Miſſiſippi- und Lorenz-Syſtems, oſtw. weiter. — Südlicher, unter 30° N., zweigt ſich von der öſtl. Cordillere die Sierra von Texas ab, die als Oſark-Geb. faſt die Miſſouri-Mündung erreicht.

E. Die westliche Cordillere oder die nord-amerikanischen See-Alpen, von der Südspitze Californiens längs der West-Küste Amerika's bis zur Süd-Spitze Aliaska's.

F. Die Cordillere von Sonora löst sich unt. 28° N.B. von der Central-Cordillere, u. streicht, mehrfach durchbrochen, bis zur Colorado-Mündung. Weit von ihr (35° N.B.), aber fast in ihrer Verlängerung streicht die Sierra Nevada von Hoch-Californien, parallel mit d. See-Alpen bis in die Nähe des unteren Columbia, wo sie sich diesen anschließt. — Zwischen der Sierra Nevada und der Central-Cord., auf d. Wasserscheide zw. d. Columbia- u. Colorado-Becken viele andere, verhältnißmäßig kurze Parallelketten. —

Im N. verzweigen sie sich zum Terrassenlande Oregon; im S. endigen sie in den Hochwüsten Neu-Mexiko's u. Ober-Californiens, den Becken von Colorado und der Salz-Seen; zw. der Sierra Nevada u. der Küstenkette aber liegt das gesegnete Thalland von Hoch-Californien. —

Im O. der Central Cord. u. zwar zw. ihr und der östlichen Cordillere liegt i. N., am oberen Rio grande del Norte das Central-Plateau von Neu-Mexiko, im S. des mittleren Rio del Norte die Wüste Bolson mit der großen Kayman-Lagune; im O. der östl. Cord., zw. ihr u. der Sierra v. Texas eine zweite Hoch-Wüste, Llano estacado genannt, gegen 1500 □Mln. einnehmend; im N. des 35° N.B. geht sie in die großen Steppen (Prairien) über, die den ganzen O.-Fuß der nordamerik. Cord. umgeben. —

13. Getrennte Gebirgsglieder, und zwar in

Süd-Amerika:

a. Das brasilische Gebirgsland, zwischen d. atlantischen Küste, dem unteren und mittleren Parana, dem Uruguay, Paraguay und Araguay, und nordw. bis gegen d. Mündungen des Tocantins u. Paranaiba-Flusses reichend, — mit einer auf der Wasserscheide zw. Paraguay und Marañon ausgebreiteten westlichen Vorstufe.

b. Das Hochland von Guyana, zw. den Mündungsländern des Marañon und des Orinoco.

c. Das Küstengebirge v. Venezuela, die Fortsetzung d. Sierra de Suma Paz, die längs der Nord-Küste bis zum Golf v. Paria reicht.

d. Die Sierra nevada von Santa Marta, eine isolirte Hochgebirgsgruppe, zwischen der Seeenge von Maracaibo und der Magdalenen-Mündung.

In Nord-Amerika:

e. Das Alleghani-Geb., das am untern Tenessee beginnt, und in Gestalt mehrerer Parallelketten, etwa 30 Meilen breit, nordostw. parallel mit der Küste, 30—36 Meilen von ihr entfernt, bis zum Hudson-Fluß reicht. — Im O. des letzteren steigt das Gebirge v. Neu-England auf, und füllt den Raum zw. dem Hudson, dem St. Lorenz u. der Küste, so wie die Halbinsel Neu-Schottland großentheils aus.

f. Die nur zum Theil bekannten Felsengebirge von Labrador, im Innern und an der Nordost-Küste der gleichnamigen Halbinsel.

g. Die grönländischen Gebirge, welche man an der West-Küste dieser Insel bemerkt hat.

In West-Indien erscheinen die Gebirge der größeren Inseln als die zerstückten Fortsetzungen der Sierra von Yukatan.

14. Die Gebirge Amerika's bedecken folgende Räume:

1.	die Cordilleren 216,600 □M., und zwar	
	die nordamerikanischen	172,300 □M.
	die südamerikanischen	44,300 „
2.	das brasilische Gebirgsland	15,000 „
3.	das Hochland von Guyana	14,500 „
4.	die Küstenkette von Venezuela	1,100 „
5.	die Sierra nevada von Santa Marta	100 „
6.	die Alleghanis }	8,000 „
7.	die Gebirge Neu-Englands }	
	Mithin sämmtliche Gebirge Kontinental-Amerika's:	255,300 □M.

oder mehr als ein Drittel des ganzen Erdtheils.

Davon kommen auf Süd-Amerika 75,000 (etwa ein Viertel seines Areals) und auf Nord-Amerika 180,300 □M. oder mehr als die Hälfte des Flächeninhalts von dessen Kontinent.

15. Die Ebenen Amerika's

sind, abgesehen von den ihrer Natur nach nicht hinlänglich bekannten, aber wohl meist ebenen Gebieten Grönlands und des nordischen u. nordatlantischen Archipelagus, deren Flächeninhalt auf mindestens 60,000 □M. geschätzt werden darf — sämmtlich am Ost-Fuß der Cordilleren ausgebreitet, und nehmen in beiden Kontinental-Hälften d. Erdtheils die Mitte ein.

16. Ebenen Süd-Amerika's:

a. Die patagonische Steppe im Osten der gleichnamigen Cordillere.

b. Die Pampas des la Plata-Stroms, im N. d. vorigen, gegen W. durch die Cordilleren von Chile und von Peru, g. O. durch das brasilische Gebirgsland, g. N. durch die Wasserscheide d. Stroms begrenzt.

c. Die Llanos des Marañon, im N. der Pampas und zwischen dem brasilischen Gebirgslande, der atlantischen Küste, dem Hochlande von Guyana und den Cordilleren. Weiter nördlich erhalten sie den Namen

d. der Llanos des Orinoco, auf dem linken Ufer dieses Stroms und zwischen dem Hochlande von Guyana, der Küste, dem Gebirge von Venezuela und der östl. Cordillere von Neu-Granada.

e. Die Tiefebene v. Guyana, ein schmaler Küstenstrich im N.O. des gleichnamigen Hochlandes.

f. Die Tiefebene des Magdalenen-Fl., zw. den Ketten der Cordilleren v. Neu-Granada, den Golfen v. Darien und Maracaibo — die Sierra nevada de Santa Marta einschließend.

17. Nordamerikanische Ebenen:

g. Die atlantische Küstenterrasse im Südosten der Alleghanis, im O. des unteren Missisippi.

h. Die Ebenen des Missisippi-Beckens, zu beiden Seiten des Missisippi, zw. den Alleghanis auf der einen, dem O.-Fuß der Cordilleren und ihren östlichen Vorstufen auf der anderen Seite.

i. Die Ebenen der arktischen Abdachung, durch den wasserscheidenden Landrücken zwischen dem Missisippi- und Winnipeg-System nicht geschieden von den Missisippi-Ebenen, und von den Felsengebirgen im Westen, dem arktischen und atlantischen Ozean im N. und O. begrenzt.

18. Räumliche Verhältnisse der amerikanischen Ebenen:

1.	die patagonische Steppe	24,000	□M.
2.	die Pampas des la Plata	72,000	„
3.	die Llanos des Marañon	125,000	„
4.	die Llanos des Orinoco	16,000	„
5.	die Tiefebenen von Guyana . . .	2,200	„
6.	die Tiefebenen des Magdalenen-Fl. .	6,800	„
7.	die atlantische Küstenterrasse . . .	17,000	„
8.	die Ebenen des Missisippi	44,700	„
9.	die arktischen Ebenen	100,000	„
	Mithin sämmtliche Ebenen	407,700	□M.

oder fast zwei Drittel des Kontinents.

Davon nehmen die süd-amerikanischen 246,000, die nord-amerikanischen 161,700 □Mln. ein, Zahlen, welche etwa drei Viertel von Süd-Amerika, aber kaum die Hälfte des Kontinents von Nord-Amerika als Ebene bezeichnen.

Siebenter Abschnitt.

Afrika.

I. Räumliche Verhältnisse.

1. Afrika ist eine große Halbinsel des östlichen Kontinents, die nur durch die schmale Landenge von Suez mit der Hauptmasse desselben

zusammenhängt. Außerdem hat Afrika nur Wassergrenzen; es reicht vom Aequator fast so weit g. S. als g. N.

Afrika's

nördlichster Punkt: das Cabo blanco, unter dem Parall. der Ohio-Münd. u. 27½° O.L.,

südlichster Punkt: das Nadel-Kap, unter dem Parall. der Buenos-Ayres-Bucht (35° S.) und 37½° O.L.,

westlichster Punkt: Kap Verde oder das grüne Vorgeb., unter 15° N.B. und nahe bei dem Mer. v. Ferro,

östlichster Punkt: K. Guardafui, 12° N.B., 69° O.L.

Außerdem merken wir:

K. Bon, unter 29° O.L. und wenig südlicher als K. Blanco; K. Spartel an der Straße von Gibraltar, K. Sierra Leone, das Palmen-Kap unt. 10° O.L. und 4° N.B., das K. der drei Spitzen (15° O.L.), K. Formosa (unt. d. Par. des Palmen-K. u. 24° O.L.), K. Lopez (1° S.B., 26° O.L.), K. Negro (unter d. Par. d. Xingu-O. und 29° O.L.), das Vorgeb. d. guten Hoffnung (unter d. Par. d. K. Leeuwin und 36° O.L.), K. Corrientes (23½° S.B.), K. Delgado (Par. der Torres-Str.).

2. Afrika (ohne Inseln) = 534,000 □Mln., davon auf der nördlichen Hemisphäre 363,000 □Mln., wogegen Süd-Afrika fast so groß wie ganz Europa ist.

Die Entfernung des K. Guardafui von K. Verde = 1020 M.,
des K. Blanco vom Nadel-K. = 1070 „

Afrika ist daher nicht nach Einer Richtung vorherrschend ausgedehnt, wie Amerika; seine Gestalt ist der von Süd-Amerika ähnlich, und wie dieses ist es ohne tiefeinschneidende Küstenbiegungen (zwischen d. großen Syrte und der Bay von Biafra noch eine Breite von 415, zwischen d. letzteren u. der Straße Bab el Mandeb eine Ausdehnung von 420 Mln.) — ohne Gliederung u. daher von geringer Küstenentwickelung (3500 Meilen), so daß auf 1 M. Küstenlänge 152 □Mln. Flächenraum kommen. (M. vergl. d. entspr. Verhältniß bei Australia, Amerika 2c.)

II. Flußnetz.

3. Afrika's hydrographische Verhältnisse sind noch immer nicht vollständig bekannt, aber es scheint, daß es eben so ausgezeichnet ist durch Wasser-Armuth, wie Amerika durch Bewässerungs-Reichthum.

4. Das Gebiet des atlantischen Ozeans.

a. Der Oranje-Fluß.

Münd.: 29° S.B. und 34° O.L.

Quellen

des schwarzen Fl. (Nu-Gariep):	des gelben Fl. (Ky-Gariep):
unt. d. Par. d. Mdg. u. 47° O.L.	28½° S.B. u. 47° O.L.

Zusammenfluß

fast unter d. Par. d. Oranje-Münd. und 42° O.L.

b. Der Coanzo.

Quelle: etwa 14° S.B. u. 34° O.L.

Münd.: unt. d. Par. d. Süd-Spitze v. Java (9° S.).

c. Der Congo oder Zaire.

Quelle: wahrscheinlich unt. 13° S.B. und 37° O.L.

Münd.: unt. d. Par. d. Nord-Spitze v. Java (6° S.) u. 30° O.L.

d. Der Djoliba-, Kowara- (Quorra-), auch Niger- oder Timbuktu-Strom.

Quelle: u. 9½° N.B. u. 9½° O.L.

Münd.: in vielen Armen in die Bayen v. Benin. u. Biafra.

Nebenfluß:

Tschadda oder Binue.

Quelle: unbekannt.

Münd.: etwa 8° N.B. u. 24½° O.L.

e. Der Rio grande.

Quelle: etwa unt. 11° N.B. u. 6° O.L.

Münd.: unt. 12° N.B.

f. Der Gambia-Fluß.

Quelle: etwa unt. 11½° N.B. u. 7½° O.L.

Münd: nach einem westnordwestlichen Laufe unt. 13⅓° N.B.

g. Der Senegal.

Münd.: unt. 15⅓° N.B. u. 1⅓° O.L.

Zwei Quellflüsse:

Bafing od. Schwarzwasser;	Kokoro; Quelle: unt. 11⅓ N.B.
Quelle: unt. 10½° N.B. und 7° O.L.	u. 9⅔° O.L.

Zusammenfluß

unt. 13½° N.B. u. 7° O.L.

Von der Senegal-Münd. nordw. bis zum Par. der süd-canarischen Inseln, auf einer Strecke von 200 Meilen, gar keine, weiter nordw. nur unbedeutende Flußmündungen.

5. Das Gebiet des Mittelmeers.

Zwischen K. Spartel und K. Bon ebenfalls nur unbedeutende Küstenflüsse; im O. des letzteren fehlen auch diese bis zur vielarmigen Mündung des Nil,

zwischen 47½ und 50° O.L. und um den Parall. der Red-River-Mündung (31° N.B.).

Zwei Quellflüsse:

Baher Abiad oder weißer Nil; entfließt d. M'wutan-See (auch Lula Nzigé oder Albert-Nyansa), etwa unter 48° O.L. u. 3° N.B. — u. mit einem zweiten Q.-Fluß wahrscheinlich dem Victoria-Nyansa (vergl. Nr. 7); nördl., nordwestl., dann nordnordöstl. Lauf.

Zufluß links:

Djur od. Gazellen-Fluß,

dessen Qu. unbekannt.

Münd.: unt. 9° S.B. und Mer. des M'wutan-Sees; u. m. a.

Baher Asrak oder blauer Nil; Q. unt. 11° N.B. u. 54½° O.L., — durchfließt den Tzana- oder Dembea-See (P. des K. Guardafui u. 55° O.L.).

Zusammenfluß

unter 14½° N.B. u. 50° O.L.

Nebenfluß rechts:

Atbara oder Tacazze.

Qu.: Par. des Tzana-Sees unt. 56° O.L.

Münd.: 17½° N.B. u. 52° O.L.

6. Das Gebiet des indischen Ozeans.

Außer zahlreichen größeren und kleineren Küstenflüssen:

a. Der Zambeze od. Cuama, Liambey od. Seschebe.

Quelle: (Liambey) unt. 10° S.B. u. 41° O.L.

Münd.: in vielen Armen um 18° S.B. u. 54° O.L.

Nebenfluß:

Links:

Schire.

Q: der Nyassa-See.

Münd.: 53° O.L. und Par. der nördlichen Zambeze-Mdg.

Rechts:

Tschobe.

Q.: (muthmaßlich) 15° S.B. u. 39° O.L.

Münd: unter 17½° S.B. und 42½° O.L. nimmt rechts, unt. 18° S B. u. 41° O.L., den Sonia od. Mababi auf, der periodisch mit dem Abfl. des Ngami- oder Jugabi- od. Mampure-Sees (20⅓° S.B. u. 40⅔° O.L.) in Verbindung steht.

b. Der Limpopo od. Dori.

Quelle: unt. 25° N.B. u. 45° O.L.

Münd.: (wahrscheinlich) unt. d. Par. d. Quelle u. Mer. d. Atbara-Mündung.

7. Steppenflüsse und Steppenseen.

a. Der Tschad-See,

um $13\frac{1}{2}°$ N.B. u. $31\frac{1}{2}°$ O.L.

Ihm fließen zu:

d. Yaou od. Jao (Yéu) v. W., d. Shary v. S. her u. v. a. kleinere Flüsse.

b. Der (schon als Quellsee des Nil bezeichnete) M'wutan-See.

Derselbe hat den Charakter eines großen Binnen-Sees, dehnt seine noch fast unbekannten Grenzen etwa unt. 48° O.L. südwärts bis 3° S.B. aus und nimmt, außer mehreren kleineren Zuflüssen von O. her einen größeren, vielleicht (?) den Abfluß des

c. Victoria-Nyansa auf.

Dieser, wahrscheinlich der größte afrikanische Binnen-See, zwischen 49° und 53° O.L. und 1° N.B. und 3° S.B. ausgedehnt, scheint mit dem weißen Nil ebenfalls in direkter Verbindung zu stehen. Seine Zuflüsse noch unbekannt.

d. Der Tanganyika-See,

im S.W. des vorigen, scheint unt. 47° O.L. v. 3° bis 8° S.B. zu liegen; doch sind auch seine Grenzen noch nicht genau bekannt.

e. Der Nyassa-See,

zwischen 52° und 53° O.L. und 11° und 15° S.B. Sein Ost-Ufer noch nicht genau bekannt; nach S. entfließt ihm der Schire, Zufluß d. Zambeze. (S. oben.)

f. Der Ngami-See,

40° O.L. und 20° S.B. — bedeutend kleiner als die vorigen. Zufluß: Tioge od. Tonke; — außerdem mehrere andere kleinere Seen von geringerer Bedeutung.

III. Räumliche Verhältnisse der Unebenheiten Afrika's.

8. Von der Süd-Spitze Afrika's nordw. bis zum 10.° N.B. und theilweise bis 16° N.B., fast die ganze Breite des Kontinents einnehmend, (wahrscheinlich) ein einziges Hochland; nördlich von demselben bis zum 25.° und 30.° N.B., ebenfalls so breit als der Kontinent, dagegen zwei theilweise zusammenhängende Flachländer, — endlich u. zwar theils zw., theils nördlich von diesen Flachländern drei von einander gesonderte Hochländer (Fessan, Berberei und Barka): — das ist in Afrika in allgemeinen Zügen die einfache Vertheilung von Hoch und Niedrig. Beide Formen treten in großen Massen auf, mit einer Einförmigkeit, welche an die gliederlose, horizontale Gestalt des Erdtheils erinnert; sie wechseln nicht, wie in Amerika, in der Richtung der Parallelen, der Richtung der

kleineren Ausdehnung, sondern in der Richtung der Meridiane, der der größeren Dimensionen des Kontinents. —

9. Das große Hochland von Afrika, oder Hoch-Afrika.

a. Die Hauptmasse desselben, im N. etwa durch den 10.° N.B., im W., S. und O. durch schmale Küstenebenen begrenzt. Diese letzteren führen folgende Namen:

Im O.: Aden, v. d. Str. Bab el Mandeb bis zum K. Guardafui; Ajan, von da bis zum Aequator; Zanguebar, von dem letzteren bis z. K. Delgado; Mosambique, v. diesem bis zur Zambeze-Münd.; Sofala, Natal oder Weihnachtsland (Kaffernküste); —

im S.: die Küstenebene des Kaplandes;

im W.: zuerst bis zum K. Negro eine unbekannte Küste; dann Süd-Guinea, und zwar: Angola und Benguela, v. K. Negro bis zur Coanzo-Mündung; Kongo, von dieser bis zur Bay v. Biafra.

b. Das Hochland Sudan, im N. des West-Endes der Hauptmasse, keine unmittelbare Fortsetzung derselben, sondern durch den unteren Djoliba und das Flachland von Sudan von ihr getrennt, zwischen der Nord-Küste des Guinea-Busens und 16° N.B.

Ihm liegen ebenfalls nur schmale Küstenebenen vor, nämlich:

Senegambien, südw. bis K. Sierra Leone, und Nord-Guinea (Körner-, Pfeffer-, Zahn- oder Elfenbein-, Gold-, Sklaven-Küste und Benin), vom K. Sierra Leone ostw. bis zur Bay von Biafra.

c. Das Alpenland von Habesch oder Abessinien, am Ost-Ende des Nord-Randes der Hauptmasse Hoch-Afrika's, zwischen 10 u. 16° N.N. und zwischen 50° O.L. und dem rothen Meere, in Form eines rechtwinkligen Dreiecks, dessen rechter Winkel am rothen Meere unt. 16° N.B. zu suchen ist.

10. Das Flachland von Afrika.

Ebenfalls drei zusammenhängende Haupttheile:

a. Das Flachland des Sudan, unmittelbar am Nord-Fuße von Hoch-Afrika und zw. seinen beiden nördlichen Vorsprüngen: Hoch-Sudan u. Habesch, am unteren Tschadda und Niger bis zum Guinea-Busen reichend.

b. Tief-Afrika oder die Wüste, gegen S. v. vorigen, g. W. v. atlantischen Ozean, g. N. von den vorerwähnten, getrennten Hochländern (Berberei und Barka) begrenzt; durch das Hochland von Fessan in zwei Theile von ungleicher, aber ungeheurer Größe, die Wüste Sahara im W. u. die libysche Wüste im O., getheilt, die nur im äußersten Süden und Norden des Fessan-Plateaus mit einander in Verbindung stehen. — Die Sahara ist v. W. g. O. fast 500, v. N. g. S. mehr als 200 Mln., die libysche Wüste in beiden Richtungen bis 200 Mln. breit. Im O., etwa unter 48° O.L., geht sie über in

c. die unteren Stufenländer des Nil-Stroms, welche von N. nach S. 270, v. W. n. O. etwa 70 Meilen weit, im W. u. N. v. Habesch, im O. des Barka-Plateaus und der libyschen Wüste ausgebreitet sind, und ostwärts vom rothen Meere bespült werden. —

11. Die getrennten Gebirgsmassen Afrika's.

a. Das Hochland der Berberei, von W. n. O. 300, von N. n. S. etwa 70 M. breit; im S. durch eine Linie, die man sich von K. Bojador (26° N.) gegen O.N.O. zum Durchschnitt v. 20° O.L. und 32° N.B., dann mittelst des letzteren Parallels bis zum West-Gestade der großen Syrte und bis zum K. Misratah (Mezurata) gezogen denkt, — im W., O. u. N. durch das marokkanische und mittelländische Meer begrenzt; — im O. durch einen Theil des Wüsten-Tieflandes, daß sich hier nordw. bis zur großen Syrte ausdehnt, getrennt sowohl von

b. dem Plateau von Barka, welches im O. der großen Syrte aufsteigt, nordw. gegen das Mittelmeer und südw. (bis 28° S.B.) gegen die Wüste abfällt, als von

c. dem libyschen oder Fessan-Plateau, das im W. unter 30, im O. unt. 29° N.B. aus der tiefen Wüste sich erhebt, sich südw. bis in die Nähe des Tschad-Sees, west- und ostw. mit einzelnen Vorsprüngen bis zum 27.° u. 37.° O.L. ausbreitet.

12. Die einzelnen Hoch- und Flachländer

nehmen folgende Räume ein:

1. Die Hauptmasse Hoch-Afrika's	285,000	□M.
2. Hoch-Sudan	41,000	"
3. Habesch	8000	"
4. das Hochland der Berberei	21,000	"
5. das Plateau von Barka	2000	"
6. das libysche Plateau	10,000	"
Sämmtliche Gebirgsländer	367,000	□M.
7. die Sahara u. die libysche Wüste	100,000	□M.
8. die unteren Stufenländer des Nil	20,000	"
9. der flache Sudan	40,000	"
10. sämmtliche Küstenebenen	7000	"
Alles Flachland	167,000	□M.

Die Gebirgsländer Afrika's nehmen also doppelt so viel Raum ein, als die Flachländer; in Amerika war dies Verhältniß ganz entgegengesetzt. —

Amerika hat keine zusammenhängende Gebirgsmasse, welche an Ausdehnung Hoch-Afrika gleich käme, und Afrika keine Ebene, welche so ungeheure Räume einnähme, als die zusammenhängenden Llanos Süd-Amerika's.

Achter Abschnitt.

Asien.

I. Räumliche Verhaltnisse im Allgemeinen.

1. Asien ist die Hauptmasse des östlichen Kontinents, liegt aber nicht, wie Afrika und Amerika, zu beiden Seiten des Aequators, sondern nur auf der nördlichen Halbkugel. Wie Amerika alle Erdtheile in der Ausdehnung von N. nach S., so übertrifft Asien dieselben in der entgegengesetzten, da sein nordöstlichster Theil schon jenseit des 180.° O L., also auf der westlichen Hemisphäre liegt. — Asien hat unter allen Erdtheilen die längsten Landgrenzen, hängt durch diese mit zweien unter ihnen zusammen, und wird von vier verschiedenen Ozeanen bespült: Verhältnisse, die sich bei keinem andern Erdtheile wiederholen.

Asiens nördlichster Punkt: K. Sjewerowostotschui,
südlichster P.: K. Buro 1° N.B., 121° O.L.,
östlichster P.: das Ost-Kap 66° N.B., 152° W.L.,
westlichster P.: K. Baba, unter d. Par. d. Azoren und d. M. d. Ost-Spitze Kandia's.

2. Asien ist nicht, wie Amerika, langgestreckt, nicht vorherrschend in Einer Richtung ausgedehnt, sondern zugerundet und massenartig. Seine größte Ausdehnung, von W. nach O., v. d. Landenge von Suez bis zum tatarischen Sunde = 1300, u. von S.W. nach N.O., von derselben Landenge zum Ost-Kap = 1200, dagegen vom Kap Buro bis zum Kap Sjewerowostotschui auch = 1150 Mln.

Asien ist also, wie Afrika, massenartig und zugerundet geformt; zugleich ist es aber auch wesentlich unterschieden von diesem Erdtheil durch die bei Afrika vermißte Entwickelung und Gliederung der Küsten.

Nämlich der asiatische Kontinent = 790,000 □M. — Verbinden wir nun die Landenge von Suez, die Str. von Hainan, K. Schelagskoi (171° W., 73° N.) u. d. karischen Golf durch grade Linien: so entsteht ein Viereck, dessen Nord-, West-, Ost- und Süd-Seiten etwa = 600, 660, 990 und 1070 Mln. sind, — welches 635,000 □M. einschließt, u. 155,000 □M. (fast die Größe Gesammt-Australia's) v. d. Erdtheil abschneidet. Dieses bedeutende Areal aber gehört den Halbinseln Asia's, seinen Gliedern, an. Diese sind:

1. Arabien	=	48,000 □M.	mit einer Küstenlänge von 4200 Meilen.
2. Vorder-Indien mit Guzerat	=	50,000 „	
3. Hinter-Indien mit Malakka	=	33,000 „	
4. Korea	=	7,000 „	
5. Kamtschatka	=	4,000 „	
6. d. Tschuktschen-Halbinsel	=	3,000 „	
7. Klein-Asien oder Anadoli	=	10,000 „	
		155,000 □M.	

Ganz Asien hat eine Küstenlänge von 7700 Meilen, mithin kommt auf 1 M. Küste 102 □M. Areal. Da aber die Halbinseln allein eine Küstenlänge von 4200 Meilen haben, so folgt, daß die Zugänglichkeit des kontinentalen Körpers von Asien, vermittelst seiner Wassergrenzen, nicht sehr erhöht wird. —

Die meisten u. die bedeutendsten der asiatischen Halbinseln sind südwärts gegen den indischen Ozean ausgestreckt, weshalb dieser Asiens längste (3400 Mln.) und daher verhältnißmäßig zugänglichste Wassergrenze bildet, welche Thatsache auch durch die historischen Verhältnisse bestätigt wird. —

II. Hydrographisches Netz.

3. Asien zerfällt in vier Haupt-Meergebiete, von denen das der atlantischen Ozean-Theile sehr unbedeutend ist. — Außerdem kolossale Steppenseen und Steppenflüsse.

4. Das Gebiet des arktischen Meeres.

a. Der Ob oder Obi.

Quelle: unt. 49° N.B. und 108° O.L.
Münd.: unt. 67° N.B. und 85° O.L.

Nebenfluß:

der Irtysch.

O.. 47½° N.B, 106° O.L.
Münd: 61° N.B. u. 86° O.L.
} fließt durch den Dsaisang-See (Par. d Quelle u. um 101½ O.L).

Zuflüsse:

Ischim u. Tobol.

b. Der Jeneßei.

Quelle: unt. d. Par. des K. Lopatka (51° N.) u. 117° O.L.
Münd.: unt. 72° N.B. u. 100° O.L.

Nebenflüsse:

Angara od. Obere Tunguska.

O.: Par. d N.-Spitze Irelands (55½° N.B.) u 134° O.L.
Münd.: 58° N.B. u. 111½° O.L.
Sie durchfließt den Baikal-See, dem der Selenga zufließt, u. der sich v Par. d. Angara-O. südwestw. bis 51½ N B u. bis zum Merid. d. N.-Spitze Asiens ausdehnt.

c. Die Lena.

Quelle: 53° N.B. (dem Baikal-See sehr nahe) und Meridian der Sunda-Str.
Münd.: unt. 73° N.B. in d. Lena-Liman (145° O.L.).

Nebenflüsse:

1. Witim.

Q: 54° N.B. u. 129° O.L.

Münd.: Par. des Athapeskow-Sees und 130° O.L.

2. Aldan.

Q.: 56° N.B. u. d. Mer. bei Lena-Münd.

Münd.: 63° N.B. u. 147° O.L.

d. Die Indigirska.

Quelle: 62½° N.B. u. 159° O.L.

Mund.: Par. d. Nordkaps v. Europa u. 167° O.L.

e. Die Kolüma.

Quelle: 61½° N.B. u. d. Mer. d. K. Wilson (164° O.).

Münd.: unt. 69° N.B. und 179° O.L.

5. Das Gebiet des großen Ozeans.

a. Der Amur oder Saghalin.

Quellen

der Schilka:	des Kerlon:
Mer. d. Witim-Q. u. 50° N.B.	Mer. d. Schilka-Q. u. d. Par. d. Ob-Q.

Zusammenfluß

unter d. Par. der Lena-Q. und 139° O.L.

Münd.: unt. d. Par. d. Lena-Q. und 159° O.L.

b. Der Hoang-Ho oder gelbe Fluß.

Quelle: unt. d. Par. v. Kandia (35° N.) u. 114° O.L.

Münd.: Par. d. Str. v. Korea und 137° O.L.

c. Der Yan-tse-Kiang oder blaue Fluß.

Quelle: unt. d. Par. d. Hoang-Ho-Q. u. d. Mer. d. Ob-Q. (?)

Münd.: unt. 32° N.B. und 138° O.L.

6. Das Gebiet des indischen Ozeans.

a. Der May-Kaung oder Cambodja-Fl.

Quelle: Par. d. Str. von Ormus u. Mer. d. Jeneßei-Q.

Münd.: Par. d. N.-Kaps v. Ceylon u. 124° O.L.

b. Der Menam.

Quelle: unt. 20° N.B. u. 118° O.L.

Münd.: unt. d. Par. d. Tschad-Sees (14° N.) u. 119° O.L.

c. Der Thalayn.

Quelle: unt. 25° N.B. u. 115° O.L.

Münd.: in den Golf v. Martaban unt. d. Mer. d. Q.

d. Der Irawaddy.

Quelle: unt. 28° N.B. u. d. Mer. d. Thalayn-Q.

Münd.: Par. d. Senegal-Mdg. u. d. Mer. der Hoang-Ho-Q.

e. Der Ganges.

Quelle: Par. d. Nil-Münd. u. 97° O.L.

Münd.: in vielen Armen um 22½° N.B. und d. Mer. d. Obi-Q.

Nebenfluß:

Brahmaputra,
im oberen Laufe
Dzang-bo-tsiu(?)

Q.: P. d. Ganges-Q. u 99½° O.L.

Münd.: in die Ganges-Münd.

f. Der Godavery.

Quelle: Par. d. Menam-Q. u. 91½° O.L.

Münd.: in vielen Armen um d. Par. d. Irawaddy-Münd. u. d. Mer. d. Brahmaputra-Q.

g. Der Kistnah oder Krischna.

Quelle: Par. d. Thalayn-Münd. u. Mer. d. Godavery-Q.

Münd.: in vielen Armen: Par. d. Irawaddy-Mdg. u. 98½° O.L.

h. Der Nerbudda.

Quelle: Par. d. Ganges-Münd. u. Mer. d. Godavery-Münd.

Münd.: in d. Golf. v. Cambay.

i. Der Indus oder Sind.

Quelle: Par. d. Ganges-Q. u. 99° O.L.

Münd.: in mehreren Armen unt. d. nördl. Wendekreise u. 85° O.L.

Nebenfluß:

Dschunab.

Q.: unt. 33° N.B u. Mer. d. K. Comorin.

Münd: unt. d. Par. d. Mississippi Münd.

k. Der Euphrat.

Quelle: Par. d. Dardanellen und 59° O.L.

Münd.: in d. Nord-Ende des pers. Meerb. unt. 67° O.L.

Nebenfluß:

Tigris.

Q.: 38½° N.B. und 57° O.L.

Münd.: Par. d. Ganges-Q. und 65° O.L.

7. Das Gebiet des mittelländischen und schwarzen Meeres.

Hierher gehören nur verhältnißmäßig kleine Flüsse; die bedeutendsten unter diesen sind:

der Orontes, Mäander (Minder), Halys (Kisil-Irmak) und Hypanis od. Kuban.

8. Steppenseen und Steppenflüsse.

a. Der kaspische See,

der größte Steppensee d. Erde, ein isolirtes Binnenmeer, zw. d. Parallelen der Str. v. Gibraltar u. des Oberen Sees, zu beiden Seiten des

Mer. des K. Guardafui; v. S. n. N. 165, v. W. n. O. durchschnittlich 50 Mln. breit; Flächeninhalt = 6060 □M. —

Ihm fließen m. kleinere Flüsse zu, unter denen der Terek u. Kur (Cyrus) die bedeutendsten sind u. außerdem die größeren Ströme: Ural oder Jaik und Wolga; über diese siehe Europa.

b. Der Aral-See,

um den Mer. von Nowaja-Semlja, zw. 43 u. 47° N.B.

Ihm fließen zu:

1. Der Gihon oder Amu (Oxus).

Quelle: unt. 37½° N.B. u. Mer. d. Krischna-Q.

Münd.: in mehreren Armen in das Süd-Ende des Sees.

2. Der Sihon oder Sirr (Jaxartes).

Quelle: Par. d. Ohio-Q. u. 94° O.L.

Münd.: Par. d. N.-Spitze des adriat. Meers u. 79° O.L.

c. Kleinere Steppen-Seen.

Vom kaspischen und Aral-See gegen O. u. N.O. bis zum mittleren Ob u. d. Mer. des K. Sjewerowostotschui eine breite Zone von zahlreichen kleineren Steppenseen; im W. des kaspischen Sees treffen wir solche ebenfalls, aber vereinzelt an.

Unter den letzteren:

1. Das todte Meer,

um den Par. d. Sind-Q. und 53½° O.L.; ihm fließt der Jordan zu, dessen Quelle unt. 33½° N.B. und dem Mer. des todten Meeres liegt.

2. Der Wan-See,

Par. d. Tigris-Q. u. Mer. d. K. Kanin.

3. Der Urima-See.

unt. 37½° N.B. u. 63½° O.L.

} mit unbedeutenden Zuflüssen.

Im Osten des kaspischen und Aral-Sees:

4. Der Issi-Kul-See,

um 42½° N.B. und 95½° O.L.; ihm entfließt

der Steppenfluß Tschui,

der unt. 84° O.L. in einem kleinen See endigt.

5. Der Balkasch-See,

um 46° N.B. u. um 94° O.L.; ihm fließt v. O. her

der Steppenfluß Ili zu.

6. Der Lop-Noor,

nahe am Par. der Sirr-Q. und am Mer. der Irtysch-Q.; ihm fließt von W. zu:

der Tarim,

dessen entferntester Quellfl., der Yarkiang, unter 37° N.B. u. 95° O.L. entspringt.

Viele andere, von geringerer Bedeutung. Als ganz isolirt merken wir noch:

7. den Zareh-See,

um d. Par. d. Dschunab-Q. und $78\frac{1}{2}°$ O.L., dem v. O. her der Steppenfluß

Hilmend oder Hindmend

zufließt, dessen Q. unter dem Par. der Hoang-Ho-Q. und dem Mer. der Irtysch-Münd. liegt.

9. Stromlänge u. Stromgebiete der Hauptflüsse Asia's:

Namen.	Direkter Abstand zw. Quell. u Mdg	Stromentwickelung.	Stromgebiet.
Obi	270 Mln.	475 Mln.	64,000 □M.
Jeneßei	315 =	410 =	47,000 =
Lena	300 =	440 =	37,000 =
Amur	290 =	430 =	38,000 =
Hoang-Ho	280 =	570 =	34,000 =
Yan-tse-Kiang	390 =	650 =	35,000 =
Ganges (m. Brahmaputra)	200 =	300 =	30,000 =
Indus	200 =	340 =	19,000 =
Euphrat	150 =	300 =	11,200 =
Gihon	170 =	230 =	8,000 =
Sihon	190 =	230 =	6,000 =
Tarim	180 =	200 =	10,000 =

10. Die Menge und Größe der Flüsse entspricht der größeren oder geringeren Entwickelung der Küsten. Die größten Steppenflüsse liegen im W. dieses kontinentalen Erdtheils; im S.O. vorzugsweise Doppel-Ströme; Strom-Gruppen u. einzelne Ströme. Verschiedene Mündungsformen der nordischen u. südlichen Ströme.

III. Räumliche Verhältnisse der Unebenheiten Asia's.

11. Uebersicht: Eine zusammenhängende Gebirgsmasse streckt sich von W. gegen O. quer durch den asiatischen Kontinent, von den Küsten des ägäischen und schwarzen bis zu den Gestaden des japanischen und chinesischen Meeres, 1300 Mln. weit, — wird im Allgemeinen allmählig ostwärts immer breiter, verengt sich aber unter dem Meridian der Kabul-Münd. gleichsam zu einem Isthmus, vermittelst dessen wir Hoch-Asien theilen in:

a. das westliche, das Hochland von Vorder-Asien,

b. das östliche, das Hochland von Hinter-Asien.

Außer diesem Hochgebirgskerne noch mehrere untergeordnete, entweder mit ihm verbundene oder abgesonderte, aber mehrentheils in Meridian-Richtung ausgestreckte Gebirgsländer. Nämlich drei im Süden:

1) die Hochländer von Syrien und Arabien;

2) das Plateau von Dekan;

3) die Kettengebirge Hinter-Indiens;

drei im Norden von Hoch-Asien:

1) das Kettengebirge des Ural;

2) die Ketten des Alban-Gebirges u. des Stanowoi-Chrebet;

3) die Gebirgsketten von Kamtschatka.

Außer diesen, ebenfalls im N. von Hoch-Asien, ihm ganz benachbart, noch ein

viertes, das Hochgebirge des Kaukasus,

aber nicht, wie jene in Meridian-, sondern in Parallel-Richtung streichend.

Im Osten von Hoch-Asien ebenfalls drei:

1) der Nan-Ling oder das südliche Gebirge;

2) der Pe-Ling oder das nördliche Gebirge;

3) die Gebirgskette von Korea,

von denen die beiden ersten der Richtung der Parallelen folgen, das letzte in Meridian-Richtung ausgestreckt ist.

Neben und zwischen den genannten Gebirgsmassen ausgedehnte Tiefländer: eins im Norden, eins im Westen, eins im Osten und drei im Süden von Hoch-Asien.

12. Die Tiefländer Asiens.

a. Das große nördliche Tiefland — Sibirien — fast ein Viertel Asiens, größer als Europa, von W. gegen O. 600, von N. geg. S. im Mittel 250 Meilen breit, begrenzt im W. durch den Ural, im O. durch die Aldan- u. Stanowoi-Ketten, im N. durch den arktischen Ozean, so weit er Asiens Küsten bespült, im S. durch eine Linie v. der Aldan-Quelle über die Witim-Münd., Lena-Q., dann westw. bis zum 100° O.L., zur Ischim- und Tobol-Q. gezogen. — Zwischen Ischim- und Tobol-Q. hängt es südwestw. zusammen mit

b. dem großen westlichen Tieflande — Turan. Dieses reicht südw. bis zum Par. der Gibraltar-Str., ostw. fast bis zum Merid. der Sind-Münd., stößt dort an das vorder-, hier an das hinter-asiatische Hochland, wird im W. durch d. kaspischen See begrenzt, dehnt sich aber, im N. dieses letzteren, westw. bis über die Grenzen des Erdtheils aus. (Siehe Europa.)

c. Das östliche Tiefland, die chinesischen Ebenen, an den unteren Stromläufen des Hoang-Ho und Yan-tse-Kiang, im W. und N. durch das hinter-asiatische Hochland, im O. durch das gelbe Meer, im

S. durch den Nan-Ling begrenzt, — durch den Pe-Ling getheilt in die Ebene des gelben und die des blauen Flusses.

d. Die südlichen Ebenen.

A. Die Tiefebenen Hinter-Indiens.

Dies sind schmale, längs den unteren Stromläufen der Halbinsel u. am Meerb. v. Tonkin liegende, durch wenig erforschte Gebirgsketten von einander getrennte, zum Theil fast unbekannte Landschaften. Sie heißen: Pegu an der Münd. des Irawaddy, Birma oder Ava im N. derselben, Siam am unteren Menam, Cambodja, Anam (Tonkin u. Cochin-China). Im W. von Ava, durch eine Gebirgskette davon getrennt, die Küstenlandschaft Arakan, welche westw. zusammenhängt mit

B. Hindustan, den unteren Stufenländern des Ganges und Indus.

Diese werden im N. durch eine v. d. Süd-Wendung des Indus zur Süd-Wendung des Brahmaputra gezogene Linie, im S. etwa durch den nördlichen Wendekreis und den bengalischen Busen, im W. durch den Indus begrenzt, — stoßen hier an das Hochland v. Vorder-, im N. an das v. Hinter-Asien, im S. an das Plateau v. Dekan, — dehnen sich v. W. n. O. bis über 300, in d. entgegengesetzten Richtung (v. O. g. W. allmählig breiter werdend) bis 160 Mln. weit aus, — und sind im W., an ihrer breitesten Stelle, nur durch ein etwa 60 Mln. breites Gebirgsland v. d. Tiefebenen Turans getrennt. —

C. Mesopotamien oder die unteren Stufenländer des Euphrat u. Tigris u. die syrisch-arabische Wüste.

Dieser Landstrich dehnt sich von 35° N.B., südostw. längs den genannten Strömen, bis zum Meere aus, wird im W. durch das syrische, im S.-W. u. S. durch das arabische Plateau, im N. u. O. durch das Hochland v. Vorder-Asien begrenzt. Der Name der syrisch-arabischen Wüste gehört den im W. u. S.W. des unteren Euphrat gelegenen Gegenden.

13. Die Hoch- und Gebirgsländer Asiens.

a. Das Hochland von Ost- oder Hinter-Asien,

mehr als ein Drittel von Asien, grenzt gegen N. an das sibirische Tiefland, gegen O. an den tatarischen Sund, das japanische und chinesische Meer und die chinesischen Ebenen, gegen S. an die Küstenlandschaft Tonkin, die hinter-indischen Kettengebirge, Arakan u. Hindustan, gegen W. an die N.O.-Ecke des vorder-asiatischen Hochlandes u. Turan. Seine größte Ausdehnung von S.W. gegen N.O. = 750, — von N. n. S. = 470 Mln. — Es bildet ein Viereck, dessen S.-, O.-, N.- und W.-Seiten = 480, 450, 400 u. 100 Mln. — Der Süd-Rand streicht von der Süd-Wendung des Indus gegen O.S.O. bis zum Golf von Tonkin; der Ost-

Rand von da bis zum Kerlon- u. Schilka-Zusammenfluß, von S.S.W. gegen N.N.O.; der N.-Rand von der Kerlon-Münd. bis zum Issi-Kul-See, von O.N.O. gegen W.S.W.; der W.-Rand von S. gegen N. — Alle diese Richtungen sind indeß nur ungefähr richtig.

Theile: Der Süd-Rand heißt Himalaya-Gebirge im W., Sine-Schan im O. des Brahmaputra; — den Ost-Rand bildet das chinesische Alpenland oder Jün-Ling im S., das mandschurische im N. des Hoang-Ho; — der N.-Rand zerfällt in das mongolische Grenzgebirge und daurische Alpenland im O. des Baikal-Sees, das Altai-Geb. zwischen letzterem und dem Dsaisang-See und das dsungarische Gebirgsland zwischen diesem u. dem Issi-Kul-See; — der W.-Rand besteht aus dem Muz-Tagh im N. u. Bolor-Tagh im S., an welche beide sich im W. das turkestanische Alpenland anschließt; im Inneren ziehen drei Hauptketten von W. nach O.: der Thian-Schan von Muz-Tagh bis 109° O.L., der Küen-Lün (Kalkun) vom S.-Ende des Bolor-Tagh bis zum Quellbez. des Gelben und Blauen Fl., die südliche Kette vom S.-Ende des Bolor bis zum Sine-Schan. — Zwischen dem Himalaya und Küen-Lün liegt Tibet, zwischen dem letzteren und dem Thian-Schan die hohe Tatarei, zwischen diesem und dem N.-Rande die Dsungarei und Mongolei. —

b. Das Hochland von West- oder Vorder-Asien

grenzt im O. an Hindustan u. die S.O.-Ecke des hinter-asiatischen Hochlandes, im N. an Turan, den Kur, den Kaukasus u. das schwarze Meer, — im S. an das persische Meer, den persischen Meerbusen, Mesopotamien, das syrische Hochland und das levantische Meer, — im W. an das ägäische Meer. Seine größte Ausdehnung von W.N.W. gegen O.S.O. = 540 Mln.; in der Richtung von N. nach S. nimmt seine Breite ostw. allmählig von 50 bis 150 Mln. zu. — Sein N.-Rand streicht in der Verlängerung des S.-Randes des hinter-asiatischen Hochlandes zum S.-Ufer des kaspischen Sees und bis zum Hellespont; — der O.-Rand begleitet den Indus, der S.-Rand anfangs die Meeresküsten, dann folgt er einer Linie, welche die N.O.-Küste des persischen Meerbusens mit der des Golfs von Skanderun verbindet, und endlich den N.-Küsten des levantischen Meeres.

Benennungen: Im N.-Rande das Hindu-Kuh- (Kusch-) Geb., der Paropamisus und das Elbrus- (Albors-) Geb.; — der O.-Rand heißt indisch-persisches Grenzgeb.; — den S.-Rand bildet in seiner westl. Hälfte das Taurus-Geb. — Im Innern drei Hauptabschnitte: das Plateau von Iran im O., das medisch- oder kurdisch-armenische Alpenland in der Mitte um den Wan-See und die Quellen des Euphrat und Tigris, das Hochland von Anadoli im W.

c. Die südlichen Gebirgsländer Asiens.

A. Die Plateaus von Syrien und Arabien.

Die ganze Halbinsel Arabien scheint, mit Ausnahme schmaler Küstensäume, ein einziges Hochland; es grenzt im N.O. an die syrisch-arabische Wüste. Das Plateau von Syrien (Soristan), im N. des arabischen, verbindet das letztere mit dem Süd-Rande des vorder-asiatischen Hochlandes, ist von N. nach S. 120, von W. nach O. höchstens 30 Mln. breit, wird im W. vom levantischen Meere begrenzt, und geht im O. in die syrisch-arabische Wüste über. Fortsetzungen desselben füllen die Halbinsel zwischen den Golfen von Akaba und Suez.

B. Das Plateau von Dekan

nimmt die größere südliche Hälfte der vorder-indischen Halbinsel u. Guzerat, in Gestalt eines Dreiecks, ein, dessen N.-Seite 200, dessen W.-Seite 220, dessen O.-Seite 300 Mln. lang ist, — welches im W. nur von einem sehr schmalen (Malabar), im O. von einem breiteren Küstensaume (Coromandel) niedrigen Landes eingefaßt ist.

C. Die Kettengebirge der hinter-indischen Halbinsel

hängen unmittelbar mit dem S.-Rande des hinter-asiatischen Hochlandes zusammen, und durchziehen, so viel man weiß, in fünf Hauptketten die Halbinsel. Die näheren Verhältnisse sind noch im Dunkeln.

d. Die nördlichen Gebirgsländer Asiens.

A. Der Kaukasus,

auf dem Isthmus zwischen dem kaspischen und schwarzen Meere, bei einer Breite von 40 Mln., von O.S.O. gegen W.N.W., 100 Mln. weit, von dem einen bis zum andern Meere reichend; im N. ungefähr durch eine von der Terek- zur Kuban-Mdg. gezogene Linie, im S. durch den Kur begrenzt.

B. Der Ural

ist von andern Gebirgen durch weite Ebenen ganz getrennt. Er hebt im S. unt. 50° N.B. und 77° O.L. an, und streicht nordwärts bis zum Polarkreise, wendet sich dann nordostw. zum karischen Meere und der W.-Küste des obischen Limans, und endigt unt. $68\frac{1}{2}$° N.B. Eine nordwestl. Vorstufe des nördl. Urals breitet sich bis zur Waigatsch-Str. aus, und füllt im N. derselben die Insel Nowaja-Semlja. Der Ural ist von N. nach S. über 250 Mln. lang, von O. nach W. in seinem südlichen Theile höchstens 25, im mittleren stellenweis nur 7, im nördlichen 15 bis 20 Mln. breit.

C. Die ost-sibirischen Bergketten.

So nennen wir die Bergketten, welche von der N.O.-Ecke des hohen Hinter-Asiens nordostwr. auslaufen, anfangs Jablonoi-Chrebet, dann, v. der Aldan-Quelle an, Aldan-Geb., das zuletzt, v. der Kolüma-Quelle ab, Stanowoi-Chrebet heißen, vielleicht bis zum Ost-Kap reichen, noch sehr wenig bekannt sind, und südwärts wahrscheinlich zusammenhängen mit

D. den Bergketten von Kamtschatka,

welche die gleichnamige Halbinsel, ihrer ganzen Länge nach, bis zum Kap Lopatka durchziehen, doch ohne die West-Küsten zu berühren.

e. Die östlichen Gebirgsglieder Asiens.

A. Der Nan-Ling

ist die Fortsetzung des Süd-Randes des hinter-asiatischen Hochlandes; er streicht, von N. nach S. 60—70 Mln. breit, im N. von der Ebene des Blauen Flusses, im S. von der Küstenebene Tonkins u. a. begrenzt, ostwärts bis zum Kanal von Fu-Kian, wendet sich hier gegen N.O., und folgt der Richtung der Küste bis gegen die Mündung des Yan-tse-Kiang.

B. Der Pe-Ling

ist ein Ausläufer des Ost-Randes des hinter-asiatischen Hochlandes, der die Ebenen des Gelben von denen des Blauen Flusses scheidet, indem er sich bogenförmig dem unteren Laufe des letzteren nähert, und den letzten Vorsprüngen des Nan-Ling gegenüber tritt.

C. Die Gebirgskette von Korea

ist ebenfalls ein Ausläufer d. Ost-Randes, u. füllt d. gleichnamige Halbinsel.

14. Räumliche Ausdehnung der Tief- und Gebirgsländer Asiens.

a. Die Tiefländer, und zwar:

1.	Sibirien	186,000	□ Mln.
2.	Turan	43,000	=
3.	Die chinesischen Ebenen	10,000	=
4.	Die hinter-indischen Tiefebenen etwa	8,000	=
5.	Hindustan	24,000	=
6.	Mesopotamien u. die syrisch-arab. Wüste	13,000	=
7.	Verschiedene Küstensäume	7,000	=
	Sämmtliche Ebenen	291,000	□ Mln.

b. Das Hochland, nämlich:

1.	Das Hochland von Hinter-Asien und die unmittelbar damit zusammenhängenden Gebirgsglieder	346,000	□ Mln.
2.	Das Hochland von Vorder-Asien	71,000	=
3.	Das arabische Hochland	40,000	=
4.	Das syrische Plateau	3500	=
5.	Das Plateau von Dekan	25,500	=
6.	Der Kaukasus	4,000	=
7.	Der Ural	6,000	=
8.	Die Bergketten Kamtschatkas	3,000	=
	Sämmtliche Gebirgsländer	499,000	□ Mln.

(Man vergleiche die aufgeführten Räume, in Betreff ihrer Größe unter sich und mit anderen bereits bekannten Erdräumen, besonders mit solchen, welche irgend etwas Gleichartiges mit ihnen haben, z. B. mit den einzelnen Tiefebenen Amerika's, Afrika's, mit ihrer Gesammtgröße rc., dann aber auch mit andern ungleichartigen, wo möglich recht entfernten Räumen, damit der falsche Eindruck getilgt werde, der jederzeit durch Charten, die nach verschiedenen Maaßstäben entworfen sind, entsteht.)

Ein Vergleich zwischen der räumlichen Ausdehnung sämmtlicher Ebenen und der sämmtlicher Gebirgsländer Asiens zeigt, daß die Form der letzteren in diesem Erdtheil ungefähr in demselben Grade vorherrschend sei, als die der Ebenen in Amerika, daß also in dieser Beziehung Asien dem Nachbar-Erdtheile Afrika ähnlicher sei, als Amerika. — Zugleich aber bemerken wir, daß die asiatischen Tiefländer nicht, wie die afrikanischen, eine einzige zusammenhängende Fläche bilden, welche massenartig neben dem Hochlande liegt, sondern daß sie vielmehr in u. zwischen die Gebirgsländer eindringen, wie in Amerika; freilich wieder mit dem Unterschiede, daß in Asien die Tiefländer den eigentlichen Hochgebirgskern auf mehreren Seiten umgeben, während sie in Amerika ausschließlich auf eine Seite beschränkt sind.

Neunter Abschnitt.

Europa.

I. Räumliche Verhältnisse im Allgemeinen.

1. Europa erscheint als eine große Halbinsel Asiens; es hängt mittelst einer 360 Mln. langen Landgrenze mit diesem Erdtheile zusammen.

Europa liegt, in der Mitte der nordöstlichen Landhalbkugel, allen Erdtheilen, mit Ausnahme des australischen, sehr nahe, und ist von zweien nur durch verhältnißmäßig schmale Meerestheile abgesondert.

Europa's nördlichster Punkt: das bereits bekannte Nord-Kap; der südlichste: das K. Tarifa, an der Str. v. Gibraltar; der westlichste: das K. la Roca, unter dem Par. d. Azoren u. 8° O.L.

2. Das Festland von Europa . . . . . = 168,000 □Mln. mit einem Küstenumfange v. 4300 Mln., so daß also auf je 39 □Mln. Fläche 1 Ml. Küstenlänge kommt. (Vergl. die entsprechenden Verhältnisse bei den anderen Erdtheilen!) —

Von der Küstenentwickelung Europa's gehören:

dem arktischen Polar-Meere	780 Mln.
dem nord-atlant. Ozeane und seinen Theilen	1820 „
dem mittelländischen und schwarzen Meere	1700 „
	4300 Mln.

Europa steht daher west= und südw. in innigerer Berührung mit dem Ozean, als nordw., ist daher meerwärts auch auf der N.=Seite am unzugänglichsten. —

Europa's größte Ausdehnung: v. S.W. n. N.O., v. K. S. Vincente (Par. d. Ohio=Münd. u. Mer. der Niger=Q.) bis zum karischen Golf = 750 Mln.; — v. N. nach S., v. Nordkap bis z. K. Matapan (Par. d. K. Passaro u. 40° O.L.) = 522 Mln.; — v. W. n. O., v. biscayischen Meerb. bis zum kaspischen Meere = 520 Mln. — In der Richtung v. N. nach S. nimmt Europa's Ausdehnung ostw. allmählig zu; seine schmalsten Stellen:

a.	zw. dem Meerb. v. Biscaya u. der Westseite des Golfs v. Lyon	50 Mln.
b.	zw. dem englischen Kanal und dem Golf v. Lyon	95 =
c.	zw. d. englischen Kanal und dem Golf von Triest	125 =
d.	zw. d. weißen und schwarzen Meere	260 =
e.	zw. d. karischen und asofschen Meere	360 =

3. Europa unterscheidet sich von allen andern Erdtheilen durch seine Gestalt. (Vergl. diese mit der der übrigen!) —

Man verbinde den innersten Winkel des biscayischen Golfs, die N.=Spitze des kaspischen Sees u. den südlichsten Theil des karischen Meers durch grade Linien; innerhalb des von diesen umschlossenen, fast rechtwinkligen Dreiecks: die eigentlich kontinentale Masse Europa's, drei Viertel des Ganzen; — außerhalb desselben: die Halbinseln des Erdtheils, seine Glieder, ein Viertel des ganzen Festlandes. Diese sind:

1.	die Halbinsel Kanin	=	160 □Mln.
2.	die lappische Halbinsel oder Kola	=	1800 =
3.	Skandinavien	=	16000 =
4.	Jütland	=	590 =
5.	Nord=Holland	=	30 =
6.	die normannische Halbinsel	=	40 =
7.	die Halbinsel Bretagne	=	350 =
8.	die hesperische Halbinsel	=	10600 =
9.	die Halbinsel Italien	=	2930 =
10.	die Halbinsel Istrien	=	35 =
11.	die griechische Halbinsel	=	6600 =
12.	Taurien oder die Krym	=	360 =
	Zusammen fast		40000 □Mln.

mit einer Küstenlänge von mehr als 2600 Meilen.

(Wie verhalten sich der Flächeninhalt der Glieder zu ihrer Küstenentwickelung, — wie der des kontinentalen Stamms zum Rest, — und was folgt aus dieser Vergleichung?)

4. Anders gestalten sich noch diese Verhältnisse, zieht man die zusammen etwa 10,000 □Mln. einnehmenden, dem Festlande meist ganz benachbarten europäischen Inseln mit in die Betrachtung, die im Ganzen eine Küstenlänge von 1500 Mln. haben.

II. Räumliche Verhältnisse der europäischen Halbinseln und Inseln.

5. Arktische Halbinseln.

a. Kanin, zw. d. weißen Meer u. d. tscheskischen Busen, v. S. g. N. 22 Mln. lang, 7 Mln. breit; nördlichster Punkt: Kanin Noß (Nase) unter $68\frac{1}{2}$° N.B. und $62\frac{1}{2}$° O.L.

b. Kola, im Norden der kandalagskischen Bucht des weißen Meeres, v. W. g. O. 50, v. S. g. N. 40 Mln. breit.

6. Nord-atlantische Halbinseln.

a. Skandinavien, zw. d. Ostsee, d. Kattegat, Skagerrack, dem deutschen u. skandinavischen Meere; bei einer Breite von 60—70 Mln. (etwa unter 60° N.B. sogar 100 Mln. breit), von N.N.O. g. S.S.W. 250 Mln. lang. Sein nördlichster Punkt: das Nord-Kap; der südlichste: die Land-Spitze von Falsterbo (Par. v. Malin-Head und $30\frac{1}{2}$° O.L.); der südwestlichste: K. Lindesnäß (Par. d. Nelson-Fl.-Münd. u. 25° O.L.).

b. Jütland, zw. der Nordsee, d. Skagerrack, Kattegat u. kleinen Belt; v. S. g. N. 55 Mln. lang, bei einer zw. 7 und 23 Mln. wechselnden Breite; der nördlichste Punkt: Skagens Horn ($57\frac{3}{4}$° N.B. und $28\frac{1}{8}$° O.L.).

c. Die holländische Halbinsel, zw. d. Zuyder-See und der Nordsee, v. S. gegen N. 15, v. W. gegen O. 2—10 Mln. breit, ihre N.-Spitze, der Helder, der Insel Texel gegenüber.

d. Die normannische Halbinsel, im O. des Busens von St. Michel, v. S. g. N. 6 Mln. lang.

e. Die Halbinsel Bretagne, zw. dem normannischen und biscayischen Busen, v. W. g. O. 28 Mln. lang. Ihre westlichste Spitze der Insel Quessant gegenüber.

7. Halbinseln am mittelländischen und schwarzen Meere.

a. Die hesperische Halbinf., zw. d. Mittelmeer, dem biscayischen Busen und dem offenen Ozean; der nördlichste Punkt: Kap Ortegal (Par. d. Missouri-Q., Mer. des Palmen-K.); der östlichste: K. Creuz (Par. d. Ohio-Q. u. 21° O.L.); der südlichste: K. Tarifa; der westlichste: K. la Roca. Außerdem merken wir noch zur Bestimmung des

Umrisses: K. Finisterre (Par. d. N.-Spitze v. Corsica u. Mer. d. K. la Roca), K. de Gata (Par. d. K. Passaro u. 15½° O.L.) u. d. K. de Nao (Par. d. K. Roca u. 18° O.L.). Sowohl v. N. n. S., als umgekehrt, ist die Halbinsel 100 Mln. breit; v. S.W. n. N.O., v. K. S. Vincente bis zum K. Creuz 160; v. K. Finisterre bis zum K. de Gata 125 Mln.; — ihre Landgrenze = 56 Mln.

b. Die Halbinsel Italien, zw. d. adriatischen u. tyrrhenischen Meer, v. N.W. g. S.O. 135 Mln. weit ausgestreckt, bei einer mittleren Breite v. 25 Mln.; ihre Landgrenze = 35 Mln.; d. Golf v. Taranto spaltet sie im S. in zwei Landzungen: die calabrische im W., u. d. apulische im O.; der südwestlichste Punkt: K. Spartivento (fast unter der Länge und Breite des K. Peloro); der südöstlichste: d. K. di Leuca (a. d. Str. v. Otranto, unt. d. Mer. des K. d. guten Hoffnung). Außerdem merken wir: K. Circello an der W.-, K. Gargano (Par. der Ohio-O., Mer. d. Oranje-Münd.) a. d. Ost-Küste.

c. Die Halbinsel Istrien, im O. des Triester Busens von N. n. S. 10 Mln. lang.

d. Die griechische Halbinsel, zw. dem schwarzen, Marmora-, ägäischen, ionischen und adriatischen M., im N. am breitesten (unter 45° N.B. etwa 150 Mln. breit), gegen S. anfangs allmählig, dann plötzlich schmaler werdend, v. N. g. S. 120 M. breit; in sich, durch tiefeinschneidende Busen, in viele Halbinseln zerspalten. Die bedeutendste derselben, der Peloponnes oder Morea, welche nur durch die Landenge von Korinth (41° O.L.) mit dem Ganzen zusammenhängt, am meisten gesondert u. in sich zersplittert (bei einem Areal v. 360 □Mln. 130 Mln. Küstenlänge), v. N. n. S. 25, v. W. n. O. 12 Mln. breit. Außerdem: die chalcidische Halbinsel, zw. den Golfen von Contessa und Salonichi, der thrazische Chersones, zw. d. Dardanellen u. d. Golf v. Saros u. m. a.

Die äußersten Punkte der Halbinsel sind: K. Linguetta (Par. d. Sirr.-O. u. 38° O.L.), K. Matapan, K. Colonna (Par. d. K. Spartivento u. 42° O.L.), K. Athos (Par. d. Dardanellen u. d. ebengenannte Mer.), Konstantinopel an der Str. gl. N.

e. Die taurische Halbinsel, durch das faule und todte Meer fast isolirt u. nur durch die schmale Landenge v. Perekop mit d. Kontinent verbunden.

8. Europäische Inseln.

a. Großbritannien, von S. nach N. 120 Mln. lang, an der schmalsten Stelle 13, an der breitesten 65 Mln. breit. (Wie verhält sich der Küstenumfang von 620 Mln. zum Areal?) Der nördliche, kleinere

Theil der Insel heißt Schottland, der südliche England. Ihre äußersten Punkte sind: K. Landsend (50° N.B. u. Mer. d. K. Tarifa), K. Wrath (58⅔° N.B. u. Mer. d. Ins. Quessant), Duncansby Head (Par. d. vorigen und 14½° O.L.), die Landspitze von Dover (an der Str. von Calais).

b. Ireland, v. N. n. S. 55—60 Mln. lang, v. O. n. W. durchschnittlich 30 Mln. breit. (Wie verhält sich der Küstenumfang von 270 Mln. zum Areal? — Vgl. oben, Abschn. III, Kap. V, 13.)

c. Island, durch seine Entfernung und polarische Lage, trotz der Größe des Areals, unwichtig. Eigenthümliche Küstenbildung.

d. Corsica. Von N. n. S. 25, von W. n. O. etwa 10 Mln. breit; nördlichst. Punkt: K. Tolare; südlichst.: K. Fiumare.

e. Sardinien. Von N. n. S. 37, v. W. n. O. 15 Mln. breit; südwestlichst. Punkt: K. Teulada; südöstlichster: K. Carbonara; nördlichster: K. Longosardo.

f. Sizilien, nur 15 Mln. v. afrikanischen K. Bon, dreieckförmig, v. W. n. O. 33, v. N. n. S. 25 Mln. breit.

g. Kandia, v. W. n. O. so breit als Sicilien, v. N. n. S. nur 3—11 Mln.

III. Hydrographisches Netz.

9. Europa's fließende Gewässer gehören zwei Haupt-Meergebieten u. dem des kaspischen Steppensees an. Das atlantische Gebiet zerfällt in 5 Unterabtheilungen.

10. Gebiet des kaspischen Sees.

a. Der Jaik- oder Ural-Fluß.

Quelle: 54° N.B. und 77° O.L.

Münd.: in mehreren Armen in das N.-Ende des kaspischen Sees, unter d. mittleren Mer. desselben (69° O.L.).

b. Die Wolga.

Quelle: Par. d. K. Lindesnäß (57° N.B.) und Mer. d. Busens v. Suez (51° O.L.).

Münd.: in vielen Armen unter d. Par. d. Sirr-Münd. (46 N.B.) u. d. Mer. d. N.W.-Endes d. persischen Meerb. (66° O.L.).

Nebenflüsse:

1. Twerza.

Q.: Par. d. Wolga Münd.

2. Maloga.

Q.: Par. d. Insel Oesel u. 52° O.L.

Münd.: unt. 56° O.L.

3. Scheksna.

Q.: d. weiße (Bjelo) See unt. d. Par d. Ålands-Insn. u. dem Mer. d. Str. v. Jenikale.

Münd.: Par: d. Angara-Münd.

4. Oka.

Q.: Par d. Amur-Münd. und Mer. d. Golfs v. Skanderun.

Münd.: Par. d. Aldan-Q. u. 62° O.L.

Zuflüsse:

b. Moskwa.

Q.: Par. d. Landsp. v. Falsterbo u. Mer. d. Maloga-Q.

Münd.: Par. d. Ural-Q und Merid. der Maloga-Münd.

a. Upa.

5. Kama.

Q.: Par. d Scheksna-Münd. u. 71° O.L.

Münd: Par. der Ural-Q. u. Mer. der Euphrat-Münd.

Zufluß:

Bjelaja.

Q.: P. d. Ural-Q.

Münd.: P. d. Aldan-Q. u. Mer. d. Kama-Q.

11. Gebiet des arktischen Ozeans..

a. Die Petschora.

Quelle: Par. d. Kolüma-Q. u. Mer. d. Bjelaja-Q.

Münd.: Par. d. Obi-Limans u. Mer. d. Kama-Q.

b. Die Dwina.

Quellflüsse:

Suchona.

Q.: d. kubinskische See unt $59\frac{1}{2}$° N.B. und 57° O.L.

Jug.

Q.: Par des kubinskischen Sees und Mer. v. Madagaskar.

Zusammenfluß

unt. d. Par. d. Irtysch-Münd. u. d. M. d. Jug-Q.

Münd.: Par. der Bärenfl.-Münd. und Mer. des kubinskischen Sees.

Nebenflüsse:

Wytschegda.

Q.: Par d. Indigirska-Q. und Mer. d. Kama-Q.

Münd: Par. d. Aldan-Münd und Mer. d. Jug-Q.

c. Die Onega.

Q.: Par. d. Irtysch-Münd. u. Mer. d. Scheksna-Münd.

Münd.: unt. 64° N.B. u Mer. d. Bjelo-Sees (55° O.L.).

12. Gebiet des atlantischen Ozeans.

Gebiet des baltischen Meeres.

a. Küstenflüsse u. Landseen um den bothnischen u. finnischen Busen:

Die Newa

mündet in die Kronstädter Bucht, und entfließt unt. d. Par. des Bjelo-Sees und 49° O.L.,

dem Ladoga-See,
dem größten Landsee Europa's (292 □Mln.). Derselbe nimmt auf:

An seiner S.O.-Ecke unter dem Par. des Bjelo-Sees u. 50° O.L.		An der Ostseite unt. d. P. d. Jug-Münd.:	An der Westseite:
d. Wolchow,	d. Sjas mit d. Tischwina.	d. Swir,	d. Woxa,
d. unter d. Par. d. Schekšna-Münd. d. Ilmen-See entfließt		der der S.W.-Ecke des Onega-Sees entfließt.	d. Abfluß einer Reihe nordw. ausgebreiteter Landseen.

Um den finnischen, zwischen diesem, dem bothnischen und weißen Meerbusen finden sich, außer den genannten größeren, noch viele hundert kleinere durch kurze Flußläufe mit einander vielfach verbundene Landseen, welche meist eine von Norden gegen Süden gestreckte Gestalt haben. Die Bildung dieser Seen-Gruppe erinnert an eine ähnliche, aber großartigere. —

Die Narowa

entfließt unt. d. Par d. Witim-Münd. u. 45¼° O.L. dem Peipus-See, und mündet bei 46° O.L. in den finnischen Busen.

b. Die Düna.

Quelle: Par. d. Wolga-Q. u. Mer. d. Wolchow-Münd.
Münd.: Par. d. Wolga-Q. u. Mer. d. K. Colonna.

Nebenfluß:

Ula.

Münd.: Par. d. Moskwa-Münd.

c. Der Küstenfluß Windau.

Q.: Par. d. Moskwa-Münd.
Münd.: Par. d. Twerza-Q.

d. Der Niemen oder Memel.

Quelle: Par. d. Witim-Q. (58⅔° N.B.) und Mer. d. Bucht von Kronstadt.

Münd.: in zwei Hauptarmen, Ruß und Gilge, der erstere unt. d. Par. d. Moskwa-Münd. u. 39° O.L., der letztere wenig südlicher u. fast unt. derselben Länge.

Bemerkung: Diesen Mündungen liegt westwärts das kurische Haff vor, ein Süßwasser-See, welcher durch eine Landzunge, die kurische Nehrung, vom Meere geschieden, und durch die Straße des Memeler Tiefs, am N.-Ende des Haffs, mit demselben verbunden ist.

Nebenflüsse:

1. Szczara.

Q.: Par. d. Lena-Q. u. Mer d. K. Baba.
Münd.: Par. d. Niemen-Q. u. 42½° O.L.

2. Wilia.

Q.: Par. v. Helgoland u. Mer. des Narowa-Abflusses.
Münd.: Par. d. Gilge-Münd. u. Merid. d. Düna-Münd.

e. Der Pregel.

Quellflüsse:

Rominte.
Q.: Par. d. Wilia-Q. u. $40\frac{1}{4}$° O.L.

Pissa.
Q.: Par. d. Wilia-Q. u. $40\frac{1}{3}$° O.L.

Zusammenfluß unter $54\frac{1}{2}$° N.B.

Münd.: $54\frac{2}{3}$° N.B. u. unt. d. Mer. d. K. Linguetta (38° O.L.).

Bemerkung: Der Pregel-Mündung liegt das frische Haff vor, durch die frische Nehrung v. der Ostsee getrennt u. mit ihr durch d. Pillauer Tief verbunden.

Nebenflüsse:

1. **Angerap.**
Q.: d. Mauer-See, dem sie unt. d. Par. v. Helgoland entfließt.

2. **Inster.**
Q.: Mer. d. Rominte-Q.
Münd.: Mer. d. Str. v. Lepanto ($39\frac{1}{3}$° O.L.).

3. **Alle.**
Q.: $53\frac{1}{4}$° N.B. u. Mer. d Pregel-Münd.
Münd.: Par. d. Angerap-Münd. u. Merid. d. Gilge Münd.

f. Der Küstenfluß Passarge.

Q.: Par. d. Alle-Q. u. Mer. d. Pregel-Münd.
Münd.: ins frische Haff.

g. Die Weichsel.

Quelle: Par. d. K. Landsend u $36\frac{2}{3}$° O.L.

Münd.: Drei Hauptarme: Nogat, unt. 37° O.L. ins frische Haff; alte Weichsel, ebenfalls ins frische Haff; Danziger Weichsel (2 Mündungen), unt. $36\frac{1}{3}$° O.L. in die Danziger Bucht.

Nebenflüsse:

1. **Donajec.**
Q.: Par. d Ob-Q. u. Mer. d. Nadel-K.
Münd.: Par. d. Pregel-Münd.

2. **San.**
Q.: Par. d. Poprad-Q. u. $40\frac{1}{2}$° O.L.
Münd.: $50\frac{3}{4}$° N.B., u. Merid. d. Inster-Münd.

3. **Pelica.**
Q.: $50\frac{1}{2}$° N B
Münd.: 52° N.B. u. Merid. d. Ruß-Münd.

4. **Bug.**
Q : Par. d. Weichsel-Q. und Merid. d. Szczara-Münd.
Münd.: Merid. d. Donajec-Münd.

Zufluß:

Narew.
Q.: P. d. Pelica-Q. u. Mer. d. Szczara-Münd.
Münd.: M. d. Alle-Münd. u. $52\frac{1}{3}$° N.B.

5. **Brahe.**
Q : Par. d. Niemen-Q.
Münd.: Mer. d. K. di Leuca.

h. Der Küstenfluß Leba.

Q.: Par. d. Vereinigung der Pregel-Quellfl.; an ihrer
Münd.: der Leba-See, welcher am 35° O.L. liegt.

i. Der Küstenfluß Stolpe.

Q.: der Stolp-See unt. d. Par. v. Helgoland.
Münd.: unt. 34½° O.L.

k. Der Küstenfluß Persante.

Q.: Par. d. Pregel-Münd.
Münd.: Par. v. Helgoland u. Mer. d. K. Peloro.

l. Der Küstenfluß Rega.

Q.: Par. der Szczara-Münd.
Münd.: unt. 33° O.L.

m. Die Oder.

Quelle: Par. d. Weichsel-Q. und 35¼ O.L.

Münd.: in drei Armen, Peene, Swine und Divenow, unt. d. Par. d. Niemen-Q., in die Swinemünder Bucht.

Bemerkung: Vor seiner Theilung in Mündungs-Arme bildet der Strom das pommersche Haff, welches durch keine Nehrung, sondern durch die Inseln Usedom (zwischen Peene und Swine) und Wollin (zwischen Swine und Divenow) vom Meere gesondert wird.

Nebenflüsse:

1. Oppa.

Q.: Par. des K. Landsend und Mer. des Leba-Sees.
Münd.: Par. der Oder-Q. und Merid. der Brahe-Münd.

2. Klodnitz.

Q.: Mer. d. Weichsel-Münd.
Münd.: 50⅓° N.B.

3. Neisse.

Q.: Mer. d. Stolp-Sees.
Münd.: Par. d. San-Münd

4. Weistritz.

Münd.: Mer. d. Neisse-Q.

Quellfl.

Strigauer Wasser. Schweidnitzer Wasser.

5. Katzbach.

Q.: Mer. d. K. Spartivento.
Münd.: unt. 51¼° N.B.

6. Bartsch.

Q.: Mer. d. Oder-Q.
Münd.: 51⅔° N.B.

7. Bober.

Q.: P. d. Weistritz-Q. (50⅔° N.B.) u. Mer. d. Katzbach-Q.
Münd.: Par. d. Pilica-Münd.

Zufluß:

Queis.

8. Lausitzer Neisse.

Q.: Par. d. San-Münd. u. Mer. d. Rega-Münd.

Münd.: ganz in der Nähe d. Bober-Münd.

9. Warthe.

Q.: Par. d. Pilica-Q. u. Mer. d. Nogat-Münd.

Münd.: Par. d. Narew-Münd.

Zuflüsse:

a. Prosna.

Münd.: Mer. der Oder-Quelle.

b. Netze.

Q. d. Goplo-See, unt. d. P. d. Narew-Münd.

Münd.: Mer. d. Rega-Münd.

10. Plöne.

entfließt d. Plön-, durchfließt den Madüe-, mündet in den Dammschen See (eine Stromerweiterung) unt. d. Par. d. Alle-Q.

11. Ihna.

Q.: Par. d. Alle-Q.

Münd.: in d. N.-Ende d. Dammschen S.

12. Uecker.

Münd.: in das pommersche Haff.

13. Peene

entfließt d. Malchinschen, durchfließt d. Kummerow-See.

Münd.: in d. westl. Mündungs-Arm.

n. Der Küstenfluß Trave.

Q.: d. große Plön-See unt. d. Par. v. Helgoland.

Münd.: Par. d. Swine-Münd.

Bemerkung: Die jütische Halbins. sendet keinen nennenswerthen Fluß zur Ostsee, die skandinavische folgende:

o. Motala-Elf,

der Abfl. des Wettern-Sees, welcher nördlich am Par. d. K. Lindesnäß und östlich am Mer. d. Swine-Münd. liegt.

Münd.: Par. v. Dunkansby-Head.

p. Dal-Elf.

Zwei Quellfl.: beide um den Par. d. Faröer-Insn. u. d. Mer. d. K. Boéo.

Münd.: $60\frac{1}{2}°$ N.B. u. M. der Oppa-Q.

q. Ljusnå-Elf.

Q.: Mer. der vorigen.

Münd.: Mer. d. Swine-Münd.

r. Indals-Elf.

Abfl. mehrerer Seen.

Münd.: unt. d. Par. d. Ljusnå-Elf-Q.

s. Angermannå-Elf,

Abfl. mehrerer Seen unt. d. Par. d. Dwina-Münd.

Münd.: Par. d. Wytschegda-Q.

t. Umeå-Elf.

Q.: Mer. d. Rega-Münd.; durchfließt mehrere Seen.
Münd.: Mer. d. Pregel-Münd.

u. Piteå-Elf.

Q.: Par. d. Petschora-Münd.; durchfließt mehrere Seen.
Münd.: Mer. d. Ruß-Münd.

v. Luleå-Elf,

entfl. d. großen Luleå-See (zw. d. Mer. d. Oppa-Q. u. d. d. Nogat-Münd.).
Münd.: Mer. d. Inster-Münd

w. Torneå-Elf.

Q.: d. Torneå-S. (Mer. d. Nogat-Münd., P. d. Kupferminenfl.-Münd.).
Münd.: Mer. d. Düna-Münd.

Außerdem nennen wir:

x. Den Hjelmar- u. Mälarn-See,

welche beide (südw. am Par. des kubinskischen Sees) durch einen kurzen Flußlauf unter sich, und mittelst einer breiten Oeffnung mit der Ostsee zusammenhängen.

13. Gebiet des atlantischen Ozeans; Fortsetzung.

Gebiet der Nordsee.

Auf der skandinavischen Halbinsel:

a. Göta-Elf,

d. Abfl. des Wenern-Sees (Par. des Narowa-Abfl. u. Mer. v. Rügen).
Münd.: in das Kattegat unt. d. Par. v. Skagens Horn.

b. Glommen.

Q.: in der Nähe der Ljusnå-Elf-Q.
Münd.: in d. nördl. Winkel des Skagerrack, unt. d. Par. des Wenern-Sees.

Bemerkung: In Skandinavien wiederholt sich die Bildung zahlreicher, meist v. N. nach S. ausgedehnter Flußseen, auf einem verhältnißmäßig kleinen Raume, noch einmal. Außer den angeführten noch viele andere.

Auf der jütischen Halbinsel:

c. Die Eyder.

Q.: Par. v. Helgoland u. $27\frac{2}{3}$° O.L.
Münd.: Par. d. Rominte-Q. u. $26\frac{1}{2}$° O.L.

d. Die Elbe.

Quelle: Par. d. Bober-Q., Mer. d. Persante-Münd.
Münd.: Par. d. Oder-Münd., Mer. d. Eyder-Münd.

Nebenflüsse:

1. Iser.

Q.: ganz nahe d. Lauf. Neisse-Q.
Münd.: Par. d. Oppa-Q.

2. Moldau.

Q.: Par. d. San-Q. u. $31\frac{1}{2}$° O.L.
Münd.: Par. d. Klodnitz-Münd.

Zuflüsse:

a. Sassawa.

Q.: P. d. Oder-Q.
Münd.: fast unt. demselben P.

b. Beraunka.

Q.: Mer. d. K. Boeo.
Münd.: Par. der Oppa-Q.

3. Eger.
Q.: Par. d. Oppa-Q. u. 29⅔° O.L.
Münd.: Par. d. Pilica-Q.

4. Schwarze Elster.
Q.: Par d. Katzbach-Münd. u. Mer. d. Eger-Münd.
Münd.: Par. d. Pilica-Münd.

5. Mulde.
Zwei Quellfl.:

Zwickauer M.	Freiberger M.
Q.: P. d. Moldau-Münd	Q.: P. d. Elb-Q. u. Mer.d. d. Moldau-Q.

Münd.: unt. d. Par. d. Pilica-Münd.

6. Saale.
Q.: Par. der Eger-Q. u. 29½° O.L.
Münd.: fast unt. 52° N.B. u. d. Mer. d. eignen Q.

Zuflüsse:

a. Unstrut.	b. weiße Elster.
Q.: P. d. Katzbach-Münd. u. Mer. v. Skagens Horn.	Q.: P. d. Oppa-Q.
Münd.: P. d. Katzbach-Münd.	Münd.: P. der Tobol-Q.

7. Havel.
Q.: mehrere Seen unter d. Par. des Plön-Sees.
Münd.: Par. d. Szczara-Q.

Zufluß:

Spree.
Q.: Par. d. Jenessei-Q. und 32½° O.L.
Münd.: Par. der Warthe-Münd.

Bemerkung: So wie die Weichsel, nachdem sie den Bug, und so wie die Oder, nachdem sie die Warthe aufgenommen hat, keine bedeutenden Zuflüsse mehr erhält, so fehlen diese auch der Elbe abwärts der Havel-Münd.

e. Die Weser.
Zwei Quellflüsse:

Fulda.	Werra.
Q.: P. d. Eger-Münd.; Mer. d. Eyder-Q.	Q.: P. d. Eger-Münd.; Mer. d. K Bon.

Zusammenfluß
unt. d. Par. d. weißen Elster-Münd. u. d. Mer. v. Sardinien.
Münd.: Par. d. Rega-Q. u. Mer. v. K. Lopez.

Nebenflüsse:

1. Diemel.
Q.: Par. d. schwarzen Elster-Münd.
Münd.: Par. d. Bartsch-Münd.

*2. Aller.
Q.: Par. d Warthe-Münd. u. Mer. d K. Bon
Münd.: Par. d. Havel-Münd.

Zuflüsse:

a. Ocker.	b. Leine.
Q.: P. d. Mulde-Münd.	Q.: Par. der weißen Elster-Mnd. u. Mer. der Unstrut-Q.
Münd.: Par. der Spree-Münd.	Münd.: P. d Netze-Münd.

3. Hunte.
Q.: P. d. Aller-Q.:
Münd.: Mer. d. Weser-Münd.

f. Der Küstenfluß Jahde.

Q.: unt. d. Par. d. Hunte=Münd.

Münd.: in d. Jahde=Busen.

g. Die Ems.

Quelle: unt. d. Par. d. Saale=Münd. u. Mer. d. Elb=Münd.

Münd.: unt. d. Par. d. Weser=Münd. in den Dollart.

Nebenfluß:

Haase.

Q.: P. d. Ems-Q. u Mer. des Jahde=Busens.

Münd.: Par. d. Leine=Münd.

h. Der Küstenfluß Vechte.

Q.: Par. d. Ems=Q. und 25° O.L.;

Münd.: unt. d. Par. d. Haase=Münd in d. Zuyder=See.

i. Der Rhein.

Quelle: unt. 46½° N.B. u. d. Mer. d. Elb=Münd.

Münd.: (in vielen Armen — von denen einige kanalisirt sind — zum Theil in den Zuyder=See, zum Theil unmittelbar in die Nordsee) im S. des Par. d. Vechte=Q. und im W. des Mer. v. Texel.

Unter d. Par. d. Irtysch=Quelle (47½° N.B.) bildet der Rhein den Konstanzer oder Boden=See.

Nebenflüsse:

1. Aar.

Q.: P d. Rhein=Q. u. 26° O.L.

Münd.: Par. des Bodensees und des Mer. d. eignen Q.

Die Aar bildet die Seen von Brienz und Thun.

Zuflüsse:

a. Thièle, d. Abfluß d. Neufchateller S., bildet den Bieler See.

b. Reuß. Q.: zwisch. Aar und Rhein=Q. Münd.: unf d. Aar=Münd.

c. Limmat. Q.: 47° N.B. Münd.: dicht neben der Reuß=Münd.

Bemerk.: Die Reuß bildet den Vierwaldstädter= od. Luzerner, d. Limmat d. Züricher See; letztere heißt anfangs Linth, und nimmt d. Abfluß des Wallenstädter Sees auf.

2. Kinzig.

Münd.: unt. 48½° N.B.

3. Ill.
Q.: Mer. d. Bechte-Q.
Münd.: unfern d. Kinzig-Münd.

4. Murg.

5. Neckar.
Q.: Par. der Kinzig-Münd. u. Mer. d. Aar-Q.
Münd.: unt. 49½° N.B.

6. Main.
Q.: um d. Par. u. d. Mer. d. Saale-Q.
Münd.: Par. d. eigenen Q. u. Mer. d. Aar-Q.

Zuflüsse:
a. Regnitz. b. Fränkische Saale.
Retzat. Pegnitz.
c. Tauber. d. Nidda.

7. Nahe.
Q.: Par. d. Neckar-Münd. u. Merid. d. K. Lindesnäß.
Münd.: Par. d. Main-Münd.

8. Lahn.
Q.: Par. der Spree-Q. und Merid. der Aar-Q.
Münd.: Par. d. Moldau-Münd.

9. Mosel.
Q.: 48° N.B. u. Mer. d. Nahe-Q.
Münd.: unfern d. Lahn-Münd.

Zuflüsse:
a. Meurthe.
b. Saar.

10. Sieg.
Q.: unmittelbar neben d. Lahn-Q.
Münd.: Par. d. Iser-Q.

11. Ruhr.
Q.: Par. d. Unstrut-Münd. u. Mer. d. Weser-Münd.
Münd.: Par. d. Leine-Q.

12. Lippe.
Q.: Mer. d. Elb-Münd.
Münd.: Par. d. Bode-Münd.

13. Maas.
Q.: Par. d. Mosel-Q. u. 23° O.L.
Münd.: in d. linken Münd.-Arme d. Rhein, Waal u. Leck.

Zuflüsse:

a. Sambre.
Q.: Par der Main-Münd. u. 21½° O.L.
Münd.: P. d. Fulda-Quelle.

b. Roer.
Q.: Par. der Fulda-Quelle.
Münd.: P. d. Ruhr-Quelle.

k. Die Schelde.

Quelle: unt. d. Par. der Main-Münd. u. dem Mer. d. K. Creuz.
Münd.: (in zwei Haupt-Armen: Oster- u. Wester-Schelde) im O. des Mer. d. eignen Q. u. um d. Par. d. Lippe-Münd.

Nebenflüsse:

1. Lys.
Q.: Par. d. Roer-Q.
Münd.: Par. der Sieg-Q. u. Merid. der Sambre-Q.

2. Rupel.
Drei Quellfl.: Dyle, Senne, Neethe.
Münd.: unt. 22° O.L.

14. Gebiet des atlantischen Ozeans; Fortsetzung.

Gebiet des Aermel-Meeres.

a. Der Küstenfluß Somme.

Q.: unt. d. Mer. d. Schelde-Q.
Münd.: dicht neben dem Pas de Calais.

b. Die Seine.

Quelle: Par. des Bodensees u. Mer. v. Texel.
Münd.: Par. der Neckar-Münd. u. Mer. d. K. de Nao.

Nebenflüsse:

1. Aube.
Q.: im S.W. d. Maas-Q., fast unt. d. Par. d. Seine-Q.
Münd: Par. d. Kinzig-Münd.

2. Yonne.
Q.: Par. des Oberen Sees (47° N.B.)
Münd.: fast unt. d. Mer. d. Somme-Q.

3. Marne.
Q.: zw. d. Maas- u. Aube-Q.
Münd.: unt. 20° O.L.

4. Oise.
Q.: Par. der Schelde-Q. u. Mer. der Rupel-Münd.

Zufluß:
Aisne.
Q.: Par. d. Oise-Münd u. M. d. Aube-Q.
Münd.: unt. 20½° O.L.

5. Eure.
Q.: Par. d. Aube-Münd. u. 18½° O.L.
Münd.: bei 19° O.L.

15. Gebiet des atlantischen Ozeans; Fortsetzung.

Gebiet des biskayischen Meeres.

a. Der Küstenfluß Vilaine.

Q.: unt. d. Par. d. Neckar-Q.
Münd.: Par. d. Seine-Q. u. 15° O.L.

b. Die Loire.

Quelle: Par. d. Str. v. Jenikale u. Mer. d. Oise-Q.
Münd.: Par. d. Boden-Sees u. Mer. d. K. de Gata.

Nebenflüsse:

1. Allier.
Q.: 44½° N.B. u. M. d. Sambre-Q.
Münd.: Par. d. Yonne-Q.

2. Cher.
Q.: Par. d. Wolga-Q.
Münd.: fast unt. d. Mer. d. Eure-Q.

3. Vienne.
Q.: unt. 45¾° N.B.
Münd.: fast unt. d. Mer. d. Seine-Münd.

4. Mayenne.
Q.: P. d. Ins. Quessant u. 17½° O.L.
Münd.: unt. 17° O.L.

c. Der Küstenfluß Sèvre Niortaise.

Q.: unt. d. Mer. der Mayenne-Q.

Münd.: unter d. Par. der eigenen Q.

d. Der Küstenfluß Charente.

Q.: fast unter d. Par. der Vienne-Q.

Münd.: fast unter d. Par. d. Cher-Q.

e. Die Garonne.

Quelle: fast unter 42½° N.B. und d. Mer. des Pas de Calais.

Münd.: fast unter d. Par. der Charente-Q. und 16½° O.L.

Nebenflüsse:

1. Arriège.

Q.: P. d. Garonne-Q. u. 19½° O.L.

Münd.: unter 43½° N.B.

2. Tarn.

Q.: fast unter d. Par. der Allier-Q. u. dem Mer. der Allier-Q.

3. Lot.

Q.: zw. Allier- und Tarn-Q

Münd.: Mer. d Seine-Münd.

4. Dordogne.

Q.: unter 45½° N.B. und d. Mer. der Aisne-Münd.

Münd.: Par. der Loire-Q. und der Mer. der Mayenne-Münd.

Bemerkung: Von der Mündung der Dordogne an führt der Fluß den Namen Gironde.

f. Der Adour.

Q.: fast unt. d. Par. des K. Tolare und d. Mer. der Seine-Münd.

Münd.: unt. d. Par. der Arriège-Münd. in den innersten Winkel des biskayischen Busens.

Bemerkung: Die hesperische Halbinsel sendet kein Gewässer von Bedeutung dem biskayischen Meere zu.

16. (Unmittelbares) Gebiet des atlantischen Ozeans.

a. Der Minho.

Q.: Par. der Adour-Münd. u. 10½° O.L.

Münd.: fast unt. d. Par. der Ohio-Q. u d. Mer. des Zusammenfl. des Kokoro und Basing.

b. Der Duero.

Quelle: Par. d. Minho-Münd. und Mer. der Vilaine-Münd.

Münd.: Par. der Str. von Bonifacio und der Mer. der Minho-Mündung.

Nebenfluß:

Pisuerga.

Q.: Par. des K. Finisterre.
Münd.: bei 13° O.L.

c. Der Küstenfluß Mondego.

Q.: unt. dem Mer. d. Minho-Q.
Münd.: Par. d. Straße von Otranto.

d. Der Tajo oder Tejo.

Quelle: unter $41\frac{1}{2}°$ N.B. und unter d. Mer. des innersten Winkels des biskayischen Busens.
Münd.: Par. d. K. la Roca und d. Mer. d. Niger-Q.

Nebenflüsse:

1. Henares.

Q.: Par. d. Duero-Münd. und Mer. d. Duero-Q.
Münd.: unt. 14° O.L.

2. Zezere.

Q.: Par. der Mondego-Q.
Münd.: unter $9\frac{1}{2}°$ O.L.

3. Zatas.

Q.: unt. $10\frac{1}{2}°$ O L.
Münd.: Par. der Azoren.

e. Der Küstenfluß Caldas oder Sadao.

Q.: unt. d. Par. d. K. Colonna.
Münd.: unt. $38\frac{1}{2}°$ N.B.

f. Die Guadiana.

Quelle: Par. der Zatas-Münd. und Mer. der Duero-Q.
Münd.: unter d. Mer. der Minho-Q.

Nebenfluß:

Zancara.

Q.: Par. der N.-Spitze von Menorca.
Münd.: Mer. von Duncansby-Head.

g. Der Guadalquibir.

Quelle: Par. des K. Spartivento und Mer. der Duero-Q.
Münd.: Par. des K. de Gata und $11\frac{1}{2}°$ O.L.

Nebenflüsse:

1. Guadiana menor.

Q: Par. der Guadalquibir-Q.
Münd.: Mer. der Zancara-Münd.

2. Guadalimar.

Q.: Par. d. Guadiana-Q.
Münd.: Par. der Guadalquibir-Q.

3. Jenil.

Q.: Par. des K. S. Vincente.
Münd.: unter $37\frac{1}{2}°$ N B.

17. Gebiet des atlantischen Ozeans; Fortsetzung.

Gebiet des Mittelmeeres.

a. Der Küstenfluß Segura.

Q: ganz in der Nähe der Guadalquibir-Q.
Münd.: unt. d. Par der Quelle und d. Mer. der Dordogne-Münd.

b. Der Küstenfluß Jucar.

Q: fast unt. d. Par. d. Str. von Otranto u. Mer. d. Tajo-Q.
Münd.: unt. dem Mer. der Mayenne-Q.

c. Der Küstenfluß Guadalaviar.

Q: ganz in der Nähe der Tajo- und Jucar-Q.
Münd.: in den Golf von Valencia.

d. Der Ebro.

Quelle: Par. d. Pisuerga-Q. und $13\frac{2}{3}^{\circ}$ O.L.
Münd.: unter $40\frac{3}{4}^{\circ}$ N.B. und d. Mer. der Eure-Q.

Nebenflüsse:

1. Aragon.
Q.: Par. d. Ebro-Q.
Münd: Mer. der Tajo-Q.

2. Jalon.
Q.: Mer. d. K. de Gata.

3. Segre.
Q.: unt. $42\frac{1}{2}^{\circ}$ N.B. u. Mer. der Arriège-Q.
Münd.: unt. d. Mer. d. K. de Nao.

Bemerkung: Nun folgen eine Menge kurzer, wasserreicher Küstenflüsse, unter denen Llobregat, Ter, Aude und Herault die bedeutendsten sind.

e. Die Rhone.

Quelle: zwischen der Aar- und der Reuß-Q.
Münd.: in mehreren Armen um d. Par. d. Adour-Münd. und d. Mer. v. Texel ($22\frac{1}{2}^{\circ}$ O.).

Bemerkung: Die Rhone durchfließt den Genfer See, welcher südlich am Par. der Rhone-Q. liegt.

Nebenflüsse:

1. Saone.
Q.: Par. d. Maas-Q. u. Mer. d. K. Formosa.
Münd.: fast d. Par. d. Garonne-Münd. u. d. Mer. d. Rhone-Münd.

Zufluß:
Doubs.
Q.: fast P. d. Rhein-Q. u. Mer. der Saone-Q.
Münd.: wenig nördlicher als die Q.

2. Isère.
Q.: Par. d. Dordogne-Q. und Merid. der Mosel-Q.
Münd.: Par. der Loire-Q.

3. Durance.
Q.: Par. der Loire-Q.
Münd.: Par. der Missouri-Q.

f. Der Küstenfluß Var.

Q.: unt. d. Mer. der Durance-Q.

Münd.: unt. d. Mer. der Vechte-Q.

g. Der Arno.

Quelle: Par. d. K. Ortegal und Mer. d. Main-Q.

Münd.: unter d. Par. der eigenen Q.

h. Die Tiber.

Quelle: unter d. Par. des K. Ortegal.

Münd.: unter d. Par. d. K. Gargano u. d. Mer. d. K. Boëo.

i. Der Küstenfluß Gariglian o.

Q.: unt. d. Par. d. Duero-Q.

Münd.: in den Busen von Gaeta.

k. Der Küstenfluß Volturno.

Q.: fast unt. d. Par. d. Tiber-Münd.

Bemerkung: Viele kurze Küstenflüsse der italischen Halbinsel fließen in der gemeinschaftlichen Richtung von S.W. n. N.O., dem adriatischen Meere zu. Unter ihnen die Pescara am bedeutendsten.

l. Der Po.

Quelle: fast unt. d. Par. d. Allier-Q. u. d. Mer. d. Isère-Q.

Münd.: in mehreren Armen, südlich am Par. d. Durance-Q. und um d. Mer. d. Tiber-Münd.

Nebenflüsse:

1. Dora baltea.

Q.: Par. d. Saone-Münd. u. $24\frac{1}{2}$° O L.

Münd.: fast unt. d. Mer. v. Helgoland.

3. Tessino.

Q.: ganz in der Nähe der Reuß- und Rhone-Q.

Münd.: unt. d. mittl. Mer. v. Sardinien.

Bemerk.: Der Fluß bildet (um den Par. der Cher-Q) den Lago maggiore.

5. Adda.

Q.: P. d. Tessino-Q. u. Mer. d. Unstrut-Q.

Münd.: fast unt. d. Mer. d. Fulda-Q.

Bemerk.: Der Fluß bildet (um den Par. d. Lago maggiore) d. See v. Como.

6. Oglio.

Q.: in d. Nachbarschaft d. Adda-Q.

Münd.: Mer. v. Skagens Horn.

Bemerk.: Der Fluß bildet den See von Iseo.

7. Mincio,

der Abfluß des Garda-Sees.

Münd.: unt. d. Mer. d. Werra-Q.

2. Tanaro.

Q.: Par. d. Var-Q.

Münd.: Mer. d. Rhein-Q.

4. Trebbia.

Q.: Par. d. Allier-Q.

m. Die Etsch (Adige).

Quelle: d. Adda-Q. ganz benachbart.
Münd.: unmittelbar neben der Po-Münd.

Nebenfluß:

Eisach.

Q.: Par. der Allier-Münd.
Münd.: Par. d. Etsch-Q. und Mer der Allei-Q.

n. Die Küstenflüsse:

Bacchiglione, Brenta, Piave, Tagliamento, Isonzo, die sämmtlich in den Golf von Venedig münden.

o. Die Moraka oder Bojana.

Q.: unt. d Par. d. K. Tolare.
Münd.: unt. d. Par. der Garigliano-Q.
} der Fluß bildet den Bojano-See od. See von Skutari.

p. Der Drino.

schwarzer:
Q.: der See von Okhrida (Par von Konstantinopel u. 38½° O.L.).

weißer:
Q.: Par. der Ebro-Q. u. Mer. d. Nogat-Münd.

Münd.: unt. d. Par. d. Garigliano-Quelle.

q. Peneus (Salambria).

Q. und Münd.: unt. d. Par. d. Dardanellen.

r. Der Vardar.

Q.: Par. der Segre-Q.
Münd.: Par. d. Ebro-Münd.

s. Der Strymon (Karasu).

Q.: Par. d. Segre-Q.
Münd.: in den Golf von Contessa.

t. Die Marizza.

Q.: Par. des K. Creuz u. Mer. d. Düna-Münd.
Münd.: unt. d. Par. d. Ebro-Münd.

18. Das Gebiet des schwarzen Meeres.

a. Die Donau.

Quelle: um d. Par. der Maas-Q. u. d. M. d. Neckar-Q.;
Münd.: in vielen Armen um d. Par. d. Str. von Jenikale u. d. Mer. d. westlichen Nil-Münd.

Nebenflüsse:

1. Iller.
Q.: Par. d. Loire-Münd.
Münd.: Mer. d. Fulda-Q.

2. Lech.
Q.: der Iller-Q. ganz benachbart.
Münd.: unt. 28½° O.L.

3. Altmühl.
Q.: d. Wernitz-Q. benachbart.
Münd.: Mer. d. Main-Q.

4. Naab.

Q.: in der Nähe der Main-, Eger- und Saale-Quellen.

Münd.: Par. d. Moldau-Q.

5. Regen.

Q.: Par. der Moldau Q.

Münd.: ders. Par. und fast Mer. der Eger-Quelle.

6. Isar.

Q. Par. d. Iller-Q. u. Mer. d. Eisach-Münd.

Münd.: fast Mer. d. Landspitze v. Falsterbo.

7. Inn.

Q.: Par. d. Rhein-Q. u. Mer. des K. Blanco.

Münd.: Par. d. Kinzig-Münd.

Zufluß:

Salzach.

Q.: Par. d. Wallenstädter Sees u. Mer. d. Po-Münd.

8. Ens.

Q.: Par. d. Loire-Münd. u. Mer. von Rügen.

Münd.: Par. d. Neckar-Q. u. Mer. der Spree-Q.

9. March.

Q.: Par. d. Saale-Q. u Mer d Neisse-Q.

Münd.: fast unt. d. Mer. d. Q.

10. Raab.

Q.: Par. d. Ens-Q.

Münd.: Par. d. Ariège-Q.

Zufluß:

Rabnitz u. a. Abfl. des Neusiedler Sees.

11. Waag.

Q.: Par. d. San-Q.

Münd.: fast Mer. d. Oppa-Münd

12. Gran.

Q.: fast Par. d. Inn-Münd.

Münd.: Mer. d. Danziger Weichsel-Münd.

13. Sio oder Schio,

dem die Gewässer des Platten- oder Balaton-Sees zugeführt sind.

14. Drau oder Drave.

Q.: Par. der Doubs-Q. und Mer. der Salzach-Q.

Münd.: Par. d. Isère-Q.

Zufluß:

Mur.

Q.: ganz i. d. Nähe d. Ens-Q.

Münd.: M. d. March-Münd.

15. Theiß.

Q.: Par. d. Donau-Q. und Mer. d. Kap Athos.

Münd.: Mer. d. Pregel-Münd.

16. Save oder Sau.

Q.: Par. d. Eisach-Münd.

Münd.: Par. d. Po-Münd.

Zuflüsse:
a. Samosch. b. Hernad.
c. Körösch.
d. Marosch.

17. Temesch.
Q.: Par. d. Theiß-Münd. u. Mer. des K. Matapan.
Münd.: unf. d. Par. d. Sau-M.

19. Aluta oder Alth.
Q: Par. der Drau-Q. und d. Merid. des Nordkaps.
Münd.: Mer. d. Bug-Q.

20. Sereth.
Q: im S.O. d. Theiß-Q.
Münd.: Par. d. Donau-Münd.

21. Pruth.
Q.: ganz in d. Nähe der Theiß-Q.
Münd.: Par. d. Donau-Münd.

Zuflüsse:
a. Kulpa.
b. Bosna.
c. Drina.

18. Morawa.

serbische
Q: Par. d. weißen Drino-Q. u. Mer. d. Theiß-Münd.

bulgarische
Q.: P. d. Bug-Q.

Zusammenfluß:
unt. d. Mer. d. Ruß Münd.
Münd.: fast unt. demselb. Mer.

b. Der Dnjestr.

Quelle: Par. d. Dobnajec-Q. u. fast d. Mer. d. Landenge v. Korinth.
Münd.: Par. d. Wolga-Münd. u. Mer. d. Kronstadter Bucht.

c. Der Dnjepr.

Quelle: Par. d. Oka-Münd. u. $51\frac{1}{2}°$ O.L.
Münd.: Par. d. Sau-Q. u. Mer. des Newa-Abflusses.

Nebenflüsse:

1. Beresina.
Q. Par. d. Wilia-Münd u. Mer. der Wilia-Q.
Münd: Par. d. Goplo-Sees und Mer. d. Dnjestr-Münd.

2. Przypiec.
Q: Par. d. Spree-Q. u. $41\frac{1}{2}°$ O L.
Münd: Par. d. Main-Münd. u. Mer. d. Dnjestr-Münd.

3. Desna.
Q: Par. d. Pissa- u. Rominte-Zusammenfl. u. Mer. d. Wolga-Q.
Münd.: Par d. Narew-Q. und Mer. der Dnjestr-Münd.

4. Bug oder Boh.
Q.. Par. d. Neckar-Münd. und Mer. d. K. Baba.
Münd.: in den Liman des Dnjepr

d. Der Don.

Quelle: Par. d. Niemen-Q. u. Mer. d. Moskwa-Münd.

Münd.: unt. d. Par. d. Allier-Münd. in den nordöstl. Winkel des asofschen Meeres.

Nebenfluß:

Donec oder kleiner Don.

Q.: Par. der Spree-Q. und Mer. des Bjelo-Sees.

Münd.: P. d. Raab-Münd. u. 58½° O.L.

19. Flußnetz der größeren europäischen Inseln.

a. Großbritannien.

1. Die Themse.

Quelle: Par. d. Vechte-Q. u. fast Mer. d. Dordogne-Münd.

Münd.: unt. d. Par. d. Ruhr-Münd. in d. Nordsee.

2. Die Ouse.

Q.: unt. dem Mer. der Garonne-Münd.

Münd.: unt. d. Mer. d. Seine-Münd. in den Wash-Busen.

3. Der Humber.

Ouse. Trent.

Q.: Par. v. Texel u. Mer. d. Loire-M.

Zusammenfluß

unt. d. Mer. d. Dordogne-Münd.

Münd. des Humber um d. Par. des Dammschen Sees.

4. Der Tweed.

Q.: unt. d. Par. von Malin-Head.

Münd.: in d. Nordsee, südl. a. 56° N.B.

5. Der Clyde.

Q.: Par. von Malin-Head u. Mer. d. Henares-Münd.

Münd.: in den Clyde-Busen unt. dem Par. d. Dnjepr-Q.

6. Der Severn.

Quelle: unt. d. Par. d. Spree-Münd.

Münd.: in den Kanal v. Bristol unt. d. Mer. d. Duero-Q.

b. Irland.

1. Der Küstenfluß Ban.

Q.: im N. der Bay von Dundalk; bildet den Neagh-See.

Münd.: an der Nordküste der Insel.

2. Der Küstenfluß Erne,

kommt aus dem Ern-See, und mündet in die Donegal-Bay.

3. Der Küstenfluß Shannon.

Q.: Par. der Elb-Münd. und Mer. d. Zezere-Münd.

Münd.: Par. der Severn-Q. und Mer. des K. la Roca.

20. Stromlängen und Gebietsgrößen der europäischen Hauptflüsse:

Namen.	Directer Abstand zw. Quell. u Mdg.	Stromentwickelung.	Stromgebiet.
1. Wolga	210 Mln.	430 Mln.	30,000 □M.
2. Dwina (Suchona-Q.)	70 „	160 „	6000 „
3. Düna	70 „	140 „	1400 „
4. Niemen	60 „	115 „	2000 „
5. Weichsel	70 „	130 „	3600 „
6. Oder	70 „	120 „	2100 „
7. Elbe	80 „	155 „	2800 „
8. Weser	50 „	70 „	870 „
9. Rhein	90 „	150 „	4000 „
10. Seine	55 „	92 „	1200 „
11. Loire	80 „	130 „	2400 „
12. Garonne	50 „	80 „	1400 „
13. Duero	65 „	100 „	1600 „
14. Tajo	90 „	120 „	1400 „
15. Guadiana	65 „	105 „	1200 „
16. Guadalquibir . . .	45 „	70 „	950 „
17. Ebro	65 „	80 „	1200 „
18. Rhone	60 „	109 „	1760 „
19. Po	58 „	88 „	1200 „
20. Donau	220 „	365 „	14,400 „
21. Dnjestr	90 „	110 „	1500 „
22. Dnjepr	140 „	240 „	8500 „
23. Don	105 „	195 „	8000 „

21. **Rückblicke.** Die eingeschlossensten Meeresbecken haben die größten Zuflüsse und die größten Gebiete. — Der größte europäische Strom ist ein Steppenfluß. — Die europäischen Steppenseen sind, im Vergleich mit dem kaspischen See, sehr unbedeutend (Neusiedler, Platten-See, trasimenischer oder See von Perugia, See von Celano oder Fucino). — Flußseen sind vorzugsweise in der Mitte des Erdtheils sehr häufig, namentlich um das baltische Meer und um die oberen Stufenländer der Rhone, des Rheins, der linken Po- und der oberen rechten Donau-Zuflüsse. — Aehnlichkeit des europäischen und amerikanischen Wassernetzes. Rhein und Maas, Po und Etsch erinnern an die asiatischen Zwillingsflüsse. — Parallelität der europäischen Flüsse in mehreren größeren Gruppen. — Verschiedene Mündungsformen. —

IV. Räumliche Verhältnisse der Unebenheiten Europa's.

22. Uebersicht. Die kontinentale Hauptmasse des Erdtheils gehört vorzugsweise der Form des Tieflandes an; alle Halbinseln dagegen, mit Ausnahme der jütischen und holländischen, sind größtentheils mit Gebirgen angefüllt. —

Die größte Fläche des europäischen Tieflandes nimmt zusammenhängend den Nordosten des Erdtheils ein; der Südwesten besteht dagegen größtentheils aus Gebirgsland. — Diese massenartige Vertheilung beider Formen erinnert an die ähnliche in Afrika; aber das gebirgige südwestliche Europa ist nicht ohne Tiefländer, sondern durch solche mehrfach gesondert und zerspalten. —

23. Das Tiefland von N.O.-Europa ist als die Fortsetzung der Steppenflächen Sibiriens und Turans anzusehen. Von den ersteren wird es durch den Ural geschieden. Es reicht vom schwarzen bis zum arktischen, baltischen und deutschen Meere; die jütische und holländische Halbinsel gehören ihm an, die skandinavische und die taurische sind ihm benachbart. Eine Linie von der Dnjestr- bis zur Rhein-Mündung bildet im Allgemeinen seine Grenze gegen das Gebirgsland Südwest-Europa's.

Seine größte Ausdehnung von W. nach O. = 500 Meilen; in der Richtung von N. nach S. ist seine Breite im O. am bedeutendsten, = 300 Meilen; sie nimmt westwärts allmählig ab, und beträgt unter dem Mer. des Dollart nur noch 15 Meilen.

Der Lauf der Weichsel trennt den östlichen, größeren Theil — die sarmatische oder slavische Ebene — von dem westlichen, kleineren — der germanischen Ebene.

24. Südwest-Europa. Uebersicht. Nimmt man vorläufig auf die Halbinseln keine Rücksicht, und verbindet die Garonne-Quelle mit den Donau- und Rhein-Mündungen und diese letzteren mit der Dnjestr-Münd. durch grade Linien: so entsteht ein fast rechtwinkliges Dreieck, dessen östliche Spitze nicht geschlossen, dessen südliche Seite = 300, dessen westliche = 150, dessen nordöstliche Seite = 250 Meilen. Dasselbe enthält das eigentliche Gebirgsland Südwest-Europa's.

25. Außerhalb dieses Dreiecks in Südwest-Europa zwei Tiefebenen, welche beide mit dem großen nordost-europäischen Tieflande zusammenhängen, nämlich

a. das französische Tiefland. Dasselbe wird begrenzt durch die Nordsee, den britischen Kanal, das biskayische Meer, die Gebirgs- und Berglandschaften der hesperischen und bretagnischen Halbinsel und durch die West-Seite des eben bezeichneten Gebirgsdreiecks; es hängt mittelst des

Rhein-Mündungslandes mit der gorßen nordost-europäischen Tiefebene und durch die schmale Thalfläche der unteren Aude mit den mitteländischen Küstenlandschaften zusammen.

Erläuterung: Zur genauern Begienzung ziehe man eine Linie von der Schelde- zur Sambre- und Maas-Quelle, dann zur Allier-Mündung, Charente-Quelle, nach Auillac und Castelnaudary; eine andere von der Nord-Spitze der normannischen Halbinsel über die Eure- und Vilaine-Quelle südwestwärts zur Küste; eine dritte von der Adour- über die Arriège-Mündung zum Thal der unteren Aude. —

Von N. gegen S. hat das französische Tiefland eine Ausdehnung von 120, von W. nach O. eine wechselnde Breite von 20, 40 und 80 Meilen. —

b. Das Tiefland der unteren Donau liegt theils auf beiden, theils nur auf dem linken Ufer dieses Stromes, beginnt im W. etwa unter dem Mer. der Landenge von Korinth, und reicht ostwärts bis zum schwarzen Meere; es hängt durch das Mündungsland des Dnjestr mit dem großen Tieflande N.O.-Europa's zusammen, und schneidet die Gebirgslandschaft der griechischen Halbinsel zum Theil von der Hauptmasse des europäischen Gebirgslandes ab. —

Seine Ausdehnung von W. nach O. etwa = 70, die Breite von N. nach S. ungefähr = 10 Meilen.

26. Das Hochland S.W.-Europa's: das Gebirgs-Dreieck. Innerhalb des oben bezeichneten Gebirgsdreiecks unterscheiden wir drei Hauptformen: Hochgebirgs-, Mittelgebirgs- und Tiefland. Die ersteren beiden sind vorherrschend.

A. Tiefebenen innerhalb des Gebirgsdreiecks.

Drei derselben liegen an den äußeren Grenzen, vier im Innern desselben.

a. Das niederrheinische Tiefland schneidet die Nord-Ecke des Dreiecks von dem eigentlichen Gebirgslande ab, und verbindet das französische mit dem germanischen Tieflande, indem es auf dem rechten Rhein-Ufer, gegen die Lippe- und Ems-Quelle hin, einen busenförmigen Einschnitt in das anstoßende Gebirgsland macht. — Größte Ausdehnung von der Schelde- bis zur Lippe-Quelle = 60 Mln.

Erläuterung: Eine Linie von der Schelde-Quelle über die Ruhr-Mündung, Lippe- und Ems-Quelle und längs dem rechten Ufer des letzteren Flusses bis in die Gegend von Bevergern (Par. der Hunte-Quelle), bezeichnet die genauere Begrenzung gegen das Gebirgsland.

b. Die provençalische Ebene besteht aus dem unteren schmalen Thale und dem Mündungslande der Rhone, welches letztere sich am Golf von Lyon von der Aude- bis zur östlichen Rhone-Mündung ausdehnt, und ein Dreieck bildet, dessen Grundlinie und Höhe = 20 Meilen.

c. Das italische Niederland, zu beiden Seiten des Po und um die Mündungen der Etsch, Brenta, Piave und des Isonzo, scheidet das Gebirgsland der italischen Halbinsel von dem Gebirgskern Südwest-Europa's, ist von W. nach O. bis 70, von N. nach S. bis 30 Meilen breit. (Aehnlichkeit mit dem Tieflande der unteren Donau in Betreff der Lage und Nachbarschaft.)

Erläuterung: Man verbinde die Isonzo-Mündung, Gradisca, Spilimbergo, Travesio, Conegliano, Bassano, Schio, Montebello, Verona, die Südspitzen des Garda-, Iseo- und Comer-Sees und des Lago maggiore, Ivrea, Pinerolo, Saluzzo, Coni, Cherasco, Turin, die Tanaro-Mündung, Acqui, Stradella, Parma und Rimini durch Linien: so erhält man die genauere Begrenzung dieses Tieflandes.

d. Die mittelrheinische Ebene, ganz innerhalb des Gebirgsbezirks liegend, dehnt sich nur als erweiterte, 5—6 Meilen breite Thalsohle von der Main-Mündung 36 Meilen weit aufwärts bis zur Nord-Wendung des Rheins aus.

e. Die Ebenen der mittleren Donau, und zwar

A. die nieder-ungarische Ebene, — die östlichste, größte, — ist von dem Tieflande der unteren Donau nur durch einen schmalen Gebirgsstreifen getrennt, liegt größtentheils im O. der hier südwärts fließenden Donau, und ist von N. nach S. 60, von W. nach O. 40 Meilen weit ausgedehnt.

Erläuterung: Eine Linie von der Morawa-Mündung über Temeswar, Groß-wardein, Szathmar, Munkacs, Zemplin, die Bodrog-Mündung (Theiß), Erlau, Pesth, Stuhlweißenburg, das Nord-Ende des Platten-Sees zur Drau- und Sau-Mündung bildet die genauere Begrenzung.

Ein schmaler Gebirgsarm trennt sie im N.W. von

B. der ober-ungarischen Ebene, welche sich längs der Donau von der Gran-Mündung bis Preßburg ausdehnt, und von W. nach O. 16 bis 20, von N. nach S. höchstens 25 Meilen breit ist.

Erläuterung: Eine Linie von Preßburg über Leopoldstadt zur Gran-Mündung bildet die Nord-, der Lauf der Raab von ihrer Mündung bis Körmend und eine Linie von da über Oedenburg nach Preßburg die Süd-Grenze.

Sie wird im W. ebenfalls nur durch einen schmalen Bergzug getrennt von

C. der österreichischen Ebene, die an der Donau aufwärts bis oberhalb Wien, nordwärts (in Dreiecksgestalt) bis zur Thaya-Mündung (Marchfeld) reicht, im S. durch die Leitha und eine von Neunkirchen über Baden nach Wien gezogene Linie begrenzt wird, und von sehr geringen Dimensionen ist.

B. Hoch- und Mittelgebirgslandschaften des südwest-europäischen Gebirgsdreiecks.

Nach Begrenzung der Tiefebenen dieses Bezirks treten die genaueren Umrisse des eigentlichen Gebirgslandes bestimmt und deutlich hervor. — Dasselbe besteht aus einem zusammenhängenden, verhältnißmäßig kleinen Hochgebirgskerne und aus mehreren bedeutenden Mittelgebirgslandschaften, welche das Hochgebirge zum Theil einschließen und begrenzen.

a. Das Hochgebirge, die Alpen.

Sie liegen in der Mitte Europa's und dehnen sich, zwischen 23 und 34° O.L., von W.S.W. gegen O.N.O. 125 Meilen weit aus, bei einer von W. nach O., von 20 bis auf 40 Meilen sich steigernden Breite. — Im W. werden sie durch das Thal der Rhone und die provençalische Ebene, im O. durch die ungarischen Tiefländer, im S. durch das ligurische Meer, das italische Niederland, das adriatische Meer und die Gebirge der griechischen Halbinsel begrenzt. Im N. bezeichnet eine Reihe von Flußseen (Genfer-, Thuner-, Vierwaldstädter-, Züricher-, Constanzer-, Würm- und Chiem See), und dann eine Linie von der Salzach- bis zur March-Mündung ungefähr den Fuß des Hochgebirgs.

Theile: West-Alpen, — vom ligurischen Meere bis zu den Thälern der Arve und Dora baltea, — zerfallen in Meer- oder See, cottische und grajische oder graue Alpen. — In den Mittel-Alpen werden Central- und vorliegende Alpen unterschieden. Jene heißen im W. penninische, im O. des Mer. der Tanaro-Quelle lepontinische; im O. des Mer. des Bodensees rhätische Alpen; — diese zwischen den oberen Thälern der Aar und Rhone Berner, zwischen denen der Aar und Reuß Vierwaldstädter, zwischen Reuß, Rhein und Linth Glarner und Schwyzer, im Norden des Wallenstädter Sees Thur-, zwischen dem Rhein einer-, dem Inn u. der Isar andrerseits Allgauer Alpen; auf der Süd-Seite, im Quellbezirk der Etsch, Adda, des Oglio Oertler-, und im O. der Etsch trientinische Alpen. — Die Ost-Alpen zerfallen in drei Hauptgruppen: die norischen Alpen im O. der rhätischen u. Allgauer Alpen u. im N. der Drau; die karnischen Alpen zwischen Drau und Sau, die julischen Alpen zwischen Sau und Kulpa; — die Ausläufer der Ost-Alpen, das Leitha-Gebirge, der Bakony-Wald, die styrmischen Berge, trennen und durchziehen die Ebenen der mittleren Donau.

b. Die Mittelgebirgslandschaften.

Diese zerfallen in drei Haupt-Gruppen: die östliche od. karpathische, — die mittlere oder deutsche, — die westliche oder französische.

aa. Die karpathische hängt nirgend mit den Alpen zusammen, und ist auf allen Seiten von Ebenen umgeben, indem sie das große nord-ost-europäische Tiefland von den mittleren und unteren Donau-Ebenen trennt. Ihre Haupt-Ausdehnung von O.S.O. geg. W.N.W. = 110 Mln. Sie besteht aus folgenden Gliedern:

dem Hochlande von Siebenbürgen, ein Gebirgs-Viereck im S. der oberen Theiß, im N. des Tieflandes der unteren Donau, im W. des Sereth und im O. der nieder-ungarischen Ebene; seine längste (südliche) Seite = 40 Mln.;

den karpathischen Waldgebirgen, von der Theiß-Quelle nordwestwärts 45 Mln. weit bis zu den Thälern des Hernad und Poprad (Dónajec), bei einer Breite von 10—15 Mln.;

dem karpathisch-ungarischen Hochlande, dessen Zweige nordwärts bis zur oberen Weichsel, südwärts bis zur mittleren Donau auslaufen, das im N.W. durch das Thal der Beczwa (March) von den deutschen Mittelgebirgen gesondert ist und aus 4 Hauptgruppen besteht:

den Central-Karpathen oder dem Tatra; zwischen den Quellen der Arva, Waag, des Dónajec u. des Poprad, von W. nach O. 8, von N. nach S. 2—3 Meilen breit, — eine Hochgebirgsinsel, umgeben von waldigen Mittelgebirgen;

den ungarischen Erzgebirgen im S. des Tatra, zwischen Waag und Hernad;

den Beskiden, dem Tatra nordwärts anliegend, im O. vom Dónajec, im W. von der March und Beczwa begrenzt;

den kleinen Karpathen, einem schmalen Gebirgsarm zwischen Waag und March, der von der Weichsel-Quelle bis nach Preßburg zur Donau reicht.

bb. Die deutschen Mittelgebirgslandschaften stoßen im S. an den Nord-Fuß der Alpen, im N. u. N.O. an das germanische Tiefland, und werden im W. durch das untere Rheinthal, die oberrheinische Ebene und die obere Saone von den französischen Mittelgebirgen gesondert. — Ihre größte Dimension von S.W. gegen N.O., von der Ain-Mündung (Rhone) bis zur Oder-Quelle, = 140 Mln.; in der Richtung von S. gegen N. sind sie im O. am schmalsten = 27, im W. am breitesten = 72 Mln.

A. Das süd-deutsche Bergland, zwischen dem Rhein, dem Main, der Eger, der Elbe, der Beczwa und March und den Alpen, besteht aus einer Abwechselung von Hochebenen, Hügellandschaften und Bergzügen.

Zunächst den Alpen liegt d. schweizerisch-bayrische Hochebene, von S.W. gegen N.O., vom Genfer See bis zur Inn-Münd. 72 Mln.

lang, im N.W. von dem Neufchateler- und Bieler-See, der Aar und oberen Donau begrenzt, durch den Bodensee und den Rhein (zw. Konstanz und der Aar-Münd.) in zwei ungleiche Theile getheilt: die Hochebene der nördl. Schweiz und die der oberen Donau.

Der Jura-Zug umwallt sie im N.W., beginnt an der Rhone, zieht 80 Mln. gegen O.N.O. zur Altmühl-Münd., dann gegen N. zwischen Naab und Regnitz zum Main, wird vom Rhein durchbrochen, heißt im S. des Durchbruchs französischer oder Schweizer-, im N. desselben deutscher Jura (rauhe oder schwäbische Alp, Aalbuch-Geb., fränkische Höhe); der ganze Bergzug von der Rhone bis zum Main 100 Mln. lang.

Ein zweiter Gebirgszug, der Böhmer Wald, streicht von der Donau (bei Linz) nordwestw. 30 Mln. weit bis zur Naab-Quelle, und bildet den N.O.-Rand der bayrischen Hochebene.

Ein dritter Höhenzug, das mährische Gebirge, zieht von der Donau (zwischen Linz und Krems) gegen N.O., 36 Mln. weit, bis in die Quellgegend der March.

Der vierte Gebirgszug S.-Deutschlands, der Schwarz- u. Odenwald, hängt in der Quellgegend der Donau mit dem ersten zusammen, beginnt im S. am Rhein, und begleitet diesen Strom in nördlicher Richtung bis zum Main, in einer Ausdehnung von 36 Mln.

Zwischen diesen höheren, unebenen, liegen die tieferen und ebeneren Gegenden S.-Deutschlands: das schwäbische und fränkische, das böhmische und mährische Hügelland.

B. Das norddeutsche Bergland, in Dreiecksgestalt zw. dem Rhein, der niederrheinischen und germanischen Tiefebene und dem süddeutschen Berglande, dessen Fortsetzung es ist. Wir unterscheiden:

Das sudetische Gebirgsland, auf der rechten Seite der Elbe; es besteht aus einem 42 Mln. langen Gebirgszuge, der vom Beczwa-Thal bis zur Elbe (zw. Leitmeritz und Dresden) reicht, und mehrere Spezial-Namen führt: Mährisches Gesenke und Schneegebirge, Glatzer, Schweidnitzer, Riesen- und Iser-, Lausitzer-Gebirge.

Erläuterung: Eine Linie von der Oppa-Mdg. über Jauer, Goldberg, Bautzen, Kamenz nach Meißen bezeichnet den N.O.-Fuß der Sudeten und ihre Grenzen gegen das germanische Tiefland.

Das Gebirgsland zwischen Elbe u. Weser zerfällt in:

das sächsische Bergland mit dem Erzgebirge, zwischen den Thälern der Elbe, Eger u. Saale, von W. gegen O. 20, von S. gegen N. 10 Meilen breit;

die Fichtelgebirgs-Gruppe um die Naab-, Eger-, Saale- und Main-Quellen, von S.O. gegen N.W. 5, von S.W. gegen N.O. 4 Mln. breit;

das thüringische Bergland u. den Harz, zwischen der Saale und der Weser (Werra), von S. gegen N. 20 Mln. breit;

die östlichen Wesergebirge, zwischen der oberen Leine und der Weser u. auf dem rechten Ufer der letzteren, 11 Mln. weit, bis zu ihrer Nord-Wendung.

Das Gebirgsland zw. Weser u. Rhein besteht aus:

dem hessischen Berglande mit dem Speßhardt-, Rön- u. Vogelsgebirge,

den deutsch-(ost)-niederrheinischen Gebirgen, zwischen dem Main und der Lippe,

den westlichen Wesergebirgen.

Erläuterung: Eine Linie von Meißen über Altenburg, Zeitz, Ermsleben, Quedlinburg, Halberstadt, Hildesheim, Neundorf, Bückeburg, Minden, Bramsche, nach der bereits genannten Gegend von Bevergern, bezeichnet die genauere Grenze der letzten beiden Gebirgsgruppen N.-Deutschlands gegen das germanische Tiefland.

cc. Die französischen Mittelgebirgslandschaften werden durch das Thal der Rhone und den Genfer See von den Alpen, durch das Saone-, Aar- und Rheinthal von den deutschen Mittelgebirgen gesondert. Ihre Grenzen gegen die Tiefländer im W. u. N. sind bekannt. Von S. n. N., vom Rhone- bis zum Rhein-Mündungslande dehnen sie sich über 100 Mln., v. W. n. O. in sehr verschiedener Breite aus. Am schmalsten (= 18 Mln.) sind sie in der Mitte, in der Gegend der Maas- und Saone-Quellen. Mittelst dieser Verengung theilen wir sie in zwei Gruppen:

A. Die nördliche, 50 Mln. v. S. n. N., 18—45 v. W. n. O. ausgedehnt, besteht

erstens aus dem west-niederrheinischen Berglande, welches im N. der Nahe beginnt, und west-, nord- und ostwärts bis zu den bekannten Grenzen der Tief- und benachbarten Mittelgebirgslandes ausgedehnt ist;

zweitens aus dem Bergzuge der Vogesen, der durch die oberrheinische Ebene und das Rheinthal vom parallel streichenden Schwarzwalde, durch die westwärts anstoßenden Hügel-Ebenen von Lothringen vom französischen Tieflande geschieden ist, und nordwärts bis zum Nahe-Thale reicht.

B. Die südliche Gruppe breitet sich längs der Saone u. Rhone 80 Mln. weit bis zum Aube-Thale aus, heißt von der letzteren bis zu der Quelle der Loire die Sevennen, zw. Loire u. Allier Forez-Geb., im W. des Allier und im Quellbez. der Dordogne Hochland von Auvergne, auf der Scheide zw. den Rhone-Zuflüssen einer-, denen d. Loire

u. Seine andererseits (v. S. geg. N.) Lyonnais-, Charollais-Geb., Cote d'Or u. Plateau von Langres; im O. der letzteren die Ebene v. Hoch-Burgund. Die Grenzen gegen das Tiefland im W. sind bekannt. —

27. Die abgesonderten u. getrennten Gebirgsglieder Europa's. Fast alle Halbinseln u. Inseln des Erdtheils haben die Oberflächenform der benachbarten Theile des Kontinents. Darum sind die meisten u. bedeutendsten, namentlich die süd-westlichen, gebirgig, die nördl. meist flach. — Noch ist merkwürdig, daß alle gebirgigen Halbinseln südw. gerichtet, die flachen gegen Norden ausgestreckt sind.

a. Die skandinavische Halbinsel. Die größere nord-westliche Hälfte derselben ist von dem isolirten Hochlande d. skandinavischen Alpen bedeckt; die östlichen Küstenlandschaften gehören dem Tieflande an.

Vier Haupttheile d. Hochlandes: lappisches Geb. im N. südw. bis 67°, Kjölen südw. bis 63°, Dovre-Fjeld südw. bis zur Lougen-O. (Glommen), u. die südl. Fjelde.

Von N. n. S. dehnt sich d. skandinavische Hochland 240, v. W. n. O. durchschnittlich 40 Mln, aus, ist im S. am breitesten, wird nordw. schmaler; d. Tiefland dagegen nimmt v. S. geg. N. an Breite zu. —

Erläuterung: Eine Reihe von größeren Flußseen bezeichnet ungefähr die Grenze zwischen dem skandinavischen Hoch- und Tieflande. Es sind: der Wennern-, Wettern-, Siljan-, Stor-, Stor-Uman-, Luleå- und Enara-See.

b. Die jütische Halbinsel, die dänischen u. Ostsee-Inseln sind als Fortsetzungen u. abgerissene Theile des benachbarten Tieflandes anzusehen; nur an ihren Ost-Gestaden isolirte Felsenhöhen, u. an den Küsten der nördlichen Inseln Klippen- (Skären-) Bildung. —

c. Die britischen Inseln. Die östl. Hälfte S.-Englands ist eben; an d. W.-Küste u. im N. vier isolirte Gebirgslandschaften:

die cornische, im S. des Kanals von Bristol;

das Hochland von Wales, im W. des Severn;

das Geb. von Nord-England, im W. des Ouse-Thals, im N. des Trent, westw. bis an die Küste reichend;

das schottische Grenzgebirge, zwischen zwei natürlichen Einsenkungen, welche v. Solway-Busen bis zur Ost-Küste und v. Clyde- bis zum Forth-Busen gehen.

Mit der letzteren beginnen die schottischen Niederlande; jenseit derselben

das schottische Hochland, welches den ganzen nördlichen Theil der Insel einnimmt. —

Ireland ist vorherrschend eben, nur v. isolirten Felshöhen unterbrochen, die allein im S.W. einigen Zusammenhang zeigen. —

d. Die isolirte Berglandschaft der Bretagne und Normandie füllt die gleichnamigen Halbinseln. Ihre Grenzen gegen das französische Tiefland sind bekannt.

e. Die hesperische oder iberische Halbinsel hat nur am unteren Ebro und Guadalquibir größere Tiefebenen aufzuweisen, bildet ein einziges isolirtes Gebirgsganze, welches aus einer Abwechselung von Hochebenen und Gebirgszügen besteht. Die letzteren erlangen im äußersten N. und im äußersten S. der Halbinsel den Hochgebirgs-Charakter, nämlich in der Kette der Pyrenäen, welche als Nord-Rand des Gebirgsganzen zu den französischen Tiefebenen — und in der Sierra nevada (im S. des Jenil), welche als Süd-Rand desselben zum Mittelmeere abfällt.

In der Fortsetzung der Pyrenäen streicht das cantabrische Gebirge. — Die Mitte der Halbinsel besteht aus zwei Hochebenen, der alt-castilischen im N., der neu-castilischen im S.; beide werden durch das castilische Scheidegeb. getrennt. Das andalusische Scheidegeb., welches, wie alle Geb. der Halbinf., v. O. n. W. zieht, trennt die neucastilische Hochebene vom andalusischen Tieflande; es liegt auf der Wasserscheide zw. d. Guadiana u. Guadalquibir, das castilische trennt die Gewässer d. Tajo u. Duero. —

f. Die italische Halbinsel ist ebenfalls, bis auf geringe Küstenebenen, ganz mit Gebirgen erfüllt, aber hier ist es ein einziges zusammenhängendes Kettengebirge, die Apenninen, welches die ganze Halbinsel durchzieht, welches sich nur an einzelnen Punkten über den Mittelgebirgs-Charakter erhebt, u. an d. Quellen des Tanaro, mittelst eines schmalen Gebirgsarmes, mit dem W.-Ende d. Alpen, also mit dem Hochgebirgskerne Europa's zusammenhängt.

Das italische Gebirgsland besteht aus:

dem eigentlichen Apennin (nördl., mittl., südlicher), welcher v. der Tanaro-Q. ostsüdost-, dann südostw. auf der Wasserscheide bis z. S.-Spitze Calabriens zieht, eine Gebirgskette v. 226 Mln. Länge, bei 130 Mln. direkter Entfernung von der Tanaro-Quelle bis K. Spartivento;

dem Sub- oder Vor-Apennin, im W. des vorigen, zw. dem unteren Arno und dem oberen Volturno;

mehreren kleinen isolirten Gebirgsmassen, unter denen d. Vesuv am merkwürdigsten.

Ebenen v. geringer Ausdehnung giebt es drei auf der W.-Seite: die campanische, an den Buchten von Neapel u. Gaeta; d. römische mit den pontinischen Sümpfen, zw. der unteren Tiber und Kap Circello; die toskanische, am unteren Arno; — eine auf d. O.-Seite der Halbinsel: die apulische, südw. v. Golf von Manfredonia. —

g. Die italischen Inseln sind sämmtlich, bis auf sehr geringe Küstenstrecken, mit Gebirgsland gefüllt.

h. Die griechische Halbinsel, wie die italische, ein einziges Gebirgsganzes, welches sich an d. Quellen d. Kulpa an d. Ost-Ende d. Alpen anschließt, im W. viele den Apenninen parallele Ketten, im N., O. u. S. aber breitere Massen bildet. Diese füllen die Halbinsel in allen ihren Theilen so ganz aus, daß nur für sehr schmale Küstenebenen Raum bleibt. Sie scheinen im Allgemeinen den Mittelgebirgscharakter zu haben. —

Kleinere Tiefebenen giebt es nur auf beiden Ufern des mittleren Peneus, an der Münd. des Vardar u. am unteren Strymon; es sind die Ebenen von Thessalien, von Pella und von Seres. —

i. Die taurische Halbinsel gehört größtentheils zum Tieflande. Nur ihre S.O.-Küste hat eine 30 Meilen lange, bis 6 Meilen breite Gebirgskette aufzuweisen, welche Jaila oder taurisches Gebirge genannt wird.

k. Die dalmatischen, ionischen und griech. Inseln gehören sämmtlich u. ausschließlich der Form des Gebirgslandes an. —

28. Rückblicke.

Wie aus den unten folgenden Angaben hervorgeht, nehmen sämmtliche Tiefländer des europ. Kontinents 115,000, die Gebirgsländer nur 45,000 □Mln. ein. Jene verhalten sich daher zu diesen wie 5:2. (Vergl. die ähnlichen Verhältnisse der übrigen Erdtheile!)

In runden Zahlen ist nämlich:

1.	Das große nordöstliche Tiefland	= 95,600	□M.
2.	Das französische Tiefland	4400	„
3.	Das Tiefland der unteren Donau	600	„
4.	Das niederrheinische Tiefland	900	„
5.	Die provençalische Ebene	200	„
6.	Die lombardische Ebene	700	„
7.	Die Ebenen der mittleren Donau . . . . . (wovon 1600 auf die nieder-ungarische Ebene zu rechnen)	1800	„
8.	Das mittelrheinische Tiefland	160	„
9.	Das skandinavische Tiefland	6500	„
10.	Kleinere Tiefebenen, niedrige Halbinseln, Küstenebenen 2c. c.	4000	„
	Sämmtliche Tiefländer	= 115,000	□M.

Ferner:

1.	Die Alpen	4500	□M.	16,200.
2.	Die karpathischen Mittelgebirge . . .	3000	"	
3.	Die deutschen " . . .	5000	"	
4.	Die französischen " . . .	3700	"	
5.	Das skandinavische Hochland	9500	"	29,320.
6.	Die Berglandschaft der Bretagne 2c. . .	400	"	
7.	Das hesperische Hochland	10,000	"	
8.	Das italische Hochland	2800	"	
9.	Das griechische Hochland	6500	"	
10.	Das taurische Hochland	120	"	
	Sämmtliche Gebirgsländer =			45,520 □Mln.

Zweite Lehrstufe:

Physikalische Geographie.

Zweite Lehrstufe.

Erster Abschnitt.

Fernere Erläuterungen aus der mathematischen Geographie.

I. Ergänzungen zum 1. Abschnitt der I. Abtheilung.

1. Kugelgestalt der Erde. — Beweise:

a. Hohe Gegenstände werden, von Weitem erblickt, zuerst mit ihrem oberen Theile sichtbar.

b. Kreisform des Horizonts.

c. Allseitig und überall gleichmäßig stattfindende Erweiterung des Gesichtskreises mit der Entfernung vom Mittelpunkte der Erdkugel.

d. Umreisung der Erde in der Richtung von Westen nach Osten, oder umgekehrt.

e. Bei Reisen in der Richtung von N. nach S. treten früher nicht gesehene Sterne in d. Horizont, und nähern sich allmählig d. Zenith.

2. Die Erde ist keine vollkommene Kugel. Abplattung der Pol-Gegenden, ermittelt durch Messungen von Meridian-Bogen.

3. Der Durchmesser des Aequators = 1719 Meilen; die Erdaxe ist 6 Meilen kürzer; die Oberfläche der Erdkugel würde = 9,280,000 □Mln. sein; das Erd-Sphäroid mißt fast 19,000 □Mln. weniger.

Der körperliche Inhalt der Erdkugel würde eben so = 2659 Millionen gleicher Würfel sein, deren Seitenflächen = 1 □Ml. sind. Ein solcher Würfel heißt eine Kubik-Meile. Das Erd-Sphäroid enthält deren 8—9 Millionen weniger.

4. Scheinbarer und wahrer Horizont eines Punktes sind einander parallel und um einen Erdhalbmesser von einander entfernt. —

5. Horizontal und Vertikal sind Gegensätze; für jeden Punkt der Erdoberfläche giebt es nur eine horizontale Ebene und nur eine Vertikal-Linie.

6. Die Endpunkte der bis ans Himmelsgewölbe verlängerten Vertikale heißen Zenith und Nadir od. Scheitel- u. Fußpunkt.

7. Jede Vertikale schneidet die Erdoberfläche in zwei Punkten, welche demselben Mittagskreise angehören, aber um einen Erd-Durchmesser von einander entfernt sind, gleiche, aber entgegengesetzte geographische Breite und nothwendig den Horizont gemein haben. Diese Punkte heißen Antipoden-Punkte, ihre Bewohner Antipoden oder Gegenfüßler. — Nebenwohner leben auf demselben Parallel, aber 180 Längengrade von einander entfernt, — Gegenwohner unter demselben Meridian und unter gleicher, aber entgegengesetzter Breite.

8. Die verlängerte Erdaxe wird zur Weltaxe und ihre Endpunkte heißen Weltpole. Sie bleiben fest und unverrückt, während sich das ganze Himmelsgewölbe um die Weltaxe zu drehen scheint.

9. Orientirung mittelst der Gestirne; — Polarstern.

10. Wahre Weltgegenden; die vier Kardinal-Punkte, bestimmt durch die Schnittpunkte des wahren Horizonts mit dem Aequator und dem Mittagskreise.

11. Alle auf der Erdkugel gezogenen Kreislinien kann man sich auf die Himmelskugel übertragen denken. —

12. Was versteht man unter „Polhöhe" eines Punktes der Erdoberfläche? — Polhöhe und geographische Breite eines und desselben Punktes sind einander gleich. —

II. Weltstellung der Erde.

13. Die Erde ist ein Stern, ein Punkt im Weltall.

14. Die Erde ist ein Stern unter Sternen. Diese sind entweder Fixsterne (Sonnen), Wandelsterne oder Planeten, Neben-Planeten oder Trabanten, Kometen oder Schweif- (Bart-) Sterne, je nachdem sie ihren Ort und ihre Stellung zu andern Sternen verändern oder nicht, und je nach der Art, wie sie es thun. — Ein Planeten-System besteht aus einem Fixstern und mehreren sich um denselben bewegenden Planeten und Neben-Planeten, — ein Sternbild aus Fixsternen.

15. Die Erde ist ein Planet, der Mond ihr Trabant, der Fixstern, um den sie sich mit mehreren andern Planeten bewegt, die Sonne. — Sonnen-System. — Ptolemäisches — Kopernikanisches Welt-System. — Außer der Erde zählt man noch 6 größere und eine große Zahl von kleineren Planeten; die Erde ist, sowohl nach ihrer Größe als in Betreff ihrer Entfernung von der Sonne, einer der mittleren Planeten im Sonnen-System.

III. Erleuchtung der Erde.

16. Die Erde ist, wie alle Planeten und Neben-Planeten, ein an sich dunkler Körper, und wird von der Sonne erleuchtet.

17. Alle Weltkörper drehen sich um ihre Axe: sie rotiren. Die :rde führt diese Umdrehung in einem Tage oder 24 Stunden und zwar ı der Richtung von W. nach O. aus. Während dieser Bewegung sind ur die beiden Pole in Ruhe, alle übrigen Punkte ihrer Oberfläche in }ewegung, und zwar in um so schnellerer, je weiter sie von den Polen ıtfernt sind.

18. Die Sonne erleuchtet stets eine Halbkugel der Erde. Der :rleuchtungskreis, d. i. die Grenze zwischen der erleuchteten und dunkeln :rdhälfte, ist ein größter Kreis der Erdkugel, dessen Lage sich in jedem ugenblicke verändert.

19. Aus der allmähligen und gleichmäßigen Axendrehung der Erde ı der Richtung von W. nach O. entstehen die Tageszeiten: Morgen, Rittag, Abend, Mitternacht. Daraus, so wie aus der Kugelgestalt der rde, folgt ferner: daß diese Tageszeiten an einem und demselben Tage ır die östlicheren Gegenden früher eintreten, als für die westlichen; — aß alle unter einem und demselben Meridian liegenden unkte gleichzeitig Mittag haben, und zwar in dem Augenblick, ann für die Punkte des entgegengesetzten Meridians Mitternacht ist. — intheilung des Tages in 24 Stunden, der Stunde in 60 Minuten, der Rinute in 60 Sekunden. —

20. Da jeder Punkt der Erdoberfläche, mit Ausnahme der Pole, in 4 Stunden alle 360° seines Parallels durchläuft, so legt er binnen Stunde 15° und in 4′ einen Grad zurück u. s. w. Danach läßt sich e Zeit-Differenz zweier Punkte, deren Längen-Unterschied bekannt ist, so ie dieser letztere aus der gegebenen Zeit-Differenz berechnen. —

21. Auf diese Weise erklärt sich auch, warum, bei Erdumschiffungen der Richtung der Parallelen, Differenzen zwischen der Zeitrechnung des ısegelnden Schiffes und des Abfahrtortes entstehen; die Zeit-Differenzen nnen bis zu 24 Stunden wachsen.

22. Die Erde bewegt sich in einem Jahre, d. i. in 365 Tagen ıd 6 Stunden, und zwar in einer nicht ganz kreisförmigen Bahn (Erdıhn, uneigentlich Ekliptik od. Sonnenbahn) um die Sonne. Wen dieser nichtkreisförmigen (elliptischen) Bahn d. Erde: Sonnennähe 20½ Mill. Meilen oder 11,926 Erddurchmesser) und Sonnenferne 12,333 Erddurchmesser). —

23. Die Ebene der Ekliptik schneidet die Ebene des Aequators unter ıem Winkel von 23½°, oder: die Erdaxe macht mit der Ebene der Erdıhn einen Winkel von 66½°.

24. Solstitial-, Sonnenstillstands- od. Wendepunkte wern die Punkte der Ekliptik genannt, in welchen sich die Erde während rer Sonnennähe und Sonnenferne befindet; eine Linie, welche beide

verbindet, halbirt die Erdbahn. Die beiden Punkte der Erdbahn, welch (fast) gleichweit von beiden Solstitial-Punkten entfernt sind, werde Aequinoctial-Punkte oder Punkte der Tag- und Nachtgleich genannt. — Eintheilung der Ekliptik in 12 gleiche Theile, Sternbilder — Thierkreis.

25. Nur zweimal im Jahre, nämlich wenn sich die Erde in de Aequinoctial-Punkten befindet (am 21. März u. 22. September), liege beide Pole zugleich in der Peripherie des Erleuchtungskreises, und die ser schneidet dann sowohl den Aequator, als alle Parallelen winkelrecht, – er halbirt sie. Dann ist auf der ganzen Erde Tag u. Nacht von gleiche Dauer; dann haben alle Punkte eines und desselben Meridians nicht nur gleich zeitig Mittag, sondern auch gleichzeitig Sonnenauf- u. Sonnenuntergang.

In allen übrigen Punkten der Erdbahn wird nur der Aequator (al größter Kreis) vom Erleuchtungskreise halbirt, nicht aber die Paralleler Daher nur unter dem Aequator beständige Tag- u. Nachtgleiche; – auf allen übrigen Punkten der Erdoberfläche verschiedene — allmähli ab- und zunehmende Tageslänge.

Befindet sich die Erde in den Solstitial-Punkten (am 22. Juni un 22. December), so findet die größte Ungleichheit zwischen Nacht- un Tageslänge statt. — Der längste Tag der nördlichen ist der kürzeste fü die südliche Halbkugel und umgekehrt.

Die von den Polarkreisen begrenzten Gegenden der Erde um die be den Pole haben nicht immer einen täglichen und die Polpunkte selb nur einen halbjährigen Wechsel von Tag und Nacht.

Zwischen beiden Polarkreisen findet stets ein täglicher Wechs von Licht und Dunkelheit statt, und die Ungleichheit zwischen Nacht un Tag wächst mit der geographischen Breite und mit der Entfernung vo den Aequinoctien. Aber innerhalb des einen und des anderen Pola kreises erfolgt die Ab- und Zunahme der Tageslänge ungleich schnelle als zwischen dem Aequator und den Polarkreisen. — Dennoch ist a jedem Punkt der Erdoberfläche die Summe aller Tagesstunden glei der aller Nachtstunden.

26. Die Dämmerung verlängert die Tagesdauer, am meisten a den Polen.

27. Da der Erleuchtnngskreis nur zur Zeit der Aequinoctien m den Meridianen zusammenfällt, und sie an allen übrigen Tagen des Ja res unter schiefen Winkeln schneidet: so können die Punkte eines un desselben Meridians auch nur an 2 Tagen des Jahres gleichzeitig Morge und Abend haben, und die Zeit-Differenz für die Momente des Sonnenau und Sonnenuntergangs muß nothwendig mit der Polhöhe und mit d Entfernung der Erde von den Aequinoctial-Punkten wachsen.

28. Die Sonne geht aus dem nämlichen Grunde für alle außer
em Aequator liegenden Punkte nur zur Zeit der Aequinoctien im wahren
Osten und Westen auf und unter. — Die Morgen- und Abendweiten
vachsen daher ebenfalls mit der Polhöhe und der Näherung der Erde an
ie Solstitial-Punkte.

29. Die Bewohner der verschiedenen Erdgegenden werden Ohn- oder
Zweischattige, — Einschattige oder Umschattige genannt, je nach
er verschiedenen Art, wie sie ihren Schatten werfen.

IV. Erwärmung der Erde.

30. Die Erde wird von der Sonne erwärmt.

31. Steht die Sonne im Zenith eines Punktes, oder treffen ihre
Strahlen denselben senkrecht, so erzeugen sie am meisten Wärme; je schräger
e aber einfallen, desto weniger Wärme wird von ihnen erzeugt. — Daher
ie Eintheilung der Erdoberfläche in eine heiße, zwei gemäßigte (nörd-
che, südliche) und zwei kalte (nördliche, südliche) Zonen od. Erdgürtel.

Zwischen den Tropen ist nämlich kein Punkt denkbar, welcher während
nes Jahres die Sonne zur Mittagszeit nicht einmal im Zenith hätte,
nd die Sonnenstrahlen treffen die heiße Zone abwechselnd in Winkeln von
0 bis 43°. Die Gegenden zwischen den Tropen und Polarkreisen werden
agegen unter Winkeln getroffen, welche kleiner als 90° und größer als 0°
ein müssen. Kein Punkt jenseit der Polarkreise kann endlich unter einem
Winkel beschienen werden, der größer wäre als 47°. (Die Größe des
Einfallswinkels für einen gewissen Punkt ist zur Zeit der Aequinoctien =
er Ergänzung seiner geographischen Breite zu 90°, — zur Zeit der Sol-
itien 23½° größer oder geringer.)

32. Vermöge der Stellung der Erdaxe zur Ekliptik ist die Sonnen-
ärme für Punkte gleicher geographischer Breite im Laufe des Jahres eben
wenig unveränderlich, als die Tageslänge, daher die Entstehung ver-
chiedener Jahreszeiten, deren Natur und Dauer durch die geogra-
hische Breite bedingt werden.

In der heißen Zone geringe und kaum bemerkbare, in den kalten
hr bedeutende und plötzliche Erwärmungs-Differenzen; darum dort eigent-
ch nur eine, hier zwei verschiedene Jahreszeiten: Sommer und Win-
er. In den gemäßigten Zonen aber, außer Sommer u. Winter, zwei
ebergangsjahreszeiten: Frühling und Herbst.

Die Tropen und Polarkreise sind indeß in dieser Beziehung nur
Merkzeichen, keine streng sondernden Grenzscheiden, weshalb man, mit
rößerer Annäherung an die Wahrheit, auch folgende Vertheilung der
ahreszeiten angenommen hat.

a. In der Nähe des Aequators: immerwährender Sommer.

b. In der Nähe der Wendekreise: Wechsel zwischen Frühlin und Sommer.

c. Zwischen 30 und 60° N. oder S.Br.: Wechsel von vie Jahreszeiten.

d. Zwischen 60 und 75° N. oder S.Br.: Wechsel zwischen Som mer und Winter.

e. Um die Pole: fast immerwährender Winter, nur von wenige Sommertagen unterbrochen.

Der Wechsel dieser Jahreszeiten wird durch die jährliche Bewegun der Erde bestimmt.

Steht die Erde in den Aequinoctial-Punkten, so beginnen in den ge mäßigten Zonen Frühling und Herbst, und zwar ist das Frühlings Aequinoctium (21. März) der nördlichen das Herbst-Aequinoctiu der südlichen Halbkugel, und umgekehrt. Tritt die Erde aber in di Solstitien, so fangen Winter und Sommer an, und zwar ist das Som mer-Solstitium der nördlichen Halbkugel (am 22. Juni, wann d Erde in ihrer Sonnenferne) das Winter-Solstitium für die südlich und umgekehrt.

33. Aus dem Vorhergehenden folgt, daß die Orte eines und desse ben Parallels zugleich einerlei Jahres-, die Punkte eines und desselbe Meridianhalbkreises gleiche Tageszeiten haben müssen. Nebenwohne haben daher gleiche Jahres-, aber entgegengesetzte Tageszeiten, Gegenwohne gleiche Tages-, doch entgegengesetzte Jahreszeiten; Antipoden haben d einen wie die anderen stets entgegengesetzt.

34. Die verschiedenartige Vertheilung der Wärme nach den Breite graden bedingt das mathematische oder geographische Klima de Erde. Heißes oder tropisches, gemäßigtes und kaltes Klima.

Zweiter Abschnitt.

Von der Physik der Erde.

I. Elemente und Kräfte.

1. Die Erde besteht aus einfachen, Grund-, Urstoffen od Elementen und aus zusammengesetzten Stoffen.

2. Alle nicht einfachen Stoffe bilden entweder ein Gemisch od ein Gemenge.

3. Alle Theile der Erde folgen dem Gesetz der Anziehungskraf Schwerkraft oder Gravitation nach Maaßgabe ihrer eigenthümlich Struktur und Dichtigkeit; man sagt daher, sie seien mehr oder mind schwer.

4. Alle Theile der Erde sind, vermittelst des auf sie verschiedenartig einwirkenden Sonnenlichts, mehr oder minder warm. — Temperatur. Alle Körper haben, vermöge ihrer eigenthümlichen Natur, unter sonst gleichen Verhältnissen, ungleiche Erwärmungsfähigkeit; sie verändern ihre Temperatur in längerer oder kürzerer Zeit. Ausgleichung verschiedener Temperaturen durch Strahlung (Ausstrahlung) und Leitung. — Verschiedenes Strahlungs- und Leitungsvermögen der Körper. — Den flüssigen Bestandtheilen der Erde sind beide Eigenschaften in geringerem Grade eigen, als den festen; dagegen besitzen sie für die Temperatur-Ausgleichung eine andere, die sogenannte fortführende Kraft.

5. Die Wärme dehnt alle Körper aus, und man pflegt daher auch umgekehrt zu sagen: „die Kälte ziehe sie zusammen." — Verdunsten — Gefrieren des Wassers; — Dünste, Dämpfe — Eis.

6. Auf die durch die Wärme bedingte Ausdehnbarkeit flüssiger Substanzen gründet sich die Einrichtung des Wärmemessers oder Thermometers. Verschiedene Skalen: Reaumur 80, Celsius 100° zwischen Eis- und Siedepunkt des Wassers; Fahrenheit 212° zwischen einem gewissen „künstlichen Frostpunkte" und dem Siedepunkt des Wassers; 0° R. od. C. = + 32° F.; u. 1° R. : 1° C. : 1° F. = 4 : 5 : 9; — z. B. + 8° R. = + 10° C. = + 50° F., u. + 8° F. = — 13⅓° C. = — 10⅔° R.

II. Die Atmosphäre.

7. Die Luft ist kein Element, sondern ein gemischter Körper; — Gasarten.

8. Die Luft ist elastisch-flüssig, aber sie ist auch schwer; deshalb ist die Höhe des Luftkreises ein Produkt ihrer Expansiv-Kraft und des Gravitations-Gesetzes; dasselbe gilt von der Gestalt des Luftkreises. — Die Luft ist daher eine terrestrische Substanz, und der Luftkreis rotirt, wie der feste Erdkern, um die Axe; er bewegt sich mit jenem um die Sonne.

9. Je näher die Luft dem Erdmittelpunkte, desto dichter ist sie, in Folge der Einwirkung der Schwerkraft.

10. Bei gleicher Entfernung vom Erdmittelpunkte gleiche Dichtigkeit und Schwere der Luftschichten — und bei gleicher Schwere der Luft auch gleiche absolute Höhe. Darauf gründet sich die Einrichtung des Barometers oder Luftschweremessers und die Möglichkeit, mittelst dieses Instruments die absolute Höhe eines Punktes zu messen.

11. Obgleich die unteren, d. i. der Sonne ferneren Luftschichten die dichteren sind, so sind sie doch auch die wärmeren (vgl. 4). Ursachen dieses scheinbaren Widerspruchs (vgl. 5): die Gravitation und die Strahlung.

12. Die verschiedene Erwärmungs- und Strahlungsfähigkeit der Oberflächentheile der Erde ist die Grund-Ursache aller Luftströmungen oder

Winde; — Windstillen entstehen daher nur periodisch über weithin gleichartig erwärmten Flächen.

13. Die Winde werden nach den Himmelsgegenden benannt, aus welchen sie wehen, nach ihrer Heftigkeit, nach der Regelmäßigkeit und periodischen Dauer ihres Wehens, endlich nach ihrer Temperatur und den Einflüssen, die sie äußern.

14. Heftige Winde oder Stürme entstehen bei großen Temperatur-Unterschieden benachbarter Luftgegenden; Orkane unterscheiden sich von Stürmen durch plötzliche Richtungsveränderungen, so wie durch gleichzeitiges Wehen aus verschiedenen Richtungen; sie sind überdies meist auf kleinere Räume beschränkt und werden nicht allein durch Temperatur-Differenzen erzeugt.

15. Winde, die zu gewissen Tages- oder Jahreszeiten, oder in gewissen Erdgegenden, ausschließlich aus bestimmten Richtungen wehen, heißen regelmäßige Winde. — Die Regelmäßigkeit der Luftströmungen nimmt von den Tropen- nach den Polar-Gegenden hin ab, — ist größer auf der südlichen, als auf der nördlichen Halbkugel. — Verschiedene Arten regelmäßiger Winde.

16. Die Strich- oder Passatwinde der Tropengegenden wehen beständig aus N.O., O. oder S.O. — Ursachen derselben: Ungleichmäßige Erwärmung des Luftkreises; — zunehmende Rotations-Geschwindigkeit der Erdoberfläche und des umgebenden Luftkreises nach dem Aequator hin; — beständiges Fortrücken des Beleuchtungs- und Erwärmungskreises in westlicher Richtung. —

17. Wechselwinde oder Mussons. Am deutlichsten und regelmäßigsten zwischen den Tropen, besonders auf dem indischen Ozean; erzeugt durch den Passat und durch die verschiedene Erwärmungsfähigkeit der Land- und Wasserflächen in den verschiedenen Jahreszeiten. Musson-ähnliche Winde aus dieser Ursache auch außer den Tropen, namentlich über Binnenmeeren und ihren Küstenländern.

18. Land- und Seewinde — in Küstengegenden, erzeugt durch die verschiedene Erwärmungsfähigkeit der Land- und Meeresflächen, — sind in den Tropengegenden am regelmäßigsten und allgemeinsten, finden sich auch in der Nähe von Landseen. Aehnliche Erscheinungen in der Nähe von Gebirgen aus ähnlichen Ursachen.

19. Die sogenannten unregelmäßigen Winde, welche über ungleichmäßig erwärmten Kontinenten und auf den Meeren höherer Breiten wehen, zeigen dennoch für jeden Ort der Erde gewisse vorherrschende Richtungen, die sich mit den Jahreszeiten und wahrscheinlich auch auf eine gesetzmäßige Weise ändern.

20. Die sogenannten schädlichen Winde (Samum, Chamsin,

Harmattan, Sirocco, Solano) sind dürren, einförmigen, vorzüglich tropischen Ebenen eigenthümlich, werden nur durch ihre trockene Gluthitze beschwerlich und gefährlich, sind aber an sich nicht giftig.

21. Außer den Luftströmungen hat die Atmosphäre noch andere, täglich regelmäßig wiederkehrende, periodische Bewegungen oder Schwankungen, die aber nur vermittelst des Barometers wahrgenommen werden können.

22. Die Atmosphäre ist der Schauplatz mannigfaltiger Erscheinungen oder Meteore, die in wässerige, feurige oder elektrische und optische zerfallen.

Die wässerigen oder Hydrometeore entstehen durch Verdampfung, und stellen sich als Wolken oder als Niederschlag dar. Verschiedene Höhe und Art der Wolken; verschiedene Niederschlagsformen (Nebel und Regen, Schnee und Hagel, Thau und Reif).

Unter den feurigen Lufterscheinungen sind besonders der mit Gewittern verbundene Blitz, so wie das Nordlicht von Bedeutung; — unter den optischen der Regenbogen, die Morgen- und Abendröthe, die Luftspiegelung oder Kimmung (Mirage, Fata Morgana).

III. Der Ozean.

23. Der Meeresboden ist die ausgedehnteste Vertiefung der Erdoberfläche, die Fortsetzung der trockenen Erdrinde. Seine Erhöhungen können wohl hie und da als die zertrümmerten Fortsetzungen der Landgebirge angesehen werden, aber sie gestatten die Annahme eines allgemeinen Zusammenhanges der Höhen der Erde keinesweges. Man findet vielmehr an flachen Land-Enden Erhöhungen, an Steilküsten Einsenkungen des Meeresbodens. — Die tiefsten Einsenkungen des Meeresbodens übertreffen die höchsten Erhebungen des trockenen Landes.

24. Das Meerwasser ist untrinkbar, bitter und salzig; seine Farbe und Durchsichtigkeit werden von zufälligen Umständen bedingt; — Leuchten des Meeres.

25. Die Temperatur des Meeres nimmt nicht allein mit der wachsenden geographischen Breite, sondern — bis auf eine gewisse Tiefe und in einem gewissen Grade — auch mit der zunehmenden Tiefe ab. Beständige Eismassen in den Polarmeeren; winterliches Gefrieren der Binnenmeere mittlerer Breiten. — Segeleis, Eisschollen und Eisberge (bis 40° N. u. 36° S.B.); stehende Eisfelder beginnen bei 71° N. u. 62° S.B., in wärmeren Jahren zum Theil auch erst 10—12° näher am Pol.

26. Der Meeresspiegel ist im Allgemeinen überall gleich hoch, doch haben Binnenmeere zum Theil und periodisch ein höheres Niveau, als der offene Ozean.

27. Das Meer ist stehend oder ruhend, fließt nicht, aber seine Oberfläche ist in beständiger Bewegung.

28. Der Wellenschlag, die allgemeinste Bewegung der Meeresfläche, wird vorzugsweise erzeugt durch die Winde. — Hohle See oder Deininge; Brandung.

29. Ebbe und Fluth heißt ein regelmäßiges, von 6 zu 6 Stunden wechselweise erfolgendes Fallen und Steigen des Ozeans, welches der Einwirkung des Mondes und der Sonne zugeschrieben, in Binnenmeeren aber nur unregelmäßig, oder fast unmerklich wahrgenommen wird.

30. Strömungen und Gegenströmungen — werden nach der Weltgegend benannt, wohin sie ihre Richtung haben, — entstehen aus Temperatur- und Niveau-Verschiedenheiten.

31. Allgemeine Strömung der Polargewässer nach den Tropengegenden. — Nord-, Süd-Polar-Strömung.

32. Allmählige Abänderung der nördlichen, oder südlichen Richtung in die westliche. Aequatorial-, West- od. Rotations-Strömung, erklärt durch das Vorstehende und die obengenannten Ursachen des West-Passats. Sie ist weder unter dem Aequator am stärksten, noch immer auf dieselbe Meeresgegend beschränkt, findet aber nur zwischen den Tropen statt. Am regelmäßigsten stellt sie sich im atlantischen Ozean dar.

33. Durch die Gestalt der Küsten, die Lage des festen Landes gegen das Meer, wird die Richtung der Polar- und der West-Strömung abgeändert, und es entstehen örtliche Strömungen, oft von großer Ausdehnung, wie der Golfstrom im atlantischen Ozean, von der Florida-Straße bis in die Nähe der Neu-Fundlands-Bank und weiter bis zu den Azoren, ja noch merkbar an den West-Küsten Europa's u. Nord-Afrika's, — von dem größten Einfluß auf die Schifffahrt.

34. Andere örtliche Strömungen, zum Theil (wie die Mussons) von den Jahreszeiten abhängig, finden sich an allen Küsten, besonders deutlich in Meerengen.

35. Entgegengesetzte Strömungen, die sich mit Heftigkeit begegnen, — Strömungen, die auf die rückkehrende Fluth oder auf eigenthümlich geformte Küsten treffen, erzeugen Strudel.

IV. Das Festland.

36. Die starren, nicht flüssigen, zwar anscheinend unbeweglichen und unveränderlichen Materien, aus denen das Land besteht, sind dennoch gleichfalls einem beständigen Formenwechsel unterworfen; hiebei sind dieselben Grundursachen wirksam, welche Luft und Wasser in Bewegung setzen.

37. Feuer, Wasser und Luft sind die Mittel, durch welche die Formen der festen Erde verändert werden. Verbrennung, Ab- und An-

schwemmung, Verwitterung, Fortführung von Sand und Staub durch den Wind.

38. Neptunistische, — vulkanistische Erdbildungs-Theorie; — keine von beiden reicht allein aus zur Erklärung der heutigen Landformen.

39. Lawinen und Glätscher verändern gleichfalls, und zwar auf sehr großartige Weise, die Oberflächenformen des Landes; ihr Vorkommen ist jedoch auf gewisse Erdgegenden beschränkt. Die ersteren sind in ihrer Entstehungs- wie in ihrer Wirkungsart verschieden, immer jedoch nur von örtlicher Bedeutung; die Glätscher erscheinen dagegen nicht nur durch Vor- und Zurückgehen, durch Einstürze oder Glätscher-Lawinen von Einfluß auf die Umformung ihrer Heimath, sondern auch, durch die von ihnen ernährten Ströme, auf die Umgestaltung sehr entfernter Gegenden.

40. Die vulkanischen Erscheinungen, welche Veränderungen der Erdrinde herbeiführen, zeigen sich in ihren Wirkungen plötzlicher, gewaltsamer und großartiger, als die neptunischen; sie entstehen vermöge unerforschter, aus dem Innern der Erde heraufwirkender Kräfte; sie zerfallen in Erdbeben und vulkanische Ausbrüche (Eruptionen). Die letzteren, die häufig mit den ersteren zugleich stattfinden, bestehen in einem Auswerfen und Ausströmen brennender Materien aus dem Innern der Erde, mittelst vorhandener oder neu entstehender Oeffnungen (Krater), welche mehrentheils auf dem Gipfel kegelförmiger, sogenannter feuerspeiender Berge oder Vulkane liegen. — Vulkan-Gruppen und Reihen; thätige, ruhende, erloschene Vulkane.

41. Erdbrände verändern ebenfalls die Form der Erdrinde, aber in geringerem Maaße; sie sind nicht mit vulkanischen Erscheinungen zu vermengen (Pseudo-Vulkane).

42. Die Erde ist ein Schauplatz organisirter Kräfte u. Wesen, diese üben eben so wie die unorganisirten einen bedeutenden Einfluß auf die Umgestaltung ihrer Oberfläche aus. — Drei Naturreiche: Mineralien, Pflanzen, Thiere.

43. Die Mineralien bilden den festen Kern des Planeten, zerfallen nach ihren Bestandtheilen und ihrer Zusammenfügung in Steine, Metalle, Erden, Salze und brennliche Stoffe.

44. Die Pflanzen bekleiden die Oberfläche der Erde; sie gedeihen, unter dem Einfluß der Luft, des Lichts, der Wärme, der Bodenbeschaffenheit, zu größerer oder geringerer Vollkommenheit und Mannigfaltigkeit, so daß einem jeden Erdgürtel, jeder Bodenart, jeder Temperatur eine eigenthümliche Vegetation gegeben ist, deren Grenzen indeß die Kultur erweitert hat.

45. Eben so, aber in geringerem Grade, sind die Thiere an eine bestimmte Heimath gefesselt und für dieselbe organisirt. Je vollkommener

und mannigfaltiger ihre Organisation, desto verbreitungsfähiger sind die Thierarten; Abänderungen derselben durch die Lebensweise.

Der Mensch ist in allen Zonen heimisch, aber eine jede drückt ihm ein besonderes Gepräge auf.

V. Vom Klima.

46. Mathematisches und physisches (wahres) Klima. — Das letztere wird durch den Grad und Wechsel der Erwärmung, die Art und Menge des Niederschlags u. m. a. bedingt.

47. Die Temperatur der Luft ist überall einem beständigen Wechsel unterworfen; daher der Begriff: mittlere Temperatur eines Orts, Landes ꝛc., und zwar für gewisse Zeitabschnitte, für einen Tag, Monat, eine Jahreszeit, ein Jahr. Die mittlere Temperatur eines Jahres, einer Jahreszeit ꝛc. besteht aus einer Summe von mittleren Tages-Temperaturen. Alles, was auf diese wirkt, hat gleichmäßig Einfluß auf jene. — Isothermen.

48. Konstante Boden-Temperatur etwa 70′ unter der Oberfläche. In den höheren Bodenschichten wechselnde Temperaturen, gemessen durch die der Quellen. — Isogeothermen.

49. Die Isothermen und Isogeothermen sind mit den Breitenkreisen nicht parallel; die Nicht-Parallelität nimmt von den Tropen nach den Polen zu.

50. Die Verschiedenheit der Erdpole und sogenannten Kältepole vermehrt die abweichende Richtung jener Linien.

51. Die Isothermen fallen im Allgemeinen mit den gleichnamigen Isogeothermen nicht zusammen.

52. Ursachen der Nicht-Parallelität der Iso- und Isogeothermen mit den Breitenkreisen: Verschiedene Erwärmungsfähigkeit der Erdoberfläche und ungleichartige Vertheilung ihrer Festländer und Ozeane; — verschiedene Beschaffenheit der Landflächen; — größere oder geringere absolute Höhe; — verschiedener Charakter der Vegetation; — Richtung der herrschenden Winde.

53. Mittlere Temperatur der Jahreszeiten meist sehr verschieden von der mittleren Jahres-Temperatur. Diese Differenz wächst im Allgemeinen mit der geographischen Breite und unter dem Einfluß aller der vorstehend (52) angeführten Ursachen. — Die Unterschiede der Mittel-Temperaturen der verschiedenen Jahreszeiten unter sich nehmen nach denselben Gesetzen zu; daher in der Nähe des Meeres und des Aequators die kleinste Verschiedenheit u. s. w. — Daher auch, bei der Vergleichung tropischer und polarischer Gegenden, in der Mittel-Temperatur des wärmsten Monats mäßige, in der des kältesten dagegen sehr bedeutende Unterschiede.

54. Der Niederschlag wird von der Temperatur der Luft, von der mehr oder minder ozeanischen Beschaffenheit der Oberfläche, auf welche die letztere wirkt, und von der in der Luft enthaltenen Dunstmenge, so wie durch die Richtung der herrschenden Winde bedingt. — Ozeanisches — kontinentales Klima. — Die Dunstmenge nimmt im Allgemeinen mit der wachsenden geographischen Breite und absoluten Höhe ab; dennoch zugleich auch die Durchsichtigkeit der Luft und die Bläue des Himmels.

55. Daraus ergiebt sich, daß auch die Menge des Niederschlags im Allgemeinen mit der zunehmenden geographischen Breite und absoluten Höhe sich vermindert, — daß sie auf Küsten und Inseln, in den Gegenden, deren herrschende Winde vom Meere her wehen, beträchtlicher ist, als im Innern der Kontinente und in denjenigen Gegenden, deren herrschende Winde über trockene Landflächen her kommen, — geringer aber in vegetationsarmen Gegenden, als in ausgedehnten, dichten Waldungen u. s. w.

Die Zeit, in welcher der Niederschlag erfolgt, wird im Allgemeinen durch den Erwärmungswechsel bestimmt. — In tropischen Gegenden daher, in Folge der Lebhaftigkeit des aufsteigenden Luftstroms, im größten Theil des Jahres kein Niederschlag; dann aber erfolgt er einige Monate hindurch unausgesetzt und mit großer Heftigkeit, nämlich wann die Dampferzeugung durch den senkrechten Stand der Sonne am bedeutendsten geworden ist. — In gemäßigten Erdgürteln findet dagegen der häufigste Wechsel zwischen trockenem und nassem Wetter statt; der Niederschlag ist hier an keine Jahreszeit gebunden, erfolgt jedoch an Küsten und auf Inseln häufiger und wahrscheinlich auch reichlicher, als im Innern der Kontinente ꝛc. — In Polargegenden geringerer Wechsel der Witterung, die feuchte herrscht vor; immerwährender Nebel, nur von wenigen heiteren Tagen unterbrochen; dennoch scheint die Menge des Niederschlags hier geringer, als in mittleren, so wie in mittleren geringer, als in tropischen Breiten.

56. Das Vorkommen verschiedener Niederschlags-Formen wird bedingt durch die Temperatur der Jahreszeiten und zwar durch ihre Extreme, also durch alle die Ursachen, welche auf diese einwirken, vorzugsweise daher durch die geographische Breite und absolute Höhe.

57. Es giebt also eine Zone, wo es (im Meeres-Niveau) nie schneit, sondern nur regnet (Regen-Zone), zwei andere, in welchen es abwechselnd (meist nach Maaßgabe der Jahreszeit) regnet oder schneit (die Zonen des veränderlichen Niederschlags), und noch zwei andere, in denen der Niederschlag fast immer im gefrornen Zustande erscheint und der gefallene Schnee nimmer völlig wegthauet (die Zonen des ewigen

Schnees). — Aus denselben Ursachen unterscheiden wir gleichfalls eine Region des Regens, eine Region des veränderlichen Niederschlags, eine Region des ewigen Schnees. Die erste liegt ganz innerhalb der Regen-Zone, die zweite innerhalb dieser und der beiden Zonen des veränderlichen Niederschlags, die dritte würde, bei entsprechender Erhebung des Landes, durch alle fünf Zonen reichen. — Die Grenzlinien zwischen den verschiedenen Haupt-Klimagürteln oder Niederschlags-Zonen können nach dem Vorigen keine Parallelen sein; die Grenzen der Regionen bilden gekrümmte, mit der Wölbung der Erde nicht parallele Flächen. — Aequatorial-, Polar-, obere, untere Grenzen des flüssigen, veränderlichen Niederschlags, des ewigen Schnees. — Der Ausdruck „Schneelinie" uneigentlich.

58. Die verschiedenen Niederschlags-Zonen müssen als die wahren Haupt-Klimagürtel der Erde angesehen werden, weil das Leben und Gedeihen der organischen Schöpfung vorzugsweise von den die Niederschlags-Form bedingenden Temperatur-Extremen der Jahreszeiten abhängig ist. — In diesem Sinne sind die folgenden Linien als Klima-Grenzen anzusehen, obwohl die verschiedenen Zonen durch allmählige Uebergänge mit einander verschmolzen sind.

a. Die Aequatorial-Grenze des ewigen Schnees, und zwar:

aa. die nördliche berührt die Behrings-Straße, der Mackenzie-Mündung gegenüber den 75.° N.B., tritt unter 100° W.L. bis 77° N.B. zurück, schneidet die Küsten Grönlands unter 72° N.B., liegt dem europäischen Nord-Kap gegenüber in 74°, und an den Nord-Gestaden Asien's abwechselnd in 70 und 69° N.B.;

bb. die südliche liegt, wie man annimmt, dem Kap Hoorn gegenüber unter 66°, im S. der afrikanischen und australischen Land-Enden unter 60° S.B., und erreicht in der Mitte des indischen Ozeans den 53., im W. von Amerika den 56. Parall. (Einfluß der wärmestrahlenden südlichen Land-Enden.)

b. Die Aequatorial-Grenze des veränderlichen Niederschlags, und zwar:

aa. die nördliche trifft die West-Küsten Amerika's unter 45°, die Ost-Küsten unter 35° N.B., berührt die Nord-Gestade der iberischen Halbinsel, unter 45° N.B. das Rhone-Thal, umsäumt die W.-Küsten und schneidet die S.-Enden Italiens und Griechenlands, trifft die westlichen Küsten Asien's unter 40°, die östlichen unter 30° N.B.;

bb. die südliche schneidet das S.-Ende Amerika's unter 48° S.B., und folgt dem 46. Parallel.

Diese Linien zeigen eine Wärme-Abnahme von W. nach O. und eine verhältnißmäßige Beschränkung der südlichen Zone des veränderlichen Niederschlags. — Ursachen dieser Erscheinungen.

59. Klimatische Hauptregionen der Erde. — Ihre unteren Grenzen nehmen mit der größeren Annäherung an den Aequator nicht auf regelmäßige Weise an Höhe zu.

a. Die untere Grenze des ewigen Schnees liegt nämlich:

auf der westlichen,		der östlichen Halbkugel.	
unt. 70—77° N.B.	0' üb. d. M.	unt. 69—74° N.B.	0' üb. d. M.
		= 71°	= 2200' =
		= 70°	= 3300' =
= 60°	= 3200' =	= 60°	= 4800' =
= 54°	= 5200' =	= 50°	= 6600' =
		= 46°	= 8400' =
= 43°	= 11,700' =	= 43°	= 8700' =
		= bis 42°	= 9900' = / = 10,600' =
		= 40°	= 13,300' =
		= 36°	= 18,700' =
		= 27°	= 14,900' =
unt. 19° N.B.	14,100' üb. d. M.	= 12°	= 13,200' =
= 10°	= 14,400' =		
= 0°	= 14,800' =		
= 14° S.B.	15,100' =		
= 16°	= 14,500' =		
= 18°	= 18,000' =		
= 30°	= 11,500' =		
= 32°	= 13,800' =		
= 42°	= 5600' =		
= 54°	= 3300' =		
= 66°	= 0' =		

b. Die untere Grenze des veränderlichen Niederschlags liegt

unter 37° N.B.	2000' üb. d. M.
= 28° =	4000' =
= 20° =	7000' =
= 0° =	11,000' =
= 16° S.B.	11,900' =
= 30° =	6000' =

60. Die Pflanzen sind als Verkündiger des wahren Klimas anzusehen, da sie, um zu leben, unter allen organischen Wesen am meisten an bestimmte Temperatur-Grenzen gebunden sind.

Ihr Gedeihen wird außerdem durch die Form und Menge des Niederschlags, und häufig weniger durch die mittlere Jahres-Temperatur, als durch die Temperatur der Jahreszeiten bedingt. — Darum nimmt die Mannigfaltigkeit und Größe der Gewächse, die Verschiedenheit der Sommer- und Winter-Vegetation mit der wachsenden geographischen Breite und absoluten Höhe ab; darum wird auch die Art der Vegetation von der Form und Menge des Niederschlags bedingt; darum findet der Laubfall in mittleren Breiten periodisch statt, und darum haben die Polargegenden noch eine Sommer-Vegetation, bei einer das Pflanzenleben ganz ausschließenden mittleren Jahres-Temperatur.

Mit Berücksichtigung dieser Sätze betrachten wir die äußersten Grenzen des Vorkommens gewisser, vorzugsweise der Kultur-Pflanzen, nicht allein vom Aequator polwärts, sondern auch vom Meeresspiegel aufwärts, als Klima-Grenzen, durch welche, innerhalb der durch die verschiedenen Formen des Niederschlags bezeichneten Haupt-Klimata (Zonen und Regionen), klimatische Unterabtheilungen gebildet werden. —

Dritter Abschnitt.

Australien.

I. Das Festland von Australien.

1. In Neu-Holland scheint die Form des Flachlandes vorherrschend zu sein und ein eigentliches Hochgebirgsland zu fehlen. Die bekannten Erhöhungen erscheinen als Rand- und Küsten-Gebirge, und sind durch breite Einsenkungen von einander getrennt. Das Innere ist wahrscheinlich ohne höhere Gebirge. Die Küsten von De-Witts-, Eendrachts- und einem Theile von Nuyts-Land sind ganz flach, alle übrigen Gestadeländer aber in größerer oder geringerer Entfernung vom Meere gebirgig, vorzüglich die östlichen und die nordöstlichen.

2. Das ost-australische Gebirgsland ist am bekanntesten und zugleich auch am bedeutendsten, reicht von der Basss-Str. längs der Küste bis K. Sandy, von wo es sich in westlicher Richtung im Innern des Landes fortsetzt; es scheint nicht im Zusammenhange mit den unerforschten Gebirgen der N.O.-Küste zu sein und führt nordwestlich von Kap Sandy den Namen Peak-Kette; weiter s. folgt die Denham-Kette an den Quellen des Fitzroy. Im S. von K. Sandy dann das Bergland von Neu-Süd-Wales, welches im nördlichen Theile bedeutende Gipfel (z. B. Mont Lindsay 5700′) — bis zu 6000′ hat; sich weiterhin in der kahlen Liverpool-Kette 4—5000′ hoch erhebt, und zwischen den Quellen des Hawksbury und des Macquarie aus einem Sandstein-Hochlande, „die blauen Berge“ genannt, das nur wenig über 3000′

Höhe hat, besteht. — Im Quellgebiet des Morumbiji folgen sodann die über 4000′ hohe Canobolas-Gruppe und die Kette der „schwarzen Berge“, welche durch das Thal des Murray von dessen Quellbezirk, den im S.O. des Kontinents gelegenen Australischen Alpen (auch Waragong-Gebirge oder „weiße Berge“), geschieden werden. Diese bestehen aus vielen, durch schöne Thäler getrennten, Gruppen, deren zum Theil mit ewigem Schnee bedeckte Gipfel über 7000′ hoch sind. — Gegen W. senkt sich das Gebirgsland von Neu-Süd-Wales, längs des oberen Murray, Lachlan und Darling, mit breiten Plateau-Stufen zum inneren Flachlande hinab. Im O. seiner nördlichen Hälfte liegen niedrige, durch Gebirgsarme gesonderte Küstenebenen. Wichtig ist, daß die Thäler und Nebenthäler des Hawksbury und Hunter fast bis auf die Sohle des Gebirgs eingefurcht sind. Das Gebirgsland ist in seiner Mitte etwa 40 Mln. von W. nach O. ausgedehnt, und hat in dieser Richtung eine von N. nach S. zunehmende Breite.

3. Die Gebirgsländer im S. und W. scheinen von geringerer Ausdehnung; ihre Anfänge am Vincents- und Spencers-Golf, in Leeuwins-Land erreichen etwa 3000′ absol. Höhe; die flachen Höhen im O. u. N. der Schwanenfluß-Mündung scheinen von ähnlicher Höhe. Auch die Gebirge, welche man in 30—50 Mln. Abstand von der flachen N.O.-Küste, zwischen 25 und 18°S.B., so wie im W. des Karpentaria-Busens und an den N.W.-Küsten (Tasmans- und Arnheims-Land), ostw. vom 140°O.L. entdeckt hat, scheinen nur Mittelgebirgshöhe zu haben. Vielleicht sind aber die letztgenannten nicht ohne bedeutende Horizontal-Ausdehnung.

4. Die zusammenhängenden Flachländer des Innern sind, so weit sie bekannt, steppenartig, einförmig und wechsellos wie der Ozean und nur von inselartigen Felshöhen unterbrochen; ihnen mangeln ausgebildete Thalfurchen, und, vermöge der eigenthümlichen Mengung der Bodenrinde, erscheinen sie abwechselnd als undurchdringliche Sümpfe, oder als wasserlose Einöden, ja, wie im N. des Spencers-Golfs, als wahre Wüsten.

5. Die Flüsse Australiens entstehen meist aus Teich- und Seereihen, stürzen mit ungeheuren Katarakten fast unmittelbar aus dem oberen ins untere Stufenland, in welches sie nur flach und unbestimmt eingefurcht sind, ohne in diesem Nebenflüsse zu empfangen. Daher Ueberschwemmungen und Sumpfbildungen abwechselnd mit gänzlichem Stillstehen und Austrocknen der Gewässer. Dies gilt namentlich vom Macquarie, Darling, und Lachlan, weniger vom Morumbiji (warum?), die alle zusammen (periodisch) dem einzigen Strom-System des Murray angehören, dessen Mündung statt eines Delta's einen See bildet, und nur durch einen versandeten Arm die Encounter-Bay und das Meer erreicht, daher ohne Bedeutung für die Verbindung des Innern mit der Küste ist. Günstiger

sind in dieser Beziehung die kürzeren zur Ost-Küste abfließenden Gewässer gebildet, obgleich sie, nur in geringerem Grade, dieselben Mängel haben.

6. Die Thiere und Pflanzen zeigen dieselbe Unausgebildetheit und Einförmigkeit, zugleich dieselbe Sonderbarkeit und Eigenthümlichkeit der Formen, welche die Oberflächenbildung dieses Kontinents auszeichnet. Mangel an einheimischen Hausthieren, Getreidearten und eßbaren Früchten; die durch Kolonisation eingeführten gedeihen.

7. Klima. Ganz Neu-Holland gehört der Zone des flüssigen Niederschlags an, und den Regionen des veränderlichen Niederschlags und des ewigen Schnees fallen nur sehr geringe Gebiete zu. Sein Klima ist, das unbekannte Innere vielleicht ausgenommen, vorherrschend ozeanisch. — Drei Klimagürtel: a) Ein tropischer, der auf der W.-Küste südw. bis 22°, auf der O.-Küste bis 26° S.B. reicht, charakterisirt durch tropische Pflanzenformen (Palmen) und im Norden durch zwei Jahreszeiten; die Regenzeit fällt zwischen den Oktober und April. — Im S. des Wendekreises zeigt sich indeß schon ein Wechsel von vier Jahreszeiten, welcher b) den subtropischen Klimagürtel charakterisirt, innerhalb dessen, an geschützten Stellen, bis 34° S.B. noch tropische Gewächse, und außerdem (kultivirt) Edelfrüchte und Obst- und Getreidearten vorkommen. An der O.-Küste zwei trockene Jahreszeiten: Sommer (Dezember bis März) und Winter (Juni bis September), und zwei regnerische: Frühling und Herbst. Schnee fällt nur im Winter bei mindestens 2000′ absol. Höhe, ohne liegen zu bleiben. — c) Die Süd-Küsten und Van Diemensland gehören einem dritten, kälteren und feuchteren Klimagürtel an, charakterisirt durch Mangel dauernden Schnees, häufigen Regen, kühle See-Winde, wechselnd mit glühenden Landwinden; durch das Gedeihen des Weinstocks und der europäischen Obst- und Getreidearten.

II. Die australischen Inseln.

8. Die australischen Inseln zerfallen in hohe oder gebirgige und in niedrige. Die ersteren zeigen sämmtlich vulkanische Erscheinungen, die kleineren unter ihnen sind von ausschließlich vulkanischer Natur; — die niedrigen sind unbedeutend und von neuerer Bildung.

9. Zu den hohen Inseln von nicht ausschließlich vulkanischer Natur gehört die ganze inner-australische Inselreihe und Neu-Seeland. Sie haben alle eine längliche Gestalt. In ihrer Umgebung Korallenriffe und niedrige Inselchen. Ihre Gebirge sind sehr unbekannt. Neu-Guinea hat nahe an der Küste Gipfel von 8000—12,000′, Neu-Seeland Feuerberge von 8000—9000′ abs. H.

Die hohen Inseln von vorherrschend vulkanischer Bildung sind kleiner, zugerundeter, als die vorigen, wie diese von Korallenriffen und niedrigen Inseln umgeben, und bilden mehrere von einander isolirte Gruppen und Reihen. Zu ihnen gehören die Marianen, die Sandwich-, Freundschafts-, Tonga-, Gesellschafts-, Mendañas-, Gallapagos- und Oster-Inseln. Ihre Höhe ist meist sehr bedeutend. Die Sandwich- und Gesellschafts-Inseln sind die höchsten; die Vulkane von Owaihi steigen 12,000—13,000′, der von Tahiti fast 8000′ über d. M. auf; die Freundschafts-Inseln unt. ihnen wahrscheinlich am niedrigsten.

10. Die niedrigen Inseln bilden entweder eigene Gruppen und Reihen, wie die Karolinen, Lord Mulgraves Archipelag, die Cooks- und niedrigen Inseln, oder sie liegen den hohen Inseln vor, sind in beiden Fällen von sehr geringer Größe, und haben, wie die vulkanischen, eine rundliche Gestalt; fast alle umschließen Binnengewässer (Lagunen), die nur durch enge Kanäle mit dem Meere in Verbindung stehen.

11. Die Thier- und Pflanzenwelt der australischen Inseln ist sehr verschieden von der des australischen Kontinents, obwohl gleichfalls beschränkt und einförmig. Die östlicheren hohen, so wie alle niedrigen Inseln sind besonders arm an Thier- und Pflanzenarten. Doch ist die Vegetation, mit Ausnahme Neu-Seelands, auf allen durchaus tropisch. Eingeführte Hausthiere und Kulturpflanzen gedeihen.

12. Sämmtliche australische Inseln gehören dem mittleren, eigentlich tropischen Klimagürtel der Regen-Zone an, und nur der größte Theil Neu-Seelands liegt außerhalb desselben, obwohl auch dort im Niveau des Meeres kein Schnee fällt. Die Nähe des umgebenden Ozeans modifizirt das Klima dieser Inselwelt auf eine sehr günstige Weise.

Vierter Abschnitt.

Amerika.

I. Die Cordilleren.

1. Die Cordilleren sind ein Hochgebirge, bestehen aus einer, häufiger aus mehreren, in der gemeinschaftlichen Hauptrichtung von S. gegen N. streichenden Parallelketten, welche gewöhnlich unebene Plateauflächen von bedeutender Höhe einschließen; sie fallen gegen W. steiler als gegen O. ab, haben eine Kammhöhe von 6000—14,000′, während die Gipfel bis zu 23,000′ aufsteigen, — und enthalten eine große Anzahl von ausgebrannten, oder noch thätigen Vulkanen. — Die Cordilleren von Choco und von Guatemala hängen nicht zusammen, sondern auf der Landenge von Panama findet sich im Gebirge eine Lücke, in welcher nur Hügel von 500—600′ absol. Höhe zu finden sind. —

2. Die Cordilleren von Süd-Amerika. — Die patago-

nischen und chileschen Cord. sind einfache Ketten, scheinen von S. geg. N. an Breite und Höhe zuzunehmen. Der Kamm der letzteren soll viele Vulkane tragen; und bis 12,000′, ihr höchster Gipfel fast 8000′ höher aufsteigen; ihre östlichen Verzweigungen scheinen die Schneegrenze nicht zu erreichen; ihr S.-Ende auf Feuerland und dessen kleinen Nachbar-Inseln besteht aus wild zersplitterten, mit Eis und Schnee bedeckten Felsen, die noch bis gegen 7000′ hoch aus dem Meere emporragen.

Die Cordilleren von Peru bestehen aus zwei, im N. aus drei Hauptketten, welche durch Querketten in Verbindung stehen; sie bilden zw. den Quellfl. des Pilcomayo (Paraguay) und Ucayale die höchsten Theile des ganzen Cordilleren-Systems, mit einer Kammhöhe von 13,000 bis 15,000′, und schließen hier das Plateau von Peru ein, auf welchem der große Salzsee Titicaca fast 12,000′ über d. M. liegt. Ihre höchsten Gipfel sind: der Pik von Sorate (23,600′) im O. und der Illimani (22,700′) im S.O. des Titicaca-Sees. Ihre östlichen Verzweigungen überragen die Schneegrenze, und längs ihres östlichen Fußes breitet sich eine Zone von Sümpfen und Urwäldern aus, welche sie von den benachbarten Steppenflächen und Wüsten scheidet.

Die Cordilleren von Quito: Zwei Hauptketten, welche sich an den Magdalenen-Quellen vereinigen, und die Hochebene von Quito (8500′ über d. M.) einschließen. Viele Gipfel von bedeutender Höhe: in der westlichen Kette der Vulkan-Gipfel des Chimborazo (20,100′), in der östlichen die Vulkane Cotopaxi und Antisana (17,000—18,000′ über d. M.).

Die Cordilleren von Neu-Granada erscheinen als Ausläufer der Central-Hochmassen von Peru und Quito; ihr Kamm sinkt unter die Schneegrenze, zum Theil zur Mittelgebirgshöhe herab. Die Quindiu-Kette, die höchste unter ihnen, steigt mit dem Vulkan-Pik von Tolima noch bis zu 17,200′ auf; die östliche Cord. bildet das Plateau v. Bogota, welches wenig niedriger als die Hochebene von Quito ist. —

3. Die Cordilleren von Nordamerika. Die Cordillere von Guatemala steigt steil aus der Einsenkung von Panama, umsäumt mit der 7000′ hohen, mehrfach quer durchbrochenen Hauptkette, welche eine dicht gedrängte Reihe 10,000—15,000′ hoher vulkanischer Kegelberge trägt, die Küsten des großen Ozeans, und sinkt am Golf von Tehuantepek plötzlich zu einer weiten Gebirgslücke hinab, deren Sohle nur 1100′ üb. d. M. ist. Die Sierra von Yukatan und andere östliche Verzweigungen sind niederer Art.

Die Cordilleren von Mexiko, weniger kettenartig als die übrigen, umschließen als Randgebirge das ausgedehnte, 7000′ hohe Plateau von Mexiko oder Anahuak. Nicht in der Normal-Richtung des Gebirgs, sondern in der Richtung von W. nach O., von einer Küste bis zur anderen, liegt eine Reihe meist isolirter Schneegipfel und Vulkane, unter denen der Pik von Orizaba (16,300′) und der Vulkan Popoca tepetl (16,600′) die bedeutendsten.

Die Central-Cordillere von Nord-Amerika ist die Fortsetzung des O.-Randes von Anahuak. Zwischen ihrer südl. Hälfte und der niedrigen östlichen Cord. von Nord-Amerika liegt das Plateau v. Neu-Mexiko (4—6000′ üb. d. M.), welches ebenfalls von einer v. O. n. W. zu verfolgenden Reihe unthätiger Vulkane durchzogen wird, u. südw., auf d. rechten Ufer des Rio del Norte als kahle Hochwüste (3—4000′ über d. M.) sich fortsetzt. — Das Oregon- und Felsengebirge, anfänglich noch 7000—8000′ hoch, v. fast doppelt so hohen Gipfeln überragt, scheint im N. des 55.° N.B. zur Mittelgebirgshöhe herabzusinken und mehrfach durchbrochen zu sein; seine Fortsetzung ist aber bis Elsons-Spitze zu verfolgen. — Im O. der östl. Cordillere v. Neu-Mexiko breiten sich ungeheure Hochwüsten und Hochsteppen auf dem linken Ufer des Rio del Norte und längs den rechten Mississippi-Zuflüssen, von 4000—1000′ abs. H. herabsinkend, als östliche Vorstufen der Cordilleren aus. Ihren letzten südöstl. Rand bildet die sogenannte Sierra von Texas, die im Osark-Geb. bis zu 1800′ absol. Höhe herabsinkt. —

Die nord-amerikanischen See-Alpen scheinen hingegen von S. gegen N. an Höhe zuzunehmen. Auf der Halbinsel Californien der Vulkan Giganta 6400′; unter 40° N.B. steigt die Sierra Nevada von Neu-Californien 9000′, weiter nordw. eine Reihe theils thätiger, theils erloschener Vulkane bis 14,000 u. 15,000′ und der St. Elias-Berg (im N. des Kreuz-Sundes) sogar bis 16,700′ üb. d. M. auf; selbst noch weiter im N.W. stehen Feuerberge v. 11—12,000′ abs. H. am Eingange der Halbinsel Aljaska. Die Gebirge dieser und der Inseln der Nordwest-Küste erscheinen als Fortsetzungen dieser westlichen Cordillere. Die Aleuten bilden eine Reihe von rauchenden, 3000—8000′ hohen Vulkanen.

Zwischen der westlichen Cordillere und der mittleren: die großentheils noch unerforschten Tafelländer von Oregon und Neu-Californien, die am Lewis- und Columbia-Strom als vielstufige Terrassenlandschaften, zu beiden Seiten des mittleren Colorado als Hoch-Wüsten (4000′ über d. M.) mit Salz- und Sandboden und großen und kleinen Salz-Seen (Utah), in den westlichen Gegenden aber, zwischen der Sierra Nevada u. dem Küstengeb. von Hoch-Californien, als ein vielfach reich gesegnetes Eldorado beschrieben werden.

II. Die getrennten Gebirgsglieder Amerika's.

4. Das brasilische Gebirgsland besteht aus 1000—2000′ hohen Plateauflächen, auf welche verschiedene, der brasilischen Küste mehr od. minder parallele Bergketten aufgesetzt sind, die durch weite Thalflächen von einander gesondert und durch Querketten mehrfach verbunden werden. — Der höchste jener, der Küste parallelen Bergzüge ist die Kette von Villa Rica, mit einer Kammhöhe von 3000′ und Gipfeln von 5000 bis 7000′. In ähnlicher Höhe u. mit Gipfeln von bis 8000′ die Serra Mantiqueira und Serra do Espinhaço; niedriger die Serra da Mar u. a.

5. Das Hochland von Guyana ist im Innern noch wenig erforscht, scheint aus mehreren Parallelketten zu bestehen: die östlichen mit einer mittleren Höhe von 2000′, die westlichen über 4000′ hoch mit Gipfeln von 7000′, ja von 9800′, welche großentheils in der Serra Pacaraima, dem am meisten bekannten Südrande des Hochlandes, liegen. —

6. Das Küstengebirge von Venezuela. Zwei parallele, dicht bei einander liegende Bergketten. Ihr höchster Gipfel 8000′ über dem Meere. Sanfte Abdachung g. S.; Steilabfall g. N.

7. Die Sierra nevada de Sta. Marta ist eine pyramidalische, nach allen Seiten steil abfallende, felsige Hochmasse mit Schneegipfeln v. fast 17,000′ absol. Höhe.

8. Das Alleghanie-Gebirge hat um 35° N.B. Gipfel von 5000 bis 6000′ abs. H., aber nur eine mittlere Höhe von kaum 3000′, fällt sanft und mit breiten Vorstufen sowohl gegen den Ohio, als gegen die Küstenlandschaften, und führt mehrere Spezial-Namen. Mehrfache Durchbrechungen seiner Parallelketten; in der bedeutendsten fließt der Hudson.

Das Gebirge von Neu-England, höher als die Alleghanies, mit Gipfeln von mehr als 6000′ Höhe.

9. Die Felsengebirge von Labrador auf der Wasserscheide zwischen der Hudsons-Bay und dem St. Lorenz, an der Küste 1000—1500′, im Innern bis 3000′ hoch. Glätschermassen an den Küsten; Moräste und Seen zwischen Felsreihen im fast unbekannten Innern.

10. Isolirte Gebirgsmassen des arktischen Archipelags. Sehr unbekannt; auf Grönland ein durchschnittlich 2000′ hohes Bergland, dessen Ränder sich meist steil über die Küsten erheben; im Innern Gipfel bis zu 5000′ Höhe.

11. Isolirte Gebirge des westindischen Archipelags. Die Bahamas, die östlichsten oder kleinen Antillen und die kleinen Inseln, welche den großen Antillen vorliegen, sind von korallischer Bildung. Alle übrigen sind hohe Inseln. Die Geb. der großen Antillen bestehen

aus mehreren, ihrer Haupt-Ausdehnung parallelen Reihen, und erheben sich in ihren Gipfeln auf Cuba bis 7000', auf Jamaica 7700', auf Haiti 6000' über d. Meer, auf Puerto Rico vielleicht am bedeutendsten. Unter den zum Theil vulkanischen kleinen Antillen steigt St. Vincent mit seinem Vulkan 4700', Dominica fast 5000' über d. M. auf.

12. Außer den Cordilleren nur ein Hochgebirge; die übrigen nehmen im Allgemeinen mit ihrer größeren horizontalen an vertikaler Ausdehnung ab. Die Kettenform der Gebirge ist allgemein, mit einer einzigen Ausnahme.

III. Die Wasser-Systeme und unteren Stufenländer Süd-Amerika's.

13. Die patagonische Ebene, das untere Stufenland zweier großer Ströme (Rio negro u. Rio colorado) ist sehr wenig bekannt, größtentheils salzige oder steinige Steppe mit ärmlicher Vegetation.

14. Die Pampas und der Rio de la Plata. Der Parana entquillt dem N.W.-Abfall der Kette von Villa Rica, bricht in zwei verschiedenen Absätzen durch ihre westlichen Zweige in sein unteres Stufenland, die Tiefebene der Pampas, eine unabsehbare, anbau-, holz-, berg- und hügelarme Grasflur, welche an einigen Stellen zum Sumpf oder zur Salzsteppe wird. Der Paraguay, der auf dem niedrigen Wasserscheiderücken der wüsten Campos Parexis entspringt, durchfließt sie ihrer ganzen Länge nach. — An seiner Mündung 5—15 Meilen breit; — 210 Mln. oberhalb derselben schon schiffbar. —

15. Der S. Francisco durchfließt ein weites, 900—1700' hohes, oft überschwemmtes Thal, und ist weit aufwärts schiffbar. — Der Paranaiba, ein Fluß d. Tieflandes, zeigt denselben Wasserreichthum wie alle, selbst die Küsten-Flüsse Amerika's.

16. Der Marañon und seine Stufenländer. Sein oberer Lauf in einem tiefen, engen Längenthale der Cordilleren von Peru; im mittleren durchbricht er die ostw. vorliegenden Cordilleren in einem engen Querspalt; beide sind unverhältnißmäßig kurz im Vergleich mit seinem unteren Lauf durch die von O. nach W. 450 Mln. breiten, nach ihm benannten Tiefländer, welche nur durch einen niedrigen Wasserscheiderücken von den Pampas gesondert, 300 Mln. von der Küste nur noch 600' über d. M. und zu beiden Seiten des Marañon meist mit undurchdringlichen Urwäldern bedeckt, zum Theil aber auch als weite, baum- und hügellose Grasebenen (Llaños) ausgebreitet sind. — An der Mündung ist der Hauptarm des Stromes 12, der Nebenarm Para 5 Meilen breit. — Seine Nebenflüsse sind, wegen ihrer riesenhaften Dimensionen, sämmtlich Ströme zu nennen. Mehrfache Bifurkationen, am bekanntesten und merkwürdigsten die des Rio negro mit dem Cassiquiare.

17. Die Tiefebene von Guyana. Die in der I. Abth. unter 7. b. angeführten Küstenflüsse stürzen, nebst vielen anderen, in Wasserfällen von dem waldreichen Hochlande von Guyana in das gleichnamige Tiefland, dessen Ausdehnung meerwärts, vermittelst der Schutt- und Geröll-Massen, welche die genannten Flüsse aus dem Gebirge herbeiführen, noch täglich wächst.

18. Der Orinoco und seine Stufenländer. Sein oberer Lauf innerhalb des unbekannten Hochlandes von Guyana, dessen letzte Zweige der Strom mit Katarakten durchbricht; sein unterer Lauf, durch dichte Waldungen, umsäumt den W.- und N.-Fuß des Hochlandes; sein Mündungsland ist zur Regenzeit eine weite Wasserfläche. Auf seinem linken Ufer weite Llaños, kahl, dürr und vegetationsleer in der trockenen, mit mannshohen Gräsern bekleidet in der nassen Jahreszeit.

19. Der Magdalenen-Fluß und Cauca bilden tief eingeschnittene Längenthäler innerhalb der Cordilleren von Neu-Granada; das untere Stufenland des ersteren in eine wellenförmige Kulturfläche. —

20. Welche Gestalt würde Süd-Amerika haben, wenn der Ozean um 1100′ höher stände?

IV. Die Wassersysteme und Stufenländer Nord-Amerika's.

21. Die Stufenländer der Hudsonsbay-Flüsse und des Mackenzie sind ohne eigentliche Gebirge, aber eigenthümlich charakterisirt durch eine rauhe, klippige Oberfläche, durch viele niedrige, isolirte Felskämme (am Nord-Ufer des oberen Sees 1000—1400′ über dem Meere), durch eine unzählige Menge größerer und kleinerer, mittelst kurzer Flußläufe häufig unter sich (periodisch) verbundener Landseen, durch eine gewisse Regellosigkeit der Oberflächenbildung, welche die Entwickelung geregelter Strom-Systeme verhindert zu haben scheint. Periodische Verbindung des oberen Athapeskow mit dem Columbia, des Athapeskow-Sees mit d. Winnipeg-See und dem Saskatchavan-System. — Der Mackenzie eilt mit reißendem Laufe am Ost-Fuße der Felsengebirge dahin, und tritt erst unterhalb der Bärenfluß-Mündung von der felsigen Hochfläche in sein Delta-Land. —

22. Das Wasser-System des St. Lorenz. Die fünf großen Seen, deren Abfluß er ist, liegen stufenförmig über und neben einander (der Obere See 600′, der Ontario 230′ üb. d. M.), so daß die Wassermassen des einen sich mit Stromschnellen und Katarakten in den andern entladen. (Niagara-Fall 160′ hoch, 1600′ breit.) Die bis zu 20 Mln. breite, golf-ähnliche Mündung des Stroms wird (80 Mln. aufw.) mit den größten Seeschiffen befahren.

23. Die Stufenländer des Mississippi werden von den vorigen durch einen flachen, etwa 1500′ über d. M. liegenden Landrücken gesondert. Auf diesem liegt die Quelle und der obere Lauf des Stroms. Sein mittleres Stufenland, im S. durch die Sierra von Texas und das Osark-Gebirge begrenzt, ist eine Hochebene niederer Art, im N. und auf dem linken Stromufer mit mehr und mehr gelichteten Urwäldern bedeckt, im S. des Arkansas und im äußersten W. eine sandige und steinige Wüste; bildet dagegen im N. des Arkansas u. in der Nähe des Hauptstroms unabsehbare Grasflächen, Savannen oder Prairies genannt, von breiten, schnellfließenden, aber wasserarmen Flüssen (Platte, Kansas u. a.) durchströmt. — Der Missouri entspringt auf dem Oregon-Geb., durchschneidet den von der Platte-Q. zur Mississippi-Q. ziehenden Landrücken, und ist, in Bezug auf Stromlänge u. Wasserreichthum, eigentlich Hauptstrom. — Der Ohio durchfließt ein fruchtbares Hügelland, und ist (bis Pittsburg) für große Schiffe fahrbar. — Das untere Stufenland des Mississippi ist eine ausgedehnte, an den Meeresgestaden sumpfige, alljährlich überschwemmte Tiefebene mit riesenhaften Bäumen und Schilfpflanzen, namentlich in der Nähe des Stroms und in seinem Delta-Lande.

24. Der Rio del Norte ist, ungeachtet der Länge seines Laufes, wegen seiner Seichtigkeit und der zahlreichen Fälle seines mittleren Laufs von untergeordneter Bedeutung.

25. Der Columbia und Colorado. Ihre Naturverhältnisse sind noch nicht völlig bekannt; der erstere, welcher die Kette der nordamerikanischen See-Alpen durchbricht, soll eben deshalb nur 15, der andere 65 Meilen von der Mündung aufwärts für größere Fahrzeuge schiffbar sein.

26. Die atlantischen Küstenflüsse entquellen (mit Ausnahme des eigenthümlichen St. Johns-Fl. von Florida) sämmtlich den Alleghanies, und zwar entweder dem Innern des Gebirgs oder seinem äußeren Rande, durchströmen dann eine wellenförmige, sehr fruchtbare, längs der Küste theilweise mit sumpfigen Niederungen (Swamps) umsäumte Tiefebene, sind wasserreich, meist schiffbar, und zu künstlichen Wasserverbindungen, durch Lage und Beschaffenheit ihrer Thäler, sehr geeignet.

27. Künstliche Wasser-Verbindungen Amerika's. Nord-Amerika ist sehr reich daran; in Süd-Amerika besteht nur eine, aber unschiffbare zwischen den beiden Ozeanen, mittelst des Atrato- und S. Juan-Fl. (Mehrfache Projecte zur Verbindung beider Ozeane.) — In Nord-Amerika nennen wir:

a. Den Chesapeak-Ohio-Kanal, aus dem Ohio (oberhalb Pittsburg) zum Potomak (nach Georgtown).

b. Den Pensylvania-Kanal, aus dem Ohio (bei Pittsburg) zum

Susquehannah (bei Harrisburg); der höchste Theil dieser Verbindung ist Eisenbahn.

c. Der Welland-Kanal verbindet den Erie- und Ontario-See, ist zur Umgehung der Niagara-Fälle angelegt (27 Schleusen).

d. Der Erie-Kanal führt aus dem Erie-See (bei Buffalo) zum Hudson (nach Albany).

e. Eine Schifffahrtslinie von New-Haven am Long-Island-Sund zum St. Lorenz, mittelst des Connecticut und mehrerer anderer schiffbarer Flußstrecken und Kanäle. Unvollendet.

f. Der Miami-Kanal zwischen dem W.-Ende des Erie-Sees und Cincinnati am Ohio.

g. Der Ohio-Kanal aus dem Ohio (bei Portsmouth) zum Erie-See (nach Cleveland). Viele andere, sehr wichtige, aber kürzere künstliche Schifffahrtslinien. —

28. Wodurch unterscheiden sich Nord- und Süd-Amerika von einander und vom australischen Kontinent, in Betreff der Formen, der Vertheilung und der Naturbeschaffenheit ihrer Hoch- und Tiefländer und Gewässer?

V. Klima und organische Natur.

29. Amerika gehört acht verschiedenen Klimagürteln an; es reicht durch vier Zonen; nur die südliche des ewigen Schnees fehlt. — Die Region des ewigen Schnees ist dagegen in allen Breiten anzutreffen.

Der nördlichen Zone des ewigen Schnees gehören nur geringe Räume an.

Die nördliche Zone des veränderlichen Niederschlags umfaßt den größten Theil von Nord-Amerika; die südliche beschränkt sich auf das schmale Süd-Ende Süd-Amerika's.

Das Klima des flüssigen Niederschlags nimmt dagegen eine Zone von 83—85 Breitengraden ein, wird aber dennoch durch die horizontale, wie durch die vertikale Gestalt Amerika's in seiner Ausdehnung bedeutend geschmälert; es herrscht in Süd-Amerika eben so vor, wie das des veränderlichen Niederschlags in Nord-Amerika.

30. In der nördlichen Zone d. veränderlichen Niederschlags unterscheiden wir folgende Klimagürtel:

a. Klimag. der Moose und Beeren. — Aequat.-Gr.: eine Linie, welche die West-Küste unter 60° B. schneidet, und über den Sklaven-See zur Lorenz-Münd. geht. Allgemeiner Charakter der Vegetation: Im N. statt des Rasens eine Moosdecke, statt der Bäume strauchartige, beerentragende Gewächse und Krüppelholz; Waldungen kommen erst im S., in der Nähe der Aequat.-Grenze, in größerer Ausdehnung vor (Nadelhölzer, Birken).

b. Nördl. Klimag. des europ. Getreides u. der nördlichen Waldbäume. — Die Aequat.-Gr. fällt fast mit der Pol.-Gr. der Regenzone zusammen. Vegetations-Charakter: Im W. des Mississippi theils unendliche Grasfluren, theils undurchdringliche, vorherrschend aus verschiedenen Arten periodisch absterbender Laubhölzer bestehende Urwälder. Im O. jenes Stroms neben den Urwaldungen kultivirte Felder von europäischen Getreidearten und Nahrungspflanzen; europ. Obstbäume; im S. der Weinstock. —

31. In der Zone des Regens:

c. Nördlicher Klimag. der Edelfrüchte und immergrünen Bäume. — Aequat.-Gr.: der 25° N.B. — Vegetation: Neben europäischen und trop. Getreidearten (Waizen, Reis, Mais) und den Kulturpflanzen des vorigen Klimag., südl Edelfrüchte und trop. Kulturgewächse (Baumwolle, Zuckerrohr), aber auch häufiges Vorkommen von Waldungen (sowohl von absterbenden als immergrünen Bäumen) und Grasflächen. Im Allgemeinen große Saftfülle und Ueppigkeit der Vegetation.

d. Klimag. der Banane (trop. Klimag.). — Südl. Pol.-Gr.: der südl. Wendekreis. — Vegetations-Charakter: Die Kulturpflanzen des vorigen Klimag. kommen meist nur auf den Gebirgshängen vor; dagegen im Meeres-Niveau eigenthümliche, meist wildwachsende Nahrungspflanzen: Banane, Brotfrucht, Kokospalme, Yams, Batate &c. Ungeheure Waldungen mit riesenhaften, sehr mannigfaltigen Baumformen: Brasilien- und Campecheholz, Mahagonibaum, die riesenhafte Mauritia-, die Weinbeerpalme, baumartige Farrenkräuter und Gräser (Bambus); Schlingpflanzen statt des Rasens. Großer Pflanzenreichthum, darunter geschätzte Gewürze und Arzneipflanzen. —

e. Südl. Klimag. der Edelfrüchte u. immergrünen Bäume. Pol.-Gr.: der 34° S.B. auf der W.-, der 36° auf der O.-Küste. — Die Vegetation hat einen mehr tropischen Charakter als in dem entsprechenden nördl. Klimag.: Palmen, baumartige Disteln &c. Neben den eingeführten europ. Kulturgew.: auf der West-Küste einheimische Pfl., welche an Neu-Holland erinnern; im O. dagegen eine mehr europ. Vegetation; in der oberen Reg. sogar Buchen u. Eichen.

f. Südl. Klimag. der antarktischen Waldbäume und des europ. Getreides; — Pol.-G. fällt mit der der Regenzone zusammen. — Europ. Getreide nur theilweise eingeführt; — neben antarktischen auch nördl. Waldbäume (Buchen), im W., an geschützten Stellen, Wein und feinere Obstarten. —

32. Die südl. Zone d. veränderlichen Niederschlags. Ge-

ringe Sommer- und mäßige Wintertemperatur. Vegetation ärmer als im entsprechenden nördl. Klimag.; Moose, Farrenkräuter, — Wälder von Buchen und Birken.

33. Die Region des ewigen Schnees ist über den ganzen Erdtheil gelagert, in Folge seiner Merid.-Ausdehnung und der Richtung seines Hauptgebirgszugs. Ihre untere Grenze ist zwischen 19° N. u. 20° S.B. mehr als 14,000′ und selbst unt. 30° S.B. noch 11,000′ üb. d. M., aber nicht unter dem Aequator am höchsten, sondern, wie erwähnt, unter 14° S.B. Große Erhebung der Region des flüssigen, daher beschränkter Bereich der Region des veränderlichen Niederschlags.

Innerhalb der letzteren zwei Haupt-Vegetations-Regionen: die der Moose und Alpenkräuter, und die des Baumwuchses; die obere Grenze der letzteren liegt unt. 20° N. u. 25° S.B. 12,000′ über d. M.; zwischen 5° N. u. 20° S.B. Mangel an Waldungen innerhalb der Region d. veränderlichen Niederschlags; dafür steigt Getreidebau in Peru 13,100′ üb. d. M., die Kartoffel hier und in Quito sogar bis in die unmittelbare Nachbarschaft des ewigen Schnees auf.

Innerhalb der Region des flüssigen Niederschlags drei Vegetations-Reg.: die der Tierra fria (zu welcher auch die ganze, nicht breite Reg. des veränderl. Niederschlags gerechnet wird), deren untere Gr. durch das Gedeihen des Getreides (bei 20° N.B. in 7200, bei 0° in 9000′, bei 16° S.B. in 13,000′, bei 30° S.B. in 7000′ abs. H.) bezeichnet werden kann, und innerhalb welcher hochwüchsige Bäume in 5° N.B. b. z. 10,800′, in 0° b. zu 11,000′ abs. H. vorgefunden werden; — die der Tierra templada, in welcher Mais (in Mexiko bei 4000′, in Quito bei 7000′, in Peru bei 12,000′ abs. H.) und tropische Baumformen noch höher aufsteigen, während ihre untere Grenze, bei 0° B., in 3000′ abs. H. angenommen werden kann; — die der Tierra caliente, welche oberwärts durch das Fortkommen der Banane begrenzt wird, und in welcher Kakao, Brotfrucht und Kokospalmen nur bis 1200′ abs. H. aufsteigen.

34. Die amerik. Klimagürtel sind im Allgem. kühler, als die entsprechenden der alten Welt, aber das Klima v. Amerika ist zugleich feuchter u. ozeanischer, wegen seiner Lage u. Gestalt, seiner reichen Bewässerung u. Vegetation. Dieser klimatische Charakter, dem nur die Tafelländer auf den Scheiteln der Cordilleren, so wie die inneren Gegenden Nord-Amerika's nicht in gleichem Maaße unterworfen sind, bedingt die ausgezeichnete Fülle und Form seiner Vegetation und zugleich das eigenthümliche Gepräge seiner Thierwelt, d. verhältnißmäßige Kleinheit u. Schwäche der Säugethiere, die Größe der Reptilien, die Menge seiner Insekten, — zum Theil auch die Erschlaffung seiner menschlichen Bewohner.

35. Die Richtung der Grenzlinien der verschiedenen Zonen in Nord-

Amerika deutet auf eine Wärme-Abnahme von W. nach O. hin. Innerhalb der Tropen mindert der Passat die Temperatur der Ost-, die Lage der schneebedeckten Cordilleren die der West-Küsten. Dem schmalen S.-Ende des Erdtheils wird, durch seinen ozeanischen Charakter, auf beiden Küsten ein ziemlich gleichartiges klimatisches Gepräge aufgedrückt.

36. Amerika's Meridian-Ausdehnung bewirkt, daß die Bewohner Süd- u. Nord-Amerika's gleiche Tages-, aber entgegengesetzte Jahreszeiten haben. — Wie groß ist der Unterschied der Mittagszeiten für die äußersten Punkte des Erdtheils? — Wann müssen die tropischen Gegenden Nord- u. Süd-Amerika's (vergl. Abschn. II., v.) ihre periodische Regenzeit haben? — Unregelmäßiges Eintreten derselben an d. O.-Küste Brasiliens. — Zwei nasse und zwei trockene Jahreszeiten in beiden Klimag. der Edelfrüchte 2c. gleichzeitig und mit verhältnißmäßig geringer Verschiedenheit d. klimatischen Phänomene. — Bedeutender sind diese Unterschiede in beiden Klimagürteln des europ. Getreides, da der nördl., in Folge des Vorherrschens kontinentaler Einflüsse, bereits der Zone des veränderlichen Niederschlags angehört. Aehnliche Resultate aus ähnlichen Ursachen in den beiden nächstfolgenden Klimagürteln.

Fünfter Abschnitt.

A f r i k a.

I. Hoch-Afrika.

1. Hoch-Afrika ist selbst an seinen Rändern noch nicht überall hinlänglich bekannt; sein Inneres hat man erst neuerdings in einigen Richtungen erforschen können. Nach diesen erscheint es als ein einziges Gebirgsganze, dessen meist unbekannte Höhenzüge durch weite, oft wüste Tafelländer von einander getrennt werden. —

2. Der Süd-Rand bildet eine Terrasse von drei Stufen; die unterste besteht aus d. Küstenebenen d. Kap-Landes (in deren S.W.-Ecke die isolirte Gruppe des c. 3400′ hohen Tafelberges), die mittlere aus den 3000′ hohen Steppenflächen der Karroo, die obere aus der etwa 5000′ hohen Hochebene des Oranje-Stroms, welche letztere ein Theil der weiten Scheitelfläche von Hoch-Afrika ist, und als eine fast ebene, unabsehbare, dürre, aus Wüsten und Steppen bestehende Einöde beschrieben wird. — Jene Stufen werden durch zwei unter einander und mit der S.- und S.W.-Küste parallele Randgebirgsketten von einander geschieden, deren Höhe landeinwärts zunimmt; nämlich die Küstenebene v. den Karroos durch die 4000—5000′ hohen Bokkeveld- und Zwarten-Berge, — die Karroos von der Scheitelfläche durch eine Gebirgskette

von wechselnder Höhe und Benennung, in der Mitte, im Nieuweveld-Gebirge, an 10,000′ hohe Gipfel tragend. —

3. Der Ost-Rand scheint dieselbe terrassenartige Form zu haben; man hat sie am Zambeze u. auch weiter nordwärts wiedergefunden. Am Zambeze erheben sich in einiger Entfernung von der Küste niedere Berglandschaften; dann steigt, 40 Mln. von der Küste, ein gewaltiger, schluchtenreicher Bergrücken auf, vom Zambeze im „Lupata-Paß" durchbrochen, der sich südw. vielnamig bis zum Nieuweveld d. S.-Randes, nordw. aber bis zum S.O.-Ende des Njassa-Sees und, wie es scheint, weiter fortsetzt. Dieser trotz beträchtlicher Höhe nirgends ewigen Schnee tragende Gebirgszug scheidet die Küsten-Terrasse von einer höheren, die stellenweise mit der hohen Scheitelfläche des inneren Tafellandes zusammenhängt, — was z. B. nördlich des mittleren Limpopo der Fall ist, wo man in „Mosilikatse's Reich," etwa unter 46° O.L. und 20° S.B., den höchsten Punkt c. 7200′ über d. M. gefunden hat, — stellenweise aber durch m. andere parallele, zum Theil wohl noch höhere Bergzüge davon geschieden wird. Ein solcher ist das im S. des Zambeze u. im W. des 50.° O.L. sich aufthürmende Fura-Geb., welches solchergestalt eine mittlere Berg-Terrasse (Matuka) von der innern Scheitelfläche d. Hochlandes trennt. Der Zambeze durchbricht, nach langem Laufe auf dem inneren Tafellande, die ganze Breite des O.-Randes, und stürzt mit Katarakten und Stromschnellen von einer Stufe in die andere. Dasselbe geschieht, wie es scheint, von dem Limpopo und einigen anderen, in die Sofala- und Delagoa-Bucht mündenden bedeutenden Strömen, deren Quellen auch auf der inneren Seite dieses „Weltrückens" zu suchen sind. — Soweit der Ost-Rand im N. des Njassa-Sees bekannt geworden, hat man einen ähnlichen Terrassenbau wiedergefunden Man hat namentlich zu beiden Seiten des Aequators Berge mit ewigem Schee entdeckt, denen ostw. mehrere niedrigere Bergreihen vorliegen. Auch im N. des Aequators scheint das Randgebirge in ähnlicher Gestaltung fortzusetzen, und erst gegen den 10.° N.B., wo thätige und ruhende Vulkane (7—8000′ üb. d. M.) für das Wirken gewaltiger zertrümmernder plutonischer Kräfte zeugen, seinen Zusammenhang zu verlieren. Es treten nur isolirte Berghaufen und Felskämme auf gemeinschaftlicher hoher Basis an seine Stelle, und werden charakteristisch für ganz N.O.-Afrika. Südlich des Aequators, etwa unter 4° S.B., liegt im Ostrande der fast 19,000′ hohe Kilima Ndscharo; weiter südlich, unter 10° S.B., das Ndschesa-Geb. —

4. Der Nord-Rand. — Die alte vieldeutige Sage von dem Dasein eines mächtigen Hochgebirges in der Quellgegend des weißen Nils u. die Unbekanntschaft mit dem Norden Hoch-Afrika's hat zu der irrigen Annahme geführt, daß dies große Hochland von einem Gebirgswalle, den

man Mondgebirge (Djebl el Komri) nannte, im N. umschlossen werde. Nach den neuesten Forschungen ist indessen die Lage, ja die Existenz dieses Mondgebirges völlig ungewiß geblieben. Soweit man am Bahar el Abiad aufw. vorgedrungen hat man nur isolirte, auf weiten, südw. allmählig ansteigenden Hochebenen zerstreute Berg- u. Felsenkämme, nicht aber einen zusammenhängenden Gebirgswall, sondern neuerdings vielmehr ein sehr ausgedehntes, c. 3000′ üb. d. M. liegendes, Seen-Plateau entdeckt; gleichwohl weisen einheimische Sagen auf Schneegebirge im unerforschten Süden hin, über deren Lage es nur Vermuthungen giebt. Auch im S. des Tschad-Sees ist der vermeintliche N.Rand Hoch-Afrika's weiter geg. d. Aequator hin zu suchen; bis jetzt hat man auch dort nur vereinzelte Berggruppen, z. B. d. Mindif-Berg unt. 10° S.B., gefunden. — Der Uebergang von Hoch-Afrika zur Wüste wird durch das Hügelland des flachen Sudan gebildet; erst vom 9.° N.B. beginnt die Ebene, in welcher d. Shary u. seine Nebengewässer zum Tschad fließen, südw. höher anzusteigen (900′), und in den vorherrschend ebenen oder hügligen Landschaften Mandara und Adamova verkünden nur isolirte Felsenkegel und der Wasserreichthum des Binue und seiner Zuflüsse die Nähe des vielleicht erst unter 5° N.B. aufsteigenden Hochlandes. Jedenfalls setzt das Flachland des Sudan längs des Binue (Tschadda) u. auf dem linken Ufer des Quorra bis zu dessen breitem, sumpfigem Mündungslande und bis zur Biafra-Bucht fort. —

5. Der West-Rand. — Hier an der Bucht von Biafra erhebt sich unmittelbar das Hochland der Amboser, mit Gipfeln von fast 13,000′ abs. Höhe, (z. B. Camarun-Pick) als nordwestl. Eckpfeiler Hoch-Afrika's. Im S. desselben und im O. der schmalen Küstenebenen von Biafra, Loango, Kongo, N'gola (Angola) u. Benguela, am Zaire (Kongo) u. Kuenza (Koanzo) aufwärts scheint dem W.-Rande eine ähnliche Folge von Gebirgs-Terrassen und Scheidegebirgen eigen zu sein, wie dem Ost-Rande am Zambeze. Aber es fehlen Berge mit ewigem Schnee, und plutonische Kräfte, deren Wirkungen durch erloschene und thätige Vulkane bezeugt werden, scheinen bei der Gestaltung dieses Bergrandes besonders thätig gewesen zu sein. Ein vermeintlich über 10,000′ hoher Feuerberg wird Zambi genannt, und soll auf dem linken Ufer des Koanzo etwa unt. 10° S.B. u. 35° O.L. liegen. — Am Cuanene, unt. 17—18° S.B. scheint eine breite Lücke in dem W.-Rande zu sein. Im S. derselben erhebt sich das Gebirgsland der Owaherero (Damara's) mit Bergkämmen von 5000—6000′ u. Gipfeln von mehr als 8000′ abs. H., u. wird durch eine 8—20 Mln. breite und vom Cuanene bis zum Oranje-Fluß reichende Strandwüste vom Ozean geschieden. Dasselbe gilt von dem niedrigeren, flacheren Berg- u. Hügellande der Hottentotten, in welchem die Murray-Berge (23½° S.B., 35° O.L.) noch über 3600′ hoch auf-

steigen; es verflacht sich südw. gegen den Oranje-Strom, jenseit dessen dann der West-Rand mit der Fortsetzung des Bokkevelds an den Süd-Rand anschließt. —

Im Innern des großen süd-afrikanischen Tafellandes wechseln, so weit man es kennt, weite, periodisch ganz wüste Steppenflächen mit Waldungen, Weidegründen und Feldfluren. Diese vorherrschend ebene Scheitelfläche ist am mittleren Oranje u. in der Wüste Kalihari 3000 bis 3500′, am Ngami-See etwa 2700′ üb. d. M., u. scheint weiter nordw. bis zu 6000′, ja 8000′ abs. Höhe anzusteigen, ostwärts wahrscheinlich vom Thale des oberen Zambeze, der hier das Land Makololo durchfließt, begrenzt. Wie u. wo die Scheitelfläche von Bergrücken durchzogen wird, dafür giebt es bis jetzt fast nur unsichere Ueberlieferungen. Südwärts vom 15° S.B. scheint es im Inneren große zusammenhängende Gebirgsketten nicht zu geben, da die Wasserscheide zwischen dem indischen u. atlantischen Ozean auf dem Hochlande der Owahereros unt. 20° S.B. u. 34° O.L. und im N., an der Quelle des Liambey, unter 10° S.B. und 43° O.L. liegen dürfte. Ueber die Naturbeschaffenheit dieser, so wie der Wasserscheiden zwischen den vorgenannten Ozeanen einer- u. dem mittelländischen Meere andererseits ist nichts Sicheres bekannt, wenn man auch neuerdings weiter nördlich bis in das Reich der Cambeze — südlich des Tanganyika-Sees, und östlich desselben in das Reich Unya-Muesi vorgedrungen ist.

6. Das Hochland von Habesch kann als die nördliche Fortsetzung des großen süd-afrikanischen Tafellandes angesehen werden, denn wenngleich das durch vulkanische Gewalten zertrümmerte Nord-Ende seines O.-Randes den 10° N.B. nicht erreicht, so dehnt sich doch das Tafelland, welches den vulkanischen Höhen und zertrümmerten Felskämmen von Schoa zur Basis dient, weit über jenen Parallel hin aus. Die den weißen Nil unter dieser Breite umgebenden Savannen haben noch 3000′ abs. H., u. senken sich nur sehr allmählig zu den immer noch 1600—2000′ hohen Ebenen von Sennaar, Kordofan u. Darfur hinab, die (vgl. unt.: 10 u. 16) theilweise von isolirten Berghaufen und zertrümmerten Felskämmen überragt werden. Aber weiter i. O., im Lande Fassogl an den Ufern des blauen Nils, schieben sich ähnliche Höhen dichter zusammen und thürmen sich ostw. höher und höher auf. Ebenso steigt die Terrasse von Schoa nordw. zu den höheren Bergstufen von Amhara und Dembea im W., von Tigre im N.O. auf, welche im S.W. W., N. und O. von gewaltigen Gebirgsmassen umschlossen werden. Dies ist das Alpenland von Habesch, in dessen Mitte etwa der Tzana-See 5130′ über d. M. liegt, während die vulkanischen Bergmassen an seiner Süd-Seite bis 12,000′, die Schneegebirge im N. aber bis 14,000′ abs. H. erreichen. Im W. u.

N. dieser letzteren eine Vorstufe waldreicher Mittelgeb. von ansehnlicher Höhe bis 16° N.B. und ein breites, mit dichtem Urwalde bedecktes, sumpfiges Hügelland, Kolla genannt. — Im O. von Tigre aber mehrere parallele Bergketten von 9000 bis 5000′ abs. H., die durch Salz- und Sandsteppen von einander und vom Rothen Meere geschieden werden. —

II. Die getrennten Gebirgsländer Afrika's.

7. Afrika ist an gesonderten Gebirgs-Systemen ärmer, als — Australien ausgenommen — irgend ein anderer Kontinent. Die vorhandenen sind von einander und auch von Hoch-Afrika durch breitere oder schmälere Flachländer und Bodensenkungen mehr oder weniger isolirt.

8. Hoch-Sudan. Den vorherrschend ebenen oder hügligen Landschaften gegenüber, welche der untere Tschadda durchfließt und die das linke Ufer des unteren Quorra umgeben, erhebt sich auf dem rechten Ufer des letzteren, wenig unterhalb der Tschadda-Münd., das Kong-Gebirge mit Gipfeln von 2000—3000′ abs. H. Der Hauptrücken desselben streicht bis 20° O.L. westnordwest-, dann westwärts; seine letzten westlichsten Vorsprünge erreichen unter 10° N.B. den Ozean. — An diesen Hauptkamm lehnen sich süd- und nordw. schmälere oder breitere Berg-Terrassen, die gegen die Küste ziemlich steil abfallen, west- und nordw. aber, längs den Stromläufen Senegambiens u. besonders gegen den Djoliba hin allmähliger sich verflachen, so daß hier der Uebergang aus den ebenen und hügligen Geländen des flachen zu den Vorstufen Hoch-Sudans fast nirgend schroffe Gegensätze bildet. — Man nimmt an, daß die Gebirge Hoch-Sudans sämmtlich nur Mittelgebirge sind, und daß die höchsten Gipfel des Kong nur etwa 5000′ üb. d. M. liegen. —

9. Das Hochland der Berberei besteht aus vielen in verschiedenen Richtungen streichenden Bergketten, welche auf einer gemeinschaftlichen, im O. (unt. 30° O.L.) etwa 2500′ hohen, gegen W. allmählig höher aufsteigenden Basis stehen. Unter diesen nennen wir: die Kette des kleinen Atlas, welche den vielfach durchbrochenen N.-Rand, — den in nordöstl. Richtung streichenden, Schneegipfel von mehr als 10,000′ abs. H. tragenden hohen Atlas (auch das Hochgebirge Daran genannt), welcher v. S.W. gegen N.O. streicht u. den W.-Rand, — u. den großen Atlas, welcher von W. nach O. zieht, und den theilweise nur flachen S.-Rand des Hochlandes bildet. Der O.-Rand besteht aus mehreren niedrigen, in verschiedenen Richtungen streichenden Felsenhöhen mit mannigfaltigen Benennungen. — Die felsigen, noch nicht völlig erforschten S.-Abfälle des großen und des hohen Atlas erreichen die große Sahara nicht. Sie werden durch eine Vorstufe von meist ansehnlicher Breite davon geschieden; selbige heißt zwar auch schon Sahara, bildet aber am Fuß des hohen

Atlas ein hügliges Kulturland, Biled ul Gerid, und im O., d. h. auf der S.-Seite des großen Atlas, ein vorherrschend steppenartiges Plateau von vielleicht 2000′ abs. H. mit versiegenden Flüssen und schmalen Streifen grünen Kulturlandes, welche die letzteren umsäumen. Niedrige Felsenkämme stehen, gleich Grenzwächtern gegen die Wüste, am S.-Rande dieses Steppenlandes, so wie im O. an den Ufern der großen Salz-Lagunen, el Haudieh (Lowdejah-See) u. a., die unter dem Niveau der benachbarten Kleinen Syrte liegen sollen. — Ein eben solcher Felsenkamm zieht von hier ostw. zur Großen Syrte, in deren Nähe er, unter dem Namen des Garian- oder Ghuriano-Gebirges, noch bis zu 3000′ Gipfelhöhe aufsteigt. —

10. Die libyschen Hochländer. An dem flachen Strande der Großen Syrte breitet sich eine weite Ebene aus, eine Fortsetzung der benachbarten Wüsten. Sie trennt das Plateau v. Barka, welches 1500′ hoch, mit steilen Felsenrändern gegen die Meeresküste, mit sanften Böschungen gegen die libysche Wüste abfällt, von dem Berbern-Hochlande einer-, von dem Hochlande von Fessan andererseits. Das letztere besteht unter verschiedenen Namen (im N. Hochebene von Hamada, weiter südl. Harudsch el Abiad, das i. weißes Gebirge) aus steinigen, quellenarmen Hochflächen 1500—3000′ üb. d. M., welche durch tiefe, enge Felsenschluchten zerrissen und von schwarzen, kahlen Klippen und nackten Bergen, die bis zu 3500′ abs. H. aufsteigen, überragt werden. — Dieses größere libysche Hochland wird im N. nur durch eine etwa 15 Meilen breite Senkung von den östlichen Ausläufern des Berbern-Hochlandes gesondert. Als seine Fortsetzung in südl. Richtung ziehen öde Felskämme durch die Wüste bis zu den Ebenen am Tschad-See, die auch mit dem Gebirgsland von Air oder Asben (mittl. Höhe 2000′, Berg Dogem 4900′) im S.W. von Fessan, u. mit andern hohen steilen Gebirgsstöcken im S.O. von Fessan zusammenhängen mögen. — Die Länder Darfur, Kordofan ꝛc., im N.O. des Tschad-Sees, haben ähnliche Natur-Verhältnisse wie das Hochland von Fessan. —

III. Die Wasser-Systeme und Stufenländer Afrika's.

11. Die Wasser-Systeme Hoch-Afrika's zeigen eine große Gleichförmigkeit ihrer Verhältnisse; die oberen Stromläufe sind (wahrscheinlich) im Vergleich mit den mittleren und unteren alle sehr lang, die mittleren und unteren Stufenländer beschränken sich auf schmale Terrassen, und die Uebergänge aus einer Stufe in die andere sind großentheils kurz, steil und plötzlich. Bei einem Vergleich mit den hydrographischen Verhältnissen Amerika's springen diese Eigenthümlichkeiten noch mehr in die Augen.

12. Die Ströme von Hoch-Sudan haben, mit Ausnahme des Niger, eine ähnliche Bildung. Ihnen fehlen die mittleren Stufenländer fast ganz, die unteren Läufe sind daher länger: beim Rio grande = 30, beim Gambia = 45, beim Senegal = 70 Meilen. Senegambien daher ein Niederungsland, großentheils feucht und ungemein reich bewachsen, theilweise aber auch wüst und dürr.

13. Der Djoliba, nachdem er aus den Gebirgen Hoch-Sudans, Stromschnellen bildend, hervorgebrochen ist, durchströmt den Debo-See und dann mit wechselnder Richtung die westlichen Gegenden Flach-Sudans, sein mittleres Stufenland. Dann gelangt er am Ost-Rande von Hoch-Sudan, nach der Einmündung des gleich wasserreichen Tschadda, in sein niedriges Mündungsland, in welchem sein breites, von den vielen wasserreichen Armen des Stroms gebildetes Delta sich vom Golf von Benin bis zum Busen von Biafra ausbreitet.

14. Der flache Sudan ist im Allgemeinen eine wellenförmige, höchstens hüglige Ebene von etwa 1200′ mittlerer abs. H., hier und da waldbedeckt oder auch auf beschränkten Strecken mehr oder weniger wüst, vorherrschend aber Kulturland. Um den 800′ üb. d. M. liegenden, auf seiner S.- u. S.O.-Seite von breiten Sümpfen umgebenen Tschad-See ist der fruchtbare, steinlose Boden so vollkommen eben, daß man nordwärts bis zum Wüsten-Rande und südwärts bis 9° N.B. keine merkliche Erhöhung findet; nur Sümpfe, Lachen, kleinere und größere Seen, uferlose Flüsse unterbrechen die Eintönigkeit der Landschaften. Wenn nun nach der ausdörrenden Sommerhitze, welche Sumpf und See und Bach trocken gelegt, die unendlichen Regenfluthen des tropischen Winters herniederströmen, so wird der schrankenlose Horizontalboden oft weit über die flachen Betten der Flüsse und Seen hinaus überschwemmt, und die fessellosen Gewässer suchen sich wohl neue Abzugswege. Auf diese Weise mögen, scheint es, periodisch Bifurcationen entstehen, mittelst welcher die dem Binue angehörigen Gewässer theilweise zum Shary und Tschad abfließen, während diese zu anderen Zeiten und unter veränderten Verhältnissen ihr Wasser theilweise durch den Binue zum Quorra senden. Der etwa unter 33° O.L. zwischen 9 und 10° N.B. ausgedehnte, neu entdeckte Tubori-See mag dann diese periodischen Entfluthungen vermitteln. — Die Natur der im NO. des zu Zeiten gleichfalls theilweise austrocknenden Tschad-Sees gelegenen Landschaften ist noch nicht erforscht. Der Sage nach aber finden sich hier, wie am ganzen S.-Rande der Wüste ähnliche Erscheinungen wie an ihrem N.-Rande, in BiledulGerid: versiegende Flüsse, Lachen bracigen oder salzigen Wassers, welche zur Regenzeit mit einander in Verbindung stehen, zur Sommerszeit aber ganz oder theilweise austrocknen.

15. Die großen nordafrikanischen Wüsten, durch das Fessan-

oder Tibbu-Hochland in eine größere westliche — Sahara oder Sahel genannt — und in die östliche kleinere — die libysche Wüste — getheilt, aber mit einander verbunden nicht allein durch schmälere, das trennende Hochland durchschneidende und umsäumende Bodensenkungen, sondern auch durch die Aehnlichkeit ihrer beiderseitigen und der Naturverhältnisse des scheidenden Wüsten-Plateaus. — Die Sahara ist ein unendliches wasserloses Sandmeer, dessen Oberfläche westwärts allmählig zum Niveau des Ozeans herabzusinken scheint. Nur wenige und verhältnißmäßig kleine Inseln vegetationsfähigen Landes — Oasen — unterbrechen die überwältigende Leere dieses weiten Todesreiches; an einzelnen Stellen auch isolirte Sandstein-Gruppen von mehr als 3000′ Höhe und einzelne Berge, die sogar bis 6000′ hoch sein sollen (am bedeutendsten das Berg- und Plateau-Land von Hogār oder Ahaggar im W. von Fessan), die aber fast sämmtlich ebenso dürr und kahl sind wie die Wüste selbst. — Die libysche Wüste, im Allgemeinen abs. höher, als die Sahara, theilweise wohl mehr ein Wüsten-Plateau, als ein Wüsten-Tiefland, unterscheidet sich noch auf andere Weise von der Sahara. Statt des beweglichen Flugsandes nämlich nicht selten kahle Felsplatten und Kieselfelder; statt der vom Winde verwehten Dünenreihen häufig Felsenriffe und Klippenbänke; außerdem eine größere Zahl oft sehr ausgedehnter Oasen.

16. Der Nil-Strom und seine Stufenländer. Der oder die Quellseen des Bahar el Abiad erhalten ihre Zuflüsse wahrscheinlich aus den vermutheten Schneegebirgen in der Nähe des Aequators, welche die oberste Stufe des Nord-Randes von Hoch-Afrika bilden. Seiner Quell-Verhältnisse wegen ist der weiße Nil bei der Vereinigung mit dem blauen ungleich mächtiger und langsamer als dieser, welcher dem Tzana-See entfließt, und nach einem spiralförmigen Laufe, mit Wasserfällen aus dem Hochlande von Habesch in sein

mittleres Stufenland (Sennaar, Meroe, Nubien) hervorbricht, wo sich der dritte Quellfluß des Nils, der auf dem höchsten Theil des abyssinischen Alpenlandes (13,000′ hoch) entspringende Atbara, mit dem Strome vereinigt. Dies mittlere Stufenland ist eine Wüstenplatte (600—2000′, höchstens 3000′ üb. d. M.), besetzt mit Gruppen vulkanischer Kegelberge und mit niedrigen, meist von N.W. u. W. gegen S.O. u. O. streichenden Felskämmen, die der Strom in vielen Katarakten durchbricht. Die letzten bei Assuan oder Syene. Jenseit derselben beginnt sein

unteres Stufenland — Aegypten — Ober- (nordw. bis 26° N.B.) und Mittel-Aegypten (bis 30° N.B.), bestehend aus dem tiefeingeschnittenen Stromthale und aus höheren, klippigen Wüstenstrichen zu beiden Seiten desselben, deren steile, gegen das Thal gekehrte Abfälle, in Gestalt zweier niedriger, kahler Felsketten (die libysche im W., die arabische im O.), die Strom-Ufer bis 30° N.B. begleiten, und dann, nordwest- und nordostwärts fortsetzend, Unter-Aegypten im S. umgrenzen. Die arabische, von den wasserlosen Thälern von Kosséir und der Verirrung (im S. des letzteren der isolirte, 6000′ hohe Djebl Ghareb) quer durchsetzt, füllt zum Theil die Landenge von Suez, wird hier aber im O. scharf begrenzt durch eine Einsenkung, welche vom Golf von Suez bis zum Mittel-Meere reichen soll. In der libyschen, die den erhöhten Ost-Rand der gleichnamigen Wüste bildet, liegt der merkwürdige Querspalt der Natron-Seen. — Unter-Aegypten ist ein Niederungsland, von den zahlreichen Mündungsarmen des Nils durchflossen, und wahrscheinlich entstanden durch die Ablagerungen der schuttreichen, fruchtbaren Schlamm führenden Gewässer des Stroms. Zwischen den Mündungen Sümpfe, Lagunen und Seen, durch Nehrungen vom Meere geschieden. — Aus seinem mittleren und unteren Stufenlande erhält der Strom keinen einzigen Nebenfluß. — Regelmäßiges und allmähliges Schwellen und Fallen des Nils in jedem Jahre. Erhöhung des Strombettes und Thals, — Veränderung der Mündungs-Arme durch Schlamm-Absatz.

17. Die Inseln in der Nachbarschaft von Afrika sind fast sämmtlich hoch und meist vulkanischer Natur, wie die Azoren, die canarischen (Pik von Teneriffa 11,400′ üb. d. M.) und capverdischen Inseln, wie Ascension, Bourbon (Gros Morne-Gipfel 9000 bis 10,000′ üb. d. M.); auch Mauritius, St. Helena u. a. sind hohe Inseln. Am bedeutendsten sind aber die Gebirgsketten von Madagaskar, welche die Insel großentheils ausfüllen und Gipfel von mehr als 9000′ absoluter Höhe haben. Nur die Sechellen, Amiranten u. e. a. sind niedrige Inseln.

IV. Klima und organische Natur.

18. Afrika's Klima ist eben so einförmig, als alle seine übrigen Verhältnisse. Der ganze Erdtheil gehört einer einzigen, der Zone des flüssigen Niederschlags an, ohne ihre Polargrenzen zu erreichen. Auch zerfällt diese hier nur in zwei Unterabtheilungen: den mittleren, tropischen Klimagürtel der Banane &c. (zw. 30° N.B. und d. südl. Wendekr.), und den sub-tropischen der Edelfrüchte &c., der die N.- und S.-Enden des Kontinents umfaßt.

Die Grenzen der klimatischen Regionen sind wegen ungenügender Kenntniß der Hochländer noch unbekannt; bei gleicher geogr. Breite steigt aber wahrscheinlich die Region des flüssigen Niederschlags minder hoch, die des veränderlichen dagegen höher auf, als in den andern Erdtheilen. — Warum? — Es scheint in Afrika nur einzelne Berge mit ewigem Schnee zu geben. — Einfluß des Mangels einer größeren Region des ewigen Schnees. (Vgl. Amerika.)

19. Fast $\frac{4}{8}$ von Afrika liegen zwischen den Tropen; fast die Hälfte alles zwischen den Wendekreisen enthaltenen festen Landes gehört diesem Erdtheile an, und der Aequator, der überhaupt 900 Mln. festen Landes berührt, trifft Afrika auf einer 500′ Mln. langen Linie. — Einfluß dieser Umstände auf die Temperatur-Verhältnisse von Afrika, — der horizontalen Gestalt des Erdtheils auf die ungleiche Ausdehnung des tropischen Klimagürtels.

20. Der vorherrschend kontinentale Charakter Afrika's erhöht die Sommer- und Tages-, erniedrigt die Winter- und Nacht-Temperatur; daher größere Temperatur-Gegensätze als in Amerika, besonders im Innern; daher ferner eine größere Trockenheit der Luft und größere Dürre des Bodens.

21. Ganz Afrika hat, die höheren Gebirgsgegenden ausgenommen, nur zwei Jahreszeiten. Die nasse findet im N. des Aequators bis 30° N.B. (nicht überall gleichzeitig — ihre Dauer 2—3 Monat) zwischen dem Mai und Oktober, — im S. des Aequators bis 23½° S.B. zwischen dem November und April statt; in der Nähe des Aequators zwei kürzere Regenzeiten. Außer denselben fällt im Innern in den unteren Regionen fast kein Tropfen; der nächtliche Thau ersetzt diesen Mangel nicht. — In den sub-tropischen Klimagürteln zwei unserem Frühlinge und Herbste entsprechende Regenzeiten; der Winter hier, wie im sub-tropischen Australien, die angenehmste Jahreszeit, — doch nur bei geringer absoluter Höhe. —

22. Uebereinstimmend mit Afrika's einförmigem Klima scheint der Erdtheil keine große Mannigfaltigkeit von Geschöpfen zu haben. Aber seine Thiere übertreffen die verwandten Arten anderer Erdtheile an Kraft und Wildheit; seine Pflanzen sind im Allgemeinen minder riesenhaft, aber gewürzreicher als die amerikanischen. Unter jenen scheinen die Giraffe, das Zebra, Quagga, Gnu Afrika ausschließlich anzugehören, und an Hausthieren ist ein großer Reichthum. Die Vegetation des Tropengürtels ist der entsprechenden amerikanischen, bei mancher Verschiedenheit, ähnlich, doch minder mannigfaltig, saftvoll und großartig; es fehlen dem Landinnern die ungeheuren Urwälder und unabsehbaren Grasfluren, und weite Strecken sind ganz pflanzenleer. — In demselben Grade abweichend zeigt sich die Vegetation der sub-tropischen Zonen, in denen tropische Pflanzenformen nordischen begegnen, während doch zugleich die dem Erdtheil eigenthümliche Dürre auf weiten Flächen ebenfalls nur eine sehr beschränkte Steppen-Flora gestattet.

Das Aufsteigen der verschiedenen Regionen ist für Afrika nur durch Beobachtung zu bestimmen, und daran fehlt es noch. Unter den betreffenden Daten sind folgende anzumerken:

1) Im Kaplande gedeiht der Weinstock noch bis 5000'; im nördlichen Libyen die Orange bei 2500' abs. H.;
2) in Habesch kömmt Gerste bei 12,000', und Roggen bei 11,000', Weizen bei 9000', die Rebe bei 8000', die Dattelpalme bis 7300', afrikanisches Getreide (Taff) bei 7000' und die Banane noch bei 4000' abs. H. fort.

Sechster Abschnitt.

Asien.

I. Das Hochland von Hinter-Asien.

1. Uebersicht. Dies ist, innerhalb der bekannten Grenzen, eine einzige, wenig gegliederte Masse von kolossalen Dimensionen, die durch Randgebirge und Gebirgs-Umwallungen eingeschlossen wird, deren Scheitelfläche im Allgemeinen von N. und N.W. gegen S. und S.O. anzusteigen scheint, — eine Scheitelfläche, die jedoch keineswegs eben ist, da sowohl hohe Gebirgsketten als verhältnißmäßig tiefe Einsenkungen die Gleichförmigkeit ihres Niveaus unterbrechen.

2. Der Süd-Rand besteht aus sehr hohen, wahrscheinlich den höchsten Alpengebirgen der Erde. Sie werden von den Thälern des Indus und Brahmaputra quer durchbrochen, heißen zwischen beiden Himalaya (d. i. Wohnung des Schnees), weiter im O. Sine-Schan.

Der Himalaya, von N. gegen S. etwa 40—50 Mln. breit, 370 Mln. lang, besteht aus mehreren, in der Hauptrichtung des Gebirges streichenden Parallelketten, deren nördlichste und höchste eine mittlere Kammhöhe von 15,000' und Gipfel von 20,000—26,000' absol. Erhebung hat. Die höchsten Gipfel sind: der Dhawala-Giri (weißer Berg), im S. der Dzang-bo-tsiu-Quellen, üb. 25,000', u. d. Kinchinjinga (70 Mln. im O. d. vorigen) an der N.O.-Ecke Nepals, mehr als 26,400' üb. d. M.; und in dessen Nähe der Gaurisankar (od. Mt. Everest), 27,212 P. F. absol. Höhe — soweit man bis jetzt weiß, der höchste Berg der Erde. Ueberhaupt sollen 170 Gipfel die Höhe von 19,200' übersteigen. Die oberen Thäler des Indus, Brahmaputra u. m. a. bilden im N. des Gebirges Längenthäler, deren Sohlen zum Theil nur 1000' niedriger liegen, als sein Kamm. — Im S. steigen die Himalaya-Ketten nicht unmittelbar aus den Ebenen Hindustans auf, sondern ein Hügelland (Tarai) voll dichter Wälder und undurchdringlicher Sümpfe vermittelt beide Formen.

Der Sine-Schan gilt für das unzugänglichste, unübersteiglichste Hochgebirge Asien's, dessen ungeheuere Glätschermassen noch von keinem menschlichen Fuße betreten worden sein sollen. Nähere Kunde fehlt. —

Selbst seine östliche Fortsetzung, der Nan-Ling, ist noch ein breites Hochgebirge. —

3. Der Ost-Rand ist wenig bekannter, soll aber nicht, wie der Himalaya, aus einem Kettengebirge, sondern aus wilden, vielverzweigten Alpenlandschaften bestehen. Durch den Hoang-Ho werden sie in zwei ungleiche Theile getheilt. Der südliche, das chinesische Alpenland oder Jün-Ling, hängt im S. auf das engste mit dem Sine-Schan zusammen, und soll ihm an Höhe und Wildheit gleichen; seine östliche Fortsetzung, der Pe-Ling, hat nur Mittelgebirgshöhe. — Der nördliche, das mandschurische Alpenland, — vielleicht nicht so hoch, aber viel ausgebreiteter — füllt fast das ganze unter dem Namen der Mandschurei bekannte Stromland des Amur, und fällt im O. mit 3000—4000′ hohen Steilwänden unmittelbar zum japanischen Meere ab. Seine westlichen, wie es scheint, höchsten Ketten trennen die Mandschurei im O. von der Mongolei im W. — Der Gebirgszug von Korea scheint, wie der Pe-Ling, nur ein Mittelgebirge zu sein. —

4. Der Nord-Rand. Die östliche und mittlere Gruppe desselben bestehen nicht aus bloßen Randgebirgen, sondern, gleich dem Ost-Rande, aus Alpenlandschaften und hohen, dem Ganzen gleich Umwallungen vorliegenden Alpenketten; — die westliche scheint des Hochgebirgs-Charakters zu entbehren, und aus niedrigeren, mehrfach durchbrochenen Berglandschaften zu bestehen.

Die östliche Gruppe steht im genauen Zusammenhange mit dem mandschurischen Alpenlande, und führt verschiedene Namen: mongolisches Grenzgebirge, zwischen Kerlon und Schilka, da-urisches Alpenland im N. des vorigen, zwischen der Lena-Quelle und Schilka-Mündung. Nordwärts reicht dasselbe mit seinen Vorbergen 90—100 Mln. weit bis in die Gegend der Witim-Mündung, umschließt den Baikal-See, und führt mehrere Spezial-Namen. — Die genaueren Vertikal-Verhältnisse dieser östlichen Gruppe sind nicht bekannt; wir wissen, daß ihre Gipfel mit ewigem Schnee bedeckt und einige derselben im S. und S.W. des Baikal-Sees zwischen 6300 und 7800′ hoch sind, daß Glätscher in die etwa 2000′ hohen Thäler Dauriens hinabhängen (Baikal-See 1700′ üb. d. M.), und daß der Süd-Fuß des mongolischen Grenzgebirges noch 4200′ üb. d. M. liegt.

Die mittlere Gruppe mit dem unbestimmten, eigentlich nur einem gewissen Theile zukommenden Namen des Altai- (Gold-) Gebirges, wird von mehreren, unter verschiedenen Namen von O. und O.S.O. gegen W. und W.N.W. streichenden Bergketten von anscheinend geringer relativer Höhe gebildet, deren südlichste eigentlich allein „Altai" (großer Altai) heißt. Sie verzweigen sich im N.O. des Dsaisang-Sees und um den oberen Ob zur Alpenlandschaft des sogenannten kleinen Altai, welche Gipfel von 10,800′ absol. Höhe trägt. — Diesen Hochgebirgen der mittleren Gruppe liegen nordwärts erzreiche Mittelgebirgslandschaften vor, deren N.-Fuß die bekannten Grenzen des Tieflandes erreicht.

Die westliche Gruppe, das dsungarische Gebirgsland, niedriger, unzusammenhängender u. darum zugänglicher, als beide vorhergehende, besteht aus vielen, durch weite, aber wohl noch an 2000′ hohe Steppenflächen u. eine große Zahl von Seen (Dsaisang-See 1500′ über d. M.) gesonderten Gebirgsgliedern, welche die Grenze des ewigen Schnees nicht mehr erreichen; dieselben stehen am Issikul-See, in der N.W.-Ecke von Hinter-Asien, mit dem Muz-Tagh in Zusammenhang. — Das (nicht ganz verbürgte) Vorhandensein eines Vulkans innerhalb dieser Gruppe deutet vielleicht auf die Ursache ihrer zertrümmerten Gestalt.

5. Der West-Rand. Im Durchschnittspunkte des Parallels der Hoang-Ho-Quelle u. des Mer. des obischen Busens stoßen zwei schneebedeckte, unzugängliche Hochgebirge zusammen. Das eine, der Muz-Tagh (d. i. Eisgeb.), zieht zum Issi-Kul-See, das andere, der Bolor-Tagh (d. i. Nebelgeb.), südsüdostw. zum Querthal des Indus; das höchste Plateau desselben, das Quell-Land des Amu, c. 14,000′ heißt Parim (Dach der Welt). Es sind ihre westlichen Verzweigungen, welche, zwischen dem Tschui und oberen Amu, die wilde Alpenlandschaft von Turkestan bilden, die vom oberen Sirr durchströmt wird, unt. 86, ja unt. 85° O.L. noch ewigen Schnee trägt, u. im S. bis zum 83.° O.L. in das Tiefland von Turan hineinreicht.

6. u. 7. Den Scheitel des hinter-asiatischen Hochlandes durchziehen drei Hochgebirgsketten (vergl. 1. Lehrst. 8. Abschn. III. 13. a); die nördlichste derselben, der Thian-Schan (Himmelsgebirge), bildet die östliche Fortsetzung des Muz-Tagh, hat an 18,000′ Kammhöhe, einen fast 20,000′ hohen Gipfel — Tengrie-Chan d. i. Geisterfürst u. trägt 2 Vulkane; die mittlere — Kün-Lün, auch Kalkun, Kurkun od. Karakorum-Geb., mit dem Bolor-Tagh zusammenhängend u. in der Verlängerung des N.-Randes von Iran ostw. bis zu den unteren Thalstufen der chinesischen Ströme zu verfolgen, bildet Asiens Hauptwasserscheide, hat etwa dieselbe Kammhöhe wie der Thian-Schan u. soll den zweithöchsten Gipfel der Erde tragen. Die südlichste Kette, bei den Indus-Quellen als Kailas-Kette beginnend und sich in mehreren noch wenig bekannten Verzweigungen ostwärts fortsetzend, erreicht, bei sehr bedeutender Erhebung, dennoch die absol. Höhe des Himalaya nicht. — Abgesehen von diesen Alpenketten ist Fläche der vorherrschende Charakter des Hochlands-Scheitels.

Nur die Flußthäler und Seeufer dieser Scheitelfläche haben Kultur-

Boden; wo Bewässerung fehlt, da finden sich baumlose Steppen oder unfruchtbare Sandwüsten. Diesen Charakter trägt die Mongolei, der östl. Theil der Tartarei u. Dsungarei. Solche Landstriche werden Gobi od. Schamo genannt, und bestehen, wie die nord-afrikanische Wüste, im W. aus beweglichem Flugsande, im O. vorherrschend aus Steinfeldern. Die Höhe der Scheitelfläche ist sehr verschieden, beträgt am unteren Ili und am Balkasch-See wahrscheinlich nur 1800′, am Dsaisang-See etwa 2000′ üb. d. M.; dagegen steigt sie in Tibet zu 8000—12,000′, theilweis sogar bis zu 15,000′ auf. Eine von W. nach O. gehende, sehr bedeutende Vertiefung bildet das Thal des Tarim und die Umgebung des Lop-Noor. Eben so findet sich weiter im O., fast unter derselben Breite, im S. des mongolischen Grenzgebirges, eine allgemeine, theilweise nur 2500′ üb. d. M. liegende Senkung, die vielleicht der Boden eines verschwundenen Binnenmeeres sein mag. Der Flugsand u. die Salztheile, womit sie bedeckt ist, die Beschaffenheit ihrer Ränder u. a. scheinen diese Meinung zu bestätigen.

II. Das Hochland von Vorder-Asien.

8. Das Plateau von Iran hängt im N.O., vermittelst des Alpengebirges Hindu-Khu, mit dem turkestanischen Alpenlande und dem Bolor-Tagh, also mit dem Hochlande von Hinter-Asien zusammen. Der Hindu-Khu, obgleich nur 60 Meilen breit, scheidet hier aufs bestimmteste West- und Süd-Asien, Turan von Hindustan, denn es ist ein hoher, wilder und unübersteiglicher Gebirgsstock, welcher zwischen 17 und 19000′ hohe Gipfel trägt. Die übrigen Gebirge Irans haben den Charakter von Randgebirgen.

9. Der Nord-Rand von Iran, anfänglich, im O., blos ein kettenartiger, relativ niedriger Ausläufer des Hindu-Khu, Paropamisus genannt, sinkt weiter westwärts, etwa unter dem Mer. der Sirr-Mündung, bis zu 4000′ absol. Höhe und tiefer herab. Von hier bis zur S.O.-Ecke des kaspischen Sees fehlt ihm sogar häufig eine südliche Abdachung. Dies ist daher der zugänglichste Theil des west-asiatischen Hochlandes. — Aber an der S.O.-Ecke des kaspischen Sees erhebt sich eine wilde, hohe Bergkette, Albors oder Elbrus genannt, umsäumt die Ufer dieses Binnenmeers, fällt jäh gegen den See, sanfter gegen S. ab, trägt die saftvollste Vegetation und eine Menge steilaufsteigender Gipfel, unter denen der Vulkan Demavend (69° O.L.) die Höhe von 17,000′ erreicht. —

10. Der Ost-Rand von Iran oder das indisch-persische Grenzgebirge fällt ungemein schroff u. steil ostwärts zur Indus-Ebene ab, und ist von keinem einzigen Querthale durchbrochen, daher eine wahrhafte Grenzmauer zwischen Indien und Persien. Nur das Thal des Ka-

bul-Flusses, welches den Hindu-Khu von diesem Gebirge sondert, führt bequemer aus dem einen Lande in das andere. Einer der höchsten Gipfel — der Salomonsthron — liegt 10,600′ üb. d. M.

11. Der Süd-Rand gleicht dem Ost-Rande, besteht wie dieser aus mehreren Parallelketten, welche, von keinem Querthal durchbrochen, mauerartig nach außen hin abfallen, nach innen zu immer höher werden, und durch terrassenförmig über einander liegende Längenthäler geschieden sind. Die vertikalen Verhältnisse sind wegen des dürren und felsigen, darum sehr unzugänglichen Charakters der Bergketten, welcher mit der Schönheit der Thäler in scharfem Kontrast steht, vielfach noch im Dunkel; wir wissen nur, daß die höchste Kette im O. des persischen Golfs bis zu 7800′ aufsteigt, daß hier die Sohlen der höchsten Längenthäler eine absol. H. von 4000′ haben; und daß die kalte Bergwüste von Kelat, im östlichsten Theile des Südrandes, sich bis zu 8000′ üb. d. M. erhebt.

12. Die Scheitelfläche von Iran ist wasser- und darum vegetationsarm, und besteht, im Gegensatz mit den paradiesischen Thälern des Süd-Randes, mehrentheils aus Salz-, Kies- und Sandwüsten oder aus baumlosen Steppenflächen. Ihre absolute Höhe beträgt im O., in der Gegend von Kabul, an 5000′, im W. nur gegen 4000′, in der Mitte, nämlich im W. des Zareh-Sees, vielleicht nur 2000—3000′.

13. Das medisch- oder kurdisch-armenische Hochland. — Im O. des Urmia-Sees (3700′ üb. d. M.), zwischen dem Süd- und Nord-Rande des Plateaus von Iran und dieses dadurch gegen W. abschließend, steigt das kleine „Alpenland von Aserbeidschan" ungemein wild, durch plutonische Gewalten zerklüftet und zerrüttet, unzugänglich, mit seinen Gipfeln bis in die Region des ewigen Schnees auf. — Während es im O. vom kaspischen See bespült wird, stößt es im W. und N.W. an die kurdischen und armenischen Hochlande, welche in der Nähe des Wan-Sees das Alpenland von Aserbeidschan an Wildheit und Unzugänglichkeit, vielleicht auch an Höhe noch übertreffen, und sich von da gegen N., W. u. S. in Gestalt stufenförmig abfallender Hoch-Terrassen ausbreiten, die durch Scheidegebirge von einander getrennt sind.

Neben und zwischen diesen Scheidegebirgen liegen, in verschiedener absoluter Höhe, weite, vorherrschend ebene, großentheils steppenartige Plateaus, in welche die Thäler ungemein steil und tief eingeschnitten sind, während sie zugleich mehrfach von isolirten, doch theilweis sehr gewaltigen Bergmassen überragt werden.

Die höchste Stufe des armenischen Terrassenlandes bildet wahrscheinlich das fast bis zu 6000′ absol. Höhe aufsteigende Tafelland von Erzerum (Arzerum), zwischen dem ersten und zweiten Scheidegebirgszuge; es ist das Quell-Land des nördlichen Phrat und das Stufenland des oberen Araxes, in welchem die Hochebenen von Eriwan (3000′ üb. d. M.) von der gewaltigen, bis zu 16,000′ absol. Höhe emporsteigenden Bergmasse des Ararat überragt werden.

14. Das kleinasiatische Hochland. — Die westliche Fortsetzung des armenisch-georgischen Grenzgebirges streicht auf der Wasserscheide zwischen den Euphrat- und Pontus-Becken, — wo sie sich mit dem weit sichtbaren Munsur-Dagh bis zu etwa 8000′ absol. Höhe erhebt, — und westwärts immer weiter, immer parallel mit der pontischen See-Küste, in Gestalt einer breiten, wahrscheinlich bis zum Ida und dem K. Baba ununterbrochenen, 6000, 5000, 4000′ üb. d. Meere aufsteigenden Bodenanschwellung, welche sich ganz allmählig gegen das Innere der Halbinsel hinabsenkt, nordwärts dagegen, zur Küste hin, in zahlreiche, vielnamige, durch die Thäler der Pontus-Zuflüsse mehrfach zerstückte Parallelketten zerspalten ist. — Daraus ergeben sich schneidende Gegensätze zwischen allen Naturverhältnissen des äußeren Küstenrandes und der inneren Scheitelfläche, welche letztere durch Dürre, verschwindende Flüsse, kleinere Salzsteppen und Lachen, so wie durch die inselartig aufsteigenden, nun erloschenen Vulkan-Berge des Argäus oder Erdschisch, des Hassan-Dagh (jener 12,000—13,000′, dieser vielleicht 8000′ üb. d. M.) und zahlreiche andere, ebenfalls isolirte, kleinere und größere Kegelberge von (wahrscheinlich) vulkanischem Ursprunge charakterisirt wird.

Den Süd-Rand des Hochlandes und zugleich der Halbinsel bildet die Fortsetzung des Taurus, d. i. der südlichsten Kette des medisch-kurdischen Hochlandes, erreicht im N. der Bucht von Skanderum die absolute Höhe von 10,000—12,000′, und streicht niedriger, unter verschiedenen Benennungen, bis zum ägäischen Meere, immer längs der südlichen Gestade der Halbinsel, dergestalt, daß nur schmale Säume niedrigen Landes zwischen der Küste und dem steilen Bergfuße übrig bleiben. — Dieser Süd-Rand fällt daher, wie der Nord-Rand, meerwärts viel tiefer hinab, als landwärts; daher, wie dort, ähnliche Kontraste in der Natur seiner beiden Abdachungen.

III. Die abgesonderten Gebirgsglieder Asia's.

15. Der Kaukasus. — Wir unterscheiden kaukasische Alpen und kaukasische Vorberge. — Die kaukasischen Alpen bestehen aus mehreren, von der Kur- bis zur Kuban-Münd. streichenden breiten Parallelketten. Sie sind insgesammt von N. gegen S. im Mittel 15 Mln. breit, und an ihrem Ost-Ende am breitesten. Die Hauptkette hat eine Kammhöhe von 10,000—11,000′. Das Gebirge ist nicht durch die Bildung zahlreicher Gipfel und Spitzen, sondern durch das Vorherrschen plateauförmiger Hochterrassen (7000—8000′) ausgezeichnet; die Thäler bil-

den meist enge und sehr tiefe Spalten, daher Hindernisse, nicht Mittel der Kommunikation, während die Pfade meist auf den Hochflächen hinlaufen. Zwischen den Quellen des Kuban und Terek, im mittleren Drittel des Gebirges, finden wir jedoch, neben zahlreicheren und höheren Gipfeln und Ketten, breitere Thäler und daher auch eine größere Zugänglichkeit und Uebersteigbarkeit. Die höchsten Gipfel sind hier: der Elbrus (17,300′ hoch) an den Quellen des Kuban, und der Kasbek (15,500′) im Quellgebiet des Terek. — An den beiden äußeren Enden des Gebirgs Schlamm-Vulkane u. a. vulkanische Erscheinungen.

Die kaukasischen Vorberge bilden im S. niedere, noch nicht genau bekannte Berglandschaften, und verbinden hier (im W. der Kur-Quellen) den Süd-Abfall des hohen Kaukasus mit der nördlichen Abdachung des armenischen Hochlandes. Im N. sind es klippige, von Felsschluchten durchfurchte, mit Gestrüpp und Wald bedeckte Plateauflächen niederer Art (1200′), mit Ausnahme des zwischen Terek und Kuban liegenden Besch-Tau, einer isolirten Gruppe steiler, zackiger Felsgipfel, die bis zu 4300′ aufsteigen.

16. Das syrische Hochland ist ebenfalls mit dem vorder-asiatischen Hochlande im Zusammhange, besteht aus einer ostwärts gegen die syrisch-arabische Wüste allmählig niedriger werdenden Gebirgsplatte, der Basis mehrerer kleiner, theilweis hoher Berggruppen. Ein tiefer, zum Theil wasserloser Längenspalt setzt in der Verlängerung des Golfs von Akaba, doch nicht ohne Unterbrechung, gegen N. bis zum Taurus-Fuß fort, wird im S. Wady el Arabah, dann das Thal el Ghor genannt, vom Todten Meere, vom Jordan und vom oberen Orontes benetzt, und bildet im S. des letzteren das Thal Cöle-Syrien. In dieser langen, zum Theil tief unter dem Niveau des Meeres liegenden Furche liegt der Spiegel des Todten Meeres mehr als 1200′ unter dem des mittelländischen. Sie theilt die syrische Gebirgsplatte in einen westlichen und östlichen Abschnitt.

Der westliche wird durch einige vom Ghor bis zur Küste reichende Einsenkungen in mehrere Berglandschaften getheilt: das durch den unteren Orontes und die Thalebene von Antiochia zerstückte nord-syrische Küstengebirge; — der 8000—9000′ über das nahe Meer aufsteigende Libanon im W. von Cöle-Syrien; — endlich im O. der Flachküsten von Philistäa das 1000—3000′ hohe Bergland von Palästina, welches von N. nach S. die Namen des galiläischen, samaritischen und judäischen führt. Im S.W. des Todten Meeres verwandelt es sich in ein Wüsten-Plateau (el Tyh), welches bis zu der schon erwähnten, vom Golf von Suez bis zum Mittelmeer reichenden Einsenkung fortsetzt, die Halbinsel des Sinai füllt, und hier eine isolirte Gebirgsgruppe mit dem

Moses-Berge (7400′) und einigen höheren, 8000—9000′ aufsteigenden Gipfeln trägt.

Im Osten, wo das Ghor ebenfalls von einem steilen Felsrande eingefaßt ist, erheben sich das moabitische, das ammonitische Bergland und das Gebirge Gilead, gegenüber von Palästina, und an 1000′ höher als dieses; dagegen steigt, im O. von Cöle-Syrien, dem Libanon gegenüber, der Anti-Libanon nur 5000′ üb. d. M. auf. — Isolirte Fels- und Klippenreihen, wasserlose Schluchten unterbrechen die Einförmigkeit der syrischen Wüste, welche sich von diesen Berggegenden ostwärts gegen den Euphrat hin ausdehnt.

17. Das arabische Hochland ist bis jetzt nur sehr mangelhaft bekannt. Der Ost- und der West-Rand fallen steil und treppenförmig zu schmalen Küstenebenen, der Süd-Rand eben so unmittelbar zum Meere ab; der Nord-Rand ist am unbekanntesten; wir wissen kaum, daß ein solcher vorhanden ist. — Das Innere Arabiens soll eine von Bergreihen durchzogene Hochfläche sein, deren mittlerer, höchster Theil kahle Felskuppen von vielleicht 9000′ absol. Höhe tragen soll, — deren Oberfläche mehrentheils aus Sandwüsten und Steppenlandschaften besteht. Günstigere Naturverhältnisse haben die Terrassenlandschaften der Randgebirge, namentlich der südliche Theil des West-Randes, der darum von jeher das glückliche Arabien (heute Jemen) genannt wurde. Im N. desselben die Landschaft Hedschas, das heilige Land der Muhamedaner. — Die Höhe der Gebirge am persischen Golf wird stellenweise zu 6000′, die des bekannteren West-Randes zu 6000 – 8000′ angegeben.

18. Das Plateau von Dekan. Unfern der Nerbudda-Mündung beginnt ein Gebirge, welches längs der Küste Malabar, nur durch eine schmale Ebene vom Meere getrennt, mit allmählig zunehmender Höhe von N. gegen S., bis zum 11.° N.B. fortzieht, und die West-Ghats genannt wird. Bei einer Kammhöhe von 2000—3600′ steigen seine bedeutendsten Gipfel (um 13° N.B.) zu 6000′ auf. Zur Küste Malabar fällt es jäh und wandartig ab, ostwärts verflacht es sich allmählig zu einem 2000 bis 2400′ hohen, im Allgemeinen von W. nach O. sanft geneigten Plateaulande, welches von aufgesetzten niederen Bergreihen an Stellen (18° N.B.) wohl noch um 3000′ überhöht wird. Längs der Küste Coromandel, im Mittel 18 Mln. von ihr entfernt, ziehen, als Ost-Abfall des inneren Plateaus, niedrige Bergreihen hin, die Ost-Ghats genannt, welche den Scheitel des Tafellandes nur an einigen Stellen, aber unbedeutend überhöhen, und sanfter gegen die Küste abfallen, als die West-Ghats.

West- und Ost-Ghats werden unter 12° N.B. durch die Gebirgslandschaft des Nil-Gerri (d. h. blaue Gebirge), die höchste der Halbinsel, deren Gipfel bis 8300′ aufsteigen, mit einander verbunden. Dieselbe stürzt südwärts sehr steil zu einer schmalen Tiefebene (das Gap) hinab, welche die Küstenlandschaften Malabars mit denen von Coromandel verbindet. Aber eben so steil steigt im S. des Gap das Gebirge nochmals mit mehr als 7000′ hohen Gipfeln empor, eine isolirte Masse, die im S. mit dem K. Comorin endigt, und durch die Palks-Straße, die man als ein zweites, tieferes Gap betrachten kann, getrennt wird von einer zweiten isolirten Gebirgsmasse, die die Insel Ceylon erfüllt, eine mittlere Erhebung von etwa 2400′ und einen Gipfel — den Adams-Pik — von 5700′ Höhe hat.

Der Nord-Rand von Dekan, das Vindhya-Gebirge, weniger bekannt als die Ghats, reicht, im N. des Nerbudda, vom Golf von Cambay bis zur Ganges-Ebene, besteht aus mehreren Parallelketten, ist steil gegen den unteren Nerbudda geböscht, hängt im Quellbezirk des Nerbudda mit dem Innern von Dekan plateauartig zusammen, und verflacht sich nordwärts zum Wald-Plateau von Malwa (2000′), dessen etwa 3000′ hoher West-Rand steil gegen die Tiefebene im O. des unteren Indus abfällt. Als Fortsetzung des Vindhya-Gebirges sind die niedrigen, aber gesonderten Bergzüge anzusehen, welche die Halbinsel Guzerat durchziehen.

Dekan bildet durch den Reichthum seiner Bewässerung und Vegetation den Gegensatz der dürren Hochländer von Soristan und Arabien.

19. Das hinter-indische Gebirgsland besteht aus fünf, durch die Thalebenen der vier Hauptströme des Landes getrennten, breiten Gebirgszungen: dem aus Parallelketten zusammengesetzten 3000—6000′ hohen Küstengeb. von Arakan im W. des Irawaddy, — dem etwa 5000′ hohen birmanischen Geb. zwischen Irawaddy und Thalayn, — dem 3000—5000′ hohen westsiamesischen Scheidegeb. im O. des Thalayn, dessen gesonderte Fortsetzung die Halbinsel Malakka durchzieht, und Gipfel von 4000—6000′ absol. Höhe trägt, — dem ost-siamesischen Scheidegeb. zwischen dem Menam und May-Kaung, — dem Scheidegeb. von Cambodja zwischen dem letzteren Flusse und der östlichen Küstenebene der Halbinsel. — An ihren Wurzeln scheinen alle diese Mittelgebirgszungen durch höhere Tafellandschaften, Vorstufen des Sine-Schan, mit einander verknüpft zu sein: Tafellandschaften, welche von den genannten Strömen durchbrochen werden, bevor diese die breiteren oder schmaleren Ebenen erreichen, welche jene Gebirgszungen von einander scheiden.

20. Der Ural wird eingetheilt in den südlichen oder waldreichen, den mittleren oder erzreichen, und den nördlichen oder wüsten, kahlen Ural.

Der nördliche, im W. durch die oberen Thäler der Petschora und Ufa begrenzt, ist am unbekanntesten, steigt an seinem N.-Ende bis über 4000′, an seinem S.-Ende mit dem Gipfel des Kwarkusch, vielleicht dem höchsten des ganzen Ural, fast bis zu 5000′ auf, und ist durch die Kahlheit und Zerrissenheit seines Felsenkammes ausgezeichnet, der unter 68½° N.B. mit dem 1600′ hohen Konstantin-Felsen steil und plötzlich endigt. Von hier setzt ein nur 1000′ hohes Fels-Plateau bis zur Waigatsch-Straße fort. Die Gebirge Nowaja-Semlja's aber sollen sich an 4000′ üb. d. M. erheben.

Der mittlere Ural erreicht nicht die Breite, vielleicht auch nicht die Höhe des nördlichen, aber seine Gipfel sind noch kahle Felskuppen, nur die Abhänge waldbedeckt, die Thäler und Schluchten sumpfig. Durchbrechende Thäler der Tschussowaja und Ufa.

Der südliche beginnt an der oberen Ufa. Von hier aus divergiren südwärts mehrere, durch die flach eingeschnittenen Parallelthäler des Ural-Fluß, der Sakmara und Bjelaja getrennte Bergketten, welche südwärts allmählig an Höhe verlieren. Die östlichste setzt sich als breite, kahle und niedrige Landhöhe bis auf den Isthmus zwischen dem kaspischen und Aral-See fort. Die Gipfel des südlichen Urals steigen zum Theil noch bis über 4000′ auf.

Ebene Steppenflächen umgeben den Ural auf allen Seiten; nur im W. eine breitere Zone von Vorhügeln und plateauartigen Vorstufen.

21. Die ost-sibirischen Bergketten. Nur die Aldan-Ketten sind einigermaßen bekannt. Sie bestehen aus drei parallelen, bei einer mittleren Erhebung von 2000—3000′, von S. gegen N.-streichenden Hauptketten, deren östlichste steil zum Meere abfällt, während die westlichste sich sanft zur Ebene abdacht, und die mittlere durch eine Gipfelerhebung von mehr als 4000′ ausgezeichnet ist.

22. Die Bergketten von Kamtschatka. Die Ost-Küste der Halbinsel ist nordwärts bis 57° N.B. von einer Doppelreihe von thätigen Vulkanen eingefaßt, unter denen der Kljutschi die Höhe von 14,000′ erreichen soll; ein dritter, zum Theil aus erloschenen Vulkanen bestehender Gebirgszug von 4000—5000′ Höhe streicht durch die Mitte der Halbinsel; sein N.-Ende kennt man nicht.

23. Orographische Verhältnisse der asiatischen Inseln. Die vertikalen Dimensionen der asiatischen Inseln sind wenig bekannt. So weit unsere Nachrichten gehen, ist die Inselkette, welche am K. Lopatka beginnt, und sich bis Formosa fortsetzt, so wie die fast in derselben Hauptrichtung sich erstreckende Inselkette der Philippinen, durchaus plutonischer Bildung; beide enthalten viele thätige Vulkane, welche als die Fortsetzung der Vulkan-Reihe von Kamtschatka angesehen werden können. Nipons Vulkane sollen zum Theil bis in die Region des ewigen Schnees aufsteigen. Eine zweite Reihe vulkanischer Erscheinungen auf den südlichen Molukken, den Sunda-Inseln, Sumatra und Java,

als Fortsetzung der weitläuftigeren Vulkan-Kette, deren Glieder wir auf einigen Inseln der inner-australischen Reihe antrafen. Sumatra und Java haben kegelförmige Gipfel von 9000—14,000′ Höhe, und unter diesen viele noch thätige Vulkane. Borneo und Celebes sind ebenfalls hohe Inseln, aber noch unbekannter, als die übrigen; die erstere soll im Westen vorherrschend eben sein, und die letztere auf ihrer nordöstlichen Landzunge einen Vulkan tragen.

Zu der Klasse der niedrigen Inseln gehören bei Asien also nur die Mala-Diven und Lakka-Diven, so wie die kleinen Korallen-Eilande, welche den hohen Inseln vorliegen.

24. Rückblick. Asien steht, wie in Ansehung seiner horizontalen Dimensionen, ebenso in Bezug auf die Form seiner Unebenheiten, in der Mitte zwischen Amerika und Afrika, denn wir finden die vorherrschende Bildungsweise der Gebirge des einen wie des anderen Erdtheils (Ketten- und Plateau-Form) in Asien vereint.

Asien übertrifft Amerika nicht allein in der horizontalen, sondern auch in der vertikalen Ausdehnung seiner Gebirge, man mag nun die Erhebung der Hauptgebirgsmassen, oder die der gesonderten Gebirgsglieder beider Erdtheile vergleichen.

In Amerika haben wir eine, in Asien drei Vulkan-Reihen kennen gelernt. Die eine asiatische folgt, wie die amerikanische, im Allgemeinen der Richtung der Meridiane, die beiden andern streichen mehr in der der Breitenkreise.

IV. Die Wasser-Systeme und unteren Stufenländer Asiens.

25. Die chinesischen Tiefebenen bilden den entschiedensten Gegensatz zu den kahlen, wüsten Scheitelflächen des Hochlandes, an dessen Ost-Fuße sie, wie Gärten, fruchtbar, angebaut, als wellenförmige, von unzähligen künstlichen und natürlichen Wasseradern befeuchtete Fruchtfelder ausgebreitet sind. Nur in der Ebene des Yan-tse-Kiang sind Seen, Teiche und Sümpfe nicht selten. Die hydrographischen Verhältnisse der beiden chinesischen Ströme liegen noch im Dunkel. Man weiß, daß sie auf dem inneren Hochlande entspringen und das chinesische Alpenland in wilden Wasserfällen durchrauschen, bevor sie die Tiefebenen gewinnen. In ihrem Delta-Lande sind sie durch den 120 Mln. langen Kaiser-Kanal mit einander verbunden.

26. Hindustan; — Ganges und Indus. — Die wasserreichen Ströme Ganges und Dzang-bo-tsiu entspringen, einander benachbart, im Himalaya, jener an dem S.-, dieser an dem N.-Gehänge. Der Ganges durchbricht nur die südlichen Himalaya-Ketten, strömt dann durch waldige und hüglige Landschaften in sein stromabwärts allmählig

ebener und niedriger werdendes unteres Stufenland. Der Dzang-bo-tsiu dagegen bildet ein bedeutendes Längenthal im N. des Himalaya, durchbricht dann (wie man meint), als Brahmaputra, die ganze Breite des Gebirgs, tritt in die Ebene, und vereinigt in den fruchtbaren Marschgegenden von Bengalen seine Strom-Arme mit den zahlreichen des Ganges. Ihr gemeinsames Delta ist doppelt so groß als das ägyptische, wird wie dieses alljährlich weithin überschwemmt, aber nur der 10—15 Meilen breite, mit undurchdringlichen Wald- und Schilf-Dickichten bedeckte Küstenstrich (Sunderbunds) behält den Charakter eines Sumpflandes. — Der Ganges wird 30 Meilen landeinwärts von Seeschiffen befahren.

Der Indus gleicht im oberen und mittleren Laufe dem Brahmaputra. Er empfängt den Dschunab, der mit seinen Zuflüssen das sogenannte Pendschab (d. i. Fünf-Strom-Land) bildet. Unterhalb der Dschunab-Mündung fehlen dem Indus als Nebenflüsse. Sein Wasserstand ist sehr ungleich, sein unterer Lauf träge, und sein großentheils sumpfiges oder sandiges, häufig überschwemmtes Delta von geringer Bedeutung, obgleich die Stromspaltungen bereits 60 Mln. oberhalb der Mündung beginnen.

Das untere Stufenland des Ganges wird Hind-, das des Indus Sind-Ebene genannt; jene ist eine fruchtbare Kulturfläche, diese dagegen, im S. des Pendschab, vom linken Indus-Ufer 106 Meilen nord-ostwärts, eine 20—40 Meilen breite, aber von mehreren und bedeutenden Oasen unterbrochene Sandwüste. — Beide Ebenen sind durch keinen bemerkbaren Wasserscheiderücken von einander getrennt.

27. Mesopotamien, das untere Stufenland der Zwillingsströme Euphrat und Tigris, ist im oberen Theile, in der Gegend von Biradschik, noch etwa 600′ üb. d. M. Hier und an der Tigris-Pforte bei Tekrit ist neben den Flüssen noch Steppenboden. Bald aber wird das wald- und steinlose Niederungsland der alljährlich ihre Ufer überschwemmenden und mit fruchtbarem Schlamm überlagernden Ströme breiter; zahlreiche, beide Flüsse verbindende, aber nun größtentheils verfallene Kanäle durchschneiden es, — und so weit die natürliche oder künstliche Bewässerung reicht, ist Kulturboden, weiter aufwärts, außerhalb der befeuchteten Niederung, Steppe, — in den kurzen Frühlingsmonden ein prächtiger, grüner Teppich, während der Sommer-Dürre eine versengte Wüste. — Das Delta ist von geringer Ausdehnung, mehr ein Salzsumpf als ein Niederungsland. Innerhalb desselben haben beide Ströme durch Kunst eine gemeinschaftliche Mündung erhalten. — Die Schiffbarkeit des Euphrat ist von Biradschik abwärts wenig beschränkt; die des schnelleren Tigris dagegen von den Jahreszeiten abhängig.

28. Die arktischen Ströme und das sibirische Tiefland.

Die arktischen Ströme, die größten und wasserreichsten der östlichen Halbkugel, sind in Folge der herrschenden ungünstigen klimatischen Verhältnisse nur von geringer Bedeutung für Asien. Indigirska und Kolüma scheinen den N.W.-Gehängen des Stanowoi-Gebirges, Ob, Jeneßei, Lena und ihre bedeutendsten Zuströme dem hinter-asiatischen Hochlande zu entquellen. Ihre unteren Stromläufe, im sibirischen Tieflande, übertreffen an Ausdehnung die oberen; sie gleichen also in dieser und einigen anderen Beziehungen dem Marañon, unterscheiden sich aber wesentlich von demselben durch die Natur und Vegetation ihrer Umgebungen, wenngleich diese, ebenso wie die des Marañon, durch eine große Einförmigkeit der Niveau-Verhältnisse charakterisirt werden. — Am Nord-Fuße des Hochlandes breitet sich, — nur von wenigen, kleinen und isolirten Kulturflächen unterbrochen, — ein Gürtel hügliger Waldungen aus. — Auf diese folgt nordwärts eine breitere Zone wald- und hügelarmer, trockner Steppenflächen, — endlich ein breiter Saum jener eigenthümlichen Sumpfstrecken (Tundra), deren nur auf wenige Wochen oder Tage aufthauende Oberfläche mit der gefrorenen des Meeres, fast ohne Unterbrechung, eine einzige ebene Schnee- und Eisdecke bilden würde, wenn nicht die ungeheuren Lager von Baumstämmen und Treibholz, welche sie verhüllt, hie und da zu Hügeln von 200—300′ absol. Höhe aufgethürmt wären. —

29. Turan bildet die Fortsetzung des sibirischen Tieflandes, ist nur durch eine niedrige, aber nicht ununterbrochene Landeserhöhung, auf der Wasserscheide zwischen dem Obi- und Aral-Gebiet, von demselben gesondert, und liegt tiefer als jenes, denn der Spiegel des Aral-Sees liegt nur 34′ über, und der des kaspischen 76′ unter dem Niveau des Meeres. Außer jener Landhöhe im N.O. des Aral, umgiebt eine andere, der Obtschei-Syrt, im N. und N.W. des Kaspi-Sees, dieses Tiefland ebenfalls gleich einem flachen Uferrande. — Im S. des Amu, zwischen den beiden Seen und auch im S. des unteren Sirr besteht es zum Theil aus Sandwüsten. Wo diese fehlen, da sind Steppen, aber trockener, vegetationsärmer, als die Savannen Amerika's, häufig salzig, von wenigen unbedeutenden Hügeln und Klippenreihen unterbrochen. Nur in den Thälern ist Fruchtboden. Der kaspische und der Aral-See haben salziges Wasser und Meerthiere. — Alle Gewässer, selbst die größeren, sind Steppenflüsse, und keiner der größeren Ströme empfängt bedeutende Nebenflüsse aus dem Tieflande. Veränderung der Strombahnen durch Flugsand. Am wasserreichsten ist der Jaik oder Ural, der im oberen Laufe ein Thal des gleichnamigen Gebirges bildet, im mittleren die dürren Steppen am Süd-Fuß desselben, und im unteren die breite Niederung durchfließt, mittelst welcher die Ebenen Asiens und Europa's mit einander zusammenhängen.

V. Klima und organische Natur.

30. Asien ist, in Folge seiner Lage zwischen dem Aequator und den nördlichen Eismeere, auch in klimatischer Beziehung viel mannigfaltige ausgestattet als Afrika. Aber zugleich zeigt es, vermöge seiner massen artigen, vorherrschend in der Richtung der Parallelen ausgedehnten Ge stalt, einen großen klimatischen Zusammenhang, der Amerika fehlt. Asie hat nur die Hälfte der Klimagürtel Amerika's, aber es reicht durch all Zonen, wenn auch die Hauptmasse des Kontinents in der des veränder lichen Niederschlags liegt.

31. Jahres- und Tageszeiten. Die Bewohner Asiens sind zun Theil Nebenwohner der Nord-Afrikaner und Nord-Amerikaner. De Unterschied der Mittagszeiten zwischen den Ost- und West-Grenzen de Kontinents ist größer als bei irgend einem anderen Erdtheile.

32. Die Temperatur-Differenzen der Jahreszeiten sin nirgends bedeutender als im Innern Asiens, weil die Winter-Temperatu vermindert wird, dadurch:

a. daß Asien auf einer Linie von mehr als 1500 Meilen mit den Eismeere in Berührung steht, und mit seinen Nord-Küsten an die Winter Grenze des Polar-Eises stößt;

b. daß Asien von Westen gegen Osten an Breite zunimmt und sein Küstenlänge, in Betracht seiner Areal-Größe, unverhältnißmäßig gering ist;

c. daß Asiens Gebirgs-Systeme die vorherrschende Richtung vo Westen nach Osten haben;

d. daß Asiens Hochländern die riesenhaftesten Vertikal- und zugleic kolossale Horizontal-Ausdehnungen eigen sind, während sie nur geringe Theils in der heißen, die Tiefländer dagegen vorherrschend in der ge mäßigten und kalten Zone liegen.

Umgekehrt wird aber die Sommer-Temperatur gesteigert durch:

a. den kontinentalen Charakter Asiens,
b. die größere Entwickelung seiner südlichen Gestade,
c. die Form seiner Hochländer,
d. die Wasserarmuth bedeutender Flächen.

Diese Umstände geben den verschiedenen Klimagürteln Asiens ein 3—6° niedrigere Winter- und eine 2—3° höhere Sommer-Temperatur als den entsprechenden Gegenden Amerika's eigen ist. — Einfluß diese Verhältnisses auf die Verbreitung der Thiere und Pflanzen.

Die großen Gegensätze in der Temperatur der Tageszeiten werde durch die eben genannten Ursachen gleichfalls bedingt.

33. Die Klimagürtel Asiens werden durch die Lage seiner Hoch länder mehr als sonst wo modifizirt; der tropische umfaßt nur di

Tiefländer Süd-Asiens; die höher liegenden Gegenden von Dekan, Arabien, Iran, Syrien und des südlichen Klein-Asiens, so wie die mesopotamische und chinesische Tiefebene gehören dem Klimagürtel der Edelfrüchte und immergrünen Bäume an. — In Hinter-Asien reicht der Klimagürtel des veränderlichen Niederschlags südwärts bis zum Süd-Rande des Hochlandes, nordwärts aber dehnt er sich fast bis zu den Gestaden des Eismeeres aus.

34. Klimatische Reviere. Der eigenthümliche Niveau-Wechsel in Asien, der von West gegen Ost kontinentaler werdende Charakter Nord- und Mittel-Asiens, bei gleichzeitiger, in derselben Richtung stattfindender Zunahme ozeanischer Einflüsse in Süd-Asien, bedingt die Eintheilung des Erdtheils in 4 klimatische Haupt-Reviere.

35. Im östlichen Hoch-Asien werden Winterstrenge und Sommerhitze mehr als irgendwo gesteigert durch die Trockenheit der Atmosphäre und den Mangel an Bewässerung und Vegetation. Ungeachtet der südlichen Lage hört daher im Winter alles Pflanzenleben auf, und Thiere und Menschen überdauern nur in den geschützteren Thälern; nur im kurzen Frühlinge ist überall, mit alleiniger Ausnahme der eigentlichen Hochwüsten, eine frische Vegetation, und selbst die Einsamkeit der Bergsteppen wird dann von Reisenden, von Hirten mit nomadisirenden Heerden und von wilden Thieren (Bär, Tiger, Esel, Gazelle, Bergziege ꝛc.) belebt. In dem regenlosen Sommer verwandeln sie sich von Neuem in Wüsten, überall wo Bewässerung fehlt; wo solche indeß vorhanden, da steigen, vermöge der größeren Sommerhitze, namentlich in den hohen Thalflächen Tibets, die Regionen des Wein- und Getreidebaues bis 8000 und 12—14,000 Fuß auf, während die oberen Vegetations-Grenzen und eben so die Schneelinie auf den Süd-Gehängen des Himalaya aus denselben Ursachen theilweise um mehrere 1000′ niedriger liegen. Diese eigenthümlichen, durch die großen Temperatur-Differenzen der Jahreszeiten herbeigeführten Verhältnisse haben auch auf die Lebensweise und die Organisation der Thierwelt eingewirkt; dafür zeugen die Wanderungen der wilden Thiere von Süden gegen Norden und umgekehrt, so wie die eigenthümliche Organisation der nicht wandernden Hausthiere, namentlich der gegen Sommerhitze und Winterkälte gleich gerüsteten Geschöpfe Tibets. —

36. Südost-Asien hat 2 verschiedene Klimata: das heiße der Tiefebenen und Küstenstriche, das kühlere der Berglandschaften. — Am Süd-Hange des Himalaya die größten klimatischen und Vegetations-Kontraste der Erde. An seinem Süd-Fuße beginnt die Tropenwelt des Erdtheils, welche in ihren Formen mit der Ueppigkeit der amerikanischen wetteifert. Hier, in Ostindien und Austral-Asien, wo ozeanische Einflüsse und reiche Bewässerung zusammenwirken, ist die Heimath riesen-

hafter Bäume, Kräuter und Gräser, tropischer Urwaldungen mit Baumarten, welche den amerikanischen fehlen (Sandel-, Tiek-, Ebenholz &c., eigenthümliche Palmenarten, Reichthum an Gewürzpflanzen), u. auch solchen (Banane, Brodfrucht &c.), welche hier wie dort einheimisch sind. Ostindien und Austral-Asien vereinigen in ihrer Pflanzenwelt die Saftfülle der amerikanischen und das Aroma der afrikanischen Vegetation. — Aehnliches zeigt sich in der Thierwelt Indiens; der Elephant der indischen Küstenwaldungen, der Tiger Bengalens, der Löwe, der Panther, das Nashorn, ungeheure Eber und andere gewaltige Geschöpfe übertreffen die entsprechenden Arten Amerika's an Kraft und Wildheit, die afrikanischen an Größe; riesenhafte Reptilien fehlen hier so wenig als dort. Unter den Hausthieren findet sich, neben den europäischen, der Büffel, das Kameel, der Elephant, und unter den Nahrungspflanzen ist der Reis, neben den europäischen Getreidearten, die gewöhnlichste. — Steigt man aus den tiefen Küstenebenen auf in die höheren Regionen Dekans, Hinter-Indiens &c., so gelangt man aus Nebel und Schwüle in leichtere, mildere Luftgegenden, und die Vegetation verliert ihr vorherrschend tropisches Gepräge; Gewürzröhre und Kokospalmen verschwinden bei 1000—1500′, die Banane bei 3000′ absol. Höhe, und die charakteristische Form der Palmbäume steigt nur wenig höher; dagegen beginnen dichte Waldungen von immergrünen Bäumen, und eine ungemein frische und mannigfaltige Vegetation, die an die gemäßigte Region der Cordilleren erinnert, bedeckt den Scheitel der Plateau's, so wie der hinter-indischen und austral-asiatischen Gebirge. Das Klima hat hier überhaupt ein subtropisches Gepräge; es giebt sich kund durch einen regelmäßigen, vermöge der herrschenden Mussons auf eigenthümliche Weise stattfindenden Wechsel der Jahreszeiten. Bei 3000′ absol. Höhe beginnt die Natur des Klimagürtels der Edelfrüchte &c. — Demselben gehören auch die chinesischen Tiefebenen an, aber die Lage zwischen Meer und Hochgebirge, im O. des Erdtheils, hat hier die Vegetations-Formen anders gemodelt, und den wildwachsenden Pflanzen, den Baumarten in den nur noch auf den nahen Gebirgshängen erhaltenen Waldungen, entweder ein ganz eigenthümliches Gepräge (Stoff-, Seifen-, Kampferbaum &c., Theestrauch), oder eine gewisse Aehnlichkeit mit denen des entsprechenden amerikanischen Klimagürtels verliehen; durch Kulturverhältnisse ist übrigens fast jede wildwachsende Pflanze aus den mit Reisfluren, Getreidefeldern, Edelfrucht- und Maulbeerbäumen, Baumwollenstauden &c. bedeckten Ebenen verdrängt; eben deswegen auch Mangel an wilden, selbst an Hausthieren.

37. Nord-Asien steht durch seine Lage unter dem Einflusse aller für den Erdtheil geltend gemachten Kälte erregenden Ursachen, während die Sommerwärme nur durch die niedrige Lage, die Ebenheit und Kon-

tinentalität des Landes gesteigert wird. Vermöge dieser Verhältnisse gehört es fast ganz in die Zone des veränderlichen Niederschlags und der Klimagürtel der nördlichen Waldbäume und europäischen Getreidearten reicht bis zur Petschora-Quelle, Irtysch-, Angara- und Witim-Mündung, und an der O.-Küste bis 56° N.B., mithin weiter gegen N., als in Amerika. Weil aber dort die Winter-Temperatur höher, und die Schnee- und Regenmenge größer ist als in Asien, so zeigt sich, bei großer Aehnlichkeit in der Vegetation und Thierwelt beider, in diesem Theile Asiens doch eine geringere Mannigfaltigkeit und Ueppigkeit des Pflanzenlebens und deshalb auch eine geringere Zahl grasfressender wilder Thiere, wogegen eine höhere Sommer-Temperatur selbst südlichen Raubthieren (Tiger, Panther) kurze Besuche gestattet. Beiden Polar-Ländern ist von der Natur ein großer Reichthum von Pelzthieren gegeben worden, während Sibirien durch Kulturverhältnisse zugleich eine größere Anzahl von Hausthieren erhalten hat. — Vermöge der gesteigerten Sommerwärme reichen auch die klimatischen Regionen in N.-Asien wahrscheinlich höher hinauf, als in N.-Amerika. Dort thaut der Schnee, unter 58—60° N.B., auf den über 4000′ hohen Gipfeln des Ural und der Aldan-Ketten; Holz wächst auf den letzteren noch bei3000′, auf dem Altai (50° N.B.) bei 5500′, auf dem Ural (67° N.B.) bei 700′, Getreide auf dem Altai bei 2400′ absol. Höhe. — Die kurzen, heißen Sommer, welche die Grenzen dieser Regionen bestimmen, folgen, hier wie in ganz Hinter-Asien, fast ohne Uebergang auf lange, strenge, von erstarrenden Nordwinden begleitete Winter, während welcher ein Theil des Landes in beständige Nacht gehüllt ist; — jene zeitigen die Vegetation ungemein schnell, und steigern die Hitze bei der Trockenheit der Luft auf eine fast unerträgliche Weise, wenngleich sie den erstarrten Boden nur wenige Fuß tief aufzuthauen vermögen.

38. Vorder-Asien hat, vermöge seines orographischen Baues und ungeachtet der theilweis ozeanischen Lage, ebenfalls ein sehr trockenes, kontinentales Klima. Arabien trägt, in Folge seiner durch Regen- und Fluß-Mangel bedingten Dürre und Vegetationsarmuth, in allen seinen Naturverhältnissen sogar ein afrikanisches Gepräge; von Syrien gilt fast dasselbe. — Es sind im südlichen Vorder-Asien, innerhalb der Regenzone, drei verschiedene Klimata zu unterscheiden. Die dürren Küstenlandschaften haben tropische Hitze, aber aus Regenmangel nur eine sehr dürftige Vegetation; die hohen Scheitelflächen Arabiens, Syriens, Irans einen heiteren wolkenlosen Himmel (mit Ausnahme Arabiens), regelmäßig wechselnde Jahreszeiten, glühende Tages- und Sommerhitze, erstarrende Nacht- und Winterkälte, beide fühlbarer durch den Mangel an Holz und Schatten. Auf den wohlbewässerten Terrassen der Randgebirge herrscht

dagegen ein ewiger Frühling; da findet sich jene reiche und schöne Vegetation, die den Klimagürteln der Edelfrüchte und der europäischen Getreidearten eigen ist: Waizen gedeiht (auf den Abfällen von Iran) bei 4000′, Edelfrüchte und immergrünes Laubholz noch bei 3000′ absol. Höhe. — Die mesopotamische Ebene, welche gleichfalls in den Klimag. der Edelfrüchte ꝛc. fällt, hat indeß theilweise mit derselben Dürre zu kämpfen, welcher der größte Theil von Syrien unterworfen ist; die Ufergegenden ihrer Ströme zeigen indeß reichere Vegetations-Verhältnisse. — Nur verhältnißmäßig geringe Räume der vorder-asiatischen Hochlande liegen oberhalb der Region des Regens; die des ewigen Schnees fehlt ganz, und dem veränderlichen Niederschlage sind vorzugsweise nur die höheren Gegenden des Scheitels von Iran unterworfen; dort finden sich dann ähnliche Erscheinungen wie auf den Scheitelflächen Hinter-Asiens. — Außerhalb der Regenzone zwei klimatische Gegensätze in Vorder-Asien: das Steppenklima Turans und der nordöstlichen Gestadeländer des kaspischen Sees, welche durch die Armuth ihrer Vegetation an die Küstenlandschaften des persischen und arabischen Golfs erinnern, und in allen klimatischen Erscheinungen noch ein ganz asiatisches, durchaus kontinentales Gepräge haben; — das Terrassen-Klima Kaukasiens, Armeniens und Klein-Asiens, wo die Nähe des Meeres und reichere Bewässerung der Vegetation bereits einen europäischen Anstrich verleihen, wiewohl die gesteigerte Sommerhitze Asiens sich auch hier noch in der Höhe der unteren Schneegrenze ausspricht, die auf dem Kaukasus in 9900—10,200′ absol. Höhe, mithin 1000—2000′ höher liegt, als auf den europäischen Gebirgen unter gleicher geographischer Breite. — Die Thierwelt Vorder-Asiens zeigt in ihren Geschöpfen denselben Zusammenhang mit dem Klima und der Vegetation, der überall hervortritt; sie ist daher in Arabien und dem benachbarten Syrien afrikanisch (Gazelle, wilder Esel, Strauß, Löwe, Hyäne, Schakal ꝛc.), im übrigen Vorder-Asien zugleich nordisch und tropisch (Bär, Büffel, Löwe, wandernde Heuschrecken), und unter den Hausthieren ist das Pferd, das Kameel, das Schaf überall, das Rind vorzugsweise auf den nördlichen Hochlandsgegenden verbreitet.

Siebenter Abschnitt.

Europa.

I. Das Tiefland von Nordost-Europa.

1. Das nordöstliche Tiefland von Europa ist ein Theil der großen Polarebene der Erde. Es besteht aus ganz ebenen oder wellenförmigen Flächen von geringer absoluter Höhe; nirgend eigentliche Gebirgsbildung,

wohl aber zusammenhängende Landhöhen, welche flache, sanft geböschte Striche eines höheren Niveaus bilden, und die ganze Breite des Tieflandes in der Hauptrichtung von O. nach W. durchziehen.

2. Das taurische Gebirge, an der äußersten S.O.-Küste der gleichnamigen Halbinsel, macht die einzige Ausnahme, ist aber weder durch seine horizontalen, noch durch seine vertikalen Dimensionen bedeutend; der höchste Gipfel, der Zelt-Berg (Tschadür-Dagh), 4700′ üb. d. M.

3. Der südliche (uralisch-karpathische) Landhöhenzug. Vom Ural-Gebirge geht im S. ein Hügelzug aus, welcher das rechte Ufer des Ural-Flusses bis zu seiner S.-Wendung begleitet, in Gestalt eines steilen Randes das höher liegende europäische von dem kaspischen Tieflande scheidet (Obtschei-Syrt, d. i. allgemeine Erhöhung), und gegen W.S.W. zur Wolga und jenseit derselben gegen S. weiter zieht.

Von da, wo die Wolga den Obtschei-Syrt durchspült, zieht sich eine breite Zone erhöhten Landes fast in der Richtung der Parallelen zur Quellgegend des Boh und weiter bis zum Oder-Thale und der Katzbach-Mündung. Ihr westliches Drittel lehnt sich südwärts an den N.O.-Fuß des Karpathen-Zugs, während ihre östliche größere Hälfte südwärts gegen die Niederungen der pontischen Gestade abfällt. In minder zusammenhängenden Erhöhungen läßt sie sich im Westen der Oder (Fläming), ja bis jenseit der Elbe verfolgen (Lüneburger Haide).

Ihre Erhebung über die angrenzenden Tieflande ist unbedeutend, nimmt von O. gegen W. bis gegen die Oder hin zu (Lemberg 960′, Tarnowitz 1070′ üb. d. M.), dann ab. Mit Ausnahme der Berggruppe von Sandomir (zw. der San-Münd. und der oberen Pilica), deren Gipfel fast bis zu 2000′ aufsteigen, — ist ihre Oberfläche nirgend bergig, selten hügelig, meist platt und eben, und nur die Thäler der pontischen Flüsse sind steil eingeschnitten in den Felsengrund, der ihre Unterlage bildet.

4. Der nördliche (uralisch-baltische) Landhöhenzug. Von der Petschora-Quelle zieht ein niedriger Landrücken, auf der Wasserscheide zwischen dem kaspischen und arktischen Gebiete, westwärts bis zu den Twerza- und Wolga-Quellen. Ein höherer Rücken streicht vom Ural über Perm und Moskau eben dahin. Hier in der Quellgegend der Wolga erhebt sich eine Gruppe von waldigen Lehmbergen — Waldai-Höhe und Wolchonski-Wald genannt — bis zu 1000′ absol. H. — Im W. derselben zieht die breite Landhöhe bis zur Elbe fort. Ihr Süd-Fuß wird bezeichnet durch die Veränderung der Stromrichtungen der Düna, des Niemen, der Weichsel, Oder und Elbe, an den Mündungen der Havel, Warthe, Drewenz u. s. w.; ihr N.-Fuß ist den baltischen Gestaden sehr benachbart. — An ihrem West-Ende findet sich, längs der Ost-Küste Jütlands, eine Fortsetzung derselben bis zum Kattegat.

Mit Ausnahme dieser Fortsetzung ist der ganze Landhöhenzug, im W. der Waldai-Höhe, ausgezeichnet durch eine Menge von Seen, welche auf seinem Rücken liegen. Seine Erhebung steigt in der Waldai-Höhe bis zu 1000', sinkt dann allmählig bis zu 400', erhebt sich im W. der unteren Weichsel von Neuem bis zu c. 1000', um sich sodann wiederum bis zu 600', ja bis zu 300' absol. Höhe zu verflachen. Die jütische Fortsetzung steigt höchstens 600—700' über das nahe Meer auf.

5. Die finnische Seenplatte. Im N. des finnischen Busens ist eine dritte Bodenerhöhung, von den zerrissenen, klippenreichen baltischen Küsten bis zum Onega- und Ladoga-See und nordw. bis zum Waranger Fiord und den N.-Gestaden von Kola ausgebreitet, welche durch die sonderbare Zertrümmerung ihrer felsigen, 400—600', höchstens 1200' üb. d. M. aufsteigenden Oberfläche, durch zahllose klippenreiche Seen, durch unentwickelte Flußläufe an die Beschaffenheit der kolossalen arktischen Seenplatte Amerika's erinnert.

6. Zwei große Bodensenkungen sind fast ebenso durch die ganze Breite des Tieflandes zu verfolgen. Eine nördliche am S.-Fuß der uralisch-baltischen Landhöhe, zw. d. 53. und 55., eine südliche in der Nähe des 52. Parallels. In der ersteren liegt das Havelland, das Warthe- und Netze-, das Lyk- und Bobr-Bruch; in der anderen der Spreewald, das Obra-Bruch und die ungeheure Przypiec-Niederung (Rokitno-Sümpfe).

7. Zum Theil hat das europäische Tiefland noch den Charakter des benachbarten asiatischen. Die beiden Landhöhenzüge erscheinen in dieser Beziehung als Grenzmarken. Nämlich im N. des nördlichen, zwischen der Petschora, Wytschegda und Dwina ausgedehnte, Tundra-ähnliche Sumpfsteppen, und im S. des südlichen, wie auf dem östlichen Theile seines Scheitels weite, trockene, mehr oder minder kulturfähige Steppen; die Haiden im sarmatischen und selbst im germanischen Tieflande erinnern, durch die Einförmigkeit ihrer Vegetation, gleichfalls an die Natur der Steppe. Ganz anders ist es zwischen jenen beiden Landrücken; hier wechseln Waldungen und Kulturflächen; die ersteren sind in der sarmatischen Ebene vorherrschend, fehlen aber fast in der germanischen westwärts der Elbe; der Kulturboden gewinnt mehr und mehr Ausdehnung, die Haiden verkleinern sich, und die vorhandenen Sumpf- und Moorstrecken tragen entweder Urwaldungen, wie die ausgedehnten Rokitno-Sümpfe am Przypiec, — oder sie werden nach und nach in urbares Land verwandelt, wie in den Küstenländern der germanischen Ebene.

8. Die Ströme der sarmatischen Ebene haben fast durchgängig ihre Quellen, wie ihren Lauf, innerhalb des Tieflandes; die der germanischen

dagegen entspringen sämmtlich den anliegenden Mittelgebirgslandschaften, durchbrechen diese, und treten erst dann ins Tiefland.

9. Sarmatische Ströme. — a. Die Wolga, der größte Strom Europa's. Ihre Quellen auf der Waldai-Höhe 840′ üb. d. M., 916′ üb. d. Niveau des kaspischen Sees. Im oberen Laufe durchschneidet sie den sanften Süd-Abhang des nördlichen Landhöhenzuges; der mittlere liegt ganz im ebenen Tieflande und theilweise weniger als 50′ üb. d. M.; im unteren senkt sie sich zwischen den steilen zerrissenen Ufern, die der Obtschei-Syrt bildet, zum Niveau des Ozeans hinab, durchströmt dann langsam in vielen Armen die tiefer als dieses liegende, salzige kaspische Steppe, und erreicht den gleichnamigen See mit mehr als 60 Mündungen. — Sie ist 400 Meilen weit, im ganzen Mittel- und unteren Laufe schiffbar, bildet daher eine Verbindungsstraße zwischen N.-Europa und W.-Asien. — Alle (genannten) Nebenflüsse sind ebenfalls mehr oder minder schiffbar; am bedeutendsten sind die Kama und Oka.

b. Der Don. Seine Quellen in einer ebenen morastigen Gegend; der obere Lauf (bis Woronesz) in niedrigem, ebenem Fruchtboden; der mittlere durchbricht die südliche Steppen-Platte und nähert sich der Wolga bis auf 8 Meilen; der untere geht sehr langsam durch ein niedriges, alljährlich überschwemmtes Mündungsland. Der Liman des Don, das asofsche Meer, hat nur für kleinere Seeschiffe Wasser genug; der Strom macht es täglich seichter. — Seine Schiffbarkeit beginnt bei Woronesz.

c. Der Dnjepr. Seine Quelle am Süd-Hange des nördlichen Landrückens. Im kurzen oberen Lauf fließt er an demselben hinab; der mittlere, — anfangs west-, dann südwärts, — liegt zuerst ganz in der Ebene, durchbricht dann, unterhalb Kiew, zwischen steilen Ufern, mit Wasserfällen und Stromschnellen (Porogi) die südliche Steppen-Platte; im unteren Laufe durchströmt er mehrarmig die tiefen Grasflächen seines Mündungslandes, und erweitert sich bei Cherson zu einem seichten Liman. — Mittel- und unterer Lauf sind schiffbar, aber die Beschiffung ist erschwert durch die Porogi und die Seichtigkeit des Limans. — Unter den Nebenflüssen sind der Przypiec, welcher dem Dnjepr die großen Wasservorräthe der litthauischen Sumpfwaldungen zuführt — und der Boh, welcher von der südlichen Landhöhe mit Stromschnellen hinabeilt und bis zu diesen schiffbar ist, — die bedeutendsten.

d. Der Dnjestr entspringt dem Nord-Hange des karpathischen Waldgebirgs, durchfließt (bis Sambor) ein kurzes Querthal desselben, strömt dann auf dem platten Rücken des südl. Landhöhenzugs (bis Mohilew), stürzt sich mit Stromschnellen von demselben in das niedrige pontische Steppenland, und mündet mit unbedeutender Liman-Bildung (bei Akjerman). — Seine Schiffbarkeit ist beschränkt durch die felsige Beschaffenheit seines Bettes.

e. Die Petschora entquillt dem Ural, fließt dann ungehindert durch das ebene Land, zuletzt durch die europäische Tundra. Schiffbar, aber nicht beschifft.

f. Die Dwina. Ihre Quellflüsse entspringen auf dem nördlichen Landhöhenzuge. Nach ihrer Vereinigung durchströmt die Dwina die nördliche Tiefebene, die Tundra begrenzend. Limau-Bildung bei Archangel. — Der Strom, der größte des europäischen Nordens, ist fast von den Quellen an schiffbar.

g. Das Newa-System erinnert ebenso an das des S. Lorenz, wie der benachbarte Boden Finnlands an die arktische Seenplatte Amerika's. Stromschnellen im Swir und in der Newa durch Seiten-Kanäle vermieden. Vermöge ihrer großen Tiefe wird die Newa von den größten Seeschiffen befahren.

h. Die Düna entquillt dem Wolchonski-Walde, fließt anfangs auf dem Rücken der nördlichen Landhöhe, dann bis zur Ula-Mündung an ihrem S.-Fuße, durchschneidet hierauf mit Strudeln und Stromschnellen die ganze Breite derselben, und nimmt bei Dünaburg den Charakter eines Niederungs-Flusses an. — Im Mittel- und unteren Laufe ist sie, wiewohl mit Beschwerde, zu beschiffen; Seeschiffe können bis Riga stromaufwärts.

i. Der Niemen entsteht am S.-Fuße des nördlichen Landhöhenzugs, begleitet denselben im oberen Laufe, durchbricht mit Stromschnellen seine ganze Breite (von Grodno bis Kowno) im mittleren, und durchströmt im unteren ein theils fruchtbares, theils sumpfiges Deltaland. — Die Schiffbarkeit beginnt unweit der Quelle, aber sie ist unterbrochen durch die Stromhemmungen des Mittel-Laufs.

k. Der Pregel. Seine Quellflüsse kommen meist aus Seen der nördlichen Landhöhe. Sein Lauf liegt ganz im ebenen Tieflande, zuletzt in einer breiten Niederung. Seine Schiffbarkeit und der Name „Pregel" beginnen an der Inster-Mündung; kleine Seeschiffe können bis Königsberg stromaufwärts.

l. Die Weichsel entspringt auf den Beskiden. Ihr oberer Lauf, innerhalb dieses Gebirgs, ist sehr kurz; im mittleren fließt sie bis zur San-Mündung auf dem Rücken der südlichen Landhöhe (welche hier den karpathischen Gebirgen unmittelbar vorliegt und dem Strome stellenweise felsige Thalränder und steile Ufer giebt), von der San- bis zur Pilica-Mündung in einem engeren Thale von der Landhöhe herab, dann bis zur Drewenz-Mündung in einer wellenförmigen, meist sandigen, seltener sumpfigen Ebene; im unteren Laufe durchbricht die Weichsel den nördlichen Landhöhenzug nach seiner ganzen Breite, in einem weiten, häufig tief- und steil-eingeschnittenen, von Niederungen erfüllten Thale, und tritt dann (bei Mewe) in ihr fruchtbares Deltaland. — Die Schiffbarkeit beginnt bei Krakau. — Alle (genannten) Nebenflüsse sind mehr oder minder schiffbar.

10. Kanalverbindungen innerhalb der sarmatischen Ebene.

a. Zwischen dem kaspischen und arktischen Gebiet:

Der Alexander v. Würtembergs- oder kubinskische Kanal.

Der Katharinen-Kanal, verbindet Kama und Wytschegda.

b. Zwischen dem kaspischen und pontischen Gebiet:

Der unvollendete Jepifan-Kanal.

c. Zwischen dem kaspischen und baltischen Gebiet:

Der Marien-Kanal, der auch das baltische und arktische Meer verbindet; der Tichwinka-Kanal; die Kanäle von Wischney-Wolotschok und Nowgorod.

d. Zwischen dem baltischen und pontischen Gebiet:

Der Beresina-Kanal; der Oginsky-Kanal; der königliche Kanal.

e. Im baltischen Gebiet:

Der Seiten-Kanal des Swir; der Ladoga-Kanal; der Pernau-, der Windau-Kanal; der kleine und große Friedrichsgraben, der Deime-Kanal; der Kanal von Augustowo.

11. Germanische Ströme.

a. Die Küstenflüsse zwischen den Mündungen der Weichsel und Oder entstehen meist aus Seen oder Sümpfen der nördlichen Landhöhe, sind sämmtlich unbedeutend, wenig schiffbar und nur durch die Aehnlichkeit ihrer Mündungsformen merkwürdig.

b. Die Oder entquillt dem S.O.-Ende des Sudeten-Zuges, durchfließt Landschaften, welche den Weichsel-Gegenden ähnlich sind; von Oderberg, wo ihr oberer Lauf endigt, bis zur Katzbach-Mündung die Tiefebene zwischen dem Sudeten-Fuße und der südlichen Landhöhe, welche sie dann (bis Glogau) durchbricht, und hierauf aus dem mittleren in den unteren Lauf übergeht. Der letztere liegt anfangs ganz in der Ebene, von Lebus abwärts im sogenannten Oderbruch, dann (unterhalb Wriezen) in einer breiten Furche der nördlichen Landhöhe, zuletzt in dem von mehreren Stromarmen durchflossenen, durch breite Flußerweiterungen charakterisirten Mündungslande, dessen Naturverhältnisse denen des Weichsel- und Niemen-Delta's ähnlich, aber nicht gleich sind. — Die Oder ist von Ratibor ab, jedoch schwierig zu beschiffen; Seeschiffe gelangen durch die Swine bis Stettin. — Unter den rechten Nebenflüssen, die sich von den oberen linken, hinsichtlich ihrer Naturverhältnisse, wesentlich unterscheiden, ist die bereits von Konin schiffbare Warthe mit der Netze bei weitem der bedeutendste.

c. Die Küstenflüsse im W. der Oder-Münd. sind wasserreicher, als die übrigen baltischen Küstenflüsse, mehrere von ihnen (Trave u. a.) schiffbar, und erinnern durch ihre Mündungsformen an die Oder-Münd.

d. Die Eyder, die mehreren Seen entfließt, ist ungemein wasserreich und bereits bei Rendsburg von Natur, weiter aufwärts durch Kunst schiffbar.

e. Die Elbe, der mächtigste Strom der germanischen Ebene, liegt nur mit ihrem unteren Laufe, der bei Meißen beginnt, im Tieflande, dessen Physiognomie sich im W. des Stroms wesentlich verändert. Die Elbe ist von Torgau abwärts ohne Thalränder, ein vollkommener Niederungsfluß; ihr fehlt ein Delta, ebenso die eigenthümliche Mündungsform der süd-baltischen Flüsse; ihre Mündungsarme umschließen nur unbedeutende Werder, und bilden eine bis 2 Meilen breite Wasserfläche. — Die Schiffbarkeit beginnt bereits im Gebirgslande; bis Hamburg gelangen große Seeschiffe mit Hülfe der Fluth.

Die rechten Elb-Nebenflüsse (unter denen die Havel mit der Spree sowohl durch eigenthümliche Naturverhältnisse, als durch weitreichende Schiffbarkeit am bedeutendsten) unterscheiden sich wesentlich von den linken (unter denen die Saale mit der Unstrut theilweis durch Kunst schiffbar gemacht worden) — durch breite Sumpfniederungen (Spreewald), langsameren Lauf und gleichmäßigeren Wasserstand.

f. Die Weser gehört dem Tieflande ebenfalls nur mit dem unteren Laufe an, der oberhalb Minden beginnt; sie gleicht der Elbe hinsichtlich der Mündungsform, ist aber viel wasserärmer, weshalb auch die bereits im Gebirgslande anfangende Schiffbarkeit zeitweise unterbrochen ist, und Seeschiffe nur mit Hülfe der Fluth bis Elsfleth stromaufwärts gelangen.

12. Kanalverbindungen der germanischen Ebene.

a. Im Gebiet der Ostsee: der Bromberger Kanal und die neue Oder.

b. Zwischen Ost- und Nordsee: der Friedrich Wilhelms- oder Mühlroser Kanal, der Finow-, Steckenitz- und Eyder-Kanal.

c. Im Gebiet der Nordsee: der Plauensche Kanal und mehrere andere unbedeutendere, z. B. Hauptgraben und Ruppiner Kanal, zwischen Rhin und Havel.

II. Südwest-Europa.

A. Das Alpen-Gebirgsland.

13. Die Alpen zerfallen zunächst in zwei durch verschiedene Richtung ausgezeichnete Haupttheile: einen kürzeren, schmaleren, aber nicht niedrigeren West-, und einen längeren, breiteren Ost-Flügel, welcher letztere in Mittel- und Ost-Alpen zerlegt wird. — Die West-Alpen gehören den Gebieten des oberen Po, der unteren Rhone und der ligurischen Küstenflüsse, die Mittel-Alpen denen des Rhein, der oberen Rhone und des unteren Po, die Ost-Alpen dem adriatischen und Donau-Becken an.

14. Allgemeine Höhenverhältnisse. In der Erhebung der

Alpen findet sich zwar eine große Unregelmäßigkeit; doch gilt im Allgemeinen, daß sie im O., nämlich da am niedrigsten sind, wo sie sich am breitesten ausdehnen, und umgekehrt. — Genauer: die mittlere Kammhöhe ist in den Mittel-Alpen am bedeutendsten (8000—12,000′), fällt in den West-Alpen von N. gegen S. (10,000—5000′), in den Ost-Alpen von W. gegen O. (8000—3000′); — die Gipfelhöhe folgt im Allgemeinen denselben Gesetzen, beträgt in den Mittel-Alpen 8000—14,000′, in den West-Alpen 6000—13,000′, in den Ost-Alpen 5000—11,000′; — die Tiefe der Kamm-Einschnitte, oder die Paßhöhe ist dagegen nicht überall in gleichem Verhältnisse zu der Kammhöhe, liegt in den Mittel-Alpen zwischen 6000 und 10,000′, in den West-Alpen zwischen 3000 und 7000′, in den Ost-Alpen aber zwischen 3000 und 5000′ absol. H. — (Vgl. diese Verhältnisse!)

Ohne Rücksicht auf die Lage unterscheidet man:

a. Vor-Alpen — bis 5000′, bis zur Grenze des Holzwuchses;

b. Mittlere Alpen — 5000—8000′, bis zur Grenze des ewigen Schnees;

c. Hoch-Alpen — 8000—14,000′ absol. Höhe.

Der Abfall der Alpen gegen S. ist im Allgemeinen tiefer, steiler und kürzer, als die Abdachung gegen N.

15. Gebirgsformen im Allgemeinen. Die Alpen sind ein Kettengebirge, bestehen im O. aus mehreren, parallel streichenden Hauptketten; im W. aus einer einzigen, von welcher Seitenäste auslaufen; in der Mitte aus einer mit hohen Querjochen versehenen Centralkette und vorliegenden Hochalpen-Gruppen und Ketten, von denen niedere Seitenzweige ausgehen. — Die Gestalt der Kämme und Gipfel steht, hier wie überall, in engem Zusammenhange mit den Felsarten, aus denen sie aufgeführt sind. — Vom Rücken der Hoch-Alpen, gleichviel ob sie den Hauptketten angehören oder nicht, hängen Glätscher in die Thäler (bis 3000′ absol. H.) hinab.

16. Bau im Einzelnen.

a. West-Alpen.

aa. Die Meer-Alpen, meist Mittel- und Vor-Alpen, fallen steil gegen das Meer ab, und hängen im Quellgebiet des Tanaro mit den Apenninen zusammen.

bb. Die cottischen Alpen, vom 12,000′ hohen M. Viso (Po-Quelle) bis zum M. Cénis und M. Genèvre (Durance-Q.); meist Hoch-Alpen; ihre westlichen Zweige, die westlichsten des ganzen Alpenzugs, sind in der Nähe des Hauptkamms höher als dieser, und steigen ganz in der Nähe des Rhone-Thals, mit dem M. Ventoux, noch in die mittlere Alpen-Region auf.

cc. Die grajischen oder grauen Alpen, von M. Cénis nordwärts bis zum Mont blanc; im O. Hoch-Alpen mit Gipfeln von 12,000′ (M. Iséran); westwärts sinken sie in die Mittel- und Vor-Alpen-Region hinab.

b. Mittel- oder Central-Alpen.

aa. Die penninischen Alpen, vom Mont blanc (an den Quellen der Arve und Dora baltea) bis zum Simplon, der höchste, wildeste Theil des Gebirgs, mit Schnee- und Eisfeldern und den beiden höchsten Alpen-Gipfeln: Mont blanc (14,700′) und M. Rosa (14,400′).

bb. Die lepontischen oder Abular-Alpen, das Herz des ganzen Alpenlandes, vom Simplon bis zum Splügen-Paß, mit dem 8000 bis 10,000′ hohen Gebirgsstocke des St. Gotthard (zwischen vier Flußquellen) u. m. a. Hochalpen-Gipfeln.

cc. Vorgruppen im N. der penninischen und lepontischen Alpen:

A. Die Berner Alpen, zum Theil Hoch- und Mittel-Alpen, mit 12,000—13,000′ hohen Gipfeln: Jungfrau, Schreckhorn, Finster-Aarhorn u. a. — zum Theil (im N.W.) niedere Vor-Alpen.

B. Die Vierwaldstädter Alpen gehören im S.O. den Regionen der Hoch- und Mittel-, im N.W. der der Vor-Alpen an.

C. Die Glarner und Schwyzer Alpen, im S. und S.W. mit Hochgipfeln von 9000—10,000′ absol. H. (Tödi, Krispalt u. a.), — zwischen dem Luzerner, Zuger und Züricher See nur Vor-Alpen (der Rigi-Kulm und Mythenberg nur zwischen 5000 und 6000′ absol. H.); weiter im N.W. ebenfalls nur Vor-Alpen.

D. Die Thur-Alpen, meist niedere Vor-Alpen; nur im S., an den Thur Quellen, erreichen sie noch die Schnee-Grenze (der hohe Säntis).

dd. Die rhätischen Alpen, vom Splügen bis zum Brenner-Paß, zeigen bereits die Bildung mehrerer (zweier) Hauptketten. Diese umgeben den oberen Inn, werden durch zahlreiche und tiefe Kammeinschnitte charakterisirt, steigen aber mit den Hochgipfeln 10,000′, ja mehr als 11,000′ üb. d. M. auf (Bernina 2c.).

ee. Südliche Vorgruppen der rhätischen Alpen: die Oertler-A. mit der 12,000′ hohen Oertles-Spitze u. m. a. fast eben so hohen Massen; südwärts bis 46° N.B. Hoch-, dann Mittel- und Vor-Alpen.

ff. Die nördliche Vorgruppe der rhätischen Alpen, die Allgauer A., gehört meist der mittleren und niederen Alpen-Region an; einzelne Gipfel (Arl-Berg u. a.) überragen jedoch die Grenze des ewigen Schnees.

c. Ost-Alpen.

aa. Die norischen Alpen.

A. Die centrale Wasserscheidekette der Thauern hat bis zu der

Ens- und Mur O. das Gepräge der Hoch-Alpen, und trägt die 10,000 bis 11,000′ hohen Gipfel des Dreiherrnspitz, Groß-Glockners, Wiesbachhorns u. a. m. An der Mur-Quelle: Spaltung in 2 Hauptketten, deren südliche, niedere kaum mit einzelnen Gipfeln die Schnee-Region erreicht, und das Drau-Thal von Villach abwärts nur mit abgerundeten Höhen (2000 — 4000′) umschließt, deren nördliche (die Thauern) höher, aber ebenfalls ohne größere Alpenstöcke und ausgedehnte Schneefelder ist, und zwischen Mur- und Ens-Wendung kaum noch die Wald-Region überragt. — Hier beginnen

B. Die österreichischen und steyrischen Alpen, welche nur noch in der Verlängerung der Thauern einzelne über die Wald-Region aufsteigende Gipfel tragen, dann im Wiener Walde, dem nordöstlichsten Zweige des ganzen Alpenzuges, und im O. der mittleren Mur zu einem niedrigen, nirgend mehr 5000′, zuletzt nur noch 1500—2000′ hohen Gebirge herabsinken, welches den Leitha-Rücken und den 2000—3500′ hohen Bakony-Wald gegen die Donau u. a. niedere Vorhöhen in die ungarischen Ebenen vorschiebt.

C. Die Salzburger A., im N. der oberen Salzach und Ens, die nördl. Vorgruppe der Thauern, stehen diesen in der Höhe der zu beiden Seiten der mittl. Salzach und an der Traun-O. aufsteigenden Alpenstöcke nicht nach, senken sich aber nordwärts allmählig zu geringer Vor-Alpenhöhe hinab.

D. Die trientinischen A., die südliche Vorgruppe der Central-Kette, gleichen den vorigen in der Zerrissenheit ihrer Formen, übertreffen sie an Gesammt- und Gipfelerhebung (bis 10,800′), und fallen steiler, plötzlicher, ohne einen breiteren Vor-Alpengürtel zur Ebene hinab.

bb. Die karnischen Alpen bestehen im W. aus 3 Parallelketten, von denen die nördlichste, die höchste, kaum die Schneegr. erreicht, — die mittlere, im S. des Drau-Thals, zu mittlerer Alpenhöhe herabsinkt, und ostwärts in Gestalt rundlicher Waldberge durch die ungarischen Ebenen bis in die Nähe der Sau-Mündung fortsetzt (kroatische, syrmische Berge).

cc. Die julischen Alpen erreichen nur im M. Terglu (unfern der Sau O.) noch die Höhe von 8800′, werden ostwärts bald zu Vor-Alpen, verwandeln sich südwärts in das eigenthümlich geformte Fels-Plateau des Karst, welches auf niedriger, kahler Felsen-Basis zerstückte, 2000 bis 5000′ hohe Ketten trägt: eine Bildung, die auch die ganze West-Seite der griechischen Halbinsel einnimmt.

17. Thalbildungen. — Die Alpen sind reich an langgestreckten Parallel- und tiefgespaltenen Querthälern; die einen wie die anderen zeigen Verschiedenheiten, je nachdem sie der N.- oder der S.-Seite, dem W.-, dem O.-Flügel oder der Mitte des Alpenlandes angehören.

18. und 19. Thal-Systeme. — Die Alpenthäler haben, in ihrer Bedeutung als Kommunikationswege und Kultur-Centra des Hochgebirges, einen größeren oder geringeren Zusammenhang unter sich; — Haupt- und Nebenthäler; — die ausgebildetsten Thal-Systeme auf der N.- und W.-Seite der Alpen.

a. Die ligurischen Küstenflüsse entquellen den benachbarten Vor-Alpen, sind wasserarm, nur periodisch tief und reißend; ihre Thäler kurz und felsig, ihre Thalsohlen sehr geneigt. Der bedeutendste: der Var.

b. Die Nebenthäler des Po. Der Tanaro, die Stura, der obere Po selbst u. a. bilden nur kurze Querthäler der West-Alpen; bedeutender sind die Thalbildungen der Sesia, des Tessin, Oglio und Mincio. Mit Ausnahme des letzteren entquellen diese Flüsse den Hoch-Alpen, — die beiden ersten der Central-Kette (M. Rosa und St. Gotthard), der Oglio im S. des hohen Oertles. — Sie haben alle das Gemeinsame, daß sie zuerst kurze Längenthäler am Fuße der Hochmassen bilden, denen sie entquellen, — und dann in langen, meist sehr tiefen und engen Querthälern die südlichen Mittel- und Vor-Alpen durchfließen. Seebildungen beim Uebergange in die Ebene. — Die Dora baltea und die Adda liegen unter den Po-Zuflüssen in den bedeutendsten Gebirgseinschnitten und bilden auch die wichtigsten Thal-Systeme. Die erstere entspringt am Süd-Fuße des Mont blanc, die Adda am Nord-Hange des Oertles; dann bilden sie beide am Süd-Fuße der Central-Kette weite, tiefeingeschnittene, langgestreckte Parallelthäler, das eine ost-, das andere westwärts geöffnet. Das Vorhandensein des Comer Sees macht indeß beide einander unähnlich.

Die Etsch, die nur an ihrer Mündung mit dem Po verbunden ist, hat ihre Quellen am Oertles und an der rhätischen Central-Kette; ihr tief und steil eingeschnittenes oberes Thal und das der Eisach längs dem Süd-Hange der letzteren; im mittleren Laufe (von Botzen bis Verona) trennt sie durch ihren tiefen engen Thalspalt die Oertler- u. Trientiner Alpen. Sie ist das bedeutendste Gewässer der südlichen Alpenseite und von S. Michele an (periodisch) schiffbar.

c. Die adriatischen Küstenflüsse entquellen, wie die ligurischen, meist nur den Vor-Alpen. Im oberen Laufe gleichen sie jenen, stürzen sich aber nicht, wie sie, vom Gebirge unmittelbar ins Meer. Sie haben, wie Po und Etsch, innerhalb der lombardischen Tiefebene ihre Ufer und ihre Betten, mittelst Anschwemmung, zuweilen über das Niveau der Nachbarebenen erhöht, die Küste meerwärts vorgerückt und an ihren Mündungen Lagunen und Sumpflandschaften gebildet.

d. Die obere Rhone und ihre Nebenthäler. Die Rhone entquillt den Glätschern der West-Seite des Gotthard-Gebirges; sie durchströmt folgende Thäler: das obere Wallis, zwischen den Berner Alpen und der Central-Kette, ein langgestrecktes, tief eingeschnittenes, aber weites, muldenförmiges Längenthal; — das untere Wallis, ein kurzes, steiles, tiefes, emges Querthal, gleichfalls zwischen den Berner und penninischen Alpen; das Längenthal des Genfer-Sees; — dann, außerhalb der Alpen — zwischen ihrem Fuß und den angrenzenden Jura-Zuge — das Thal von Seyssel mit der Perte du Rhône und anderen Stromschnellen; — endlich das Thal von St. Génis, zwischen Alpen- und Jura-Ausläufern, von St. Génis bis zur Saone-Mündung.

Unter ihren Nebenthälern ist das der oberen Arve (Chamouny-Thal) merkwürdig; es scheidet die hohe Montblanc-Masse (die Thalsohle 3000—4000′ üb. d. M.) scharf und unmittelbar von den ihr im N.W. vorliegenden Alpen-Zweigen. — Die Isère und die Durance durchfließen die westlichen Gehänge der W.-Alpen in vielfach gewundenen, stufenförmigen, dem mittleren Rhone-Lauf einigermaßen parallelen Thälern. Die längere Durance ist wasserärmer, als die Isère; jene ist fast gar nicht, diese bis oberhalb Grenoble schiffbar.

e. Die Thal-Systeme des Rhein-Gebiets. Die Rhein-Quellen liegen größtentheils am Nord-Abhange der Adular-Alpen, die entferntesten am St. Gotthard. Die Quellflüsse (Vorder-, Mittel- und Hinter-Rhein) treten aus wilden, engen, steilen Felsthälern in das obere Rheinthal, welches in der Verlängerung des oberen Wallis streicht, ohngefähr eben so tief, aber nicht so breit und sanft eingeschnitten ist, als dieses. — Bei Chur tritt der Fluß aus diesem Längen- in ein Querthal, tiefer, einzelne Stellen ausgenommen, auch breiter und sanfter, als jenes; — es ist das Hauptthal des Systems, im N. durch den Bodensee geschlossen. — Geringe Höhe der Wasserscheide zwischen dem Rhein und dem Wallenstädter-See, bei Sargans; der Abfluß des Wallenstädter-Sees, die Maag, ist jetzt in den Mollifer-Kanal umgewandelt, welcher in die Linth mündet. — Jener See, der Linth-Kanal, der Züricher-See und die Limmat liegen in einem einzigen Längenthale, einem der tiefsten, weitesten und längsten des Alpen-Landes, dessen Sohle zum Theil aus niedrigen Wiesengründen besteht. — Die eigentliche Linth-Quelle liegt am Döbi, und das obere Linth-Thal ist ein Querthal der Glarner Alpen. — Die Reuß entquillt dem St. Gotthard, durchfließt anfangs ein hochgelegenes, aber sanft geformtes Thal, stürzt dann, unfern ihrem Ursprunge, plötzlich in einen wilden, engen, tief eingeschnittenen Thalspalt, der sich abwärts erweitert, und hier vom Luzerner-See ausgefüllt ist. — Die Aar entquillt den Glätschern des Finster-Aarhorns. Ihr oberes Thal senkt sich rascher, als das der oberen Reuß, indem die Aar ihrer Quellgegend in einem wilden und engen, aber kurzen Spalt schnell entstürzt, und in das tiefe, sanft geformte Thal tritt, in dessen erweiterter Verlängerung die durch Wiesengründe und die Aar verbundenen Seen von Brienz und Thun liegen. Nachdem sie den letzteren verlassen, durchfließt sie nur noch Vor-Alpen.

f. Thal-Systeme der Ost-Alpen. Die geringere Gesammterhebung, besonders die geringe Höhe der Wasserscheiden, dann der Mangel der Thalmündungsseen in den Ost-Alpen verleiht ihren Thälern eine große Zugänglichkeit, bewirkt eine natürliche Verschmelzung der verschiedenen Thal-Systeme. — Iller, Lech, Isar u. a. entquellen den nördlichen, Raab und Leitha den östlichen Vor-Alpen. Sie treten aus verhältnißmäßig kurzen Gebirgsthälern, jene (bei Kempten, Füßen, Tölz) auf das Plateau der oberen, diese (bei St. Gotthard und Erlach) in die Tiefebenen der mittleren Donau. — Die übrigen Nebenthäler der Donau sind bedeutender; — am bedeutendsten unter allen Alpen-Thälern, wegen seiner Länge und Lage, das des Inn. Er entspringt aus mehreren kleinen Seen zwischen den beiden Hauptketten der rhätischen Alpen, durchläuft in den Alpen vier verschiedene Thalformen: sein oberes Längenthal — das Engadin — unter den bedeutenderen Alpen-Thälern das höchste, reicht mit seiner Sohle fast bis in die mittlere Alpen-Region; — das obere Querthal, von Finstermünz bis Landeck, ist kurz und eng; — das untere Längenthal weit, niedrig und muldenförmig; — das untere Querthal, von Kuffstein bis Rosenheim. — Die Schiffbarkeit des wasserreichen Flusses beginnt bei Innspruck.

Die Thäler der Salzach und Ens zerfallen jedes in zwei Haupttheile. Beide bilden im oberen Lauf, am Nord-Fuße der Thauernkette, Längenthäler, welche von hohen Gebirgswänden eingeschlossen sind; das eine streicht in der Verlängerung des anderen; im Mittel-Lauf durchbrechen sie in engen, wilden, tief eingeschnittenen, einander parallelen Querthälern die vorliegenden Alpenketten; bei Salzburg hat die Salzach, bei Steyer die Ens diesen Durchbruch vollendet.

Das Thal der Mur gleicht den letztgenannten, liegt aber am Süd-Fuße der Thauern, und bricht südwärts durch die Vor-Alpen (von Bruck bis Ehrenhausen).

Die Drau bildet ein einziges Längenthal; bis Spital, längs dem Süd-Fuße der Thauern, wild, hoch und rauh, dann erweitert sich auf dem linken Ufer die Thalsohle, während das rechte von den steilen Wänden der karnischen Alpen scharf begrenzt bleibt. Bei Marburg werden auch diese zu niederen Vorhügeln.

Das Sau-Thal ist dem vorigen ähnlich; erweitert sich unterhalb Laibach, und wird von hier bis zum Eintritt in die Tiefebene nur von niederen Bergzügen begleitet.

20. Alpen-Pässe und Passagen. Die Ueberschreitung der Alpen findet vorzüglich mit Hülfe der Thäler statt. Die Längenthäler haben häufig von Natur bequeme Zugänge; die Verbindungswege und Zugänge der Querthäler sind in der Regel beschwerlich, häufig erst durch die Kunst gebahnt; sie führen über die Hauptketten des Gebirges*).

Pässe der West-Alpen, und zwar über die Meer-Alpen: der Co di Tenda; über die cottischen Alpen: der Paß des M. Genèvre; über die grajischen Alpen: der Paß des M. Cénis (der Paß des kl. St. Bernhard verbindet die Thäler der Isère und Dora baltea).

Pässe der Mittel-Alpen, und zwar über die penninischen Alpen: (der Paß des großen St. Bernhard, verbindet die Thäler der Dora baltea und der Rhone), der Simplon-Paß; — über die lepontinischen Alpen der St. Gotthard-, Bernhardin- und Splügen-Paß. (Alle vorgenannten Pässe erheben sich über die Wald-Region.) — Ueber die rhätischen Alpen: das Stilfser-Joch (verbindet die Thäler der Adda und Etsch; die Paßhöhe = 8400'); die Reschen-Scheideck (verbindet das Etschthal und das untere Engadin); der Brenner-Paß, der das Eisach-Thal und das untere Längenthal des Inn verbindet.

Pässe der Ost-Alpen, und zwar der norischen Alpen: der Radstädter Thauern- und Hochfeld-Paß (zwischen Spital, der oberen Mur und oberen Ens); die Pässe des Rottenmanner Thauern und von Eisenerz (zwischen der Ens und Leoben im Mur-Thale); der Sömmering-Paß zwischen Neunkirchen und Bruck im Mur-Thale; — über die karnischen Alpen: der Kristallin-Paß (zwischen dem Piave- und Puster-Thal); der Paß v. Saifnitz (zwischen dem Tagliamento- und Drau-Thal); der Predil-Paß (zwischen dem Isonzo- und Drau-Thal); der Loibl-Paß (zwischen den Thälern der Sau und Drau); — über die julischen Alpen: der Adelsberger Paß, zwischen Triest und Laibach im Sau-Thal. Außerdem zu merken: die Eisenbahn von Wien üb. d. Sömmering, die östlichen Alpen-Ausläufer und den Karst nach Triest. — Alle zuletzt genannten Pässe (von der Reschen-Scheideck an) liegen innerhalb der Wald-Region.

Außer den angeführten Haupt-Pässen giebt es noch viele andere, minder gangbare; die Zahl der Neben-Pässe, d. h. solcher Pässe, welche nicht über die Hauptkette führen und in der Regel zwei Längenthäler miteinander verbinden, ist sehr groß.

*) Der Kürze halber sind unter den folgenden Pässen die Namen derjenigen, welche auf Kunststraßen überschritten werden können, gesperrt gedruckt; die in () stehenden Namen beziehen sich auf solche, die nicht von Fuhrwerk passirt werden können; alle übrigen sind im Sommer fahrbar.

B. Die Mittelgebirgslandschaften Südwest-Europa's.

21. Ost-Flügel — karpathische Gebirge.

a. Das Hochland von Siebenbürgen. Das Innere ist ein Hügelland von 1000—1300′ absol. Höhe. Den Ost- und Süd-Rand bilden die Ketten der transsylvanischen Alpen, welche steil gegen die umgebenden Tiefländer abfallen, 8000—9000′ hohe Gipfel und im O. Spuren ehemaliger vulkanischer Thätigkeit haben sollen. Der West- und Nord-Rand besteht aus den von O. gegen W. streichenden Parallelketten des siebenbürgischen Erzgebirges, dessen Gipfel bis zu 4000, höchstens bis zu 5000′ absol. Höhe aufsteigen.

b. Die karpathischen Waldgebirge bilden keine einfache Bergkette, sondern eine Anhäufung von Gruppen und Ketten, mit Kuppen, die meist nicht über 3000′, und nur im S. eine bedeutend größere Höhe haben; — Längenthäler fehlen, desto zahlreicher sind die Querthäler.

c. Das karpathisch-ungarische Hochland ist ohne die Massenhaftigkeit, die Hochgebirgsumwallung, die Abgeschlossenheit des transsylvanischen. Statt dessen ein inselartiger Hochgebirgskern, umkränzt von bewaldeten, wenig zusammenhängenden Mittelgebirgen. Nämlich die Central-Karpathen, durch die breiten, etwa 1800—2000′ abs. hohen Thalflächen der Arva, Waag, des Donajec und Poprad von den umgebenden Mittelgebirgen getrennt, bestehen aus einer einzigen, fast ungegliederten Hochmasse, mit einer Gesammterhebung von etwa 6000′, und Gipfeln (Eisthaler Thurm, Lomnitzer Spitze u. a.), welche höchstens um 2000′ höher aufsteigen. — Die ungarischen Erzgebirge bestehen aus mehreren vielnamigen, durch weite Thäler getrennten Berghaufen von 2000—3000′ mittlerer abs. Höhe. Nur im Norden dieser Gruppe ragen einzelne Berghaufen und Gipfel 5000 bis 6000′ üb. d. M. auf. — Die Beskiden gleichen im Allgemeinen den karpathischen Waldgebirgen, scheinen von O. gegen W. an Höhe abzunehmen, und fallen steil gegen die nordwärts vorliegende Ebene und ins Beczwa-Thal ab. Ihr höchster Gipfel erreicht die Höhe von 5500′. — Die kleinen Karpathen sind niedere, nur etwa 1500—2000′ hohe, bewaldete Bergzüge mit verschiedenen Namen, welche gegen die March und Waag zum Theil scharfe Abhänge bilden.

Die Thäler haben in dem ungarisch-karpathischen Hochlande eine ganz andere Form und Bedeutung erhalten, als im transsylvanischen, wo die Aluta, Samosch, Körösch, Marosch große Längenthäler bilden, deren Richtung und Beschaffenheit die Gliederung der Randgebirge bedingt, indem die Körösch und Marosch diesen Charakter bis zum Eintritt ins Tiefland behalten, Aluta und Samosch aber, mittelst tiefer Querspalten, aus dem Hochlande ins Tiefland hervorbrechen; dennoch heben sie die physische Einheit und Abgeschlossenheit ihres oberen Stufenlandes nicht auf. —

Die Thäler des Hernad, der Gran, Waag, Arva, des Donajec und Poprad bilden dagegen vermöge ihrer großen Breite die Kultur-Centra, vermöge ihrer Offenheit und Aufgeschlossenheit die natürlichen Verbindungswege zwischen den einzelnen Theilen des Hochlandes und den benachbarten Ebenen, so daß jenes nur im Norden unzugänglicher erscheint; die Thäler bedingen hier ebenfalls zugleich die Gliederung des Hochlandes. —

d. Kommunikationen. — Die Gangbarkeit der karpathischen Mittelgebirge ist beschränkter, als ihre meist geringe Höhe erwarten läßt. Die wichtigsten Pässe sind: der Teregovaer Schlüssel, der Rothethurm-Paß, der Borgo-Paß im siebenbürgischen Hochlande; — der Paß von Vereczke, der Paß von Usjok und die Dukla-Pässe in dem karpathischen Waldgebirge; die Zipser-Pässe, der Paß von Dobschau, die Pässe von Altgebirg, Dubova und Neumark, der Jablunka-Paß u. m. a.

22. Centrale Mittelgebirgs-Landschaft; — deutsches Bergland.

a. Das süddeutsche Bergland. — Die Bergzüge Süd-Deutschlands stehen auf einer gemeinschaftlichen, plateauartigen, mehr oder minder ebenen Grundfläche, deren absol. Höhe im Allgemeinen von S. gegen N. abnimmt.

aa. Die bayrisch-schweizerische Hochebene, im Mittel 1000 bis 1200′ üb. d. M., an der unteren Aar unebener, als an der oberen Donau, aber das allgemeine Niveau dort weniger hoch, als hier, wo sich Höhen von 2000—2500′, aber auch breite Ebenen mit horizontalem Boden finden, namentlich in der Nähe der Flüsse, wo häufig meilenweite Sumpfstrecken (Moose und Riede) angetroffen werden. —

bb. Der Jura-Zug steigt aus den tiefsten Gegenden der eben genannten Hochebene auf. — Der Schweizer Jura besteht aus mehreren, durch enge und tiefe Thäler getrennten Parallelketten, und fällt steil gegen S.O., allmählig gegen N.W. ab. Die höchsten Punkte liegen meist auf langgestreckten Felsenkämmen; Gipfel sind nur im N. häufiger. Die Höhe der Ketten nimmt von S. gegen N. und von O. gegen W. ab. Der höchste Punkt ist der Pré de Marmiers (5300′). — Zwischen dem Jura und den Vogesen niedrige und Plateauflächen von 1000′ abs. Höhe. — Die Form dieses Gebirges bedingt das Vorhandensein mehrerer Pässe in einer und derselben Passage. — Der deutsche Jura, obgleich die Fortsetzung des schweizerischen, und, wie dieser, höhlenreich, wasser- und gipfelarm, ist ihm doch in mehreren Beziehungen unähnlich. Seine höchsten Punkte liegen sämmtlich in der Nähe der Neckar-Seite. Der höchste Theil des Gebirges (2000′ üb. d. M.), zwischen den oberen Thälern der Donau und des Neckar, heißt rauhe oder schwäbische Alp, und trägt

Gipfel von 3100′ abs. H. Von hier nimmt die Höhe gegen die untere Altmühl nord-ostwärts allmählig ab. Der nördliche Theil, von der Mündungsgegend der Altmühl bis zum Main, ist nur wenige 100′ höher als das allgemeine Niveau, und fällt zum Regnitz-Thale und zur tieferen Ebene im W. steiler ab, als ostwärts gegen die fränkische Hochebene. — Der Zusammenhang des deutschen und schweizerischen Jura ist nicht sehr augenfällig. — Eigentliche Gebirgspässe fehlen dem deutschen Jura. — Die Thäler der Wernitz und Altmühl durchbrechen ihn. — Mittelst des letzteren Theils Kanalverbindung der Donau mit dem von der Regnitz-Mündung abwärts schiffbaren Main.

cc. Der Schwarzwald und Odenwald. Der Schwarzwald ist in seinem südöstlichen Theile eng mit dem Jura-Zuge verwachsen, und hat eine mittlere Breite von 4 Mln.; sein südlicher höchster Theil — der obere Schwarzwald — ein rauhes Waldgebirge, trägt den 4600′ hohen Feldberg und mehrere andere Gipfel von ähnlicher Höhe und eigenthümlicher Form, die meist in der Nähe des westlichen Gebirgsfußes liegen. Im N. der Murg endigt der Schwarzwald, aber der Odenwald hängt sich nicht unmittelbar an; zwischen beiden ist eine 7 Mln. lange Lücke, deren Sohle nicht höher und nicht unebener, als die anliegende schwäbische Hochebene. — Der Odenwald steigt in seinen höchsten Punkten nur 1600—2000′ üb. d. M. auf, seine Kuppen sind flach, angebaut oder bewaldet. — Der ganze Bergzug dacht sich ostwärts sehr sanft, gegen das Rheinthal aber, sowohl süd- als westwärts, steil und schroff ab. Selbst jener Lücke fehlt ein scharfer W.-Rand nicht. — Der Odenwald setzt den Kommunikationen nur unbedeutende Schwierigkeiten entgegen; im Schwarzwald ziehen sie durch enge Thäler (Höllthal 2c.) und wirkliche Gebirgspässe oder „Steige": Kniebis-Paß 2c.

dd. Die schwäbischen und fränkischen Ebenen. — Die ersteren sind weniger einförmig und minder hoch, als die bayrische, deren tiefste Furche (das Donau-Thal) um 1000′ höher liegt als der Neckar-Spiegel, die tiefste Furche Schwabens, — während die höchsten Gegenden nur etwa das Niveau der Donau erreichen. Sie haben eine wellenförmige Oberfläche; ihre Hügel steigen höchstens 1300—1800′ üb. d. M. auf, überhöhen aber die Thäler meist um 900—1300′. — Die fränkischen Ebenen, zu beiden Seiten des nördlichen Jura-Endes, sind einförmiger und höher (900—1100′ üb. d. M.), haben zwar steile, aber minder tief eingesenkte Thäler; auch sind ihre Hügel relativ unbedeutender, als in der schwäbischen; jedoch erreichen sie auf der Wasserscheide zwischen den Main-, Donau- und Neckar-Zuflüssen eine größere absolute Höhe (1800—2000′). —

ee. Der Böhmer Wald ist im S. kettenförmig, breit verzweigt, und steigt im großen Arber 4500′ üb. d. M. auf; wird im N. plateauartig, sinkt bis zu 2500 und 2000′ absol. H., und hängt mit den nordwärts angrenzenden Gebirgen nicht zusammen. Nur das mittlere Drittel des Bergzugs ist schwierig zu übersteigen und ohne bequeme Pässe. Diese liegen sämmtlich im südlichen oder nördlichen Drittel: Paß von Kirschbaum, von Philippsreuth, von Neumarkt, von Waldmünchen, Frauenberg &c.

ff. Das böhmisch-mährische Hügelland mit dem mährischen Gebirge. — Im Westen der Beskiden und kleinen Karpathen, südwärts bis zur Donau, nordwestwärts bis zum Moldau-Thale, und jenseits desselben bis zum Böhmer Walde hat der Boden vorherrschend das Ansehen eines sehr durchschnittenen Hügellandes. Dieser allgemeine Charakter fehlt indeß dem Marchfelde und dem mittleren March-Thale, dessen mehrere Meilen breite Sohle aus Auen und Wiesengründen besteht, — ferner den Ebenen um Saaz, zwischen Königingrätz und Kollin, um Pilsen (900′), um Budweis (1100′). Diese liegen, eben so wie die sie trennenden Hügellandschaften, stufenförmig über einander, dergestalt, daß ein terrassenartiges Höherwerden des Landes von den Ebenen an der Elbe und Eger (500—700′) gegen den Böhmer Wald hin allgemein ist. Zwei Hügel-Terrassen von 800—1500 und 1300—2000′ abs. Höhe (mit isolirten, 1800—3000′ aufsteigenden Kuppen), durch die tief eingeschnittenen Thäler der Beraunka und Sassawa von einander getrennt, beide von der Moldau quer durchbrochen, dehnen sich südöstwärts bis zum Donau-Thal aus, so daß das kammlose (sogenannte) mährische Gebirge, dessen bedeutendste Höhen keineswegs durchgängig auf der Wasserscheide liegen, Theil an diesem Terrassenbau hat. Solchergestalt bildet das S.W.-Ende des mährischen Gebirges, gemeinschaftlich mit dem die N.-Ufer der Donau umkränzenden nieder-österreichischen Berglande, die Fortsetzung des Böhmer Waldes mit einer Gesammterhebung von 1800—2000, mit Gipfeln von 3000—3400′; — das mittlere Drittel des mährischen Gebirges (etwa 1500, in einzelnen Punkten 2000—2200′ üb. d. M.) und das etwas niedrigere N.O.-Ende entsprechen aber den beiden Hügel-Terrassen Böhmens, von denen sie, der Form nach, durch nichts geschieden sind. — Beide senken sich dann als ein allmählig flacher werdendes Hügelland südw. gegen das Donau-Thal und ostw. gegen die March-Ebenen.

b. Das nord-deutsche Bergland ist eine niedrigere Fortsetzung des süd-deutschen; niedriger, da sowohl seine Gebirge, als seine Plateau-Ebenen und Hügellande den süd-deutschen im Allgemeinen an Höhe nachstehen. Innerhalb der bekannten Grenzen ist jedoch nirgend die Form und Natur des Tieflandes anzutreffen.

aa. Der sudetische Bergzug hat, wie der Böhmer Wald, ebenfalls nur in seinem mittleren Drittel die Gestalt eines undurchbrochenen

Felsenwalles, geht, wie jener, sehr allmählig in das böhmisch-mährische Hügelland über, und besteht aus folgenden, in Natur, Bau und Höhe verschiedenen Gliedern:

A. Die südöstliche Masse der Sudeten. Im N. des Beczwa-Thales, im Quellbezirk der Oder, in keiner Verbindung mit den Beskiden, findet sich eine niedere Berglandschaft, das mährische Gesenke genannt, mit Kuppen von 1500—2000′ absol. Höhe, mit steiler Abdachung gegen das Wiesenthal der March. — Aus dieser Berglandschaft steigen im Quellbezirk der Oppa mehrere kleine, isolirte Gruppen und Gipfel von ansehnlicher Erhebung auf, unter denen das mährische Schnee- oder Altvater-Gebirge die Höhe von 4500′ erreicht.

B. Das Glatzer Gebirgsland schließt sich zwischen den Quellbächen der Neisse und der March an das vorige Gebirge, reicht nordwestwärts bis in die Quellgegend des Schweidnitzer Wassers, und besteht aus einem plateauartigen, von höheren Randgebirgen umgebenen, von der Glatzer Neisse durchflossenen Hügellande von 1000—1200′ absol. Höhe. Der Süd-Rand, die Quellgegend der March und Glatzer Neisse, erreicht im großen Schneeberge die absol. Höhe von 4400′; der N.O.- und S.W.-Rand sind parallele, 3 bis 4 Meilen von einander entfernte, etwa 2000′ hohe Bergzüge mit Kuppen von 3000′ u. darüber. Der erstere endigt mit der hohen Eule (3000′) und wird von der Glatzer Neisse (800′) durchbrochen; der letztere hat eine diesem Durchbruche gegenüberstehende Einsenkung von 1600′ absol. Höhe. Der N.W.-Rand des Glatzer Gebirgskessels wird gebildet durch

C. das Schweidnitzer Gebirge, ein niederes, zwischen den Quellen des Bober und der Weistritz ausgebreitetes Bergland, dessen Basis wenig höher als das Innere des Glatzer Hochlandes ist, aber isolirte Kuppen von fast 3000′ absol. Höhe trägt. — Verglichen mit den auf beiden Seiten anstoßenden höheren Gebirgsgliedern, erscheint es als eine Einsenkung.

D. Das Riesen- und Iser-Gebirge reicht vom Quellbezirk des Bober westnordwestwärts bis zur Thalsenkung der Lausitzer Neisse, besteht aus mehreren Parallelketten, und ist von S.S.W. nach N.N.O. 3—4 Mln. breit. Es erhebt sich steil, fast um 3000′ üb. d. Schweidnitzer Gebirge. Der Hauptkamm, Riesen- und Iser-Kamm genannt, hat eine westwärts abnehmende Höhe von 4000 und 3000′, trägt unfern der Elb-Quelle die fast 5000′ hohe Schnee- od. Riesenkoppe, endigt im N.W. mit der 3500′ hohen Tafelfichte, ist von dem Süd-Fuß des Gebirgs durch mehrere hohe Parallelketten getrennt, und fällt steil, fast unmittelbar zum Nord-Fuße ab. Dieser steht zum Theil auf niedrigem Berglande, zum Theil auf kleinen, etwa 1000′ hohen Ebenen (bei Schmiedeberg, Warmbrunn, Greifenberg), und ist umlagert von einer 3 Mln.

breiten Zone von 1500—2000′ hohen Vorbergen, die nordwärts bis an die Grenzen des Tieflandes reichen.

E. Das Lausitzer Gebirge ist kein Kettengebirge, wie das vorige, sondern eine plateauartige, in der Mitte gegen 2000′ hohe, gegen N. und S. sanft abgedachte Masse. Ihre höchsten Gipfel (die hohe Lausche, der Jeschken-Berg) steigen bis 2400 und 2500′ auf. An beiden Hängen, am Nord- und Süd-Fuß eine große Menge isolirter Kegelberge, von 1400 bis 2200′ absol. Höhe, die häufig größere Berghaufen bilden, und sich südwärts bis gegen die Elbe und untere Iser ausbreiten. — Ihnen ganz ähnlich ist das böhmische Mittelgebirge, welches sich im W. der Elbe, im Norden der unteren Eger erhebt. — Am W.-Ende des Lausitzer Gebirges — niedriger, aber zerklüfteter als dieses — das von der Elbe in einem engen Spalt durchbrochene Elb-Sandstein-Gebirge, die sogenannte sächsische Schweiz.

In der Nähe des nördlichen Sudeten-Fußes steigen aus der Ebene zahlreiche, aber ganz isolirte Höhen auf; unter diesen der 2200′ hohe Zobten am bedeutendsten.

F. Die Thäler des sudetischen Bergzuges. — Auf dem sudetischen Bergzuge liegt die Wasserscheide zwischen dem Donau-, Oder- und Elb-Gebiet. — Die Oder-Zuflüsse entquellen fast sämmtlich der Nord-, die Donau-Gewässer durchaus, die Elb-Zuflüsse vorherrschend der Süd-Seite des Gebirgs. — Der Bober und die Lausitzer Neisse entspringen dem südlichen Hange benachbarter, als dem nördlichen, und durchschneiden dann fast die ganze Breite des Gebirgs, indem sie die höchste und bedeutendste Masse desselben einschließen, die Glatzer Neisse, die Elbe, Iser, der Queiß, auch der Bober u. a. fließen zuerst in Längenthälern, bevor sie in die Ebenen hervorbrechen: — andere, wie die Spree, Katzbach, wüthende Neisse, Weistritz, Oder u. a. entquellen nur niederen Vorbergen, und gewinnen das Tiefland, ohne das höhere Gebirge zu berühren. Ihre Thäler sind geräumig, sehr bewohnt und gangbar, die Lehnen sanft, die Sohlen zuweilen zu kleinen Ebenen erweitert. Die Thäler der Elb-Quell-Flüsse, der oberen Iser, des Queiß u. a. sind dagegen steil, tief eingeschnitten und von schroffen Felswänden eingeengt.

G. Kommunikationen. — Riesen- und Iser-Kamm sind fast ohne Einschnitte, daher ohne fahrbare Straßen; die äußersten Enden des Sudeten-Zuges und das Schweidnitzer Gebirge dagegen, vermöge ihres Baues, am gangbarsten (Pässe von Freudenthal, Würbenthal und Freiwaldau, Landshut und Waldenburg, Gabel, Hayda u. s. w.); beschränkter die Zahl der Kommunikationen in und aus dem Glatzer Kessel (Pässe von Reinerz und Wartha). Die von Melnik schiffbare Elbe gewährt Wasserverbindungen mit dem germanischen Tieflande, und mittelst der von Budweis schiffbaren Moldau mit dem Innern des böhmischen Hügellandes.

bb. Das sächsische Bergland mit dem Erzgebirge. Von den zerklüfteten Höhen des den Elb-Durchbruch umgebenden Elbsandstein-Gebirges bis zur Quellgegend der weißen Elster erstreckt sich das sächsische Erzgebirge, welches gegen S. in die Thäler der Eger und Biela sehr steil abfällt, nordwärts aber sehr sanft und flach abgedacht ist. Seine mittlere Höhe beträgt 2000′; der höchste Gipfel, der Keilberg, steigt über 3800′ auf.

Im N.W. und N. des Erz- und Fichtelgebirges breiten sich weite Plateau- und Hügellandschaften aus, welche im S. eine mittlere Höhe von 1800′ haben, und nordostwärts allmählig niedriger werden. Sie sind zwischen der Zwickauer Mulde und oberen Saale am höchsten, unebensten und rauhesten, und werden hier voigtländisches Bergland genannt. — Die tiefeingeschnittenen Thäler sind hier, wie auf dem plateauförmigen Nord-Hange des Erzgebirges, die vorzüglichsten Ursachen der Bodenunebenheit; sie bilden zugleich die bedeutendsten Kommunikations-Hindernisse. Uebrigens ist das bis auf seinen Scheitel bewohnte Erzgebirge in der Zugänglichkeit nur auf der steilen Süd-Seite beschränkt (Pässe von Nollendorf, Zinnwald, Sebastiansberg, Gottesgab 2c.).

cc. Das Fichtelgebirge ist eine kleine Gebirgsgruppe, welche von S.W. und W. aus der hier etwa 1700′ hohen fränkischen Ebene rasch und plötzlich zu ihrer größten Höhe, zu den 3300 und 3200′ hohen Kuppen des Schneebergs und des Ochsenkopfs, aufsteigt. Dies ist die Hauptmasse des Gebirges, von welcher gabelförmig, südost- und nordostwärts, zwei kurze Bergreihen auslaufen, die den 1800—2000′ hohen Thalkessel der oberen Eger umschließen. Am Süd-Fuße des Gebirges eine große Anzahl einzelner Kegelberge.

dd. Das thüringische Bergland und der Harz. — Auf dem linken Ufer der Saale, 5 Meilen im N.W. des Fichtelgebirges erhebt sich allmählig ein wellenförmiges, stark bewaldetes Plateau von 1500′ absol. Höhe mit isolirten Berggipfeln. Dies ist der Frankenwald. — Daran schließt sich nordwestwärts der Thüringer Wald, ein längs der Werra, gegen N.W. 15 Mln. weit hinstreichender Bergzug, der im S.O. etwa 5 Mln. breit und plateauartig, dann kettenförmig, und im NW. nur 1½ Mln. breit ist. Seine südöstliche, plateauartige Masse steigt bis 2000 u. 2200′, die kettenförmige Fortsetzung noch höher auf. Am S.O.-Ende der letzteren erhebt sich der große Beerberg fast 3100′, an ihrem N.W.-Ende der Inselsberg gegen 2900′ üb. d. M. — Der Abfall des Gebirgs gegen die Werra ist sanfter, als der entgegengesetzte. — Die Pässe sind zahlreich.

Im N. des Thüringer Waldes, zwischen der Saale und Werra, breitet sich das terrassenförmige thüringische Hügel- und Flachland aus, welches mit scharfen Rändern gegen die Thäler der Saale und Werra abfällt. Es ist eine 500—700′ hohe, wellenförmige Fläche, auf welche mehrere, dem Thüringer Walde parallele Berg- und Hügelreihen aufgesetzt sind, die höchstens 1500′ üb. d. M. aufsteigen, und entweder als dammartige Höhenzüge und freistehende Gruppen (Ettersberg, Kyffhäuser) oder in Plateauflächen zusammengedrängt erscheinen, wie im 1100′ hohen Eichsfelde, in der Quellgegend und zu beiden Seiten der oberen Unstrut. — Zwischen der unteren Unstrut und der Gegend von Erfurt ist die tiefste und ebenste Landschaft Thüringens.

Der Harz ist ein Massen-, kein Kettengebirge, liegt in der langen Grenzlinie zwischen dem Tief- und dem Gebirgslande Europa's, ist 4 bis 5 Meilen breit, 14—15 Meilen lang, den Berg- und Hügelzügen Thüringens parallel, und erreicht mit seinen Abfällen die umgrenzenden Thäler der Helme, Saale und Leine nicht. — Die westliche, kleinere Hälfte des Gebirges — der Oberharz — hat die mittlere Höhe von 2000′, der Unterharz die von 1500′; der höchste Gipfel ist der 3500′ hohe Brocken oder Blocksberg. — Der S.O.- und der N.W.-Fuß des Harzes gehen in hüglige Landschaften über, während der SW.- und der N.O.-Fuß scharf abgeschnitten sind. Dem letzteren stehen im Tieflande mehrere parallele, aber isolirte Hügelzüge gegenüber.

ee. Das hessische Hügelland mit dem Speßhardt, dem Vogelsberg und der Rön. — Die bedeutendsten Erhöhungen finden sich im S. des Abschnittes; weiter nordwärts geringer Zusammenhang der Berge und Hügel. Ueberall wird aber die Oberfläche durch tiefeingeschnittene Flußthäler vielfältig zerfurcht, und zwar sind sie um so tiefer eingesenkt, ihre Ränder relativ um so höher und steiler, je weiter sich die Gewässer von ihren Quellen entfernen. Dies gilt nicht nur von der Fulda und ihren Nebenthälern, sondern auch von den umgrenzenden Thalfurchen der Werra und des Mains. Doch finden sich an den Ufern des letzteren vorzugsweise breite Ebenen und flachere Hügellandschaften; höher werden diese erst oberhalb seines Eintritts in die oberrheinische Tiefebene, wo Odenwald und Speßhardt einander benachbart sind. — Der letztere, die Fortsetzung des ersteren, ist ein waldiges Massengebirge, so hoch als der Odenwald, erstreckt sich vom Main nordwärts bis zur Kinzig-Q. — Vom N.W.-Fuß des Speßhardt durch wellenförmige Hochebenen getrennt, erhebt sich plötzlich (um die Quellen der Nidda und Schwalm) der Vogelsberg, mit zahlreichen kegelförmigen Kuppen, fast bis zur Höhe von 2300′. — An der Kinzig-Quelle schließt das Rön-Gebirge an die nördlichen Vorhöhen des Speßhardt, füllt den ganzen

Winkel zwischen den divergirenden Thälern der Werra und fränkischen Saale nordwestwärts bis zu einer von Fulda nach Vacha gezogenen Linie. Im Quellbezirk der Fulda erhebt es sich massenartig, und heißt die hohe Rön; im N. derselben die vordere Rön. Die höchsten Punkte der hohen Rön steigen 2800′, die der vorderen 2000—2400′ üb. d. M. auf; jene hat zugleich eine Gesammterhebung von 2000—2200′, diese besteht nur aus isolirten Berghaufen und einzelnen Kegelbergen. Im N. der Rön bildet das hessische Hügelland zunächst ebenfalls plateauartige, von zerstreuten Kegelbergen unterbrochene Flächen, aber die Berge sind weder so hoch, noch so häufig, als in der vorderen Rön, und auch die Flächen sind niedriger. Weiter nördlich erhebt sich das Land wieder mehr im Zusammenhange, in der Gestalt waldiger Berg- und Hügel-Gruppen. So ist es zwischen Eder und Diemel (Habichtswald, Reinharzwald), so zwischen den unteren Thälern der Werra und Fulda (Kaufunger Wald, Helser Wald). Hier steigt auch, aus einer bereits mehr als 1500′ hohen Grundfläche, der 2300′ hohe Meißner, als die nördlichste der isolirten Berghöhen empor. — Im Westen der Fulda zunächst ebnere Gegenden; dann erhebt sich der Boden mehr und mehr, die Berge häufen sich, und der Uebergang zu den niederrheinischen Berglandschaften geschieht ganz allmählig.

ff. Die Berg- und Hügellandschaften an der Weser bilden, — im N.W. des Harzes und Eichsfeldes und im N. des Diemel-Thals, welches sie vom hessischen Hügellande trennt, — auf beiden Ufern der Weser, ein Gemenge kleiner Plateaus und niedriger Bergzüge, welche sämmtlich von S.O. gegen N.W. streichen, und nirgends die Höhe von 1600′ erreichen. So der Bergzug des Teutoburger Waldes, der von der Diemel (bei Stadtberge) nordwärts bis zur Lippe-Quelle, dann nordwestwärts bis Bevergern zieht, — ein schmaler, anfangs 1300′, dann 1000′, zuletzt nur einige 100′ hoher Rücken (höchster Gipfel 1400′), der den nordöstlichen Rand jenes busenartigen Einschnittes bildet, mit dem die niederrheinische Tiefebene in das Gebirgsland eindringt. — Zwischen dem südlichen Theile dieses Bergzuges und dem Weser-Thale ein plateauartiges Hügelland, das mit dem Köter-Berge 1500′ absol. Höhe erreicht. — Auf dem rechten Weser-Ufer, diesem Plateau gegenüber, die Berggruppe des Salling mit dem 1577′ hohen Moosberge; durch Hügelreihen ist sie nordost-, ost- und südostwärts mit den Vorbergen des Harzes und dem Eichsfelde verbunden. Im N. des Solling, zwischen der Weser und Leine, eine Menge ähnlicher Berg- und Hügelreihen (Deister, Süntel u. a., mit Gipfeln von 1000—1300′), aus denen sich eine dammartige, höchstens 1000′ hohe Kette ablöset, als rechter Thalrand der Weser westnordwestwärts streicht, in dieser Richtung an Höhe abnimmt, von der

Weser in der westphälischen Pforte durchbrochen wird, bei Bramsche an der Haase mit Hügeln von 200—300′ absol. Höhe endigt, und im Allgemeinen mit dem Namen der Mindener- oder Weser-Kette bezeichnet wird.

gg. Das ost-niederrheinische Bergland bildet eine einzige plateauartige Masse von einförmiger und gleichartiger Beschaffenheit. Die Thalfurchen sind schmal, in den Quellgegenden flach und sanft, gegen die Mündungen hin tief und steil eingeschnitten; die Plateau-Form ist die herrschende, Kettenform selten; die Gipfel sind meist von geringer relativer, — die öst- und südlichen Gegenden von größerer absoluter Höhe, als die nörd- und westlichen. — Den Süd-Rand des Ganzen bildet der Taunus oder die Höhe, die zwischen Main und Lahn von W.S.W. gegen O.N.O., vom Rhein bis gegen die Nidda hinstreicht, eine mittlere Höhe von 1500′ hat, und mit ihrer höchsten Kuppe, dem großen Feldberge, 2600′ üb. d. M. aufsteigt. — Zwischen Lahn und Sieg heißt das Gebirge im Allgemeinen Westerwald, im äußersten N.W., am Rhein, Siebengebirge (mit eigenthümlicher Gipfelbildung). — Rothhaar- oder Rothlager-Gebirge wird der kettenartige, 1500′ hohe Bergzug genannt, der zwischen den oberen Thälern der Eder und Lenne (Ruhr), von der Sieg- bis zur Ruhr-Quelle streicht. Hier, im Quellbezirk der Ruhr, die größte Gesammterhebung des Ganzen, das 2000′ hohe Plateau von Winterberg, mit dem kegelförmigen, 2500′ hohen Asten-Berge u. a. Gipfeln von ähnlicher Gestalt und Höhe. — Im W. desselben, zwischen den Thälern der Sieg und Ruhr, das sauerländische Gebirge. — Den äußersten Nord-Rand des Ganzen bildet, im N. des Ruhr-Thales, die von W. nach O. bis 1000′ mittlerer Höhe ansteigende Bergreihe der Haar oder des Haarstrangs. — Im O., gegen die obere Diemel hin, stößt sie an ausgedehnte Plateauflächen, welche sie mit den Wesergebirgen verbinden.

c. Rückblicke. Innerhalb der deutschen Berglandschaften finden sich, außerhalb der mittelrheinischen, keine Tiefebenen, sondern nur Hochflächen, welche von S. gegen N. von 1800 und 2000′ bis zu 600, ja 500′ absol. Höhe hinabsinken, und sich als eine gemeinschaftliche, meist unebene Basis darstellen, welche von Bergzügen überlagert ist.

Diese Bergzüge haben in Süd-Deutschland und dem sudetischen Berglande die größte Gipfelerhebung. Sie streichen unter sich auf auffallende Weise parallel, und zwar entweder von O.S.O. nach W.N.W. (Sudeten, Böhmer und Thüringer Wald, Harz und die Weserketten) oder von W.S.W. nach O.N.O. (Jura, Erzgebirge, Taunus); andere kommen diesen Richtungen nahe. Viele sind in ihrem südlichen Theile am höchsten, so der Böhmer Wald, Jura, der Schwarzwald-Zug, Thüringer Wald und die Weserketten. Die an der Grenze von Tiefländern stehenden Züge: das Riesengebirge, der Harz rc. und auch der Schwarzwald-Zug, fallen gegen diese steiler ab, als nach den entgegengesetzten Seiten u. s. w.

23. West-Flügel der europäischen Mittelgebirgslandschaften (französische).

a. Nördlicher Abschnitt — west-rheinisches Bergland. — Hier zeigt sich im Allgemeinen eine große Uebereinstimmung im Bau, in der Form und Höhe mit den benachbarten Berglandschaften im O. des Rheins, da dieser Strom in seinem ganzen Mittellaufe immer gleichartige Massen durchschneidet und trennt.

aa. Die west-niederrheinischen Berglandschaften erscheinen sogar theilweis als Fortsetzungen der gegenüberliegenden ost-rheinischen. So ist der Bergzug des Hunsrück, zwischen Nahe, Saar, Mosel und Rhein, die deutliche Fortsetzung des Taunus, dem er in fast allen Beziehungen gleicht; — die Eifel, zwischen Rhein, Maas, Ourthe (z. Maas), Sure (z. Mosel), Mosel und dem niederrheinischen Tieflande, die Wiederholung des Sauerlandes und Westerwaldes, nur noch einförmiger, als diese, mit steileren und tieferen Thäleren, kahleren Hochflächen, und mit häufigeren Spuren erstorbener vulkanischer Kräfte und kegelförmigen Kuppen (hohe Acht 2200′ üb. d. M.); — die hohe Veen, zwischen der unteren Ourthe und oberen Roer, fast gipfellos, mit ausgedehnten Hoch-Mooren. — Die westliche, höhere Fortsetzung der Eifel bis zum Tieflande bildet die waldige, plateauartige Masse der Ardennen, mit einer mittleren Höhe von 1600′, mit Gipfeln von 2000—2400′.

bb. West-oberrheinisches Bergland. — Die Vogesen steigen im S., im Quellbezirk der Mosel, steil aus etwa 1000′ hohen Plateauflächen empor. Sie gleichen dem Schwarzwald-Zuge in der Richtung ihres Streichens, in der Art ihrer Abdachungen, in ihrer horizontalen Ausdehnung, ihrer Höhe (höchster Gipfel: Ballon de Sulz 4400′ üb. d. M.) und dem ganzen Aussehen. Sie haben sogar eine ähnliche, wenngleich viel schmalere Gebirgslücke wie der Schwarzwald-Zug, nämlich in der Gegend von Kaiserslautern. Jenseit derselben bis zum Nahe-Thale ein dem Odenwalde ähnliches plateauartiges Bergland, welches im Donnersberge bis über 2000′ absol. H. aufsteigt. Vogesen-Pässe bei Kaiserslautern, Pfalzburg, St. Marie u. m. a. — Im W. des Vogesen-Zuges das vielfach wechselnde, von den größtentheils tief eingeschnittenen Thälern der Maas und Mosel und ihrer Nebenflüsse durchfurchte, im Ganzen plateauförmige Hügelland von Lothringen, welches im Allgemeinen den schwäbischen Ebenen gleicht, sie aber an Höhe übertrifft, und sich jenseit der Maas, aber mit einem merklichen, mehrfach durchbrochenen Rande, in die französische Tiefebene abdacht. Dieser Rand erscheint in seinem nördlichen Theile, wo die anliegenden Flächen niedriger werden, relativ bedeutend, obgleich er hier nur 900—1200′ absol. Höhe hat. Sein West-Fuß wird von der Aisne bespült; Maas und Aire durchschneiden ihn der Länge nach. Dies ist der Argonner Wald, der sich nordwärts an die Ardennen anschließt.

b. Südfranzösisches Gebirgsland.

aa. Hoch-Burgund, Höhen von Langres, Cote d'Or. — Zu beiden Seiten der oberen Saone und des unteren Doubs breitet sich eine Plateaulandschaft aus, welche im N. hüglig und 1100—1600′, im S. aber eben und nur 500—600′ üb. d. M. ist, und durch den Doubs und die Saone (oberhalb ihrer Vereinigung) steile, tiefe Einschnitte erhält. Dies ist das Plateau von Hoch-Burgund, welches durch keine Bergreihe von der oberrheinischen Tiefebene (Elsaß-Kanal), im N. aber nur durch eine flache Wasserscheidehöhe, welche sich vom S.-Ende der Vogesen ablöset, von dem lothringischen Plateau geschieden wird. Diese, 1000 bis 1600′ hoch, gipfellos, gegen das Tiefland sehr sanft, gegen die obere Saone hin steiler abgedacht, birgt die Quellen der Maas, Marne, Saone und Seine, und ist unter dem Namen des Plateau's von Langres bekannt. Der Einschnitt des Kanals von Burgund begrenzt dasselbe im S., und trennt es von dem wenig höheren ähnlich geformten Rücken der Cote d'Or, welcher westwärts in breitere Hügellandschaften übergeht, und im S. durch einen zweiten Einschnitt (Kanal von Charollais) begrenzt wird.

bb. Südliches Hoch-Frankreich. Aehnliche Plateauhöhen (Gebirge von Charollais und von Lyonnais) setzen auf der Wasserscheide weiter südwärts fort, bilden den steilen Rand der Saone-Ebene, dachen sich dagegen sanft und mit breiten Vorstufen gegen das französische Tiefland ab, nehmen südwärts an Höhe zu, und tragen im südlichen Charollais und im Lyonnais isolirte kleine Massengebirge von 3000 und 3400′ absol. Höhe. — Südwärts davon, der Mündung der Isère gegenüber, im Quellbezirk der Loire und des Allier, ist der Hauptgebirgsknoten des süd-französischen Hochlandes, mit einer mittleren Höhe von 3000′ und dem 5400′ hohen Gipfel M. Mezenc. — Von hier streicht südwestwärts bis zum Aude-Thale, mit abnehmender Höhe (3000—1400′) und steilem Abfall gegen das Tiefland der Rhone, die Fortsetzung des Ost-Randes von Hoch-Frankreich, die eigentlichen Sevennen. Ihnen liegen westwärts wellenförmige Plateauflächen von mehr als 1000′ mittlerer Höhe vor. — Eine andere Gebirgsmasse schließt nordwärts an den vorerwähnten Hauptgebirgsknoten, und füllt den Raum zwischen der oberen Loire und dem oberen Allier. Dies ist das 2000—3000′ hohe Plateau von Forez, welches eine Gebirgskette mit dem 5000′ hohen Gipfel der Pierre sur Haute trägt. Mehrere isolirte, aber 4000 bis

5000′ hohe, kettenförmige Massen bilden die Verbindung zwischen dem Hauptgebirgsknoten und dem Plateau von Auvergne, welches sich im W. des Allier, im N. des Lot und im Quellbezirk der Dordogne mit einer von S. gegen N. geneigten Grundfläche von 3000′ mittlerer Höhe erhebt. Auf dieser hohen Basis sind drei Hauptgebirgsgruppen aufgebaut, die mit ihren zahlreichen, abgerundeten Gipfeln die Grundfläche um 2000 bis 2600′ überragen. Es sind die Gruppen des M. Cantal (5700′) im S., des M. d'Or (5800′) und Puy de Dome (4500′) im N. — Sowohl im N. als im W. und S. des Hochlandes von Auvergne bis an die Grenzen des Tieflandes wellenförmige Plateauflächen von 1400—1800′ mittlerer Höhe; auf der westlichen Vorstufe sogar noch isolirte Gebirgsgipfel von bedeutender Höhe. — Im Hochlande von Süd-Frankreich, namentlich um die obere Loire und in der Auvergne, finden sich zahlreiche und mannigfaltige Spuren ehemaliger vulkanischer Thätigkeit. — Der Tarn, Lot, Cher, Vienne u. a. durchfurchen nur die Vorstufen des süd-französischen Hochlandes; auch die Dordogne bildet nur ein sehr kurzes Gebirgsthal. — Die obere Loire und der Allier dagegen sind steil und tief zwischen den eigentlichen Hochmassen eingeschnitten, die Loire tiefer als der Allier. Dieselbe wird bei Roanne, der Allier bei Vichy, die Dordogne bei Souillac, der Lot bei Entraigues, der Tarn bei Gaillac schiffbar, und die schiffbare Wasserstraße der Rhone und Saone umgiebt die Ost-Seite des Hochlandes. Dasselbe ist ohnehin durch Lage und Form von allen Seiten sehr zugänglich; es übertrifft in dieser Beziehung das ungarisch-karpathische, zeigt nirgend die Sonderung, welche das deutsche, noch weniger die Abgeschlossenheit, die das siebenbürgische Bergland charakterisirt. Dazu kömmt, daß das französische nicht nur durch die genannten schiffbaren Flußstrecken, sondern auch durch eine große Zahl von Straßenanlagen ungemein aufgeschlossen worden ist.

24. Die Mittelgebirge Südwest-Europa's — Rückblicke.

Der O.- und W.-Flügel der Mittelgebirge hängen nirgend mit dem Hochgebirgskern der Alpen zusammen, und sind auf allen Seiten von Tiefebenen umgeben; das deutsche Bergland steht zum Hochgebirge wie zum Tieflande in einem anderen Verhältniß. — Jene Flügel sind höher und gliederreicher als dieses, welches sich häufig da am bedeutendsten erhebt, wo es an Tiefebenen grenzt. (Vergl. die ähnlich liegenden, aber verschieden ausgeprägten Massen Hoch-Frankreichs und Transsylvaniens, des karpathischen Waldgebirgs und der burgundischen Plateauhöhen 2c., das deutsche Bergland mit dem französischen und karpathischen!) Zwei vorherrschenden, aber mehrfältig abgeänderten Diagonal-Richtungen folgen alle Bergzüge des Mittelgebirgslandes, und zwar ist die eine (von S.O.

gegen N.W.) im O., die andere (entgegengesetzte) im W. allgemein; in der Mitte, in Deutschland, begegnen sich beide.

C. Die Tiefebenen Südwest-Europa's.

25. Das provençalische Tiefland und die untere Rhone. — Das untere Rhone-Thal ist die Fortsetzung des Saone-Thals. Gleich unterhalb der Vereinigung beider Flüsse sondern niedere Höhen das erstere von dem letzteren. Sevennen- und Alpenzweige treten mehrfach an das untere Rhone-Thal. Bei Avignon öffnet es sich zu einförmigen Ebenen, die durch ihre Dürre und Vegetationsarmuth den Gegensatz der schön bewachsenen, anmuthigen Thallandschaften bilden. — Das Mündungsland theils sumpfig (Insel Camargue), theils dürr, ein Kieselfeld (la Crau), geringentheils schönes Kulturland. Der Strom durchfließt es mehrarmig und seicht, daher zur Vervollständigung seiner, unterhalb der Perte du Rhone beginnenden Schifffahrt, die Kanäle von Arles und Beaucaire gebaut worden sind.

26. Das französische Tiefland.

a. Innerhalb der bekannten Grenzen desselben wellenförmige, minder ebene Flächen als im nordöstlichen Tieflande. Von der dort so häufig vorkommenden Bildung größerer stehender Landgewässer und breiter Sumpfniederungen sind im größten Theile des französischen Tieflandes kaum Spuren zu finden. Es zerfällt in drei große natürliche Abtheilungen: die unteren Stufenländer der Garonne, Loire und Seine.

b. Das untere Stufenland der Garonne. Im N. des Pyrenäen-Zuges liegt ein niedriges, etwa bis 600′ aufsteigendes Hügelland, welches von dem Adour, der Garonne und ihren sehr zahlreichen Nebenflüssen vielfältig durchfurcht wird. Es verflacht sich meerwärts allmählig zu der fast im Niveau des Ozeans liegenden steppenartig einförmigen Ebene der Haiden (Landes). Der Adour durchfließt es von Tarbes bis St. Sever, wo er schiffbar wird, — die Garonne von St. Gaudens bis Toulouse, worauf sie, schiffbar, und durch den Can. du midi mit dem Mittelmeer verbunden, die letzten Pyrenäen-Ausläufer begleitet, und dann die sandige Ebene ihres Mündungslandes als ein mächtiger Strom durchfließt, der, mit Hülfe der Fluth, Seeschiffen bis Bordeaux zugänglich ist. — Im N. desselben breitet sich ein anmuthiges, auf der Wasserscheide bis zu 450′ absol. Höhe aufsteigendes Hügelland aus, dem indeß längs der Küste Sumpf- und Sandstrecken vorgelagert sind.

c. Das untere Stufenland der Loire ist ebenfalls im S. am unebensten, aber nirgend mehr als 600′ üb. d. M.; es besteht theils aus einem hügligen, sehr anmuthigen Gelände, theils aus einförmigen, waldarmen, spärlich bebauten Ebenen. Die Flüsse sind sämmtlich tief eingefurcht.

Die Loire, welche unterhalb der Allier-Mündung das Gebirge verläßt, und wegen ihres ungleichen Wasserstandes mit einem Seiten-Kanal versehen worden ist, bildet den gemeinsamen Ausgangsweg der zahlreichen kürzeren Schifffahrtslinien ihrer Nebenflüsse. Außerdem ist sie mit dem oberen Cher zwiefach (Berry-Kanal und Kanal von Montluçon), mit der Saone, der Rhone (und dem Rheine) durch den schon genannten Kanal von Charollais (du centre), mit der Seine 2c. durch die Kanäle von Briare, von Orleans und du Loing auf künstliche Weise verbunden.

d. Das untere Stufenland der Seine. Die breite, nordwestwärts sehr sanft geneigte Vorstufe des Plateau's von Langres wird von den oberen Thälern der Seine, Aube und Marne durchfurcht. Diese Flüsse treten oberhalb Troyes, Arcis und Chalons aus den letzten Vorhöhen, und gehören im ferneren Laufe ganz dem Tieflande an, dessen Abdachungen durch das auffallende parallele Fließen der Seine und ihrer sämmtlichen rechten Nebenflüsse bezeichnet werden. Der Seine, die bis Rouen mit Hülfe der Fluth Seeschiffen zugänglich ist, fehlt, wie den übrigen Strömen dieses Tieflandes, die Delta-Bildung.

Die Thäler der Seine und ihrer Nebenflüsse sind in der Nähe des Gebirgsfußes sämmtlich flache Mulden, dann aber tiefe Furchen zwischen steilen, oft felsigen Rändern. Denn im N. der burgundischen Höhen, im W. des Argonner und Ardenner Waldes liegt die einförmige, kahle, steppenartige Ebene der Champagne, in welcher nur die Thalgründe reichere Vegetations-Verhältnisse zeigen; dann aber folgt, im N.W. der Aube-Mündung und der Punkte Epernay, Rheims, Laon, La Fère, ein sehr wechselvolles, bewaldetes oder reich bebautes Hügelland, welches 600′, ja mehr als 800′ üb. d. M. aufsteigt, und der Seine und dem Aermel-Meere steile, felsige Gestade giebt. — Natürliche Schifffahrtslinien bilden die Seine von Mery, die Yonne von Auxerre, die Aube von Arcis, die Marne von Chalons, die Aisne von Neufchateau, die Oise von Chauny, die kanalisirte Somme von Amiens abwärts; — künstliche: der Ardennen-, der Crozat-Kanal, der Somme-, der Oise-Sambre-Kanal, die Kanäle von St. Quentin und von Burgund, mittelst welcher das Seine-System mit dem der Rhone (Rhein), der Maas und Schelde in Verbindung tritt.

27. Die rheinischen Ebenen.

a. Das niederrheinische Tiefland. Das Mündungsland des Rheins, der Maas und der Schelde und die holländische Halbinsel bilden sehr niedrige, zum Theil selbst unter dem Meeres-Niveau liegende, von vielen Flußarmen und zahlreichen künstlichen Wasseradern netzförmig durchschnittene, fruchtbare, aber waldlose Niederungen, welche theilweis dem Wasser durch Menschenhand abgewonnen und nur durch künstliche Eindeichungen gegen die Fluthen des Meeres und der Ströme geschützt sind (Marschland).

Die obere Schelde und ihre Nebenflüsse bewässern dagegen ein wellenförmiges, höchst fruchtbares, theilweis bewaldetes Gelände, welches den benachbarten Gegenden der französischen Tiefebene gleicht. Auch am Rhein, ebenso im O. dieses Stromes, überall im südlichen Theile des Tieflandes, am Fuß der umwallenden Gebirgshöhen sehr reiche, gesegnete Landschaften.

Im Norden der Lippe dagegen, in den Umgebungen der Ems und Maas, in den mittleren Gegenden der Tiefebene, gleichen die Landschaften den benachbarten des germanischen Tieflandes. Hier finden sich, zwischen den Kulturländereien, weite Moorstrecken und steppenartige, sandige Haideflächen, aber eigentliche Waldungen fast eben so wenig, als in den oben beschriebenen Marsch-Gegenden.

Die Wasserwege sind ungemein zahlreich; sie bilden in den Marsch- und Moorgegenden fast die einzigen Kommunikationen. — Die Schelde ist durch Kanalisation fast von ihrer Quelle an schiffbar; ihre Nebenflüsse sind ebenfalls durch Natur oder Kunst zu beschiffen, und ein sehr viel verzweigtes Kanal-System setzt die obere Schelde und ihre linken Nebenflüsse, die Kanäle von Gent die untere Schelde mit dem Meere, der Kanal von Brabant die Rupel mit der Sambre in Verbindung. — Die Maas, welche von Maestricht abwärts keinen einzigen schiffbaren Fluß empfängt, ist bis zu ihrem Delta vou viel geringerer Bedeutung. Hier aber, so wie auf der holländischen Halbinsel, ein Labyrinth von Wasserstraßen; die wichtigste unter den künstlichen führt von Rotterdam nach Amsterdam, von wo der für Seeschiffe geeignete große Nord-Kanal zum Helder geht.

b. Der Rhein, der wichtigste und wasserreichste Strom des Niederlandes und ganz West-Europa's, giebt zwar den größten Theil seiner Gewässer an die Maas, trägt aber bis Köln kleine See-, bis Straßburg (Basel) Flußschiffe, vermittelt also den Verkehr des innern Landes mit dem Meere, und hat das entwickeltste und ebenmäßigst ausgebildete Strom-System. Merkwürdige Richtungsveränderungen seines Laufes.

c. Die mittel-(ober-)rheinische Tiefebene ist eigentlich nur ein breiter, ebener Thalrand (Kaiserstuhl), eigenthümlich abgeschlossen durch die umwallenden Gebirge, aber, vermöge der in diesen vorhandenen Lücken und vermittelst der Rheinpforte bei Bingen (Binger Loch), auf keiner Seite im Verkehr beengt, — ausgezeichnet durch reiche Naturverhältnisse und gepflegten Anbau.

28. Die Donau und ihre unteren Stufenländer.

a. Die Donau, — welche am östlichen Hange des Schwarzwaldes

entspringt, und die Jura-Masse durchbricht, dann von Siegmaringen (1692') bis unterhalb Passau (800') unter einförmigen Verhältnissen, wiewohl in zwei entgegengesetzten, eigenthümlichen Richtungen, die bayrische Hochebene durchfließt, hierauf in ein zweites, sehr bedeutendes Durchbruchsthal, oberhalb Wien (466') aber in ihre unteren Stufenlandschaften tritt, die aus einer Folge von stufenförmig übereinanderliegenden Tieflandsbecken bestehen, und von dem Strome nach und nach, mittelst der Flußpforten von Preßburg (c. 430'), Waizen (c. 350') und Orsova (c. 180'), erreicht werden, — verbindet das Herz mit dem Osten Europa's. (Vergleiche die Donau mit dem Rhein — Donau und Inn mit Saone und Rhone!) — Die Schiffbarkeit der Donau beginnt bei Ulm, wird aber erst von Wien an bedeutend, ist bei Grein und Orsova durch Strudel und Klippen, an anderen Orten durch Untiefen, vielfache Windungen und Veränderlichkeiten des Fahrwassers erschwert; von Rustschuck an ist sie für Seeschiffe geeignet. — Unter ihren vielen wasserreichen Nebenflüssen sind nur wenige für den Verkehr von Bedeutung. Der Inn wird bei Innsbruck, die Salzach bei Hallein, die Drau bei Villach, die Sau unfern Laibach, die Altmühl bei Dietfurt, die March bei Göding, die Theiß an der Hernad-Mündung, die Marosch oberhalb Karlsburg schiffbar. Beschränkt ist die Zahl künstlicher Wasserwege im Donau-Gebiet: Donau-Main- oder Ludwigs-Kanal, Neustädter, Kaiser Franzens-Bega-Kanal.

b. Die österreichische Ebene, rings von niedrigen Bergen umwallt, besteht im N. der Donau aus der einförmigen Fläche des Marchfeldes; im S. des Stroms wechseln anmuthige Kultur-Landschaften mit dürren Kieselfeldern (Neustädter Steinfeld). Das Leitha-Gebirge und die kleinen Karpathen trennen sie von

c. der ober-ungarischen Ebene. Diese ist im W. ganz eben, und hier wie der Boden eines ausgetrockneten oder abgeflossenen Sees anzusehen, als dessen Reste dann der seichte Neusiedler See (427' üb. d. M.) und seine südöstlichen morastigen Uferlandschaften (Hansag Morast) betrachtet werden können. Im N. dringen an der Waag und Neitra busenförmige Einschnitte des Tieflandes in die karpathischen Berge ein. Im O. der Raab bildet ein mannigfaltiger Wechsel von Ebenen und Hügeln die Vorhöhen des Bakony-Waldes, die anmuthigsten Gegenden.

d. Die unter-ungarische Ebene, etwa 100' niedriger als die vorige, ist nur im W., in der Umgebung des tiefen, blos theilweis von geringen Sumpfstrecken umfaßten Platten-Sees, so wie zwischen Sau und Drau, hüglig und bergig, übrigens aber ganz eben, besteht auf der linken Donau-Seite nicht selten aus öden, unabsehbaren, baumlosen Sand-

und Haidestrecken, aus steppenartigen Grasfluren und Sumpfflächen, und war vielleicht einst ebenfalls von einem großen See bedeckt.

e. Die wlachische Ebene, das Mündungsland der Donau, ist zwar im Allgemeinen steppenartig wie die vorige, jedoch minder eben und einförmig, sowohl in ihrer Bodengestalt, wie in ihrer Vegetation, und wird, wie die ungarischen Ebenen, von dem Strome in einer breiten Sumpfniederung durchflossen, die sich an seiner Mündung nur zu einem verhältnißmäßig geringen, aber von Lagunen und Süßwasser-Seen unterbrochenen Delta erweitert.

29. Das italische Niederland und der Po.

Das italische Niederland ist eine einzige fast horizontale Ebene, die sich ostwärts von dem 800—1000′ hohen Ost-Fuß der West-Alpen allmählig zum Niveau des Adria-Meeres hinabsenkt; außer den kleinen Gruppen der euganëischen (1600′) und bericischen Hügel (im S. von Padua und Vicenza) ist in derselben keine Erhöhung von Belang zu finden.

Der Po ist vorzugsweise ein Niederungsstrom, denn sein unterer Lauf ist verhältnißmäßig sehr lang. Seine Nebenflüsse haben entweder, wie die adriatischen Küstenflüsse, den Charakter von Sturzbächen, oder sie fließen langsamer und geregelter in eingedeichten Betten ab; danach richtet sich die Beschaffenheit der Uferlandschaften. Seine Mündungsarme stehen mit denen der Etsch in Verbindung; sein niedriges, sumpfiges Delta-Land liegt theilweise, wie bei der Etsch, in Folge der durch Kunst oder auf natürlichem Wege, durch Anschwemmungen, entstandenen Erhöhung der Ufer, unter dem Niveau des Bettes. — Die Po-Schifffahrt beginnt bereits oberhalb Turin, ist aber erst von der Adda-Mündung abwärts dauernd und bedeutend. — Außer den vielen natürlichen giebt es sehr zahlreiche künstliche Wasseradern, welche die Ebene, zu Schifffahrts-, Entwässerungs- oder Bewässerungszwecken, netzförmig durchziehen. Die wichtigsten Schiffskanäle: der Naviglio grande, Naviglio (d. h. Schiffskanal) di Bereguardo und di Pavia. — Die reiche Bewässerung und der fruchtbare Boden haben den Anbau außerordentlich begünstigt; häufig liegen die Ansiedlungen sehr vereinzelt, und die vielen kleinen Besitzungen sind dann durch Gräben, Hecken oder angepflanzte Reihen von Fruchtbäumen durchzogen und von einander geschieden, wodurch das ebene Land einen sehr durchschnittenen Charakter und theilweise fast das Ansehen eines lichten Waldes erhält. (Vergl. das italische Niederland mit dem wlachischen und niederrheinischen!) — Hügelland am Fuß der Alpen mit Terrassen-Kulturen; Ebenen in der Mitte des Landes mit beschatteten Feldern, künstlichen Wiesen und Reisfluren; Mangel an kultivirten Marschen; eigenthümliche Lagunen-Küste.

III. Die gesonderten Gebirgsglieder Europa's.

30. Die griechische Halbinsel erscheint als das Mittelglied zwischen dem europäischen und dem asiatischen Gebirgs-Centro. Ihre Gebirge stehen in schmalem Zusammenhange mit dem ersteren, und sind vom letzteren durch schmale Meeresstraßen getrennt; sie erheben sich massenhaft, und zeigen zwei vorherrschende Direktionen.

Die West-Seite der Halbinsel zerfällt in die Berglandschaften Dalmatien, Montenegro, Albanien und Epirus. Ihre Gebirge bestehen aus vielen parallelen, von N.W. gegen S.O. streichenden Ketten, zwischen denen kahle, wasserarme Hochflächen terrassenförmig von der Küste her aufsteigen. Der Wasserscheiderücken, — der im Norden die dinarischen Alpen, dann (an der Quelle des Vardar) Tschar-Dagh oder Skardus, weiter südwärts Bora Dagh und Pindus genannt wird, steigt 5000—8000′, am höchsten im Tschar-Dagh auf. Niedriger sind im Allgemeinen die die Vor-Terrassen umwallenden Felsketten, als deren letzte, westlichste die Reihe der dalmatischen Inseln (1800—2000′) angesehen werden kann. Unter diesen Vor-Terrassen bildet die montenegrinische, an der oberen Moraka, einen nicht blos im W. und O., sondern auch im N. und S. von Bergzügen umschlossenen Gebirgsgau, und die epirotische ist merkwürdig durch die ungemein wilde, schauerliche Zerklüftung ihrer bis 7000′ hohen Massen. Verschwindende Flüsse hier wie auf der ganzen West-Seite und wie in den julischen Alpen.

Die Nordwest-Seite der Halbinsel — die Berglandschaften Kroatien, Bosnien und Servien — wird ebenfalls von vielen, von N.W. gegen S.O. streichenden, 3000—6000′ hohen, größtentheils dicht bewaldeten Bergketten durchzogen, die meist nur durch enge Thäler von einander getrennt sind, sämmtlich an der Sau anheben, von ihren rechten Nebenflüssen durchbrochen werden, und (mit Ausnahme der östlichen) auf der Wasserscheide zwischen dem Gebiet des schwarzen und ägäischen Meeres endigen. Ihre Südost-Enden sind hier durch den breiten, aber nicht hohen mösischen Bergzug mit einander verknüpft, der am Tschar-Dagh beginnt, auf der Wasserscheide vielnamig fortsetzt, und im Orbelus (4000′) seine größte Höhe erreicht.

Die Nordost-Seite der Halbinsel. — Die Fortsetzung der mösischen Wasserscheidekette führt von der Marizza-Quelle ostwärts bis zum Meere den Namen Balkan oder Hämus, und ist nur 2000—3500′ hoch. Waldbedeckte Zweige des Balkan, die durch tiefe Thäler oder auch durch kahle Bergflächen von einander getrennt werden, treten nordwärts bis an die Donau, und bilden die bulgarische Berglandschaft.

Die Südost-Seite der Halbinsel. — Von der steilen Süd-Wand des Balkan bis zu den Küsten der Propontis breitet sich das Beckenland der Marizza — Thrazien — aus, im Innern vorherrschend eben, im O. und S. von niedrigen, landwärts sanft abgedachten Plateauhöhen, im W. vom Despoto-Dagh umschlossen. Der letztere, die Fortsetzung der östlichen servischen Bergkette, kreuzt die mösische zwischen den Quellen des Strymon und der Marizza, steigt 6000—7000′ auf, wird dann niedriger, und in seiner südöstlichen Fortsetzung von der unteren Marizza durchbrochen. — Im W. liegt dem Despoto-Dagh der zwischen Nestus und Strymon hinstreichende Pangäus vor. Von diesem Gebirge ostwärts, vom Bora-Dagh west- und von der mösischen Kette nordwärts umwallt, breitet sich das mazedonische Bergland südwärts bis zu den Küstenebenen von Seres und Pellä aus, jenseit welcher nur isolirte Berge (auf der chalcidischen Halbinsel der M. Santo oder Athos 6300′) die Küste umkränzen. — Auf der südlichen Landgrenze Mazedoniens steigen aber das Voluzza-Gebirge und der Olymp 6000′ über das Meer auf; — als Grenzwälle gegen Thessalien, das ebene Beckenland des Peneus, welches westwärts vom Pindus, meerwärts vom Ossa und Pelion, südwärts vom Othrys-Gebirge umschlossen wird, und nur am Peneus-Spalt (Tempe) geöffnet ist.

Die Süd-Seite der Halbinsel, das hellenische Gebirgsland, besteht aus den südlichen und östlichen, theilweis über 7000′ hohen Fortsetzungen des Pindus und vielen unzusammenhängenden, aber selten durch breitere Einsenkungen und Ebenen getrennten Berghaufen, unter denen der Parnaß 7500′, der Helikon 5300′, der Oeta und Cithäron fast 4000′ üb. d. M. aufsteigen sollen. Die Küstenebenen sind nur sehr unbedeutend; Steilabfall zum Meere gewöhnlich (Thermopylen).

Das peloponnesische Hochland ist völlig isolirt, da die korinthische Landenge höchstens 184′ absol. Höhe hat; es bildet eine einzige, in der Mitte etwa 2000′ hohe, im N., O. und W. von 4000—7000′ hohen Randgebirgen umwallte Masse, die nur im S. theilweis geöffnet erscheint, während hier zugleich der höchste Punkt des Peloponnes, der Taygetos, fast 7400′ absol. Höhe erlangt.

31. Die griechischen, ionischen und dalmatischen Inseln sind sämmtlich hoch und gebirgig, am höchsten Kandia, wo der Ida 7200′ üb. d. M. aufsteigt, und Euböa. Die Kykladen und Sporaden großentheils vulkanisch.

32. Die italische Halbinsel.

Die Apenninen bestehen meist aus einer einfachen Hauptkette, welche sich mit dem Col di Tenda den Alpen anhängt, anfangs hart an der ligurischen Küste, dann zur adriatischen hin- und längs derselben fortstreicht, hierauf die apulische Ebene umwallt, und endlich die ganze calabrische

Halbinsel einnimmt. Sie bleibt fast durchaus im Charakter des Mittelgebirges, und erreicht nirgend die Grenze des ewigen Schnees. Nämlich:

a. die nördlichen Apenninen nehmen südwärts von 2500—4500′ mittlerer absol. Höhe zu, und die höchsten Gipfel steigen in den ligurischen Apenninen nicht über 3000′, in den toskanischen nicht bis zu 7000′ auf;

b. die mittleren Apenninen bestehen im N. aus der einfachen, etwa 5000′ hohen Hauptkette der römischen Apenninen, dann aus den beiden, im Mittel 6000′ hohen Hauptketten, welche die wilde Gebirgslandschaft der Abruzzen bilden. In der östlichen Hauptkette der Gran Sasso, fast 8900′ üb. d. M., der höchste Apenninengipfel;

c. die südlichen Apenninen bilden von der Volturno-Quelle bis in die Nähe des Golfs von Tarent (neapolitanische Apenninen) einen breiten, nach beiden Seiten vielverzweigten Rücken von nur 2500′ mittlerer absoluter Höhe, der aber von doppelt so hohen Gipfeln überragt wird; die calabrischen Apenninen dagegen bestehen aus zwei getrennten, steil und bis zu 4000′ aufsteigenden Massen (einer nördlichen und einer südlichen), mit Gipfeln von 6000—7000′ abs. Höhe.

Am Golf von Manfredonia steigt der isolirte Berghaufen des M. Gargano fast 5000′ über das Meer auf. Auf der West-Seite des Apennin mehrere solche isolirte Massen: die über 6000′ hohe Gruppe der apuanischen Alpen (im N. des unteren Arno), das Küstengebirge von Castellamare (4000′) und der aus der campanischen Ebene aufsteigende Vulkan-Kegel des Vesuv (3500′).

Der Sub-Apennin bildet in seinem nördlichen Theile, im hetrurischen Sub-Apennin, meist ein ödes, plateauförmiges, von sumpfigen Strandebenen umgebenes Hügelland (die toskanischen Maremmen) von nur etwa 1000′ mittlerer Höhe, erhebt sich aber, im N. des Sees von Bolsena, mit der malerischen Gruppe des M. Amiata 3500—5300′ üb. d. M., und erscheint im Süden der Tiber, im römischen Sub-Apennin, als ein sehr wechselvolles, meist aus Parallelketten des Hoch-Apennin bestehendes, von der römischen Campagna und den pontinischen Sümpfen umsäumtes Bergland von 1200—4000′ absol. Höhe. Der ganze Sub-Apennin zwar ohne Vulkane, aber reich an vulkanischen Erscheinungen; der hetrurische durch böse Luft verpestet, im Sommer fast unbewohnbar, im Winter ein Weideland für Wanderheerden. Dasselbe gilt von der römischen Ebene und den pontinischen Sümpfen.

Die Lage des Sub-Apennin bewirkt, daß alle größeren westwärts fließenden Gewässer zuerst Längenthäler bilden, bevor sie sich gegen die Küste wenden, während die ostwärts fließenden, mit Ausnahme der Pescara, durch kurze, sehr geneigte Quellthäler zur adriatischen Küste hinabeilen Die westlichen Längenthäler bilden, nächst den gesegneten toskanischen und campanischen Ebenen, die blühendsten Kulturgegenden der Halbinsel. Die östlichen Thäler sind meist enge Spalten, und die östliche Ebene, die apulische, größtentheils ein wasserarmes, dürres Weideland.

Die Verbindung zwischen der Ost- und West-Seite der Halbinsel wird durch zahlreiche, meist nur 2000—3000′ hohe Pässe bewirkt.

33. Die italischen Inseln.

Die Malteser-Inseln sind felsig, aber nicht hoch, — waldlos und vegetationsarm, aber sehr bewohnt. Ihre Häfen auf der Nord-Seite.

Sicilien wird großentheils von Gebirgen erfüllt, deren Hauptzug längs der Nord-Küste streicht, und Gipfel von 3000—6000′ trägt. Nur die Umgegend von Catania an der Ost-Küste ist ganz eben. Im N. derselben steigt die gipfel- und kraterreiche Masse des 10,200′ hohen Vulkans Aetna terrassenförmig empor, und wird durch tiefe Thäler von den übrigen Gebirgen der Insel gesondert.

Die liparischen Inseln bestehen aus 1000—2800′ hohen erloschenen oder thätigen Vulkan-Kegeln. Aehnliches gilt von Ischia. — Elba, Capri und einige andere Inseln der italischen West-Küste sind hoch und felsig, aber nicht vulkanisch.

Sardinien und Corsica sind ebenfalls gebirgige Inseln. Die letztere übertrifft aber die erstere, sowohl in Betreff der Gipfelhöhe (in Corsica 8000′, in Sardinien nur 5700′), als in Ansehung der Wildheit, Steilheit, Unzugänglichkeit ihrer Gebirge. Sardinien enthält in der Mitte und im W. große Ebenen, aus denen an der West-Küste isolirte, bis 3000′ hohe Berghaufen emporsteigen. Corsica hat nur im O. schmale Küstenebenen, sonst treten die Gebirge überall bis ans Meer.

34. Die iberische oder hesperische Halbinsel.

Das iberische Hochland besteht aus drei, von S. nach N. terrassenförmig aufsteigenden, durch parallele Gebirgsreihen von einander und vom Meere getrennten Stufenlandschaften: der andalusischen, neu- und alt-castilischen; außerdem aus den durch die Tiefthäler des Ebro und Guadalquibir von dem Hochlandskerne geschiedenen pyrenäischen und ober-andalusischen Gebirgen mit ihren Vorterrassen.

Nord-Rand der Halbinsel; die galizischen, asturischen, cantabrischen Küstengebirge und die Pyrenäen mit ihren Vorterrassen. — Dieser nördlichste Hauptgebirgszug der Halbinsel beginnt im W. am Kap Finisterre, endigt im O. mit dem Kap Creuz. Die genannten Küstengebirge, seine westliche Hälfte bildend, steigen aus schmalen Küstensäumen steil zur Mittelgebirgs-, in der Mitte des Zugs fast zur

Alpenhöhe auf, und bilden keine einfache Gebirgskette, sondern eine Aneinanderreihung von ketten- und plateauartigen Berglandschaften.

Die Pyrenäen sind, bei einer Breite von 8—15 Meilen, von O. nach W. 55 Meilen lang, und bestehen aus zwei Hauptketten. Die südliche kann als die Fortsetzung der cantabrischen Gebirge angesehen werden, und endigt im Quellbezirk der Garonne; die nördliche beginnt am Kap Creuz, streicht westnordwestwärts ununterbrochen bis zur Garonne, und setzt, in Gestalt zerstückter Kettenglieder, fast bis gegen die Mitte der südlichen Kette fort. Da wo beide Ketten über einander greifen, haben die Pyrenäen den Alpen-Charakter, ewige Schneefelder, auf den nördlichen Hängen selbst Glätscher von geringer Ausdehnung, und Gipfel von 10,000 bis 11,000′ absol. Höhe, wie der Pik Anelthou, der M. perdu u. a. Ost- und westwärts von dieser Gegend nimmt die Gipfelhöhe beider Ketten ab; die Kamm- und Paßhöhe aber bleibt bedeutend, verhältnißmäßig sogar bedeutender als in den Alpen.

Dem O.- und W.-Ende dieses Nord-Randes der Halbinsel liegen südwärts breite Bergterrassen vor, die catalonische und aragonische im O., die von Traz os Montes im W.: die catalonische bis auf geringe Ebenen durchaus bergig und wechselvoll, — die aragonische im südlichen Theile vorherrschend eben und einförmig, — die von Traz os Montes mit dem Charakter einer von Bergreihen umschlossenen und durchzogenen Bergsteppe; alle drei steigen nicht über Mittelgebirgshöhe auf.

Die Hochebene von Alt-Castilien. Die asturischen und cantabrischen Gebirge dachen sich süd-, die galizischen süd- und ostwärts sanft zu 2000—2500′ hohen, kahlen, dürren, steppenähnlichen und wellenförmigen Flächen ab, in welche der Duero und seine Nebenflüsse nur im W. tiefere Furchen gezogen haben. Daher im W., statt einer einzigen großen, mehrere kleine Hochebenen, deren westliche Steilabfälle von der Küste aus gebirgsartig erscheinen. Im O. umgiebt die alt-castilische Hochebene ein höherer Rand mit isolirten Bergzügen und steilen Terrassenabfällen gegen den Ebro und die aragonischen Flächen.

Das castilische Scheidegebirge, der zweite der vier Hauptgebirgszüge, steigt aus dem Mündungslande des Ebro steil und zerklüftet 3000—6000′ hoch auf, und streicht unter verschiedenen Namen westwärts bis zum K. Roca. Seine östliche Hälfte ist, mit Ausnahme der gegen das Meer und den unteren Ebro gekehrten Abfälle, kahl und plateauartig; in der Mitte ist es am schmalsten, aber auch am höchsten, und trägt in der Somo Sierra und Sierra de Guadarama Gipfel von 7000 bis 8000′ absol. H.; im W. erhebt sich die plateauförmige Sierra Estrelha zu derselben Höhe; das W.-Ende des Gebirgszuges besteht aus wellenförmigen, von isolirten Felskämmen durchzogenen Hochflächen, die sich steil und scharf geformt gegen die Küste abdachen.

Die neu-castilische Hochebene ist überall mindestens 1800′ üb. d. M., und gleicht der höheren alt-castilischen, nur mit dem Unterschiede, daß sich aus derselben, da wo der Tajo und der Guadiana einander am nächsten sind, eine Gruppe niedriger und isolirter Fels- und Hügelreihen erhebt. Im W. derselben ein noch öderes, einförmigeres Steppenland (Alemtejo). Im O. der neu-castilischen Hochebene, ebenso wie im O. der alt castilischen, höhere, von isolirten Bergreihen durchzogene Bergflächen, deren Ost-Abfall gegen die Küste sehr steile, wilde Felsterrassen bildet.

Das andalusische Scheidegebirge, — der dritte Hauptgebirgszug, — steigt der Insel Iviza gegenüber aus dem Meere auf, und streicht westwärts bis zum K. S. Vincente. Im O. besteht er aus plateauartigen, zum Theil sehr zerklüfteten Massen mit verschiedenen Namen; westwärts von der Guadalimar-Quelle wird das Gebirge niedriger (2800′ mittl. absol. H.), kuppig, waldig und heißt Sierra Morena; in der Nähe des unteren Guadiana nimmt die Höhe wieder zu, und beträgt im W. des Guadiana, in der Sierra de Monchique, 3000—3500′. Diese letztere trennt die hohen Haidegegenden Alemtejo's von dem schmalen sandigen Küstenstrich Algarve's, — die Sierra Morena die staubigen, nackten Hochflächen Neu-Castiliens von

der andalusischen Tiefebene. Diese breitet sich von Andujar abwärts längs des Guadalquibir, anfangs nur auf seinem linken, von Cordova an aber auch auf dem rechten Ufer aus; sie ist, mit Ausnahme eines sandigen Strichs im O. und eines sumpfigen im W. der Strom-Mündung, eine der fruchtbarsten Landschaften der Erde, doch nur um Sevilla und Cordova überall wohl angebaut.

Der vierte Hauptgebirgszug, der S.-Rand des Gebirgsganzen der Halbinsel, — reicht vom K. de Gata bis zum K. Tarifa. Im O. gleicht er den östlichen Gliedern des dritten Hauptgebirgszuges, mit denen er beinahe Eine, wenngleich vielnamige Masse bildet. — Im W. der Guadalquibir-Quellen aber finden sich mehrere von O. nach W. streichende, durch tiefe Längenthäler von einander getrennte Parallelketten. Die höchste derselben, die Sierra nevada, steigt im S. des Jenil mit schroffen Felswänden aus dem paradiesischen Thale von Granada zu der Höhe von fast 11,000′ empor. Die südlichen, in stufenförmigen Absätzen zum Meere abfallenden Vorketten werden unter dem Namen der Alpujarren zusammengefaßt. Die westlichen, niedrigeren Fortsetzungen der Sierra nevada bilden die Gebirgslandschaften von Malaga und Ronda, die mit nackten Felswänden die Küste umwallen, ungemein kahl und wild sind, aber höchstens 6000—7000′ üb. d. M. aufsteigen. — Im N. des

Thals von Granada liegt, als eine Vorterrasse des Süd-Randes, das anmuthige Bergland von Jaen, zwischen dem oberen Guadalquibir und oberen Jenil.

Die Küsten der Halbinsel sind im N. und S. vorherrschend steil, im W. und O. flacher, am buchtenreichsten die zersplitterten N.- und N.W.-Gestade. Die östlichen sind von einer Reihe gartenähnlicher, durch Natur und Kunst reich bewässerter Landschaften umgeben; es sind die Huertas (Gärten) von Murcia, Valencia, Tortosa ꝛc. Die westlichen Küstengegenden (Portugal) erscheinen als die Fortsetzungen der östlich angrenzenden Oberflächenformen. So, im S. von Traz os Montes, die hügeligen Hochflächen von Beira die Fortsetzung der alt-castilischen — die steppenartigen Haiden von Estremadura und Alemtejo die Fortsetzung der neu-castilischen Hochterrasse. Eigentliche Tiefebenen, aber von sehr geringer Ausdehnung, finden sich nur am unteren Tejo und an der sandigen Küste.

Die Ströme der Halbinsel. — Der Duero und Tajo haben auffallend ähnliche Verhältnisse. Beide entquellen dem castilischen Scheidegebirge, beide durchfließen im oberen Laufe hohe Plateauflächen von großer Ausdehnung, schneiden sich dann (auf der Grenze Portugals), fast unter Einem Meridian, tiefer in die felsige Grundfläche, über welche sie bis dahin fortströmten, und senken sich so zu ihren breiten Mündungen hinab. Beide sind wasserarm, und ihre Schiffbarkeit ist nur im unteren Lauf bedeutend. Mit Hülfe der Fluth gelangen Seeschiffe auf dem Duero bis Oporto, auf dem Tajo fast bis Santarem.

Der Guadiana ist wasserarm wie die vorigen, in seinem oberen Laufe, auf dem Plateau von Neu-Castilien, merkwürdig durch geringen Fall, mehrfaches Stillstehen und häufige Sumpf- und Inselbildung; im mittleren Laufe durchbricht er das andalusische Scheidegebirge, so breit es ist, mit Stromschnellen und Wasserfällen (Salto de Lobo), wird nun schiffbar, und erreicht das Meer mit einer breiten, aber seichten Mündung.

Der Guadalquibir und der Ebro zeigen, in Betreff ihrer Umgebungen, manche Aehnlichkeit. Beide entspringen auf plateauartigen Gebirgsmassen, die sie, im oberen Laufe, in engen Thälern durchfließen, und treten dann in die beiden einzigen bedeutenden Ebenen der Halbinsel. Beide empfangen theilweise die Gewässer eines Hochgebirgs; aber dennoch ist der Ebro wasserarm, weil den südlichen Hängen der Pyrenäen Schnee- und Eisfelder fehlen. Der von der Sierra nevada ernährte Guadalquibir dagegen ist selbst im Sommer wasserreich. Außerdem fehlt dem Ebro der Vortheil der ozeanischen Fluth; im Guadalquibir steigt sie fast bis Sevilla auf. Bis hierher segeln Seeschiffe, Flußfahrzeuge bis Cordova; weiter aufwärts verhindert das felsige Bett die Beschiffung. — Die Schiffbarkeit des Ebro ist sehr beschränkt; daher längs seines rechten Ufers der Kaiser-Kanal (oder aragonische K.) angelegt worden ist.

35. Die balearischen und pithyusischen Inseln sind sämmtlich hoch: am niedrigsten die waldreichen Pithyusen; am höchsten Mallorca, dessen Spitzberge 3000—4500′ absol. H. haben; am unebensten und kahlsten Menorca, dessen zerklüftete Küsten schöne Häfen bilden.

36. Die Halbinsel Bretagne.

Ihre Oberfläche besteht meist aus klippigen, unregelmäßig zerklüfteten Höhen von 800′ mittl. absol. H., welche dem Lande ein rauhes, felsiges, theilweis gebirgiges — den Küsten ein zersplittertes, klippiges Aussehen geben.

37. Die britischen Inseln.

a. Im Süden Großbritanniens herrscht die Ebene, im Norden Gebirgsland vor. Die britischen Gebirge bilden fünf isolirte Massen, unter denen die nördlichste in sich durch eine tiefe Kluft zwiefach getheilt ist. Die Ebenen Englands gleichen den nord-französischen, wie auch die Nord-Küste des Kanals der Süd-Küste ähnlich ist. Die englischen Ebenen sind wellenförmig, von Hügelreihen durchzogen, mannigfaltig durch Vegetations- und Anbau-Verhältnisse, und nehmen nur in der Umgebung der untere Ouse den Charakter eigentlicher Niederungen und Marschen an. Ihre ruhigen Flüsse sind sehr wasserreich, früh schiffbar und, mit Hülfe der weit hineintretenden Fluth, selbst größeren Seefahrzeugen zugänglich. Außer ihnen giebt es eine Menge von künstlichen Wasserwegen: Grand-Trunk zwischen Liverpool und dem Trent bei Nottingham; Oxford-Kanal aus dem vorigen nach Oxford; Grand-Junction aus dem letzteren zur Themse oberhalb London; Themse-Severn-Kanal u. v. a.

Das cornische Bergland gleicht im Allgemeinen dem bretagnischen, steigt aber bis gegen 1700′ auf, und ist dennoch weniger rauh und öde.

Das Hochland von Wales ist völlig isolirt, felsig, nackt und waldarm, durchschnittlich 2000—3000′, im Snowdon über 3300′ hoch.

Das nord-englische Gebirgsland besteht aus zwei durch ein tiefes Thal fast völlig getrennten, nur lose zusammenhängenden Massen: die östliche liegt auf der Hauptwasserscheide in Gestalt einer Reihe, die westliche zwischen der Solway- und Morecambe-Bay in Form einer Gruppe von gipfelreichen Berghaufen, deren Höhe 2000—3000′, ja in Cumberland 3500′ beträgt.

Das schottische Grenzgebirge hängt mit dem vorigen nicht zusammen, erreicht dessen Höhe, aber seine Formen sind massiger, plateauförmiger. Auf der Süd-Seite ist es unzugänglicher als im N., wo es sich mit Hügeln und Vorbergen zum schottischen Niederlande verflacht, welches vom Clyde- bis zum Forth-Busen reicht, und von einem beide verbindenden Kanal durchschnitten wird.

Das schottische Hochland besteht aus zwei getrennten Massen; zwischen beiden ein tiefer Spalt, der vom Murray-Busen südwestwärts bis zur entgegengesetzten Küste reicht. Dieser Spalt ist von länglichen Seen gefüllt, die durch den kaledonischen Kanal unter sich und mit beiden Küsten verbunden werden. Beide Massen werden durch mehrere mit jenem Spalt parallele, steile, nackte, waldarme Felskämme gebildet, die durch tiefe, seegefüllte Längenthäler von einander getrennt sind. Die südliche Masse — die Grampians — ist die höhere, wildere (Ben Newis 4000′). Beide enden im S.W. mit steilen, sehr zerrissenen, im N.O. mit niedrigeren, einförmigeren Felsenküsten.

b. Die Hebriden, Orkaden und Shetlands-Inseln gleichen in ihren Naturverhältnissen dem schottischen Hochlande; es sind ziemlich nackte, sehr zersplitterte Felsmassen, nirgend von bedeutender Höhe.

c. Irland hat, wie das westliche Großbritannien, felsige, zersplitterte Küsten, namentlich im W. und N., wo isolirte Gebirgsgruppen von 2000—3900′ absol. Höhe mit wilden Formen steil aus dem Ozean aufsteigen; die höchsten im S.W., an der Dingle-Bay. Im Innern dagegen sind große Ebenen mit schönen Landseen und grünen Wiesen, unterbrochen durch Berggruppen von geringer Ausdehnung. Unter den künstlichen Wasserstraßen der Insel sind zu merken: der Große Kanal, welcher von Dublin zum Shannon, also von der Ost- zur West-Küste führt, — der Neagh-Kanal, welcher den gleichnamigen See mit der Ost-Küste verbindet, — der Ulster-Kanal u. m. a.

38. Skandinavien.

Das skandinavische Hochland fällt, wie die Gebirge Englands, gegen O. sanft in das Tiefland der Halbinsel; westwärts dagegen stürzt es mit jähen, wild zerklüfteten Felsenwänden unmittelbar in das Meer ab. Die höchsten Punkte des Gebirgs liegen häufig ganz in der Nähe der zersplitterten West-Küsten. Die gebirgigen, felsigen Lofodden umkränzen diese letzteren, wie die Hebriden die zertrümmerten West-Küsten Schottlands. — Das skandinavische Hochland ist ungetheilt, das Flachland dagegen vielfach unterbrochen durch große Seen und Berg- und Hügelreihen.

Der Scheitel des Hochlandes besteht aus öden Bergflächen oder Fjelden; die Kettenform fehlt; die höchsten Punkte ragen als flachgewölbte Kuppen oder thurmförmige Spitzen (Tinde) über die abgeplatteten Massen empor. Die Mittelhöhe nimmt von N. gegen S. zu, beträgt im lappländischen Gebirge 1000—2000′, in den südlichen Fjelden 4000—5000′, und sinkt dann südwärts des 60.° N.B. allmählig wieder bis zu 1500′ absol. Höhe ab. — Die Gipfelhöhe der südlichen Fjelde erreicht mit dem südlichen Skagestöl-Tind 7900′ absol. Höhe, im Dovre-Fjeld mit dem Sneehätten über 7000′, ist dort absolut, hier aber relativ am bedeutendsten; nordwärts sinkt sie dann bis 3000′ hinab. — Die Thäler schneiden auf der Ost- und Süd-Seite scharf und tief ein; die West-Seite ist dagegen ganz ohne bedeutende Thalbildung. Statt ihrer hier tief eindringende Fiorde. Die Pässe führen daher nicht über kurze Kamm-Einschnitte, wie in den Alpen, sondern über die breiten Hochflächen selbst; darum liegen sie auch verhältnißmäßig höher, und sind ungangbarer als in den Alpen. — Das skandinavische Hochland hat die Natur des wildesten Hochgebirges, Glätscher und ewige Schneefelder, obgleich seine absolute Höhe geringer ist, als die mehrerer der südlichen Mittelgebirge.

Das skandinavische Flachland. Die Seereihe auf der Grenze zwischen Hoch- und Tiefland liegt noch zwischen Hügeln und Vorbergen von 800—2000′ absol. Höhe; aber weiter ostwärts wird das Land ganz allmählig zu einem sehr niedrigen, wellenförmigen Küstenstriche, — dessen südliche Fortsetzung weite Flächen um den Mälar-, Wenern- und Wettern-See einnimmt, und die flachen Küsten des südlichen Schwedens bildet. Aber eigentliche Niederungen fehlen, und häufig tritt der Felsboden, der die Grundlage des aufgeschwemmten Erdreichs bildet, an die Oberfläche, und zeigt sich in isolirten Kämmen und Höhen von 800′, ja 1000′ absol. Höhe. Dies Flachland gleicht daher dem finnischen. Am höchsten steigt es im S. des Wettern-Sees, im småländischen Plateau, empor.

Der felsige Boden vermindert die Schiffbarkeit der wasserreichen, aber unregelmäßig fallenden Flüsse. Eine große künstliche Wasserstraße geht quer durch die Ebene. Es ist der Göta-Kanal, welcher aus dem Wenern- in den Wettern-See und aus der schiffbar gemachten Motala-Elf in die Ostsee führt. Der Trollhätta-Kanal setzt den Wenern-See mit dem Kattegat in schiffbare Verbindung, indem er den gleichnamigen Wasserfall der Göta-Elf umgeht.

39. Island hat steile zersplitterte Felsenküsten; das Innere ist voll wilder, schnee- und eisbedeckter Gebirge mit 3000—6000′ hohen Gipfeln und vielen Vulkanen, unter denen der 5000′ hohe Hekla der bedeutendste ist.

IV. Klimatische und organische Naturverhältnisse Europa's.

40. Europa hat, vermöge seiner Lage, weder das tropische Klima Afrika's, noch das polarische Nordost-Asiens; auch fehlt ihm ebensowohl das Uebermaaß des kontinentalen, wie des ozeanischen Klima's. Es ist daher ohne große klimatische Gegensätze; seine Naturverhältnisse erzeugen vielmehr eine große klimatische Gleichartigkeit und zwar um so mehr, als die räumliche Ausdehnung des Erdtheils, im Vergleich mit anderen,

sehr gering ist. Sein Klima muß in jeder Beziehung gemäßigt genannt werden.

41. Europa liegt, mit Ausnahme der südlichen Küstenländer, ganz im Klimagürtel des veränderlichen Niederschlags. Derselbe zerfällt in:

a) die (verhältnißmäßig sehr schmale) Zone der Moose und Beeren;

b) die Zone der europäischen Getreidearten und nördlichen Waldbäume, — deren Polar-Grenze das Nord-Ende Skandinaviens unter 70° N.B. trifft, und dann südostwärts zur Petschora-Quelle geht, — innerhalb welcher Waizenbau und Laubholzwaldungen nur auf der skandinavischen Halbinsel im S. des 60.° N.B. gefunden werden;

c) die Zone des Weinstocks, — deren Polar-Grenze die Loire-, Mosel-, Unstrut-, Moldau-, March- und Hernad-Mündung nur hier und da überschreitet, und im N. des schwarzen Meeres etwa bis 48° N.B. reicht.

Die im Bereich der flüssigen Niederschlags-Zone liegenden Küstenländer Süd-Europa's gehören dem Klimagürtel der Edelfrüchte und immergrünen Laubbäume an.

42. Die Region des ewigen Schnees beginnt

in Skandinavien	(70° N.B.)	am	N.O.-Abhang	bei	3300′	absol. H.
"	(67° N.B.)	"	W.-	"	3100′	"
			O.-	"	4100′	"
"	(65° N.B.)	"	O.-	"	3600′	"
in Island	(64° N.B.)	"			2600′	"
in Skandinavien	(60° N.B.)	"	W.-	"	4800′	"
			O.-	"	5200′	"
"	(59° N.B.)	"	O.-	"	5800′	"
"	(57° N.B.)	"	W.-	"	4900′	"

in den Karpathen berührt sie nur die höchsten Spitzen;

in den Alpen beginnt sie am { N.-Abhang bei . . 7800′ " ; S.- " . . 8200′ " }

steigt aber auf dem einen wie auf dem anderen stellenweise einige 100′ höher auf;

in den Pyrenäen beginnt sie am { N.-Abhang bei . 7900′ absol. H. ; S.- " . 9300′ " }

in der Sierra nevada " { N.- " . 10,700′ " ; S.- " . 10,500′ " }

in den Apenninen fehlt sie;

auf dem Aetna beginnt sie bei 8900′ absol. H.

(Ursachen des ungleichen, der physikalischen, nicht aber der geographischen Lage entsprechenden Aufsteigens der Schnee-Grenze.)

Die Region des veränderlichen Niederschlags umfaßt daher den größten Theil des europäischen Gebirgslandes; innerhalb derselben steigt

in Skandinavien (67° N.B.)

die Region des Holzwuchses am	West-Abhang	bis	1200′
	Ost-	„	2100′
„ „ Getreidebaues am	Ost-	„	700′; ferner

in Skandinavien (60° N.B.)

die Region des Holzwuchses am	West-Abhang	bis	2600′
	Ost-	„	3800′
„ Getreidebaues „	West-	„	1400′
	Ost-	„	4100′;

in den Karpathen

die Region des Holzwuchses bis	5500′
„ der Nadelholzwaldungen bis . . .	4200′
„ des Laubholzes bis	3500′
„ „ Weinstocks (im S.) bis . . .	1000′;

in den Alpen

	Nord-,	Süd-Abhang
die Region des Holzwuchses bis . .	5600′,	6300′
„ „ Getreidebaues „ . .	3400′,	4400′
„ „ Weinstocks „ . .	1500′,	2000′;

in den Pyrenäen

	Nord-,	Süd-Abhang
die Region des Holzwuchses bis . .	6500′,	6900′
„ „ Getreidebaues „ . .	4900′,	5200′
„ „ Weinstocks „ . .	2900′,	3200′ üb. d. M. auf.

Der Region des flüssigen Niederschlags bleiben alle Gebirge Nord- und Mittel-Europa's fremd; sie steigt daher nur

an den Apenninen bis etwa	1200′,
am Aetna „ „	1500′,
an der Sierra nevada „	2000′ absol. Höhe auf.

43. Die **Wärme nimmt** in Europa ebenfalls nicht nur von S. gegen N., sondern auch, wie die Klimagrenzen andeuten, von W. gegen O ab, und zwar in Folge der kontinentaleren Lage und Gestalt der Ost-Seite des Erdtheils und der Richtung und Natur der herrschenden Winde.

44. Fast in ganz Europa, mit alleiniger Ausnahme der äußersten Nord- und Süd-Enden, findet sich eine regelmäßige Folge von vier **Jahreszeiten**. — Die Temperatur-Differenzen der Jahreszeiten wachsen mit der zunehmenden geographischen Breite, aber auch, wegen der Kontinentalität Ost-Europa's, mit der zunehmenden östlichen Länge. Oertliche Ursachen, vornehmlich der orographische Bau und die verschiedene sommer-

liche Erwärmungsfähigkeit benachbarter Land- und Meeresflächen erzeugen Abänderungen dieses Gesetzes, und erklären namentlich das auf den verschiedenen Abhängen eines und desselben Gebirges oft bedeutend verschiedene Aufsteigen der Schnee- und Vegetations-Regionen rc. — Uebrigens werden die klimatischen und Vegetations-Verschiedenheiten zwischen dem Norden und Süden, dem Osten und Westen mehr durch die Differenzen der Winter- als durch die der Sommer-Temperaturen bedingt, weil die ersteren viel bedeutender als die letzteren sind.

45. Wegen der Lage und Nachbarschaft Europa's bringen ihm die West-Winde Feuchtigkeit und Regen, die Ost-Winde Trockenheit, die Nord-Winde Kälte, die Süd-Winde (Solano, Sirocco) Hitze. Die West-Winde mildern daher sowohl die Winter-Kälte, als die Sommer-Hitze; die Ost-Winde dagegen steigern sowohl die eine, als die andere. — In ganz Süd- und West-Europa, West-Skandinavien mit eingeschlossen, sind Süd- und West-, in Ost-Europa N.W.-, doch auch N.O.-Winde vorherrschend. Diese Erscheinungen bedingen daher sowohl die geringe mittlere Jahres-Temperatur, als den kontinentalen Charakter des Klimas von N.O.-Europa.

Darum ist auch die jährliche Regenmenge in England am größten, und nimmt von hier ostsüdostwärts ab; darum sind die West-Küsten aller Halbinseln feuchter als die östlichen rc. — Die orographische Bildung der Länder hat aber ebenfalls den größten Einfluß auf die Witterungsverhältnisse; die Pyrenäen, Sevennen und Alpen sind deshalb für S.-, das skandinavische Hochland und die Karpathen für N.O.-Europa Wetterscheiden. Nämlich im S. der ersteren und im O. der letzteren Gebirge ist die jährliche Regenmenge geringer, als im N. und W. derselben. Nur zu beiden Seiten der Alpen findet das Umgekehrte statt. Doch ist im S. dieses Gebirges, so wie im S. der Sevennen und Pyrenäen, ebenso im O. der skandinavischen Alpen und im O. und S. der Karpathen die Zahl der Regentage geringer und die Klarheit der Luft größer, als auf den Gegenseiten; denn im S. der genannten südlichen Gebirge erfolgt der Niederschlag fast nur im Herbst und Winter, während es im N. des Erdtheils in allen Jahreszeiten regnet. — Umgekehrt sind Gewitter im S. an keine Jahreszeit gebunden, im N. aber vorzugsweise auf den Sommer beschränkt. — Nach allen diesen Erscheinungen zerfällt Europa in drei Witterungsbezirke: den süd-, den nordwest-, den ost-europäischen.

46. Der Klimagürtel der Moose und Beeren zeigt, wie alle klimatischen Zonen Europa's, in den verschiedenen Jahreszeiten geringere Temperatur-Differenzen als der entsprechende amerikanische oder asiatische. Der Charakter des Pflanzenwuchses ist aber im Allgemeinen, wie in jenem.

47. **Der Klimagürtel des europäischen Getreides und der nördlichen Waldbäume.** Im nördlichen Theile herrschen Waldungen (Nadelholz) vor, und der seltene Getreidebau beschränkt sich auf Hafer, Gerste und Roggen. In der Mitte wechseln Laub- und Nadelholzwaldungen mit weiten Korn-, vorherrschend Roggenfeldern und Wiesen; doch wird auch Waizen gebaut, und die Kultur der europäischen Obstbäume beginnt. Im Süden sind (in den Ebenen) Waizenfelder und Laubholzwaldungen vorherrschend. — Dem Klimagürtel fehlen die Savannen und Steppen Amerika's und Asia's; an jene erinnern die Grasflächen am schwarzen Meere, an diese die Haiden, die sich hier und da, auch im folgenden Klimagürtel, finden.

48. **Der Klimagürtel des Weinstocks.** Hier werden große Waldungen, Roggen- und Haferfelder selten; neben dem Waizen wird im S. Mais und auch Reis gebaut; die Kultur der Rebe und feinerer europäischer Obstarten ist charakteristisch; es kommen, gepflegt, im S. selbst Edelfrüchte fort.

49. **Der Klimagürtel der Edelfrüchte und immergrünen Laubholzarten.** In der unteren Region fehlen nördliche Waldbäume und größere Waldungen überhaupt; ebenso der Rasen. Statt der nördlichen Forsten kleinere Gehölze von Bäumen ohne periodischen Laubfall, und Pflanzungen von Edelfruchtbäumen 2c.; statt des Rasens mancherlei immergrüne Sträucher und Kräuter; die seltenen Wiesen müssen gepflegt werden. — Im Süden der Zone zeigen sich bereits, an geschützten Stellen, einige tropische Pflanzenformen.

50. **Die europäische Thierwelt** ist fast unter allen Breiten gleichartig, nur im äußersten Süden und Norden eigenthümlich; aber dort mit den Geschöpfen der benachbarten asiatischen Gegenden, hier mit denen der Polarländer der Erde übereinstimmend.

Im Allgemeinen kommen die europäischen **wilden Thiere** weder an Größe noch an Wildheit den tropischen gleich, und ihre Zahl ist beschränkt, selbst in den am wenigsten bewohnten, den Polar-Gegenden des Erdtheils. Die Raubthiere (Bär, Wolf, Fuchs, wilde Katze, Luchs) sind zwar, mit Ausnahme des Eisbären, fast über den ganzen Kontinent, aber sehr spärlich verbreitet, häufiger nur in den abgelegensten Waldgegenden der sarmatischen Ebene und den einsamsten Gebirgsrevieren; in manchen Ländern sind sie ganz ausgerottet. Auch die Menge wilder, grasfressender Thiere, namentlich der größern Arten (Hirsch, Reh, Schwein 2c.), ist bei der zunehmenden Bewohnung und Entwaldung merklich im Abnehmen; einige Arten sind ganz verschwunden, andere (Elenn, Auerochs) nur noch in den Urwaldungen Ost-Europa's, oder (Steinbock, Gemse) auf den höchsten

Firsten des Hochgebirges in geringer Zahl vorhanden. Am ärmsten sind die südlichen Halbinseln und Inseln an solchen Thieren.

Hausthiere. Süd-Europa ist reicher an Arten. Hier das Kameel, Maulthier, der Esel und Büffel, neben denjenigen Geschlechtern, welche die Mitte und den Norden des Erdtheils bewohnen, dem Pferde, Rinde, Schafe, Schweine und der Ziege; in den äußersten Polargegenden nur das Rennthier und der allverbreitete Hund. — Das mehrere oder mindere Gedeihen dieser Thiere hängt vom Klima und der Nahrungsweise, aber auch von der Pflege ab; wo jene zu ungünstig sind, oder wo letztere fehlt, da tritt Verkümmerung ein, und beweiset, daß die Urheimath unserer Hausthiere unter einem milderen Himmelsstrich zu suchen ist.

In der Vertheilung der unvollkommener organisirten Geschöpfe (Insekten, Amphibien, Fische 2c.) zeigt sich dasselbe Gesetz, wie bei den Säugethieren (und auch bei den Pflanzen): nämlich der Süden des Erdtheils ist reicher an Arten und Gattungen, der Norden in der Zahl und Menge dieser Thiere.

Dritte Lehrstufe:

Völker- und Staatenkunde.

Dritte Lehrstufe.

Völker- und Staatenkunde.

Allgemeine Völkerkunde.

I. Von der Zahl und Verbreitung des Menschengeschlechts.

1. Der Mensch ist das vollkommenste und daher verbreitungsfähigste Geschöpf der Erde. — Seine körperliche Organisation gestattet ihm unter allen Himmelsstrichen zu leben, während die Thiere durch die ihrige mehr oder weniger an gewisse unablösliche Bedingungen (des Klimas und der Nahrungsweise) gebunden, daher auf bestimmte Erdgegenden beschränkt sind. — Die Verbreitung des Menschen über die verschiedenen Theile der Erde ist indeß auf eine höchst ungleiche Weise erfolgt.

2. Nach den meisten neueren Berechnungen resp. Schätzungen wird angenommen, daß es gegenwärtig überhaupt etwa 1350 Millionen Menschen gebe, und zwar in

	Australien:	Amerika:	Afrika:	Europa:	Asien:
fast	4,	74½	188,	285,	798 Mill.

3. Mit Bezug auf die bekannten Areal-Größen der Erdtheile würden hiernach durchschnittlich auf einer □Meile leben in

Australien:	Amerika:	Afrika:	Asien:	Europa:
24,	100,	345,	956,	1600 Menschen,

und die durchschnittliche Bevölkerung des ganzen Erdlandes würde 548 Menschen auf 1 □Ml. sein. —

4. Man vergleiche die Halbkugeln, die Kontinente, die Erdtheile unter einander, nach ihrer absoluten und relativen Bevölkerung!

II. Von der Eintheilung des Menschengeschlechts nach Varietäten oder Racen.

1. Der Mensch unterscheidet sich nicht blos durch seine biegsamere, glücklichere Körperlichkeit, sondern noch viel mehr durch die ihm von Gott verliehene geistige Ausrüstung, die ihn allein unter allen Geschöpfen

der Erde zur Sprache und Religion, zum selbstbewußten Denken und Handeln befähigt, von der Thierwelt, der er nur mit seinen sterblichen Leibe angehört.

2. Die gesammte Menschheit bildet daher, — der nach ihren Organisations-Verschiedenheiten in zahlreiche Klassen und Ordnungen, Gattungen und Arten zerfallenden Thierwelt gegenüber, — eine untrennbare Einheit, eine einzige Gattung.

3. Dennoch ist kein Mensch dem andern vollkommen gleich, weder in Bezug auf die geistige Ausstattung, noch in Bezug auf die körperliche, — auf Gestalt, Gesichtsbildung, Haut- und Haarfarbe ꝛc. ꝛc.

Innerhalb dieser großen Mannigfaltigkeit begegnet man indeß so großen Aehnlichkeiten und zugleich so auffallenden Verschiedenheiten, daß man, — indem man vorzugsweise die körperlichen Eigenthümlichkeiten, als die augenfälligsten, auffaßte, — zu einer Klassifizirung des Menschengeschlechts veranlaßt worden ist, die man die „Racen-Eintheilung“ zu nennen pflegt. — Weil aber jene Verschiedenheiten eine große Mannigfaltigkeit der Erscheinungen darbieten, so hat man bald eine größere, bald eine geringere Zahl von Gegensätzen zu entdecken geglaubt, und deshalb, — ziemlich willkührlich, — bald mehrere, bald wenigere „Racen“ oder (besser) Abarten (Varietäten) gezählt und zwar

nach Blumenbach fünf:	nach Cuvier drei:
1) Die kaukasische oder indisch-europäische,	1) die kaukasische, die weiße,
2) die mongolische oder asiatische, 3) die malayische oder australische, 4) die amerikanische,	2) die asiatisch-amerikanische, die braune,
5) die äthiopische oder Neger-Race.	3) die äthiopische, die schwarze.

4. Die kaukasische Race hat eine fleischfarbige, auch bräunliche Haut, verschieden gefärbte, lange, dichte, weiche, zuweilen gelockte Haare, starken Bart, ein länglich-rundes Gesicht, einen eiförmigen Schädel und einen ebenmäßigen, kräftigen, oft hohen Wuchs.

5. Die mongolische Race, mit weizengelber oder schmutzig-brauner Hautfarbe, dünnem, struppigem, schwarzem Haar und Bart, schrägstehenden, eng-geschlitzten, kleinen Augen, plattem Gesicht, breiter Nase, hervorragenden Backenknochen, würfelartigem Schädel, gedrungenem, knochigem, häufig unschönem und niedrigem Wuchse.

6. Die malayische Race. Sie hat eine braune, mehr oder minder dunkle Hautfarbe, dichtes, weiches, gelocktes oder schlichtes schwarzes Haar, eine breite Nase, großen Mund, einen oben gewölbten, an den Seiten eingedrückten Schädel und einen wohlgeformten, meist kleinen Körperbau.

7. Die amerikanische Race. Ihre Hautfarbe ist der des angelaufenen Kupfers ähnlich; die Haare sind schlicht, straff und glänzend schwarz, der Bart ist schwach und fehlt oft ganz, das Gesicht breit, an den Schläfen eingedrückt, mit hervortretenden Backenknochen und scharfgezeichneter Nase, der Körperbau fast kaukasisch.

8. Die äthiopische Race, mit mehr oder minder schwarzer Hautfarbe, meist wolligem, hartem, kurzem, schwarzem Haar, mehr oder minder dichtem Barte, aufgestülpter Nase, dicken Lippen und Augenlidern, flachem Hinterkopfe und vorstehendem Kiefer. Doch giebt es auch Neger von glänzend schwarzer Farbe und sonst fast ganz europäischer Gesichtsbildung. Ebenso verschieden ist der Körperbau.

9. Uebergangsarten und Mischlinge. — Es steht überhaupt kein einziges Kennzeichen irgend einer Varietät so fest, daß es nicht auch in den andren angetroffen würde. Daher Neger, Malayen und Amerikaner mit kaukasischer, — Kaukasier mit äthiopischer oder mongolischer Gestalt und Schädelbildung, schwarze Malayen (Austral-Neger, Negritos), weiße Mongolen ꝛc.

So wie das Klima nirgend plötzlich wechselt, sondern sich nur durch allmählige Uebergänge abstuft, so verhält es sich etwa auch mit den körperlichen Verschiedenheiten der Menschengeschlechter, ohne daß eben beide Erscheinungen gleichmäßig mit einander fortschritten. — Und so wie die weiten ozeanischen Räume der Erde die Landmassen trennen und ihren physischen Zusammenhang unterbrechen: ebenso finden sich auch in der Stufenfolge menschlicher Bildungen nicht alle Mittelglieder vor.

Durch die Verheirathung der Kinder verschiedener Racen entstehen noch heute Mittelschläge in Farbe und Gestalt. (Die Kinder eines kaukasischen Vaters und einer Negerin [oder umgekehrt] Mulatten, die eines Kaukasiers und einer Amerikanerin Mestizen oder Metis, die eines Negers und einer Amerikanerin Zambos oder Chinos u. s. w.) — Dies ist aber auch die einzige Art und Weise, in welcher noch heute Umbildungen vor sich zu gehen scheinen; allen Einflüssen des Klimas, der Lebensweise ꝛc widersteht die starre Unveränderlichkeit der vorhandenen Racen-Verschiedenheit.

10. Einheit des Menschengeschlechts. So wie jedoch das Charakteristische der einzelnen Abarten ihren einzelnen Angehörigen nur unvollständig eigen, daher nur aus den Eigenschaften aller Mitglieder abgeleitet ist: so umfaßt auch der charakteristische Begriff der Menschheit gleichzeitig alle Abarten, wenngleich ihn keine derselben allein erschöpft. — Und so wie schon die körperlichen Racen-Merkmale mehr als Mannigfaltigkeiten, denn als Verschiedenheiten, mehr als Uebergänge, denn als Scheidungen angesehen werden müssen: so gilt dies noch viel mehr von

den geistigen Eigenschaften, welche dem einen oder dem anderen Menschenhaufen vorzugsweise eigenthümlich sind.

Daher (vgl. oben) die Einheit des Menschengeschlechts, bei aller Schwierigkeit, seine gemeinsame Abstammung vollständig zu beweisen und die Entstehung seiner verschiedenen Abarten genügend zu erklären.

III. Anzahl und Verbreitung der Menschen nach Varietäten.

1. Die kaukasische Varietät, die verbreitetste und verbreitungsfähigste von allen, bevölkert Asien vom bengalischen, persischen und arabischen Meerbusen bis an den südlichen Rand des hinter-asiatischen und den nördlichen des vorder-asiatischen Hochlandes und bis zu den Küsten des kaspischen, schwarzen und mittelländischen Meeres, — breitet sich über den Kaukasus und von hier über ganz Europa (mit Ausnahme des höchsten Nordens), — über die Landenge von Suez und von da, wiewohl nicht ausschließlich, über N.-Afrika südwärts bis zur Sahara aus. Durch Kolonisationen hat sie überdies fast in allen übrigen Theilen der Erde Wohnplätze gewonnen, namentlich auf der atlantischen Seite Amerika's. — Sie zählt ungefähr in

Europa:	Asien:	Afrika:	Amerika:	Australien:
271½	231	28	40	über 1,

im Ganzen über 572 Millionen Mitglieder.

2. Die äthiopische Varietät ist dagegen nur auf dem beschränkten Raume zwischen dem 30.° S.B. und der Sahara heimisch, außerdem, in Folge gewaltsamer Verpflanzungen, auch in Westindien und dem europäischen Amerika. — Es giebt in

Asien:	Afrika:	Amerika:	in Summa:
1,	155,	9,	165 Millionen Neger.

3. Die mongolische Varietät bewohnt Nordost-Asien von den West-Gestaden des großen Ozeans bis zu den Küsten des Polar-, des schwarzen und kaspischen Meeres. Kolonien dieser Race auf der vorderindischen Halbinsel, in Vorder-Asien, auf der griechischen Halbinsel, an den Ufern der Theiß und mittleren Donau, am finnischen Busen und an den Nord-Gestaden Europa's. — Man zählt in

Europa:	Asien:	in Summa:
13	537	550 Millionen Mongolen.

4. Die amerikanische Varietät ist allein auf den Einen, heimischen Kontinent beschränkt, — hier aber von der Süd-Spitze bis zu den Nord-Küsten verbreitet; sie ist dennoch die schwächste, denn sie zählt nur etwa 16 Millionen Mitglieder.

5. Die malayische Varietät bewohnt die weite Inselwelt des indischen und großen Ozeans von Madagaskar bis zur Oster-Insel und den

australischen Kontinent. Neuere Ansiedelungen auf der Halbinsel Malakka und am siamesischen Meerbusen. — Man rechnet auf die

asiatischen, afrikanischen Inseln:		in Australien:
25,	5,	2½,

im Ganzen über 32 Millionen Malayen.

6. Die Zahl der Bewohner gemischter Race ist nicht unbedeutend; sie ist namentlich für Amerika charakteristisch, und beträgt hier etwa 10 Millionen.

7. In welchen Beziehungen steht der heimathliche Boden dieser Verbreitungsbezirke zu seinen Bewohnern?

IV. Von der Eintheilung des Menschengeschlechts nach Sprach- und Völkerstämmen und ihrer Verbreitung.

1. Minder augenfällig, doch vielleicht bedeutender, als die körperlichen, die Racen-Eintheilung begründenden Verschiedenheiten, sind die geistigen, die sich äußerlich zunächst in der Sprachverschiedenheit darstellen. — Diese letztere ist größer oder kleiner, je nach der entfernteren oder näheren leiblichen Verwandtschaft, — und darauf beruht die nationelle Gliederung des Menschengeschlechts.

2. Die natürliche Grundeinheit ist die Familie, deren Mitglieder nicht blos ganz ähnliche körperliche Bildungen, sondern auch eine auf einer gemeinsamen Geistesrichtung beruhende, fast vollkommene Sprachgleichheit zu haben pflegen. — Mehrere verwandte Familien bilden ebenso einen Stamm, mehrere verwandte Stämme eine Völkerschaft, ein Volk od. eine Nation, mehrere Nationen einen Völkerstamm, eine Völkergruppe oder Völkerfamilie; — immer aber spricht sich der Verwandtschaftsgrad dieser kleineren oder größeren Menschenhaufen nicht blos in einer gewissen Aehnlichkeit des körperlichen Gepräges, sondern noch viel mehr auch in der größeren oder geringeren Sprach-Uebereinstimmung aus, die überhaupt nur der Ausdruck der innerlichen Uebereinstimmung ist.

3. Die Geschiedenheit (Unverständlichkeit) der Sprache bedingt dagegen auch die nationelle. So wie aber ein Volk in verschiedene Zweige und Stämme zerfällt, so zerfällt seine Sprache in verschiedene Dialekte und Mundarten, — während die Sprachen mehrerer verwandter Völker einen Sprachstamm, eine Sprachfamilie bilden. — Man spricht daher, um die verschiedenen Verwandtschaftsgrade auszudrücken, von Mutter- und Tochter- und (richtiger) von Schwestersprachen.

Man unterscheidet außerdem todte und lebende, Ursprachen (?) und abgeleitete (gemischte).

4. Man hat die Zahl der verschiedenen Sprachen zu 860 (?) angenommen, die in 5000 (?) Dialekte zerfallen. — Diese sind indeß sehr

ungleich vertheilt und verbreitet. Einige werden nur von wenigen Völkerschaften auf einem geringen Gebiete gesprochen, — andere von Millionen auf sehr weiten Räumen. —

Von der angenommenen Zahl der Sprachen der Erde kommen auf

Europa:	Asien:	Afrika:	Australien:	Amerika:
53,	153,	115,	117,	422.

(Vgl. die entsprechenden Areal- und Bevölkerungszahlen der Erdtheile!)

5. So wie übrigens die Verschiedenheit der menschlichen Körperbildungen unendlich mannigfaltige Abstufungen und Uebergänge, Verwandtschaften und Entfremdungen darstellt: fast ebenso ist es mit der großen Zahl verschiedener Sprachen und Dialekte. — Und so wie angenommen werden muß, daß die sogenannte „Racen-Verschiedenheit" die Einheit des Menschengeschlechts keinesweges ernstlich in Zweifel stellt: ebenso wenig geschieht solches durch die bisher noch immer dunkle Verschiedenheit der Sprachen, um so weniger, als die Grenzmarken der Varietäten nicht immer Sprachen- und Völkerscheiden sind, weil die Zweige einer und derselben Sprachenfamilie zuweilen in verschiedene Varietäten zugleich hineinreichen. —

6. Dies ergiebt sich zum Theil schon daraus, daß man aus sprachlichen Gründen veranlaßt ist, die Menschen in sieben (nicht in fünf oder drei oder 2c.) Haupt-Völker- und Sprachen-Stämme zu theilen. Diese sind

I. Der chinesisch-japanische oder südost-asiatische (auf den Halbinseln Hinter-Indien und Korea und in den dazwischen liegenden Ländern und Inseln); — zerfällt in die 4 Familien der Chinesen, Indo-Chinesen, Koreaner und Japaner.

II. Der malayisch-australische (in der Verbreitungs-Sphäre der gleichnamigen Varietät); — zerfällt in: westliche Malayen (M. im engeren Sinne), östliche M. oder Polynesier und in die unbekannten Negritos-Völkerschaften.

III. Der afrikanische (in den mittleren und südlichen Ländern des gleichnamigen Erdtheils); — vielleicht nur drei Gruppen (Familien?): die braunen Völker von Süd-, die Neger von Mittel-, die Libyer (Berbern) von Nord-Afrika.

IV. Der tatarische (mongolische) oder hoch-asiatische (in allen übrigen Theilen von N.- und O.-Asien westwärts bis zum Ural, asosschen und kaspischen Meere, aber auch (untermischt) in Vorder-Asien und der griechischen Halbinsel); — ebenfalls 4 Familien: Tibetaner, Tataren und Mongolen (im engeren Sinne), Tungusen und Turk-Völker. —

V. Der uralische (ugrische, tschudische, finnische) Stamm (auf beiden Seiten des Ural, an den arktischen Küsten Asiens und Europa's, den bothnischen und finnischen Gestaden und (untermischt) in den ungarischen Ebenen, so wie auf dem transsylvanischen Hochlande); — 3 Völkergruppen: Westliche Tschuden (Finnen, Magyaren rc.), Samojeden und ost-sibirische Völker.

VI. Der amerikanische (in ganz Amerika, vielleicht auch auf den benachbarten Inseln und Halbinseln Asiens;) — nach unsicheren Eintheilungsgründen sieben Völkergruppen (Familien?).

VII. Der indisch-europäische (in der Verbreitungs-Sphäre der sogenannten „kaukasischen" Varietät); — 10 Familien: Indische (Sanskrit-), persische, kaukasische, griechisch-lateinische, keltische, germanische, slavische, lettische, semitische Völker und die Basken.

7. Der Zahl nach sind diese Haupt-Sprachen und Völker-Stämme etwa in folgender Weise über die Erde vertheilt:

	Europa:	Asien:	Afrika:	Amerika:	Australien:	Summa:	
I.	—	491	—	—	—	491	Mill.
II.	—	25,5	5	—	2,5	33	"
III.	—	—	156	9	—	165	"
IV.	3	64	—	—	—	67	"
V.	11	5	—	—	—	16	"
VI.	—	1	—	16	—	17	"
VII.	271	211,5	27	49,5 *)	1,3	560,3	"
Sa.:	285	798	188	74,5	3,8	1349,3	Mill.

V. Von der Verschiedenheit der Lebensweise und Gesittung der Völker.

1. Die Lebensweise der Völker wird bedingt durch die physische Beschaffenheit der Länder, durch ihre eigene innere, geistige Anlage und durch den Verkehr mit anderen Völkern; sie bezeichnet daher das Verhältniß der Menschen zur Natur ihrer Heimath, spiegelt in dem äußeren Leben die Eigenthümlichkeit des inneren wieder und bestimmt die Art und Weise des gesellschaftlichen Daseins.

2. Wo der Mensch sich in einer ganz isolirten oder abgeschlossenen und unzugänglichen Heimath ohne Mühe und Kampf von den Früchten des Waldes und Feldes zu ernähren vermag: da findet man ihn gewöhnlich in einem vollkommen thierischen Naturzustande, und seine Lebensweise ist daher eine blos vegetirende und nicht, wie fälschlich behauptet wird, eine „paradiesische."

3. Das Wanderleben der Jäger- und Fischervölker wird dagegen bedingt durch den Kampf des Menschen gegen eine karge Natur,

*) incl. der c. 10 Mill. betragenden Bewohner gemischter Race.

durch den feindseligen Verkehr mit den thierischen wie mit den menschlichen Mitgeschöpfen. Die Fristung des eigenen durch die Vernichtung fremden Lebens ist das alleinige Tagewerk. Es erlaubt nirgend ein stätiges Verweilen, nöthigt vielmehr zu fortwährenden Wanderungen. — Der Mensch ist der Sklave der heimathlichen Natur, verharrt in geistiger Rohheit, entwickelt jedoch alle seine körperlichen Fähigkeiten zur höchsten Potenz.

4. Das Hirtenleben, die nomadische Lebensweise ist auf den friedlichen Verkehr des Menschen mit gezähmten Thieren, auf die Existenz und Erhaltung der Hausthiere gegründet. Dem Hirten fehlt ebenfalls eine feste Wohnstätte; auch er ist an die Natur gekettet, denn er ist gezwungen, die Heerden von einem Weidegrunde zum anderen zu führen. Aber sein beweglicher Besitz sichert ihm ein unbedrängteres Dasein, gönnt ihm die Muße zur freien, belehrenden Betrachtung der Natur, erlaubt ihm friedliche Berührungen mit den Nachbarn, und gewährt ihm die ersten Anfänge eines geordneten gesellschaftlichen Zustandes. — Die Nomaden-Völker sind daher ebenfalls roh, doch nicht ohne Fähigkeit, sich zu höherer Gesittung und historischer Bedeutung emporzuschwingen.

5. Das Kulturleben der ansässigen Völker, — gegründet auf den Ackerbau, auf die schöpferische Belebung des heimathlichen Bodens, — löset die Fesseln der Naturnothwendigkeit, gewährt daher die dem Menschen gebührende Freiheit des Daseins, gibt ihm einen festen Besitz, eine Häuslichkeit, eine Heimath, und damit einen geordneten, sittlich beschränkten gesellschaftlichen Zustand; es sichert den friedlichen Verkehr der Völker, den Handel, ruft die mannigfachsten Thätigkeiten, das Handwerk, die Kunst, die Wissenschaft ins Leben, und verspricht die Entwicklung aller geistigen Fähigkeiten des Menschen.

6. Die vegetirenden Völker findet man in Australien, sowohl auf den Inseln als dem Kontinente, auch in Afrika, hier wie dort, neben Jäger- und Fischerstämmen und festen Ansiedelungen. — Das jagende und fischende Wanderleben ist vorzugsweise den zahlreichen, schwachen, aber über ungeheure Räume verbreiteten Stämmen Nord- und Süd-Amerika's eigen. — Die Nomaden sind von Australien und Amerika ganz und von Europa beinahe ausgeschlossen, dagegen ist ihnen in der alten Welt jener breite Gürtel großer Wüsten und Steppen zugefallen, welcher vom atlantischen bis zum stillen Ozean reicht. — Die angesiedelten, mehr oder minder kultivirten Völker sind über die ganze Erde verbreitet, und besonders zahlreich im Gebiete des indisch-europäischen und sinisch-japanischen Sprachstammes.

7. Der Zahl nach gehören zu den letzteren über fünf Sechstel der Menschheit, nämlich in

Europa:	Asien:	Afrika:	Amerika:	Australien:
283,5	708	80 (?)	66,5	1,8 Millionen.

Die Natur-Völker, zusammen fast 210 Millionen, zählen in

Europa:	Asien:	Afrika:	Amerika:	Australien:
1,5	90	108 (?)	8	2 Millionen.

VI. Von der Verschiedenheit des gesellschaftlichen Zustandes und den Staatsverbindungen.

Die Wandervölker leben in dem engen Kreise der Familie oder des Stammes, unter der patriarchalischen Leitung des natürlichen Familienältesten, des Stammeshäuptlings; für sie bedarf es keiner weiteren, mächtigeren Verbindungen. Was außer der Familie oder dem befreundeten Stamme, ist feindlich; — alle Berührungen mit Fremden daher gewöhnlich kriegerische; sie führen unter Jäger- und Fischer-Völkerschaften zum Vernichtungskampfe, unter Nomaden zunächst zu dem durch den Sieg festgestellten Verhältniß von Herren und Sklaven, welches zuletzt auszuarten pflegt in die willkührliche Alleinherrschaft eines Einzigen — des Despoten, — dem gegenüber alle Uebrigen Sklaven sind. — (Gründe aller dieser Erscheinungen!)

Die ansässigen, ackerbauenden Völker sind an die Heimath, an die Felder, die ihr Fleiß baute, an ihre Vorräthe gebunden; sie bedürfen für ihr unbewegliches Eigenthum eines kräftigen Schutzes gegen Außen, eines nach gegenseitigen Rechten und Pflichten abgewogenen, durch Gesetze festgestellten gesellschaftlichen Zustandes nach Innen, — überhaupt eines geordneteren Daseins, als die rohen Familien- oder Stammvereine gewähren; — sie bedürfen des Staates.

Die Art und Weise, die Form, in welcher sich dieser Zustand durch historische Verhältnisse, durch Herkommen oder Uebereinkunft ausgeprägt hat, bilden im Allgemeinen die „Verfassung" oder „Konstitution" des Staates.

Große Verschiedenheit der Staatsverfassungen: Einherrschaft oder Monarchie (die Autokratie, die absolute, wahre oder reine, die ständische u. parlamentarische Monarchie), — Vielherrschaft (Polyarchie), entweder m. monarchischen Formen (modern-konstitutionelle Monarchie) oder mit republikanischen, die auf verschiedene Weise ausgeprägt seyn können (Aristokratie und Demokratie mit ihren Ausartungen: Oligarchie und Ochlokratie). — Vielfältige Zwischenstufen. —

VII. Von den Religionen und ihrer Verbreitung.

1. Das innere Leben, der Charakter der Völker spricht sich nicht allein in der Verschiedenheit der Sprache, der Lebensweise und des gesell-

schaftlichen Zustandes, oder — mit andern Worten — nicht allein in dem Verhältniß des Menschen zur heimathlichen Natur und zu den Mitmenschen, sondern noch viel bezeichnender in der Religion, d. i. in der Art und Weise aus, wie er sein Verhältniß zu Gott auffaßt.

2. In dieser Beziehung sind zu unterscheiden: das Heidenthum, oder die von Menschen erfundene, der heimathlichen Natur entnommene, der Art und Weise des gesellschaftlichen Daseins angepaßte, darum verschieden ausgeprägte Vorstellung von Gott und der damit verbundene Kultus; — das Judenthum, die Religion des alten Bundes; — das Christenthum, die Offenbarung des wahren und einigen Gottes durch Jesum Christum, — und die Lehre Muhamed's, der Islam, eine der Eigenthümlichkeit des Stifters und seines Volkes angepaßte Verstümmelung jüdisch-christlicher Vorstellungen.

3. Alle heidnischen Religionen sind, weil sie nicht von Gott stammen, sondern aus der Eigenthümlichkeit menschlicher Vorstellungsweisen entsprungen sind, natürliche, oder, weil sie die Idee der Einheit Gottes aufgegeben haben, polytheistische Religionen genannt worden, — wogegen man die jüdische oder mosaische, die christliche und muhamedanische Religion, ungeachtet ihrer großen Verschiedenheiten, als monotheistische zusammenzufassen pflegt.

4. Judenthum und Islam welken dem sichern Untergange entgegen. Jegliches Heidenthum führt, als ein offenbarer Abfall von Gott, nothwendig zu immer größerer Entfremdung, zu immer tieferem Verfall, zuletzt zu thierischer Rohheit. — Das wahre, wohlverstandene Christenthum verbürgt dagegen die Veredlung und Verklärung, die Erlösung des Menschengeschlechts, verheißt die tröstliche Wiedervereinigung mit Gott, — und trägt, im Gegensatz mit jeder Art von Heidenthum, die Fähigkeit der Weltverbreitung in sich.

5. Da jede heidnische Religion durchaus lokal und nationell ist, so haben sich auch innerhalb einer jeden Varietät besondere Formen des Heidenthums ausgebildet, die, — weil sie bei den ausgebreitetsten, mächtigsten oder kultivirtesten ihrer Völker entstanden sind, und dann zuweilen auch bei anderen benachbarten und verwandten Völkern und Stämmen Eingang gefunden haben, — für die Charakteristik der Varietät im Allgemeinen von Bedeutung sind.

6. Das Heidenthum der kaukasischen Menschheit hat sich in solcher Art vorzugsweise in zwei Hauptformen ausgebildet: Das Brahmanenthum, die verbreitetste Religion der indischen Völker, auf der Halbinsel diesseit des Ganges, — und der Dualismus, der Feuerdienst oder die Zend-Religion, — von Zerduscht (Zoroaster) gestiftet, einst über ganz Iran verbreitet, gegenwärtig aber nur noch, mit

einer sehr geringen Zahl von Anhängern, in den Gebirgsschlupfwinkeln Persiens, Vorder-Asiens (Guebern), am östlichen Kaukasus-Fuße und auf der West-Küste Vorder-Indiens (Parsen).

7. Die weitverbreitetsten Religionsformen der mongolischen Menschheit sind das Buddhathum und das Schamanenwesen. Das erstere hat in ganz Nordost-Asien Anhänger, und ist im Himalaya, auf der hinter-indischen Halbinsel, dem malayischen Archipelag, auf Ceylon, aber auch, — neben den eigenthümlichen Staats-Religionen dieser Länder, — in China und Japan herrschend; — es ist die ausgebreitetste aller heidnischen Religionen, weil es sich überall dem älteren lokalen und nationellen Heidenthum der Völker nachbequemt hat. — Das Schamanenthum umfaßt alle übrigen nicht zum Buddhaismus übergegangenen mongolischen Heiden-Völker.

8. Mit dem Schamanenwesen einigermaßen verwandt ist der Fetisch-Dienst, das Heidenthum der äthiopischen Varietät. — Unter den Amerikanern und Malayen hat sich das Heidenthum auf minder ausgeprägte Weise gestaltet. Die Religionsformen der ersteren erinnern großentheils an Brahmanenthum, Buddhaismus und Schamanen-Dienst, aber die räumliche Zerstreuung der betreffenden Völker hat ihren religiösen Vorstellungen Leben und Zusammenhang genommen. Aehnliches scheint die ozeanische Isolirung bei den Malayen bewirkt zu haben, bei denen z. B Todtendienst, Menschenvergötterung, Tabu rc. nur als Trümmer älterer gemeinsamer Vorstellungen zu betrachten sind. — Die Ausbreitung des amerikanischen wie des malayischen Heidenthums ergibt sich aus dem weiter unten Nachfolgenden.*)

9. Dem Judenthume fehlt ein eigenthümlicher Verbreitungsbezirk. Zur Zeit seiner Blüthe auf ein sehr kleines Gebiet beschränkt, ist es nach seinem Verfalle, durch seine zersprengten Anhänger, fast über die ganze Erde, wenigstens unter alle angesiedelten Völker getragen worden.

10. Das Christenthum ist über ganz Europa fast ausschließlich, über die anderen Erdtheile so weit und weiter verbreitet, als die Kolonisationen der kaukasischen Varietät reichen. Außerdem ältere christliche Partheien in Habesch und Nubien und Aegypten (Kopten), auf dem kurdistanischen Hochlande, in Mesopotamien, Klein-Asien (Nestorianer oder chaldäische Christen) und Vorder-Indien (Thomas-Christen), in Syrien und (versprengt) in ganz Vorder-Asien (syrische Christen oder Jacobiten), in Armenien u. a. O. (armenische Christen).

11. Außer diesen älteren christlichen Partheien unterscheidet man:

*) In Betreff der Charakteristik und Würdigung der verschiedenen Religionen vergleiche man des Verf. „Grundzüge rc." III. 1. (3. Aufl. 1855)

die morgenländische oder griechisch- und die abendländische oder römisch-katholische Kirche, von denen jene in der größeren östlichen, diese in der westlichen Hälfte von Europa vorherrscht. Zwischen beiden steht die Kirche der unirten Griechen. — Außerdem haben sie sich, besonders die abendländische Kirche, sehr mannigfaltig gespalten. Aeltere Abzweigungen der letzteren: Waldenser u. Hussiten (böhmische u. mährische Brüder); neuere Spaltung der abendländischen Kirche in Katholiken u. Protestanten; — der Protestanten in Lutheraner, Reformirte (Calvinisten und Zwinglianer), unirte Evangelische, — in die anglikanische oder bischöfliche und die schottische (Presbyterianer oder Puritaner und Independenten) Kirche. — Außerdem noch zahlreiche Sekten, unter denen die Mennoniten und Baptisten (Taufgesinnte), die Brüder (Herrnhuter), die Freunde (Quäker) und die Methodisten (Wesleyaner) die bedeutendsten.

12. Die Anhänger des Islam zerfallen in zwei Haupt-Partheien: Sunniten und Schiiten und gegen 70 verschiedene kleinere Sekten. Die Muhamedaner sind, wie die Christen, vorzugsweise in der Verbreitungs-Sphäre der kaukasischen Menschheit, namentlich in Arabien, in ganz Nord- und Mittel-Afrika, in Persien und Indien bis zu den sundischen und philippinischen Inseln, in Vorder-Asien um den kaspischen See, am schwarzen Meere und auf der griechischen Halbinsel, doch — mit Ausnahme Arabiens — nirgend ausschließlich zu finden.

13. Der Zahl nach sind die verschiedenen Haupt-Religionen ungefähr folgendermaßen über die Erde verbreitet:

	Christen:	Juden:	Muhamedaner:	Heiden:	
In Europa:	275,2	3,4	6,0	0,4	Mill.
„ Asien:	20,0	1,8	92,2	684,0	„
„ Afrika:	7,0	1,0	42,0	138,0	„
„ Amerika:	62,4	0,1	—	12,0	„
„ Australien:	1,4	—	—	2,4	„
In Summa:	366,0	6,3	140,2	836,8	Mill.

Europa.

Erster Abschnitt.

Allgemeine Verhältnisse.

I. Vorerläuterungen.

1. Europa, fast der kleinste der Erdtheile (etwas üb. 178,000 □M., vgl. oben!), ist dennoch der wichtigste, weil seine Bewohner auf die ganze Menschheit in jeglicher Beziehung einen gestaltenden Einfluß ausüben.

2. Die eigenthümliche Lage Europa's (dreien anderen Erdtheilen benachbart, — nur mit einem derselben in kontinentaler Verbindung, — den großen Ozeanen abgewendet, — dennoch auf drei Seiten von Meeren umgeben), — seine Weltstellung hat auf die Ausprägung seiner Völker-Verhältnisse eine sehr bedeutende und entscheidende Einwirkung ausgeübt.

3. Dasselbe gilt von den eigenthümlichen Naturverhältnissen des Erdtheils.

II. Stamm- und Sprachverschiedenheiten in Europa.

4. Europa zeigt eine auffallende Mannigfaltigkeit der ethnographischen Erscheinungen. Denn wir unterscheiden in Europa, in Betreff der Nationalität und Sprache, zunächst innerhalb des indisch-europäischen Stammes, die Mitglieder von acht verschiedenen Völkerfamilien: der griechisch-lateinischen, germanischen, slavischen, celtischen, lettischen, semitischen, baskischen und indischen (Zigeuner), — und die drei zuerst genannten, die die Hauptmasse der Bevölkerung bilden, zerfallen wieder in zahlreiche Zweige und viele verwandte, doch durch Sprache und Nationalität geschiedene Völker; nämlich

die griechisch-lateinische Familie, welche vorherrschend die südwestlichen Halbinseln und Inseln Europa's bewohnt, in Neu-Griechen, Italiäner, Spanier, Portugisen, Franzosen und Provençalen, Wlachen, Rhätier und Illyrier (Albaneser oder Skipetaren);

die germanische Familie, deren Wohnplätze die Mitte und die nordwestlichen Halbinseln u. Inseln des Erdtheils einnehmen, in Deutsche (einschließlich der Friesen, Holländer, Flamländer und deutschen Schweizer), Schweden, Norweger, Dänen, Isländer und Engländer;

die slavische Familie, welcher der breite, flache Osten Europa's zugehört, in Russen (Ruthenen, Rußniaken 2c.), illyrische Slaven (Serben, denen die Bulgaren, Bosnier, Slavonier, Dalmatiner, Montenegriner u. a. ost-slavische Völkerschaften zuzurechnen, ferner Kroaten und Winden oder Slowenen), — in Polen oder Lechen, Böhmen oder Czechen, zu denen die Moravier und Slowaken 2c. gehören, sodann die Wenden oder Sorben. — Die minder zahlreichen Völker

der celtischen Familie findet man auf die äußersten West-Enden des Erdtheils zurückgedrängt: — die Walliser (Kymbrier) in Wales 2c. und die Armorikaner (Bretons) auf der Halbinsel Bretagne; die Iren in Ireland und die Gälen (Scoten) in Hoch-Schottland 2c.; die Wallonen in der Gegend der mittleren Maas.

Die lettische Familie zerfällt in vier kleine Völkerschaften an der Ostsee: Alt-Preußen u. Kuren, Litthauer, Letten, von denen nur die letzteren beiden ihre eigenthümlichen Mundarten, wiewohl mannigfach verunreinigt, bewahrt haben. — Von

der semitischen Familie sind die Hebräer oder Juden über den ganzen Erdtheil zerstreut, jedoch zahlreicher im Osten und in der Mitte desselben, als im W., und arabische Nachkömmlinge (Morisken) weilen in einigen südlichen Alpujarren-Thälern.

Die Basken hausen am westlichen Pyrenäen Ende und in den cantabrischen Bergen, und

die Zigeuner in wenigen zersprengten Schaaren in den verschiedensten Gegenden Europa's.

Außerdem beherbergt Europa eilf Völker tschudischen Stammes, nämlich aus

der Familie der finnisch-uralischen Völker: die beiden Zweige der nördlichen Finnen (Lappen ꝛc.), die am weißen Meere und in den lappischen Gebirgen — und der südlichen oder baltischen F. (zu denen auch die Esthen, Liven u. a. Völkchen gehören), die am finnischen Busen hausen; — die Ungarn oder Magyaren in den ungarischen Ebenen, dem transsylvanischen u. karpathischen Hochlande ꝛc., u. e. a. schwache Völkerschaften; ferner einen geringen Theil

der samojedischen Familie am Mezen u. an der Petschora.

Endlich neun Völker hoch-asiatischen (tatarischen) Stammes, und zwar

aus der türkischen Familie (von den eigentlichen Turk-Völkern), die osmanischen Türken auf der griechischen Halbinsel, namentlich in Thrazien, Mazedonien und Bosnien, aber auch in Bulgarien, Euböa ꝛc., u. einige turk-tatarische Stämme (Nogayen, Baschkiren u. a.) in dem Steppenlande am schwarzen u. kaspischen Meere; außerdem aus

der Familie der eigentlichen Tataren, u. zwar von ihrem westlichen oder kalmückischen Zweige, einzelne Stämme am unteren Don u. der unteren Wolga.

Auf diese Weise zählt man in Europa gegen sechzig stammverschiedene Völker, die 53 besondere, in zahlreiche Dialekte zerfallende Sprachen reden. — Und zwar verhält sich die Anzahl der indisch-europäischen zu der der tatarischen und tschudischen Völker = 2 : 1. — Aber dieses Verhältniß entspricht der Kopfzahl der betreffenden Stammverwandten keinesweges.

5. Eben deswegen finden wir, ungeachtet der eben dargelegten Mannigfaltigkeit, in den ethnographischen Verhältnissen vielmehr jene Gleichartigkeit wieder, welche dem klimatischen Charakter des Erdtheils eigenthümlich ist. Denn die Bewohner Europa's gehören, mit Ausnahme geringer mongolischer Stämme im äußersten N. und S.O. des Erdtheils,

Einer Menschenrace — der kaukasischen — und Einem Sprachstamme, — dem indisch-europäischen — an; nur $\frac{1}{22}$ der Bevölkerung Europa's gehört nicht zu dieser Einen „europäischen" Menschenart. Dazu kommt noch eine große Uebereinstimmung hinsichtlich der kirchlichen, gesellschaftlichen u. Gesittungs-Verhältnisse.

6. Unter den vierzig Nationen indisch-europäischen Stammes, welche der Erdtheil beherbergt, gehören gegen dreißig den drei Familien der griechisch-lateinischen, germanischen und slavischen Völker an, welche deshalb, so wie wegen ihrer überwiegenden numerischen und politischen Stärke, die herrschenden genannt werden müssen. — Dadurch ist eine Dreitheilung Europa's begründet, indem die griechisch-lateinischen Völker im Süden und Südwesten, die slavischen im Osten, die germanischen in der Mitte des Erdtheils numerisch wie politisch vorwalten, und alle übrigen in ihren Verbreitungssphären wohnenden Völker auf diese oder jene Weise sich einverleibt oder in Abhängigkeit gebracht haben. — Verschiedenheit jener Verbreitungssphären in Bezug auf ihre Ausdehnung, Lage und natürliche Ausstattung!

III. Religions- und Gesittungs-Verhältnisse.

7. Da dem Erdtheile die unermeßlichen Steppen Asia's und Amerika's fehlen, so hat die Natur den Menschen vorzugsweise auf feste Ansiedelungen hingewiesen. Unter c. 285 Mill. Europäern kaum über 1 Mill. Nomaden. Zugleich aber hat die große natürliche Mannigfaltigkeit, der große Formenreichthum des europäischen Bodens, seine vielfältige Durchdringung mit Meeresarmen u. Wasserstraßen die gleichzeitige Entwickelung der mannigfachsten Lebensrichtungen begünstigt: Acker- u. Bergbau, Handel, Schifffahrt, Steigerung jeglicher Gewerbthätigkeit, jedes wissenschaftlichen u. künstlerischen Strebens. — Daher ist die geistige Entwickelung der Europäer der aller übrigen Völker der Erde überlegen. — Europäisch u. Nicht-Europäisch sind Gegensätze geworden, wie Gebildet u. Roh. — In Folge dieses Verhältnisses beherrscht der kleinste Erdtheil die Welt. Wo ihm diese Herrschaft streitig gemacht wird, da geschieht es durch seine eigenen ausgewanderten Kinder. Außer ihrem Erdtheile gebieten die Europäer üb. mehr als 700,000 □M. u. etwa 225 Millionen-Menschen, — also im Ganzen über mehr als ein Drittel der bewohnbaren Erdoberfläche; sie selbst und ihre außer-europäischen Angehörigen bilden mehr als ein Drittel der gesammten Menschheit.

8. Wie die oben angegebenen Zahlen darthun, ist Europa sehr vorherrschend von Christen bewohnt. — Dieser religiösen Gleichartigkeit gegenüber bemerken wir zugleich eine große kirchliche Mannigfaltigkeit,

indem Europa's christliche Bevölkerung (c. 274 Mill.) in sich vielfach zerspalten ist.

9. Es gehören nämlich der griechischen Kirche und den älteren morgenländischen Sekten über 70, der römisch-katholischen c. 140, den verschiedenen protestantischen Kirchen etwa 64 Mill. Europäer an, und zugleich sind diese verschiedenen Partheien, namentlich die protestantischen, wiederum mannigfach getheilt. — Demnach läßt sich Europa auch in kirchlicher Hinsicht in drei große Theile scheiden. — Im Allgemeinen gilt, daß die lateinischen Völker der römisch-katholischen, die germanischen vorherrschend der protestantischen u. die slavischen meist der griechisch-christlichen Kirche zugethan sind. (Ueber zahlreiche Ausnahmen siehe unten!) — Der Osten des Erdtheils gehört daher der griechischen Kirche; in den Westen aber haben sich Katholiken und Protestanten dergestalt getheilt, daß jene die südlichen, diese die mittleren u. nordwestlichen Länder einnehmen. Mannigfaches Nebeneinanderwohnen beider Partheien. Ausschließlich gehören der katholischen Kirche nur die hesperischen u. italischen Halbinseln und Inseln; die protestantische herrscht entschieden vor auf den skandinavischen und dänischen Halbinseln und Inseln, sowie rings um die Küsten der Ost- und Nordsee.

IV. Politische Verhältnisse.

10. Die Art und Weise der gesellschaftlichen Zustände und Staatsverhältnisse entspricht in Europa — wie überall — den nationellen und religiösen Eigenthümlichkeiten, sowie den verschiedenen äußeren Lebensbedingungen. Daher auch in dieser Beziehung, bei großer Einartigkeit, die entschiedenste Mannigfaltigkeit der Erscheinungen. Das Christenthum schließt despotische, die gesteigerte Kultur patriarchalische Staatsformen aus, und wenn man die in jeder Beziehung Asien angehörenden Türken nicht berücksichtigt, so findet man in Europa nur monarchische oder republikanische Staatsformen. Die letzteren sind indeß in ihrer vollen Ausprägung nur Staaten von geringer Bedeutung eigen; die ersteren haben sich, bei einer gewissen allgemeinen Gleichartigkeit, im Einzelnen auf das Verschiedentlichste ausgebildet.

11. Unter den Völkern indisch-europäischen Stammes sind nur slavische, germanische und griechisch-lateinische zu eigenem politischen Dasein gediehen, da die celtischen, lettischen u. baskischen Stämme den Staaten jener einverleibt sind. Den letzten Schein eines eigenen nationellen Daseins nehmen unter ihnen allein noch die Basken und Iren in Anspruch.

Nur eins der tatarischen Völker — die osmanischen Türken — und nur eins der tschudischen — die Magyaren — sind in Europa zu einer eigenen Staatsbildung gelangt, aber der Türken-Staat ist der Auflösung nahe und der magyarische ist nur ein Theil einer größeren Monarchie.

In sehr großer Mannigfaltigkeit u. Zahl haben sich die Staaten der griechisch-lateinischen und germanischen Völker-Familie ausgebildet. — Die Slaven sind theils diesen letzteren oder dem türkischen Staate einverleibt, theils zu einem einzigen großen Ganzen, zum russischen Staate vereinigt worden, welcher letztere den ganzen Osten (fast $\frac{4}{5}$) des Erdtheils, jedoch nur etwa $\frac{1}{4}$ seiner Bevölkerung umfaßt; außerdem nur Trümmer oder Keime von selbstständigen Slaven-Staaten. — Zahlreicher sind die selbstständigen Staatswesen der griechisch-lateinischen, am zahlreichsten die der germanischen Völker. Am mächtigsten unter jenen der französische, unter diesen der britische und der preußische (Nordd. Bund), sowie der aus verschiedenen Volksstämmen gemischte österreichisch-ungarische. (Aufzählung der übrigen romanischen u. germanischen Staaten zweiten u. dritten Ranges.) — Ein Drittel aller Slaven, ein Neuntel der Romanen, aber nur ein Zwanzigstel aller Germanen ist stammfremden Staaten einverleibt. — Auf der andern Seite bestehen die Germanen-Staaten überhaupt bis zu einem Drittel ihrer Gesammtbevölkerung aus einverleibten Stammfremden, während solche Einverleibungen den slavischen u. romanischen Staaten nur in weit geringerem Maaße gelungen sind. — Europa's Staaten bilden ein System von politischen, möglichst im Gleichgewicht gehaltenen Kräften.

12. Die germanischen und romanischen Völker haben überdies ihre Herrschaft auch über nicht-europäische Länder ausgebreitet. — Namentlich die Engländer sind Herren in allen Erdtheilen über Länder, welche fast doppelt so groß sind, als Europa — Die Kolonien der lateinischen Völker (einst die bedeutendsten) bilden gegenwärtig an Ausdehnung nur den achten, an Bevölkerung kaum den zwei und zwanzigsten Theil der germanischen Kolonisationen. — Die italischen, der neugriechische und belgische, die deutschen und schweizerischen Staaten haben keine Kolonien. — Die Russen besitzen außer Europa ein weites, jedoch nur räumlich bedeutendes Gebiet.

Zweiter Abschnitt.

Die germanischen Staaten.

I. Allgemeine Verhältnisse.

1. Das germanische Ländergebiet in Europa übertrifft das romanische und noch mehr das slavische an natürlicher Mannigfaltigkeit. Einfluß dieser Landes-Physik auf die Gestaltungen des Volkslebens.

2. Den germanischen Staaten des Erdtheils gehört über zwei Fünftel seiner Bewohner, jedoch nur ein starkes Viertel seines Gesammt-Areals. — Es kommen nämlich

a) auf die 30 deutschen Staaten*) fast 23,000 □Mln. mit 84 Millionen Einwohner;

b) auf die 3 skandinavischen 16—17,000 □Mln. mit mehr als 7 Mill. Einwohner;

c) auf das anglo-britische Reich fast 5700 □Meilen mit über 29 Mill. Einw.,

so daß im letzteren etwa 5000, in den deutschen Staaten durchschnittlich über 3600, in den skandinavischen aber nur etwa 390 Menschen auf einer □Meile leben.

3. Von diesen c. 121 Mill. Menschen des germanischen Europa's sind nur etwa 75 Mill. germanischen Blutes. Am reinsten die Bevölkerung Skandinaviens, die stärkste Beimengung stammfremder Elemente in den unter a) aufgeführten Staaten (über 37 Mill.).

4. Europa's protestantische Bewohner gehören fast ausschließlich den germanischen Staaten und in diesen vorzugsweise germanischem Blute an. Auf diese Weise wird die Gesammtbevölkerung der germanischen Länder in kirchlicher Beziehung ungefähr in eine protestantische und eine katholische Hälfte getheilt, welche indeß räumlich keineswegs streng geschieden sind. — Die größte Gleichartigkeit, auch in kirchlicher Hinsicht, in dem ganz protestantischen Skandinavien; die größte Mannigfaltigkeit dagegen in den deutschen Ländern.

II. Deutschland, allgemeine Uebersicht.

a. Topische Verhältnisse.

5. Lage, Grenzen und Landesbeschaffenheit.**) (Vergl. die Charte und die betreffenden Abschnitte der 1. u. 2. Abthg.)

6. Flächen-Inhalt und Bestandtheile.

---

*) Mit Hinzurechnung von Oesterreich, der Schweiz, der Niederlande u. Luxemburgs.

**) Es sind hier und künftig bei dieser Rubrik alle Daten, welche die 1. Abtheilung, ohne Rücksicht auf die politische Eintheilung Europa's, enthält, mit Hülfe der Charte und dergestalt zu wiederholen, daß der Schüler lernt, die politischen Grenzlinien dem Laufe der Gewässer und dem Zuge der Gebirge anzuschließen, mithin nicht nur vollständig über die Lage und Ausbreitung der Staaten, sondern auch über die Weise ins Klare kommt, in welcher die von der Natur und die von den Menschen gezogenen Linien sich gegenseitig berühren, durchschneiden, übereinandergreifen u. s. w. oder — mit anderen Worten — welche Gebirge, Flüsse rc. einem durch die Politik zur Einheit erhobenen Länder-Aggregat, und wie weit sie ihm zugehören: damit der nach inneren Eintheilungsgründen in drei Lehrstufen zerlegte, doch äußerlich zusammengehörige Stoff sich zu Einem Ganzen verbinden möge. —

a. Der Norddeutsche Bund umfaßt	7541 □Mln.
b. Die süddeutschen Staaten	2095 „
c. Die deutschen Provinzen von Oesterreich . .	3605 „
d. Luxemburg und die deutsche Provinz Limburg der Niederlande	86 „
Das deutsche Gebiet im Ganzen =	13,327 □Mln.

b. Volks- und Staats-Verhältnisse.

7. *Anzahl und Vertheilung der Bevölkerung.*

a. In den 22 Staaten des Norddeutschen Bundes leben	29,244,500 M.; auf 1 □Ml.	3878 M.
b. In der süddeutschen Staatengruppe	8,524,500 „ „ „	4069 „
c. In den deutschen Provinzen Oesterreichs	13,559,000 „ „ „	3761 „
d. In den deutschen Provinzen der Niederlande	429,000 „ „ „	4987 „
Die Gesammt-Bevölkerung deutschen Gebiets	51,757,000 M.; auf 1 □Ml.	3883 M.

8. *Abstammung und Sprache.* Die Hauptmasse der vorstehenden Gesammt-Bevölkerung ist *deutscher* Abstammung, nämlich über 81 Prozent; — *Slaven* von verschiedenen Völkerschaften bilden fast 17 Prozent der Bevölkerung; in den östlichsten Provinzen Preußens sowie in einigen Provinzen Deutsch-Oesterreichs (wo sie auch in der Gesammtzahl die Deutschen überwiegen) sind sogar die *Mehrzahl* der Bewohner Slaven, fast überall aber haben sie deutsche Sitte und vielfach — namentlich in Preußen — schon völlig die *deutsche Sprache* angenommen. Außerdem *italienische* Bewohner in den südlichen deutschen Provinzen von Oesterreich, *französische* u. *wallonische* an den westlichen, *dänische* an den nördlichen, *littauische* an den *nordöstlichen* Grenzmarken der deutschen Lande. — Dagegen befinden sich, außerhalb Deutschlands und der deutschen Provinzen Oesterreichs, in Europa noch über 8 Mill. Menschen *deutscher* Abstammung (besonders in den russ. Ostsee-Provinzen, in Süd-Rußland, in Siebenbürgen, Ungarn, im Venetianischen, der Schweiz, im Elsaß, Lothringen, den Niederlanden, auch Dänemark), — so daß im Ganzen circa 51 Mill. Deutsche in Europa leben. — Die Deutschen zerfallen *sprachlich* in *Ober-* u. *Nieder-Deutsche.* — Zu diesen gehören die *Friesen*, *Westphalen*, *Niedersachsen* und die übrigen Stämme des *nördlichen*, zu jenen die *Obersachsen*, *Franken*, *Bayern*, *Schwaben*, *Oesterreicher*, überhaupt alle Stämme des *südl.* Deutschlands.

9 *Religion, Gesittung u. Volksthümlichkeit.* Von der Gesammt-Bevölkerung alles deutschen Gebietes sind etwa 26 Mill. *Katholiken* (davon fast die Hälfte allein in den deutschen Prov. von Oesterreich und fast 1/5 im übrigen Süddeutschland); und circa 24 Mill. gehören protestantischen Confessionen an (davon gegen 21 Mill. im Gebiet des Nordd. Bundes). — Von dem Reste sind etwa 600,000 Juden. — Die, durch ursprüngliche Anlage, die Vorgeschichte und die Naturverhältnisse des Landes bedingten Eigenthümlichkeiten des Volkes zeigen, wie Deutschlands Boden und Klima, bei einer gewissen Einartigkeit, zugleich eine große Mannigfaltigkeit der Erscheinungen. — Namentlich sind, trotz alles berechtigten Strebens nach Einheit, doch andrerseits nicht unerhebliche Unterschiede zwischen nord- und süddeutscher Volksthümlichkeit unverkennbar. Die Bildung aller Volksklassen ist, mit Hülfe des in den meisten Staaten trefflich eingerichteten Elementar-Schulwesens und einer großen Zahl

von Gymnasien und Universitäten, sehr vorgeschritten; deutsche Gelehrsamkeit ist weltberühmt, aber, was wichtiger, auch die Sittlichkeit ist relativ löblich, und das Interesse an geistigen und religiösen Dingen reger, der Sinn für Recht und Wahrheit lebendiger, als vielleicht sonst irgendwo. —

10. Alle Nahrungszweige blühen. Der Grad ihres Gedeihens und die Art ihres Betriebes wird vorzugsweise durch Natur- und historische Verhältnisse bedingt. Daher ist der Ackerbau besonders in den Ebenen am Fuße der äußeren Gebirgsränder und in breiteren Gebirgsthälern, — die Viehzucht überall neben dem Ackerbau und außerdem, in eigenthümlicher Art, auf Marsch- und Alpenboden, Fischfang und Schifffahrt an Meeren und Flüssen heimisch 2c. — Daher schließen sich die technischen Gewerbe theilweis der physischen Kultur an, theilweis — namentlich in ärmeren Gebirgs-, überhaupt in solchen Gegenden, deren Bodenertrag den Bedürfnissen der Bew. nicht genügt (das niederösterr. Donau-Thal, das nördl. Böhmen, die schlesischen Vorberge, die Oberlausitz, Erzgebirge und Voigtland, Thüringen und der Harz, Franken, die Berglande am Ober-, Mittel- und Nieder-Rhein und ihre Umgebungen), also auch in den großen Städten — erheben sie sich zu selbstständigen Industriezweigen der verschiedensten Art. — Daher blüht der Handel vornehmlich in den durch vortheilhafte Lage an natürlichen od. künstlichen Verkehrsbahnen u. s. w. begünstigten Gegenden; er hat sich wesentlich ausgedehnt durch die vermehrte Freiheit des Verkehrs und die Verbrüderung der Interessen, sowie seit der Gründung des deutschen Zollvereins (der gegenwärtig, bis auf einige kl. Gebietstheile, deren Beitritt zum Theil schon bald zu erwarten steht, den ganzen Nordd. Bund und die süddeutsche Staaten-Gruppe — ausschließlich Liechtensteins — im Ganzen ein Gebiet von 9070 □Mln. mit circa 36 Mill. Einw. umschließt.)*) Zur Berathung aller gemeinsamen Handels- und Verkehrs-Interessen steht neben dem von den Regierungen eingesetzten Zollbundesrath ein aus allgemeinen Wahlen hervorgehendes Zoll-Parlament, welches in Berlin tagt.

11. Politische Verhältnisse. Nach der im Jahre 1866 erfolgten Auflösung des ehem. deutschen Bundes haben sich die 22 nördlich des Main liegenden Staaten zu einem neuen, dem Norddeutschen Bunde vereinigt (s. unten), an dessen Spitze Preußen steht und der die Erhaltung der Unabhängigkeit des Gesammt-Vaterlandes und der einzelnen Bundesglieder, sowie die Wahrung aller nationalen Interessen nunmehr an erster Stelle zu vertreten hat. Oesterreich steht, auch mit seinen deutschen Provinzen, in keinerlei politischer Verbindung mehr mit dem übrigen Deutschland; die süddeutsche Staaten-Gruppe dagegen (s. unten) ist, sowohl durch den Zollverein wie auch durch besondere Schutz- und Trutz-Bündnisse für den Fall kriegerischer Verwicklungen, mit dem Norddeutschen Buude in sehr enge Beziehungen getreten, deren Befestigung von der weiteren deutschen Entwicklung abhängen wird. — Von den deutschen Gebieten der Niederlande (s. unten!) steht nur Luxemburg (durch den Zollverein) noch in einiger Beziehung zum übrigen Deutschland.

---

*) Nach der neuesten Volkszählung hat das Zollvereinsgebiet (mit Hinzurechnung beider Mecklenburg u. Lübecks) 38,279,426 M.

III. Der Norddeutsche Bundes-Staat.

a. Topisches.

A. Das Königreich Preußen	6393 □Mln.	
B. Die mittlere (sächsische) Gruppe (10 Staaten)	546	=
C. Die westliche Gruppe (4 Staats-Gebiete) . .	109	=
D. Die nördliche Gruppe (7 Staaten) . . .	493	=
22 Staaten mit zusammen	7541 □Mln.	

12. Lage, Grenzen und natürliche Beschaffenheit dieser Staaten-Gruppen. (wie oben!)

A. Die Preußische Monarchie, mit Lauenburg.

13. Bestandtheile und Flächeninhalt.

a. Oestliche Provinzen		3735 □Mln.
1. Kurfürstenthum Brandenburg .	724,4 □Mln.	
2. Herzogthum Pommern . . .	574,8 =	
3. „ Schlesien . . .	731,2 =	
4. Königreich Preußen	1179,0 =	
5. Großherzogth. Posen . . .	525,4 =	
b. Mittlere Provinzen		1494 □Mln.
6. Herzogthum Sachsen . . .	458,1 □Mln.	
7. Königreich Hannover (1866 neu erworben)	698,9 = *)	
8. Die Herzogth. Schleswig, Holstein und Lauenburg (1864 bis 1866 neu erworben)	336,7 = **)	
c. Westliche Provinzen		1164 □Mln.
9. Westphalen	366,6 □Mln.	
10. Rheinprovinz	486,6 =	
11. Provinz Hessen (1866 neu erworben)	289,6 =	
12. Hohenzollern	21,1 =	
Zusammen (wie oben)	6393 □Mln.	

Lage, Grenzen u. Beschaffenheit dieser Provinzen. (wie oben!)

14. Eintheilung und Wohnplätze.***)

a. Brandenburg zerfällt in die Reg.-Bezirke Potsdam mit dem

*) nebst dem Jahde-Gebiet (0,2 □Mln.).

**) Das Herzogthum Lauenburg = 19 □Mln.

***) Städte von mehr als von 50,000 Einw. sind mit größerer und gesperrter, — von 20,000—50,000 Einw. mit größerer, — von 10,000—20,000 Ew. mit kleinerer und gesperrter, — von weniger als 10,000 Einw. nur mit kleinerer Schrift gedruckt. H. hinter einem Namen bedeutet Hafen, K.H. Kriegshafen, F. Festung, U. Universität. —

Bez. der Haupt- und Residenzstadt Berlin (632,000 Einw.), U., den Städten Potsdam (42,000 Einw.), Brandenburg, Spandau, F., Charlottenburg, Luckenwalde, Jüterbogk, Wittstock, Neu-Ruppin, Wittenberge, Perleberg, Prenzlau, Schwedt, Wriezen, Freienwalde, Neustadt-Eberswalde, — Frankfurt, worin Frankfurt (a. d Oder), Guben, Sorau, Spremberg, Landsberg (a. d. Warthe), Küstrin, F, Königsberg (i. d. Neumark), Züllichau, Kottbus, Krossen.

b. Pommern. Drei Reg.-Bez.: Stettin mit der Hptstdt. Stettin (70,000 Ew.), F., H., Swinemünde, H., Pasewalk, Anklam, H., Demmin, H., Pyritz, Gollnow, Stargard, Treptow (a. d. Rega), Kammin, H., Wollin; — Köslin, worin Köslin, Kolberg, F, H., Rügenwalde, H., Neu-Stettin, Lauenburg, Stolpe, H.; — Stralsund, worin Stralsund, F., H., Greifswald, U., H., Wolgast, H., Bergen (auf Rügen).

c. Schlesien. Ebenfalls drei Reg.-Bez.: Breslau, worin die Hptstadt. Breslau (163,000 Ew.), U., Brieg, Schweidnitz, Langenbielau (Dorf), Freiburg, Waldenburg, Frankenstein, Reichenbach, Silberberg, Glatz, F., Oels; — Liegnitz, wo Liegnitz, Glogau, F., Grüneberg, Görlitz, Goldberg, Bunzlau, Sagan, Löwenberg, Hirschberg, Schmiedeberg, Jauer, Wahlstatt; — Oppeln, wo Neisse, F., Oppeln, Ratibor, Beuthen, Tarnowitz, Kosel, F., Leobschütz, Gleiwitz u. Pleß zu merken.

d. Preußen (Ost- und West-Preußen) zerfällt in vier Regierungsbezirke: Königsberg, worin die Haupt- und Residenzstadt Königsberg (101,000 Ew.), U., H., F., Pillau, F., H., Wehlau, Rastenburg, Braunsberg (Lyceum), Heilsberg, Preußisch-Eilau, Friedland, Memel, H; — Gumbinnen, worin Tilsit, Gumbinnen, Insterburg; — Danzig, mit den Städten Danzig (90,000 Ew.), F., H., Elbing, Marienburg, Dirschau; — Marienwerder, worin Thorn, F., Marienwerder, Konitz, Graudenz, F., und Kulm.

e. Posen. Zwei Reg.-Bez.: Posen, worin Posen (53,000 Ew.), F., Fraustadt, Meseritz, Rawicz, Polnisch-Lissa, Krotoschin, Kempen; — Bromberg, worin Bromberg, Gnesen, Schneidemühl und Inowrazlaw.

f. Sachsen zerfällt in drei Reg.-Bez.: Magdeburg, worin Magdeburg (70,000 Ew.), F., Halberstadt, Quedlinburg, Burg, Kalbe, Stendal, Salzwedel, Tangermünde, Aschersleben, Wernigerode; — Merseburg, worin Halle, U., Merseburg, Weißenfels, Naumburg, Zeitz, Sangerhausen, Eisleben, Eilenburg, Torgau, F., u. Wittenberg, F.; — Erfurt, wo Erfurt, F., Suhl, Langensalza, Mühlhausen, Nordhausen, Heiligenstadt.

g. Hannover ist in Amtshauptmannschaften eingetheilt u. zerfällt außerdem in 6 Landdrosteien: Hannover mit der Hptst. gl. N. (79,000 Ew.), und Hameln; — Lüneburg, wo Lüneburg, Celle, Harburg und Geestemünde, H.; — Stade, worin Stade und Verden; — Hildesheim, worin Hildesheim, Gottingen, U., Goslar u.; — Osnabrück, worin Osnabrück,

Lingen und Papenburg; — Ostfriesland, worin Aurich, Leer u. Emden, H. — und die Berghauptmannschaft Klausthal, wo die Bergstädte Klausthal, Zellerfeld 2c.

h. Schleswig und Holstein bilden einen Reg.-Bez.: In Schleswig: Flensburg, H., Schleswig, Hadersleben, Apenrade, Eckernförde, Düppel-Sonderburg, F. — In Holstein: Altona (52,000 Ew.), Glückstadt, Itzehoe, Blankenese, Rendsburg, F., Kiel, U, Neumünster, Ploen.

Das Herzogthum Lauenburg mit der Hptstadt. Ratzeburg bildet einen eigenen Verwaltungs-Bezirk.

i. Westphalen zerfällt in drei Reg.-Bez.: Minden, worin Minden, F., Herford, Bielefeld, Paderborn und Hörter; — Münster, wo Münster, kathol. U., Warendorf, Bocholt; — Arnsberg, wo Arnsberg, Iserlohn, Altena, Hagen, Schwelm, Siegen, Dortmund, Unna, Soest, Hamm und Lippstadt.

k. Rheinprovinz. Fünf Reg.-Bez.: Düsseldorf, wo Düsseldorf, Elberfeld (62,000 Einw.) und Barmen (59,000 Einw.), Remscheid, Burtscheid mit Leichlingen, Höhescheid mit Merscheid, Solingen, Ronsdorf, Lennep, Mühlheim (a. d. Ruhr), Essen, Duisburg, Wesel, F., Emmerich, Kleve, Geldern, Krefeld (53,000 Ew.), Neuß; — Köln, wo Köln (122,000 Ew.), F., H., Bonn, U., Siegburg, Mühlheim (a. Rhein), Bensberg; — Koblenz, wo Koblenz, F., H., mit Ehrenbreitenstein, F., Neuwied, Wetzlar, Kreuznach; — Trier, mit Trier, Saarbrück u. Saarlouis, F.; — Aachen, mit Aachen (63,000 Ew.), Burtscheid, Düren, Eschweiler, Jülich, Eupen, Malmedy.

l. Provinz Hessen (das ehemalige Kurfürstenthum Hessen, Herzogthum Nassau, Landgrafschaft Hessen-Homburg und Gebiet der Stadt Frankfurt), zerfällt in zwei Reg.-Bez.: Kassel, mit Kassel (40,000 Ew.), Wilhelmshöhe, Eschwege, Rinteln, Marburg, U., Fulda, Hersfeld, Hanau, Bockenheim, Frankfurt (am Main, 78,000 Ew.); — und Wiesbaden, mit Wiesbaden, Bieberich, Ems u. m. a. Taunusbäder, Weilburg, Dietz, Oranienstein, Homburg (vor der Höhe), Meisenheim.

m. Hohenzollern (bildet einen eigenen Verw.-Bezirk), mit Siegmaringen, Hechingen und (nahe letzterem Orte) die Stammburg Hohenzollern.

B. Mittlere (sächsische) Gruppe der Staaten des Norddeutschen Bundes:

a.	Das Königreich Sachsen	271,8	□Mln.
b.	" Großherzogth. Sachsen-Weimar	66,0	"
c.	" Herzogthum Anhalt	48,3	"
d.	" " Sachsen-Meiningen	45,0	"
e.	" " " Coburg u. Gotha	35,7	"
f.	" " " Altenburg	24,0	"

g. Das Fürstenthum Schwarzburg=Rudolstadt . . 17,6 □Mln.
h. „ „ „ Sondershausen 15,6 „
i. „ „ Reuß, jüngere Linie . . . 15,0 „
k. „ „ „ ältere „ . . . 6,8 „
10 Staaten, zusammen (wie oben) 545,8 □Mln.

15. Lage, Grenzen und Beschaffenheit der einzelnen Staaten. (wie oben!)

16. Eintheilung und Wohnplätze.

a. Königr. Sachsen. 4 Kreise: Dresdner Kr., worin die Landeshptstdt. Dresden (145,000 Ew.), Freiberg, Meißen, Pirna, Königsstein, F.; — Leipziger Kr., wo Leipzig (85,000 Ew.), U.; — Budissiner Kr., wo Bautzen, Zittau, Herrenhut; — Zwickauer Kr., wo Zwickau, Chemnitz, Schneeberg, Annaberg, Plauen, Crimmitschau, Reichenbach ꝛc.

b. Weimar, wo Weimar, Jena, U., Neustadt, Eisenach, Apolda.

c. Anhalt, mit Dessau, Cöthen, Zerbst, Bernburg, Ballenstädt.

Merkwürdige Gebiets=Zersplitterung der sächsischen und thüringischen Herzogthümer und Fürstenthümer.

d. S.=Meiningen mit Meiningen, Hildburghausen, Sonneberg, Saalfeld.

e. S.=Cob.=Gotha, wo Gotha, Coburg, Waltershausen.

f. S.=Altenburg, wo Altenburg.

g. u. h. beide Schwarzburg, wo Sondershausen u. Arnstadt; — Rudolstadt u. Frankenhausen.

i. u. k. beide Reuß mit Greiz, Schleiz u. Gera.

C. Westliche Staaten=Gruppe.

a. Fürstenthum Lippe=Detmold . . . . 20,6 □Mln.
b. „ Schaumburg=Lippe . . . . . . 8,0 „
c. „ Waldeck=Pyrmont . . . . . . 20,3 „
d. Provinz Oberhessen des Großherzogthums Hessen 59,7 „
4 Staatsgebiete, zusammen (wie oben) 108,6 □Mln.

17. Lage, Grenzen, Beschaffenheit dieser Gebiete. (wie oben!)

18. Eintheilung und Wohnplätze.

a. Lippe=Detmold mit dem Hptort. Detmold, u. Lemgo.

b. Schaumburg=Lippe mit dem Hptort. Bückeburg, u. Wilhelmstein.

c. Waldeck, zwei getrennte Grafschaften, mit Arolsen u. Pyrmont.

d. Oberhessen s. Großherzogth. Hessen (Süddeutsche Staaten=Gruppe.)

D. Nördliche Staaten=Gruppe.

a. Großherzogthum Mecklenburg=Schwerin . . . . 244 □Mln.
b. „ „ Strelitz . . . . 49,5 „
c. „ Oldenburg . . . . 116,9 „
d. Herzogthum Braunschweig . . . . 67,0 „

e. Hamburg		. . . .	6,3 □M.
f. Lübeck	freie Hansestädte	. . . .	6,0 „
g. Bremen		. . . .	3,5 „
		7 Staaten, zusammen (wie oben)	493,2 □M.

19. Lage, Grenzen, Beschaffenheit. (Behandlung wie oben!)

20. Eintheilung und Wohnplätze.

a. u. b. In Mecklenburg: Schwerin, Rostock, U, H., Wismar, Güstrow, Parchim, Ludwigslust, — Neustrelitz, Neu-Brandenburg

c. Oldenburg mit dem Fürstenthum Lübeck und dem Fürstenthum Birkenfeld, welche beide abgesonderte Gebiete bilden. Die wichtigsten Orte sind: Oldenburg, Brake, H., Varel, H.; — Eutin; Birkenfeld u. Oberstein.

d. Braunschweig, mit Braunschweig (45,000 Ew.), Wolfenbüttel, Helmstädt, Blankenburg, Holzminden.

e. Hamburg besteht aus der Stadt gl. N. (175,000 Ew.), H., und mehreren getrennten Gebieten, in denen Bergedorf und Cuxhafen, H., die Hauptorte.

f. Lübecks Hauptgebiet a. d. unt. Trave mit der Stadt (32,000 Ew.) u. Travemünde, H., Außerdem einige kl. im Lauenburgischen liegende Gebietstheile.

g. Bremen, wo außer der gebietenden Stadt (70,000 Ew.) Bremerhafen u. Vegesack zu merken.

b. Volks- und Staats-Verhältnisse des Nordd. Bundes.

1. Im Allgemeinen.

21. Bevölkerungs-Zahl und Vertheilung.

1.	Im preuß. Staate leben: .	23,580,000 M.;	auf 1 □M.:	3692 M.
2.	In den 10 mittl. Staaten . .	3,592,000 „	„	6578 „
3.	„ „ 4 westl. „ . .	427,500 „	„	3922 „
4.	„ „ 7 nördl. „ . .	1,645,000 „	„	3336 „
	Zusammen (wie oben)	29,244,500 M.;*)	auf 1 □M.:	3876 M.

22. Abstammung und Sprache. Die weit überwiegende Masse der Bevölkerung des Bundes ist deutschen, und zwar vorzugsweise niedersächsischen Stammes. Nur gegen 3 Mill sind nicht deutscher Abstammung, davon über 2½ Mill Slaven und etwa 350,000 Juden Die Slaven bewohnen fast nur preußisches Gebiet. (Vergl. das Nähere unten bei dem „preuß. Staat") Die deutsche Sprache (u. zwar meist die niederdeutschen Mundarten) ist im ganzen Bundesgebiet die herrschende, und nur in den östlichsten Grenzprovinzen Preußens wird neben ihr die polnische, an den westlichsten Grenzmarken die französische und an den nördlichsten die dänische gesprochen.

23. Religion, Volksthümlichkeit und Gesittung. Die große Mehrzahl der Bewohner (fast 71 %) gehört den protestantischen Konfessionen an. Etwa 27 % sind Katholiken und etwas über 2 % gehören zu anderen Religionsbekenntnissen. Ge-

*) Nach der Volkszählung vom 3. Dez. 1867 leben:

im preuß. Staate	23,965,198 M.	= 24,013,765 M.
in Lauenburg	48,567 „	
im ganzen Nordd. Bunde		29,894,857 „

sittung u. Volksthümlichkeit sind, der Abstammung u. Religion entsprechend, im ganzen Bundesgebiete ohne irgend erhebliche Unterschiede; für Schulbildung ist überall trefflich gesorgt, dieselbe daher auch in den einzelnen Staaten sehr gleichmäßig im Volke verbreitet — nur die östlichsten, mehr slavischen Provinzen Preußens, und zum Theil Mecklenburg haben die sonst vorhandene Stufe der Bildung bis jetzt noch nicht ganz erreicht. — Jedenfalls sind alle Vorbedingungen zu einem tüchtigen und einheitlichen Streben in der gesammten norddeutschen Bevolkerung vorhanden.

24. In Betreff der Nahrungszweige, der Pflege von Handel und Verkehr ist gleichfalls im ganzen Bundesgebiete viel Gleichartiges oder doch ein sehr reges gemeinsames Interesse wahrzunehmen. (Vergl das Nähere bei den einzelnen Staaten.) Durch die verfassungsmäßige einheitliche Verwaltung der Eisenbahnen, Posten und Telegraphen, gemeinsame Verwendung der Bundes-Einnahmen, Zölle ꝛc., überhaupt sämmtlicher gemeinschaftlichen Finanz-Angelegenheiten, sowie durch das für das ganze Bundesgebiet bestehende gemeinsame Indigenat ist der fortgesetzten gedeihlichen Entwicklung von Handel, Gewerbe und Verkehr eine bedeutungsvolle Zukunft gesichert; der Zollverein verbindet die süddeutschen Staaten in Betreff zahlreicher materieller Interessen schon jetzt enge mit dem Nord-Bunde (s. oben!), und von der gleichfalls einheitlichen Leitung des gesammten Seewesens dürfen reiche Früchte für den überseeischen Verkehr erwartet werden.

25. Politische Verfassung. Die Anfang 1867 perfekt gewordene Bundes-Verfassung bestimmt, daß der Bund innerhalb seines Gebietes u. innerhalb gewisser Kompetenz-Grenzen das Recht der Gesetzgebung ausübt, und zwar so, daß die Bundesgesetze den Landesgesetzen vorgehen. Förderung aller gemeinsamen materiellen Interessen, wie sie vorstehend im Wesentlichen bereits angegeben sind, eine gemeinschaftliche Justizpflege, soweit dieselbe für die allgemeinen und Verkehrs-Verhältnisse erforderlich ist — und nicht minder eine starke Wehrhaftigkeit durch ein einheitliches Heer und eine einheitliche Kriegsmarine, welche Allen gleiche Lasten auferlegen, aber auch gleich kräftigen Schutz gewähren — dies sind die wichtigsten Gegenstände, welche der Fürsorge der Bundesgesetzgebung zugewiesen sind. Letztere wird ausgeübt durch den Bundesrath, in welchem die Krone Preußen das Präsidium hat und über 17 Stimmen verfügt, während Sachsen 4, Mecklenburg-Schwerin und Braunschweig je 2, alle übrigen Staaten je 1 (die nichtpreuß. zusammen also 26 Stimmen) führen, — u. durch den Reichstag Der Bundesrath wird durch Bevollmächtigte der Regierungen gebildet, der Reichstag durch allgemeine direkte Wahlen mit geheimer Abstimmung. Den Vorsitz im Bundesrathe und die Leitung der Geschäfte führt der Bundeskanzler, der vom Präsidium ernannt wird. — Der jedesmalige König von Preußen steht als Bundesfeldherr an der Spitze des gesammten Bundesheeres, welches aus Linie, Reserve u. Landwehr besteht. Der Organisation desselben, welche im Anschluß an die preuß. Armee erfolgt ist, sind die bewährten Einrichtungen derselben zu Grunde gelegt. Jeder Norddeutsche ist wehrpflichtig, Stellvertretung nicht gestattet. Die Dienstzeit im stehenden Heere dauert bei der Fahne 3, in der Reserve 4, in der Landwehr 5 Jahre. Für gebildete junge Leute ist durch die Institution der einjährigen Freiwilligen dieselbe Abkurzung der Dienstzeit ermoglicht, welche vordem schon in Preußen zulässig war. Die Stärke der Friedens-Armee ist bis auf Weiteres auf 1% der Bevölkerung des Bundes (also circa 300,000 M.) festgesetzt. Die gesammte Kriegsmacht des Bundes würde etwa 1 Mill. Streiter betragen. — Den einzelnen Kontingents-Herrn ist ein gewisser Einfluß auf ihre resp. Truppentheile verblieben, soweit die Einheit der Armee dadurch nicht angetastet wurde. — Die Bundes-Kriegs-Marine ist

gleichfalls eine einheitliche, unter preuß. Oberbefehl; sie wird vom König von Preußen organisirt 2c. Der Kieler- u. Jahde-Hafen sind Bundes-Kriegshäfen. Die Flagge der Kriegs-Marine ist — ebenso wie die der Handels-Marine — schwarz-weiß-roth. — Bedeutung der militärischen Organisation des Bundes nicht allein für die ansehnliche Streitbarkeit desselben und die Sicherung seiner materiellen Interessen — sondern auch für die sozialen Zustände und die Ausbildung aller tüchtigen moralischen Eigenschaften der gesammten Nation.

2. Im Speziellen.

A. Volks- und Staats-Verhältnisse des preußischen Staates.

26. Bevölkerungs-Zahl und Vertheilung.

Im ganzen Staate leben (i. J. 1868) über 23½ Mill. Menschen; daher auf 1 □Ml. durchschnittlich 3605 und zwar in den

	5 östlichen,	3 mittleren,	westlichen Provinzen des Staats:
	12,103000;	4,966000;	6,479000 Menschen;
also:	3242;	3324;	5566 auf 1 □Ml.

Genauer:

In Preußen	3,014000 M.,	und auf 1 □Ml.	2556;*)
„ Posen	1,524000	„ „ „	2900;
„ Brandenburg	2,617000	„ „ „	3613;
„ Pommern	1,437000	„ „ „	2500;
„ Sachsen	2,044000	„ „ „	4462;
„ Schlesien	3,511000	„ „ „	4802;
„ Westphalen	1,667000	„ „ „	4547;
„ der Rhein-Provinz	3,346000	„ „ „	6876;
„ Hohenzollern	65000	„ „ „	3080;
„ Lauenburg	50000	„ „ „	2632;
„ Hannover (m. Jahde-Geb.)	1,925000	„ „ „	2754;
„ Schleswig-Holstein	947000	„ „ „	2980;
„ der jetzigen Provinz Hessen	1,401000	„ „ „	4865.

Die am schlechtesten bevölkerte Provinz ist daher Pommern, wo der Reg.-Bez. Köslin nur circa 2100 M. auf 1 □Ml., hat; auch Theile von Hannover sind sehr dünn bevölkert (Landdrostei Lüneburg nur 1780 M. auf 1 □Ml.); — am besten bewohnt dagegen die Rhein-Prov., namentlich der Reg.-Bez. Düsseldorf, wo sich durchschnittlich fast 12,000 M. auf 1 □Ml. finden. — Näher betrachtet haben die Kreise Düsseldorf, Elberfeld, Lennep und Solingen, Aachen und Eupen (mit 14,000—15,000 M. auf 1 □Ml.) die dichteste, die Kreise Schlochau, Konitz und Rummelsburg (mit circa 1100 M. auf 1 □Ml.) die spärlichste Bevölkerung. — Fast ein Drittel der Gesammt-Volkszahl (über 7 Mill.) findet sich in den 1214 Städten der Monarchie, unter denen die zwölf größten allein 1,600000 Bew. zählen, während deren mehr als 600 vorhanden sind, deren Einwohnerzahl nicht bis auf 2500 gestiegen ist.

27. Abstammung und Sprache Die Bewohner des preuß. Staats sind vorherrschend (etwa 88 %) Deutsche; nur in der Provinz Posen bildet, neben einer

*) Hier und künftig: Weise und Grad des Zusammenhanges zwischen der Bevölkerungsdichtigkeit und der natürlichen Beschaffenheit eines Landes, und was daraus abzuleiten ist; — zugleich muß die Repetition aller topischen Verhältnisse der Länder den ethnographisch-statistischen Erörterungen vorangehen, besonders da, wo beide Abschnitte in verschiedenen Kursen oder Unterrichtsstufen vorgetragen werden.

zahlreichen deutschen Bevölkerung, die slavische die größere Hälfte, auch in Preußen und Ober-Schlesien ist diese zahlreich. — Im ganzen Staate verhalten sich Deutsche u. Slaven der Zahl nach etwa wie 10 zu 1. — Zu den Slaven gehören die Polen im Posenschen und in West-Preußen, im südlichen Ost-Preußen (Masuren), südöstlichen Ober-Schlesien und (Kassuben) an der Leba, Lupow und oberen Stolpe, — die Wenden (Sorben) im südl. Theile des Reg.-Bez. Frankfurt und im westlichen des Reg.-Bez. Liegnitz, — einige und 20,000 czechische Slaven in den böhmischen Grenzgegenden Schlesiens. — Außer den Deutschen u. Slaven: 163,000 Litthauer im nordöstlichsten Preußen, einige romanisch-celtische Bew. (Franzosen u. Wallonen) im S.W. der Reg.-Bez. Trier und Aachen; ferner 314,800 Juden (am zahlreichsten in Berlin, wo es fast 25,000 giebt, und in der Prov. Posen, überhaupt in allen von Slaven bewohnten Gegenden) und wenige Zigeuner.

28. Religion. Im Allgemeinen gehört der preuß. Staat entschieden zu den protestantischen Ländern Europa's; aber über 32 Prozent der Bevölkerung sind katholisch; es bekennen sich nämlich:

15,415000 Menschen zur evangelischen und
7,802000 „ „ römisch-katholischen Kirche.

Jene ist im östlichen, diese im westl. Theile des Staats überwiegend, doch giebt es hier wie dort und in allen Provinzen Bekenner beider Konfessionen.

Genauer: Entschieden vorherrschend ist die Zahl der Protestanten in den Prov. Schleswig-Holstein-Lauenburg, Pommern, Brandenburg und Hannover, sowie in den Reg.-Bez. Gumbinnen, Merseburg, Magdeburg, Kassel, Liegnitz, Königsberg, Minden; weniger in Arnsberg, Breslau, Erfurt u. Wiesbaden; dagegen überwiegt die katholische Bevölkerung sehr entschieden in der Rhein-Provinz, den Reg.-Bez. Münster, Oppeln und Posen, — weniger im Reg.-Bez. Bromberg, sowie in der Landdrostei Osnabrück. In den Reg.-Bez. Danzig und Marienwerder halten sich beide Konfessionen fast das Gleichgewicht. —

Außerdem eine geringe Zahl von griechischen Christen, vorzugsweise in Ost-Preußen; eine bedeutendere (14800) von Mennoniten in West-Preußen; — Juden (vgl. oben!).

29. Gesittung. So wie in Sprache und Abstammung, so sind die Bewohner des preuß. Staats, der weit überwiegenden Mehrzahl nach, auch in Gesittung und Bildung durchaus deutsch; Preußen wetteifert in diesen Beziehungen mit den in solcher Hinsicht gefördertsten Theilen des deutschen Gesammt-Vaterlandes, und zeichnet sich durch die im Volke verbreiteten Schulkenntnisse vor allen übrigen europ. Ländern aus. Es hat mit seinen zahlreichen Universitäten (9 vollständige und die kath. Akademie in Münster) und 72 Seminarien, seinen 194 Gymnasien, 47 Progymnasien, 117 Gewerb-, Real- und höheren Bürger- und seinen circa 26,000 Volksschulen die Mittel so wie die Tendenz zu einer höheren Steigerung der geistigen Bildung erhalten, — und andere Institutionen, namentlich das eigenthümliche Wehr-System des Landes (s. unten), wirken gleichfalls sehr bedeutsam in derselben Richtung. Die slavischen Landschaften nehmen noch nicht überall Theil an derselben, — und unter den deutschen die katholischen und Fabrik-Gegenden am wenigsten, sowie das niedere Volk der großen Städte.

30. Nahrungszweige. Ein Theil der Provinzen des Staates kann sich, in Betreff des natürlichen Reichthums, mit vielen andern deutschen Landen kaum messen. Zwar findet sich in jeder Provinz ein oder der andere Landstrich, dessen gesegneter Boden die Mühen des Ackerbaues reichlich lohnt, — wie in Preußen die Tilsiter, die Danziger und Elbinger Niederung; in der Mark das Oder- und Warthe-Bruch und die

Ucker-Gegenden; in Pommern der sogenannte „Waizacker" (zwischen Stargard und Pyritz) und mehrere Küstengegenden, namentlich in Neu-Vorpommern und Rügen; in Sachsen die Magdeburger Börde, die goldne Aue (Helme-Thal), die Saal- und Unstrut-Gegenden, in Schlesien die Ebene zwischen der Oder und dem Riesengebirge; in Posen der kujavische Waizacker (an der oberen Netze) und die Gegenden an der mittleren Warthe; in Hannover das Hildesheimer u. Gottinger Land, auch viele Marschgegenden, besonders Ostfrieslands; ein großer Theil von Holstein und Lauenburg sowie die Ostküste von Schleswig; — im Hessischen ein Theil von Hanau; — in Westphalen die Soester und Warburger Börde und die Gegend zwischen Herford und Bielefeld, die niederen Gegenden an der Ahr und Lahn im Nassauischen; endlich hier und in der eig. Rheinprovinz das schöne Rhein-Thal, der Fuß der Vor-Eifel, das Jülicher Land u. s. w.: — allein die größte Fläche des Bodens ist nur mittelmäßig, theilweis sogar recht dürftig, wie die Sand-, Haide- und Moorgegenden, welche ansehnliche Theile der Prov. (West-) Preußen, Pommern, Brandenburg, (Ober-)Schlesien, Posen, Hannover, Schleswig, auch Holstein, und des Reg.-Bez. Munster einnehmen; — wie die rauhen, steinigen Flächen des Eichsfeldes, des Westerwaldes, des Sauerlandes, des Hunsrücks, der Eifel u. s. w. — Dennoch liefert die, besonders in den mittleren und östlichen Provinzen (hier am wenigsten in den slavischen Gegenden) mit großer Sorgfalt betriebene Landwirthschaft Getreide zur Ausfuhr, auch Flachs und Hanf; — in den Thälern des Rheins, der Nahe, Mosel, Lahn, Saar und Ahr geschätzte Weine, welche im Nassauischen durchschnittlich am vollkommensten sind, — und auch in „Thüringens Bergen" veredelt sich die Rebe mehr und mehr. — Die durch Institute verschiedener Art (Haupt- und Landgestüte, Stammschäfereien, Thierschaustellungen 2c.) geförderte Viehzucht liefert treffliche Pferde (besonders in Preußen, Pommern, Hannover und Holstein), schönes Rindvieh (vorzüglich im Holsteinischen, in Ostfriesland, sowie in den Weichsel- u. a. Fluß-Marschen), sehr edle Schafe (namentlich in Sachsen und Schlesien, überhaupt in den östlichen Provinzen), eine große Zahl von Schweinen (besonders in den Provinzen östlich der Oder, aber auch in Westphalen u. Hannover 2c.) u. s. w. — Im Allgemeinen leben etwa **64** Prozent der Gesammtbevölkerung von der Landwirthschaft. — Die mineralischen Schätze des Bodens, die durch den ämsig betriebenen Bergbau mehr und mehr aufgeschlossen werden, gehoren nicht zu den glänzenden, sind aber dennoch höchst bedeutend. Die Ausbeute an Silber (im Mansfeldischen) ist gering und die an Kupfer nicht sehr beträchtlich; doch Eisen und Kohlen sind (wie bedeutungsvoll!) in den meisten Provinzen des Staats, wie in Deutschland überhaupt, reichlich vorhanden, namentlich in den Reg.-Bez. Oppeln, Breslau, Merseburg u im südöstl. Theile der Provinz Hannover (Harz!), an der Sieg, Ruhr, Saar, sowie im Nassauischen 2c., und die Galmei-(Zink-) Gruben (Schlesien u. Rhein-Prov.) liefern höhere Erträge als die irgend eines anderen Staates. Sehr bemerkenswerth ist auch der Reichthum an wirksamen Mineralquellen, die besonders im Reg.-Bez. Wiesbaden sehr zahlreich sind. — Die Betriebsamkeit der Bewohner ersetzt mehr und mehr die Dürftigkeit der heimathlichen Natur, doch übertreffen die westlichen und südlichen Provinzen in dieser Beziehung die nordöstlichen; vor allen zeichnen sich der Reg.-Bez. Düsseldorf (Elberfeld, Barmen, Solingen, Ronsdorf, die Ruhr- und Wupper-Gegend überhaupt, Krefeld und Umgegend 2c.), Theile des Reg.-Bez. Arnsberg (Schwelm, Hagen, Iserlohn 2c.), Theile der Reg.-Bez. Wiesbaden, Frankfurt a. M., Aachen (Aachen, Burtscheid, Eupen, Malmedy), Magdeburg (Magdeburg, Burg, Neu-Haldensleben), Merseburg (die Saal-Städte), Erfurt (Erfurt, Suhl, Sömmerda, das Eichsfeld), Theile von Hannover (Osnabrück, Hildesheim), Potsdam (Berlin und Umgegend), Breslau (Breslau, Reichenbach, Frankenstein 2c., das

Schweidnitzer Bergland) und Liegnitz (die Gebirgsgegenden, Görlitz, Bunzlau rc.), sodann die großen Städte auch der anderen Provinzen sehr vortheilhaft aus. Diese Betriebsamkeit kommt auch dem, durch den Zollverein und andere Staatsverträge, weise Gesetze und Ordnungen, vortreffliche Telegraphen- und Posteinrichtungen, die an der Nord- u. Ostsee liegenden Küsten (zusammen über 200 Meilen lang), zahlreiche Eisenbahn- und Binnenschifffahrtslinien und Straßenanlagen begünstigten, Handel und Verkehr zu Gute, wenngleich die strenge Sperre der östlichen Grenze dem binnenländischen Verkehr, namentlich der östlichsten Provinzen, noch immer harte Fesseln anlegt. Dennoch kauft man vom Auslande vorzüglich nur Kolonialwaaren und Natur-Produkte, die großentheils als verarbeitete Waaren, neben den überschüssigen Roh-Erzeugnissen des heimischen Bodens (vorzüglich Holz, Getreide, Kohlen), wieder ins Ausland gehen. (S. über Vorstehendes auch oben!)

31. Staatseinrichtung. Der nach den Umwälzungen des Jahres 1866 neuerdings bedeutend vergrößerte Staat, eine der ersten europäischen Großmächte, ist eine nach dem Rechte der Erstgeburt in männlicher Linie erbliche, verfassungsmäßige Monarchie. Nach der Verfassung vom 31. Januar 1850 haben die beiden „Häuser" des „Landtages" wesentlichen Einfluß auf die Besteuerung und Gesetzgebung, soweit dieselbe nicht zur Kompetenz des Nordd. Bundes gehört (s. oben!); der König ist indeß im alleinigen Besitz der vollziehenden Gewalt. Das Staats-Ministerium steht an der Spitze der Staatsverwaltung. — Auf Grund geschichtlicher Verhältnisse ist der Staat für administrative, polizeiliche und finanzielle Zwecke in Provinzen (Ober-Präsidien), sodann in Rücksicht auf die Bedürfnisse der inneren Verwaltung in Regierungsbezirke (Regierungs-Kollegien) — Hannover in Landdrosteien — getheilt worden, welche letztere wieder in landräthliche Kreise resp. Amtshauptmannschaften, Aemter rc., — und städtische Polizei-Direktionen zerfallen. — Für die Rechtspflege, welche in den westlichen u. neuen Provinzen theilweise nach anderen Gesetzbüchern gehandhabt wird, als in den älteren, eine andere Eintheilung; — die kirchliche Verwaltung stimmt ebenfalls nur, so weit sie sich auf die der evangelischen (unirten) Landeskirche zugehörigen Einw. bezieht, mit der administrativen vollständig, für die katholischen aber nur theilweise überein. Die 1866 hinzugekommene, zum überwiegenden Theile lutherische Bevölkerung ist in kirchlicher Beziehung den bestehenden Behörden nicht mit untergeordnet worden. — Auf anderen Lebens- und Verwaltungs-Gebieten wird gleichfalls neuerlich mehr und mehr Dezentralisation und provinzielle wie kommunale Selbstständigkeit erstrebt. Provinzial-, Kreis-Vertretungen rc. — Von größter Wichtigkeit, und zwar nicht allein für politische Zwecke, ist das auf allgemeine Kriegsdienstpflichtigkeit gegründete, die Wehrhaftigkeit der ganzen Nation und ihre schleunigste Kriegsbereitschaft, zugleich aber auch ihre moralische Erziehung beabsichtigende und befördernde Wehr-System des Staates. Dasselbe ist neuerdings auf das ganze Norddeutsche Bundesgebiet übertragen, dient mit seinen, im Frieden wie im Kriege wohlbewährten Institutionen allen Stammes-Genossen zum Muster und darf in mehrfacher Hinsicht als das wichtigste und erfolgreichste Band für die soziale und politische Einheit Deutschlands bezeichnet werden. (S. oben!) — Ebenso hat die nunmehr unter Norddeutscher Bundesflagge segelnde preußische Kriegsflotte den Kern zur Bildung einer deutschen Seemacht gegeben, deren weitere gedeihliche Entwicklung unter preußischer Führung mit Zuversicht erwartet werden darf. — Von der größten Wichtigkeit für die Armee ist das, den Bundesgenossen jetzt gleichfalls mitgetheilte Militär-Unterrichtswesen. — Außer dem Heere werden zur Landesvertheidigung eine Reihe tüchtiger Festungen unterhalten. (s. oben!) Zahlreich sind die

Anstalten zur Erzeugung und Aufbewahrung von Kriegsbedürfnissen. — Preußen ist, seiner Geschichte gemäß, wesentlich ein Militair-Staat!

B. Mittlere (sächsische) Gruppe.

32. Einwohner-Zahl und Vertheilung. Diese Staaten-Gruppe hat eine Bevölkerung von circa 3,592,000 M. (s. oben), welche sich folgendermaßen auf die einzelnen Staaten vertheilt:

1.	Königreich Sachsen	2,344,000 M.;	auf 1 □M.	8623 M.;
2.	Sachsen-Weimar	280,000 "	"	4511 "
3.	Anhalt	193,000 "	"	4020 "
4.	S.-Meiningen	178,000 "	"	3957 "
5.	S.-Cob. Gotha	164,500 "	"	4507 "
6.	S.-Altenburg	142,000 "	"	5912 "
7.	Schwarzburg-Rudolstadt	73,800 "	"	4195 "
8.	" Sondershausen	66,200 "	"	4156 "
9.	Reuß, jüngere Linie	86,500 "	"	5784 "
10.	" ältere "	44,000 "	"	6459 "

Religion. In der ganzen Staatengruppe herrscht die luth'erische Konfession fast ausschließlich; nur in Weimar eine beschränkte, in den übrigen kleinen Staaten eine fast verschwindende Zahl von Katholiken, welche im Königreich Sachsen etwas über 2 % der Bevölkerung bilden (darunter auch das königl. Haus). — Man zählt in der ganzen Staatengruppe nur etwa 7000 Juden.

Nahrungsquellen. Die Landwirthschaft ist auch hier der vorzüglichste Erwerbszweig; sie wird namentlich im Anhaltischen von der vorzüglichen Bodenbeschaffenheit begünstigt; die sächsische Schafzucht hat einen Weltruf. Aber die dichte Bevölkerung würde nicht existiren können ohne den lebhaften Betrieb des Bergbaus und Hüttenwesens und vorzüglich der höchst schwunghaften und mannigfaltigen Industrie, welche im Erzgebirge, Voigtlande, mehreren Theilen der Ober-Lausitz, in den thüringischen Waldgegenden rc., und des gewinnreichen Handels, der in diesen Ländern und vornehmlich in Leipzig heimisch geworden; — nur im Weimarischen und Altenburgischen sind die technischen Gewerbe von geringerer Bedeutung.

Politische rc. Zustände. Die einzelnen Staaten bilden erbliche Monarchien; an der nicht zu den Bundesangelegenheiten gehörenden Gesetzgebung nehmen Landtage, meist nach konstitutionellem Muster, Antheil. Die innere Verwaltung ist überall sehr wohl geordnet, die Schulbildung u. Volksgesittung auf der vorzüglichsten Stufe.

C. Westliche Gruppe.

33. Einwohner-Zahl: 427,500 M. (s. oben); nämlich

1.	Lippe-Detmold	111,400 M.;	auf 1 □M.	5409 M.;
2.	Schaumburg-Lippe	31,400 "	"	3920 "
3.	Waldeck	59,000 "	"	2905 "
4.	Oberhessen	225,700 "	"	4231 "

Religion, Gesittung rc. Der überwiegende Theil der Bevölkerung ist auch hier protestantischer Konfession; in Oberhessen sind etwas über 6, in Lippe-Detmold und Waldeck nur etwa 2 Prozent der Bev. katholisch. Juden giebt es circa 11,000 (davon über 8000 in Oberhessen). Der Zustand der Volks-Bildung und Erziehung ist auch hier überall ein guter.

Nahrungszweige. Der wichtigste, die Landwirthschaft wird in den Lippeschen Landen sehr vom Boden begünstigt, weniger in Oberhessen. Etwas Bergbau in Waldeck, Schaumburg und Oberhessen. In industrieller Beziehung leisten Lippe und Waldeck relativ am wenigsten.

Politische Verhältnisse. Die Provinz Oberhessen bildet die kleinere Hälfte des Großherzogthums Hessen (s. südd. Staaten, unten!); sie gehört dem Nordd. Bunde an u. schickt daher ihre Vertreter in den Bundesrath und Reichstage zur Theilnahme an der Verwaltung und Berathung aller Bundes-Angelegenheiten. Das von Oberhessen zu stellende Bundes-Kontingent ist mit den übrigen Truppen des Großh. Hessen zu einer Division des Nordd. Bundesheeres vereinigt. — Das Fürstenthum Waldeck wird, auf Antrag des Fürsten, durch einen von Preußen bestellten Landes-Direktor auch in Betreff aller inneren Verwaltungs-Angelegenheiten regiert. Hier wie in den Lippeschen Landen Landstände neben der erblichen fürstlichen Gewalt.

D. Nördliche Gruppe.

34. Einwohner-Zahl 2c. = 1,645,000 M. (vergl. oben!); nämlich:

1.	Mecklenburg-Schwerin .	553,000 M.,	auf 1 □M. 2263 M.
2.	= Strelitz . .	99,000 =	= 2001 =
3.	Oldenburg	314,000 =	= 2680 =
4.	Braunschweig	293,000 =	= 4369 =
5.	Hamburg	230,000 =	(die ländl. Bevölkerung 53,600 M.)
6.	Lubeck	50,600 =	. = = 23,400 =
7.	Bremen	104,000 =	= = = 23,000 =

Religion, Gesittung 2c. In den meisten Staaten fast ausschließlich, in den übrigen vorherrschend protestantisch; im Oldenburgischen und Birkenfeldschen leben gegen 73,000 Katholiken; und im ganzen Gebiete c. 13,000 Juden (davon 7000 in Hamburg). Die Volksbildung läßt in einigen Theilen dieser Gruppe, besonders im Mecklenburgischen, noch Einiges zu wünschen übrig und steht im Allgemeinen hinter den Resultaten zurück, welche in andern, namentlich den sächsischen Theilen, Deutschlands erreicht sind.

Nahrungsquellen. In der nördlichen Staatengruppe bilden Landwirthschaft und die mit dieser unmittelbar verbundenen Gewerbe die vorzüglichsten, theilweis die ausschließlichen Erwerbszweige. Sie werden in mehreren Gegenden Mecklenburgs, in den ausgedehnten Marschen Oldenburgs, auf den Hügeln und Ebenen Braunschweigs durch den Boden sehr begünstigt, und auch in den sandigen Gegenden Mecklenburgs durch den Fleiß der Bewohner einträglich; doch bleiben in Oldenburg noch weite Moor- und Haidestrecken für die Kultur zu erobern (Moor-Kolonien). Gesegneter, bei Hamburg gartenmäßiger, Betrieb der Landwirthschaft auch in den Gebieten der drei Städte. — Die Viehzucht ist berühmt, namentlich im Mecklenburgischen und Oldenburgischen. Der Bergbau ist in Braunschweig wichtig, weniger in Oldenburg (Birkenfeld). Außerdem in den nördlichen Küstenlanden Schiffbau, Rhederei, Häringsfang, Torfstich. Blühender Handel, in Mecklenburg und Oldenburg vornehmlich mit den rohen Produkten; in den Seestädten, besonders Hamburg u Bremen, ein Weltverkehr, Rhederei u. schwunghafter überseeischer Handel, bei welchem namentlich Hamburg durch seine Lage sehr begünstigt ist. Bremen bedarf Bremerhafen u. Lübeck Travemünde als Zwischenstationen für den See-Verkehr, wegen dessen die Hansestädte auch dem Zollvereinsgebiet nicht angehören. — Gewerb- und Fabrikthätigkeit sind auf einzelne wenige Punkte beschränkt; die Hansestädte (besonders Hamburg) nehmen auch hier wieder die erste Stelle ein, wogegen besonders in Mecklenburg und Oldenburg die technische Kultur im Allgemeinen wenig entwickelt ist.

Politische Verhältnisse. In Oldenburg u. Braunschweig erbliche konstitutionelle Monarchien; in beiden Mecklenburg besteht noch die (gemeinsame) landständische Verfassung („alte Landes-Union"), welche dem Adel gewisse Vorrechte und Einfluß auf die Besteuerung rc. bewahrt hat. Auch hier erbliche Thronfolge. — Die Hansestädte haben demokratisch-republikanische Verfassungen; regierende Bürgermeister u. Senate stehen an der Spitze der Verwaltungen.

IV. Die südlichen deutschen Staaten.

a. Topisches.

A.	Großherzogthum Hessen (-Darmstadt)*) . .	79,5	□Mln.
B.	Königreich Bayern	1380	"
C.	Königreich Württemberg	354,3	"
D.	Großherzogthum Baden	278	"
E.	Fürstenthum Lichtenstein	2,9	"
	5 Staaten mit zusammen (s. oben)	2095	□Mln.

35. Lage, Grenzen, Beschaffenheit dieser Staatsgebiete. (Behandlung wie oben!)

36. Eintheilung und Wohnplätze.

a. Großherzogthum Hessen. Zwei gesonderte Landestheile: der nördliche: Ober-Hessen, mit Gießen, U. — und der südliche, der in 2 Provinzen zerfällt: Starkenburg, worin die Hauptstadt Darmstadt (29,000 Ew.) u. Offenbach; u. Rhein-Hessen, worin Mainz (50,000 Ew.), F., Bingen u. Worms.

b. Bayern besteht aus zwei gesonderten Landestheilen, der größere, östliche aus 7 Kreisen: Ober-Bayern mit der Hauptstadt München (167,000 Ew.) U., u. Ingolstadt, F.; — Nieder-Bayern mit Passau, F., Straubing und Landshut; — Ober-Pfalz und Regensburg mit den Städten Regensburg u. Amberg; — Ober-Franken mit Bamberg, Baireuth u. Hof; — Mittel-Franken worin Nürnberg, (70,000 Ew.), Fürth, Anspach u. Erlangen, U.; — Unter-Franken und Aschaffenburg, worin Würzburg, U., F., Schweinfurt u. Aschaffenburg; — Schwaben mit Neuburg, worin Augsburg, Memmingen, Kempten, Nördlingen und Lindau, H. — Der westliche, kleinere, abgesonderte Landestheil bildet den 8. Kreis: Pfalz (Rhein-Pfalz oder Rhein-Bayern); darin Speyer, Landau, F., Germersheim, F., Kaiserslautern, Zweibrücken.

c. Württemberg zerfällt in den Bez. der Hauptstadt Stuttgart (69,000 Ew.) und 4 Kreise: Neckar-Kr. mit Ludwigsburg, Eßlingen und Heilbronn; — Schwarzwald-Kr., wo Reutlingen und Tübingen, U.; — Donau-Kr., wo Ulm, F., und Friedrichshafen; — Jaxt-Kr. mit Ellwangen, Schwäbisch Hall u. Gmünd.

*) exkl. der zum Nordd. Bunde gehörigen Provinzen Oberhessen; mit derselben = 139,2 □Mln.

d. Baden, jetzt 11, sonst ebenfalls 4 Kreise: Mittel-Rhein-Kr., wo die Hauptstadt Karlsruhe (30,000 Ew.), Rastadt, F., u. Baden-Baden, — Ober-Rhein-Kr., wo Freiburg (im Breisgau), U.; — See-Kr., wo Konstanz od. Kostnitz; — Unter-Rhein-Kr., wo Mannheim u. Heidelberg, U.

e. In Liechtenstein: Hauptort Vaduz.

b. Volks- und Staats-Verhältnisse.

37. Zahl und Vertheilung der Einwohner.

A. Großherzogth. Hessen (südl. d. Mains)	565,000 M.;	auf 1 □M.	7081 M.
B. Königreich Bayern	4,774,400 "	"	3450 "
C. " Württemberg	1,748,300 "	"	4940 "
D. Großherzogth. Baden	1,429,000 "	"	5200 "
E. Fürstenthum Liechtenstein	8,000 "	"	2760 "
Zusammen (wie oben!)	8,524,700 M.;	auf 1 □M.	4069 M.

Die Dichtigkeit der Bevölkerung ist in den südd. Staaten indessen in verschiedenen Gegenden gleichfalls eine sehr verschiedene. Am besten sind bevölkert der Unterrheinkreis Badens (Bezirk Mannheim 10,700 M. auf 1 □M.), Rheinhessen (9500 M.) u. in Württemberg der Neckarkreis (8500 M. auf 1 □M.); andere Bezirke von Württemberg u. Baden sind gleichfalls noch stärker bewohnt als die am besten bevölkerte Provinz Bayerns (die bayr. Rheinpfalz mit 6000 M. auf 1 □M.). Die schwächste Bevölkerung befindet sich in Oberbayern und der Oberpfalz (etwa 2700 auf 1 □M.), demnächst im badischen Oberrhein- u. württemb. Neckarkreise.

38. Religion 2c. Liechtenstein hat eine ganz katholische Bevölkerung. In Bayern verhält sich die Zahl der Katholiken zu den Protestanten wie 5 : 2, in Württemberg wie 10 : 23, in Baden fast wie 2 : 1, in Hessen (südl. des Main) wie 2 : 3. Juden giebt es in diesen Ländern etwa 119,000. — Die allgemeine Volksbildung und Gesittung wetteifert in Baden und Württemberg mit den in dieser Hinsicht gefördertsten Landschaften Norddeutschlands; Bayern steht dagegen noch zurück, obwohl neuerlich viel dafür geschieht, sich hier auch die Künste einer vorzugsweisen Pflege erfreuen.

39. Nahrungszweige. Der Ackerbau ist überall, wo der Boden ihm nicht (wie besonders in einigen Theilen von Bayern) ungünstig ist, Haupterwerbequelle; Obst- und Weinbau sehr bedeutend, der letztere namentlich in den Thälern des mittleren u. untern Mains, des Neckars, des Rheins und seiner pfälzischen Nebengewässer, sowie in ganz Rheinhessen; wo kein Wein erzeugt wird, vielfach Hopfenbau u. berühmte Brauereien. — Viehzucht allgemein von Bedeutung (Schafzucht in Oberhessen); lebhafter Handel, sehr blühende Gewerbthätigkeit, namentlich in Baden, Württemberg u. (Leinenfabrikation) in Oberhessen; auch im nördlichen u. rheinpfälzischen, am wenigsten dagegen im südlichen Bayern und in Liechtenstein.

40. Politische Verhältnisse. Sammtliche Staaten sind erbliche konstitutionelle Monarchien (Liechtenstein hat eine ständische Verfassung). Durch den Zollverein (s. oben), zu dessen Verwaltung sie im Zoll-Bundesrathe u. Zoll-Parlamente gleichfalls vertreten sind, sowie durch enge Allianzen für den Kriegsfall stehen die Staaten (exkl. des ganz in der österr. Machtsphäre liegenden Liechtenstein) in engen Beziehungen zum Nordd. Bunde. Neuerdings sehr ernstes Streben, die Militär-Verfassung der verschiedenen Länder nach preuß. Muster zu reorganisiren und damit das südliche Deutschland in ähnlicher Weise wie den Nordd. Bund wehrhaft zu machen. Neben lebhaften Bestrebungen, mit letzterem in noch engere Beziehungen zu treten, sind

auch ebenso entschiedene Tendenzen vorhanden, welche mit diesem Streben im Gegensatz stehen — was sich aus eifersüchtigen Stammes-Vorurtheilen und den unleugbaren Verschiedenheiten der süddeutschen Volksthümlichkeit von dem deutschen Norden genugsam erklärt.

V. Der österreichische Staat.

A. Topische Verhältnisse.

a. Im Allgemeinen.

41. **Lage und Begrenzung, Landesbeschaffenheit.** (wie oben zu behandeln!)

42. **Bestandtheile und Flächeninhalt:**

Deutsche Länder		3604,9 □ Mln.
Erzhgth. Oesterreich (578 □ Ml.) — Nieder-Oesterreich	360 □ Mln.	
— Ober-Oesterreich	218 „	
Herzogthum Salzburg	130 „	
„ Steyermark	408 „	
Gefürst. Grfsch. Tyrol u. Vorarlberg	532,7 „	
Königreich Böhmen	944,0 „	
Markgrafschaft Mähren	403,8 „	
Hzgth. Ober- und Nieder-Schlesien	93,5 „	
Herzogthum Kärnthen	188,4 „	
„ Krain	181,4 „	
Markgrafschaft Istrien ɛc. (Litorale)	145,1 „	
Polnische Länder		1615,6 □ Mln.
Königreich Galizien	1425,8 □ Mln.	
Bukowina	189,8 „	
Ungarische Länder		4855,9 □ Mln.
Königreich Ungarn (nebst der serbischen Woiwodschaft u. dem Banat)	3896,3 □ Mln.	
Königreiche Kroatien u. Slavonien	350,1 „	
Militairgrenze	609,5 „	
Großfürstenthum Siebenbürgen		997,5 □ Mln.
Königreich Dalmatien		232,4 „
	Zusammen:	11,306 □ Mln.

b. Topische Verhältnisse der einzelnen Kron-Länder.

43. **Die deutschen Länder.**

1. und 2. **Oesterreich** zerfällt in die Länder **ob** und **unter** der Ens, oder die Statthalterschaften (Landes-Gubernien) „**Nieder-** und **Oberösterreich**," zu je 4 Kreisen. Darin **Wien** (m. Vorstädten 578,000 Einw.), Residenz, Hauptstadt des Staats, U., F., Wienerisch-Neustadt, St. Pölten, Krems; Linz, F., Steyer, Wels, Ischl.

3. Salzburg, worin Salzburg, Gastein.

4. Steyermark (3 Kreise), worin Gratz (63,000 Ew.), U., Marburg, Leoben.

5. Tyrol mit Vorarlberg (4 Kreise), wo Innspruck, U., Trient, Botzen, Roveredo, Brixen (Franzensveste), Kuffstein, F.

6. Böhmen (13 Kreise), worin Prag (142,000 Ew.), Reichenberg, Königgrätz, F., Josephstadt, F., Gitschin, Kuttenberg, Neu-Kollin, Czaslau, Jungbunzlau, Theresienstadt, F., Leitmeritz, Teplitz, Karlsbad, Eger, Pilsen, Budweis 2c.

7. Mähren (6 Kreise), mit Brünn, (59,000 Ew.), Olmütz, F. Iglau, Proßnitz, Zwittau, Znaym, Kremsier 2c.

8. Schlesien, darin Troppau, Jägerndorf und Teschen.

9. Kärnthen, wo Klagenfurt;

10. Krain, wo Laibach zu merken.

11. Istrien 2c. (2 Kreise), worin Triest (104,000 Ew.), H., Pirano, H., Capo d'Istria, Pola, K.-H., Gradisca, F., Görz

44. Polnische Länder.

12. Galizien und Lodomirien (zusammen 17 Kreise) zerf. in die Statthaltereien Lemberg, worin Lemberg (70,000 Ew.) U., Brody, Tarnopol, Sambor, Stanislawow — und Krakau, worin Krakau, U., Bochnia, Wieliczka.

13. Bukowina, worin Czernowice.

45. Ungarisch-kroatisch-dalmatische Länder.

14. Ungarn 2c. zerf. in 4 Distrikte: Ofen-Pesth (13 Comitate od. Gespannschaften und 4 „freie Kreise"), Oedenburg (11 Comitate), Kaschau (10 Kr.) und Großwardein (15 Com.). Darin Pesth (131,000 Ew.), U., Ofen od. Buda, F., Preßburg, Maria-Theresienstadt, Zombor, Neusatz, Kecskemet, Stuhlweißenburg, M. Szent Miskolcz, Szegedin, F., Debreczyn, D. Csaba,*) Gran, Waitzen, Schemnitz, Komorn, F., Raab, Fünfkirchen, Mohacz, F., Oedenburg, Kaschau, Erlau, Alt-Arad, F., Temesvar, F., Groß-Wardein, Szathmar, Kremnitz, Tokay, Eperies, Munkacs, F.

15. Kroatien u. Slavonien (7 Com.), worin Essegg, F, Agram, Warasdin, Fiume, H, u. Karlstadt, F.

16. Die Militairgrenz-Provinz, welche in das kroatisch-slavonische mit 10 — und das serbisch-banatische Militair-Commando mit 5 Regts.-Bez. zerfällt; darin Zengh, H., Peterwardein, F., Semlin, Pancsova.

17. Siebenbürgen (8 Comitate, 18 „Stühle" und 4 Distrikte), worin Kronstadt, F., Klausenburg, F., Hermannstadt, Karlsburg, F., Maros-Vasarheli (Neumarkt).

---

*) M. vor einem Namen bedeutet Markt, D. Dorf.

18. **Dalmatien (4 Kreise), worin** Spalatro, H., Ragusa, F., H.. Zara, F., H., Sebenico, H., Cattaro, F., H.

B. Staats- und Völkerverhältnisse.

46. Bevölkerungs-Zahl mit Einschluß des Militairs (auf dem Friedensfuß c. 250,000 M.) fast 35 Millionen; es wohnen daher durchschnittlich etwa 3090 Menschen auf 1 □Ml. — nämlich — mit Ausschluß der Militair-Bevölkerung — in:

den deutschen Provinzen		13,559000;	auf 1 □Ml. 3760;
und zwar in Nieder-Oesterreich	1,754000;		" 4872;
" Ober-Oesterreich	719000;		" 3298;
" Salzburg	147000;		" 1130;
" Steyermark	1,087000;		" 2689;
" Tyrol 2c.	877000;		" 1645;
" Böhmen	5,107000;		" 5409;
" Mähren	1,991000;		" 4928;
" Schlesien	488000;		" 5247;
" Kärnthen	342400;		" 1819;
" Krain	473400;		" 2615;
" Istrien 2c.	563000;		" 3882;
den polnischen Ländern		5,613000;	" 3473;
den ungarischen Ländern		12,755000;	" 2626;
Siebenbürgen		2,074000;	" 2080;
Dalmatien		441000;	" 1900;

Daher am dichtesten bevölkert: Böhmen, wo im nordöstlichsten Theile 6—8000 M. auf 1 □Meile wohnen, Schlesien, Mähren, Nieder-Oesterreich; sodann Istrien und Kroatien; am dünnsten: die östl. Grenzgegenden Siebenbürgens, sodann Salzburg, Tyrol, die Militär-Grenze, Dalmatien, Kärnthen und die Bukowina.

47. Abstammung und Sprache. Der österr. Staat umfaßt die verschiedensten Nationalitäten. Obgleich seiner historischen Entwicklung nach ein deutscher Staat, bilden doch die deutschen Einw. nur gegen 23, die slavischen fast 43, die romanischen 13—14 und die magyarischen gegen 19 Proz. der Gesammt-Bevölkerung. Der zahlreichste Stamm, der slavische (c. 15 Mill.) herrscht entschieden vor in Galizien, Böhmen, Mähren, Kroatien, Slavonien, Illyrien und Dalmatien, und bildet in Steyermark u. Ungarn einen ansehnlichen Theil der Bevölkerung. — Deutsche (über 8 Mill.) wohnen nur in Oesterreich fast ausschließlich, bilden in Tyrol und Steyermark die Hauptmasse der Bevölkerung, und sind in allen übrigen Provinzen verbreitet, besonders in Böhmen, Mähren, Kärnthen und Krain, in Ungarn und Siebenbürgen. Außerdem fast 6½ Mill. Magyaren in den ungar. Ländern; fast 2½ Mill. Wlachen in Siebenbürgen, Ungarn und Galizien; etwa 1 Mill. Juden, über ½ Mill. Italiener, auch Griechen, Armenier, Zigeuner 2c. besonders zahlreich in Galizien und Ungarn.

48. Religion und Gesittung. Die Hauptmasse (etwa 70 Proz.) der Bevölkerung ist römisch-, fast 10 Proz. sind griechisch-katholisch, fast 9 Proz. protestantisch und fast 8 Proz. sind der nicht-unirten griechischen Kirche zugethan. Die Anhänger der letzteren sind vorzüglich in Ungarn, der Militair-Grenze, Siebenbürgen und in der Bukowina zahlreich. — Selbst die meisten deutschen Provinzen des Kaiserreichs sind in der Volksbildung hinter dem übrigen Deutschland bedeutend zurückgeblieben; in den nicht-deutschen Kron-Ländern erwartet das Elementar-Schulwesen noch

seine Entwickelungs-Periode; daher ist die Bildung des gemeinen Mannes, namentlich in Ungarn, Galizien, Illyrien und vorzüglich in Dalmatien, sehr gering. Für die Erziehung der höheren Stände ist mehr gesorgt, allein die eigenthümliche Einrichtung der höheren Lehranstalten und die bisherige strenge Zügelung der Presse sind und waren der freien Entfaltung der Wissenschaften nicht günstig.

49. Nahrungsquellen. Im Allgemeinen sind die österr. Länder so reich von der Natur ausgestattet, daß alle Zweige der physischen Kultur ohne große Anstrengung den reichsten Ertrag gewähren; dagegen ist die technische Kultur in den meisten Provinzen noch in der Kindheit, denn Industrie und Gewerbthätigkeit finden sich fast nur in den deutschen Ländern, namentlich in Oesterreich und im nördlichen Böhmen. Der Handel mit den reichen Ueberschüssen der Landwirthschaft (Getreide, ungarischer Wein, ungar. und Alpen-Rinder, Schafe, Pferde) und dem Ertrage des Bergbaus (edle und unedle Metalle aus den Karpathen und Alpen, Quecksilber aus Idria, Salz aus Galizien) und der Industrie (österr. Tücher, Baumwollen-, Stahl- und Eisenwaaren, böhmisches Glas 2c.) gewährt große und verspricht noch größere Vortheile, wenn die ihm entgegenstehenden Schwierigkeiten der Kommunikationen und der „Mauthen" völlig weggeräumt sein werden. In beiden Beziehungen ist neuerlich Bedeutendes geschehen, und wird Weiteres angestrebt.

50. Staatsverfassung und Einrichtung. Nachdem die, im Jahre 1866 auch mit ihren deutschen Ländern aus jedem polit. Verbande mit dem übrigen Deutschland ausgeschiedene, österreichische Monarchie seit dem Jahre 1848 in Bezug auf ihre Verfassungs-Verhältnisse sehr häufigem Wechsel unterworfen und der Gegenstand zahlreicher staatskünstlerischer Experimente geworden war, welche den Staat durch die verschiedenartigsten, in ihren Grundprinzipien oft diametral entgegengesetzten „Patente," bald zu einer dualistischen, bald zu einer einheitlichen „Gesammt-Monarchie" machen — bald zum Constitutionalismus und dann wieder zum unumschränkten oder in complicirtem Mechanismus beschränkten Regimente zurück führen wollten — hat man im Jahre 1868 durch die nunmehr neu vereinbarte „Verfassung" einen sogenannten constitutionellen Musterstaat gebildet, von welchem seine Begründer eine völlige Neugestaltung der Verwaltung auf breitester liberaler Basis, sowie eine Heilung der schweren innerlichen Schäden erhoffen, an denen der Kaiserstaat krankt und die man — wohl mit Recht — als die Grundursache der im letzten Jahrzehn erlittenen harten Niederlagen ansieht. Ob dieser neue Versuch zur Regenerirung Oesterreichs gelingen wird, bleibt abzuwarten. Erschwert wird er in nicht geringem Grade durch den, in Folge der neuen Institutionen von Neuem etablirten Dualismus, welcher die Monarchie, da an Ungarn und Siebenbürgen die früher aufgehobenen alten Verfassungen und Privilegien zurückgegeben worden sind, in zwei von einander völlig unabhängige Reichshälften (die ungarische und nicht ungarische, oder trans- und cisleithanische) zerlegt hat. Nur die Person des erblichen Kaisers (Königs von Ungarn) sowie ein, in seinen Competenzen auf das dringendste Erforderniß beschranktes Reichs-Ministerium (für Auswärtiges, Krieg u. Finanzen), dem Delegationen der Reichstage der beiden Reichshälften zur Seite stehen, verbindet die letzteren noch. Im Uebrigen sind sie in Bezug auf ihre innere Verwaltung ohne alle Gemeinschaft, und jede soll für sich von einem eigenen Ministerium nach völlig parlamentarischen Grundsätzen regiert werden. — Die Schwierigkeiten der Lage sind aber ganz besonders groß durch die mehr als je vorhandene Finanznoth des Staates, welche man durch schwunghafte Entwicklung des Handels und Verkehrs, Aufhebung aller noch bestehenden Schranken, günstige Handelsverträge und Einschränkung der mil. Ausgaben zu heben hofft; dennoch bleibt eine bedeutende Steuerlast

unvermeidlich. — Zugleich ist die große Begünstigung der ungarischen Reichshälfte auf Kosten der übrigen Kron-Länder als ein Keim zu immer wiederholten Verfassungskrisen anzusehen. — Die vollste bürgerliche u. die Freiheit der Presse, sowie die Gleichberechtigung sämmtlicher religiösen Bekenntnisse sind proklamirt, die Aufhebung des mit dem päpstlichen Stuhle noch bestehenden Concordats wird erstrebt. — Die innere Verwaltung, zum Theil auch die Eintheilung der einzelnen Kron-Länder zu diesem Zwecke ist gegenwärtig in der Umgestaltung begriffen. — Die Verfassung und Verwaltung der Militair-Grenz-Provinzen sind bis jetzt militairisch organisirt geblieben. Hier sind, wie ehedem, alle Waffenfähigen zunächst zur Bewachung der Grenze und nöthigenfalls zu beständigem Kriegsdienst erzogen u. verpflichtet; sie sind für diese Pflicht durch Grundeigenthum entschädigt. — Die Kriegs-Verfassung d. ganzen Staates wird gleichfalls reorganisirt. Allgemeine Wehrpflicht, Eintheil. der Armee in stehendes Heer, Reserve und Landwehr, Aufhebung des Werbe- und Stellvertretungs-Systems werden auch hier den neuen Institutionen zu Grunde gelegt werden. Nicht unbedenklich sind für die Sicherheit und Macht-Entfaltung des Kaiser-Staates die von ungarischer Seite auch gegen die Einheit der Armee gerichteten Tendenzen. — Die Seemacht ist bis jetzt nicht erheblich; sie hat zwar bereits hervorragende Proben ihrer Tüchtigkeit abgelegt; nach dem Verluste der ital. Provinzen erscheint indessen eine bedeutungsvolle Zukunft für sie nicht wahrscheinlich.

VI. Die Schweiz.

A. Topische Verhältnisse.

51. **Lage, Begrenzung und natürl. Beschaffenheit.** (s. oben!) **Flächeninhalt** = 740 □Mln.

52. **Bestandtheile, — Lage und Begrenzung derselben, — Wohnplätze.** — 22 Staaten (Kantone) von ungleicher, doch durchgängig geringer Größe; — nämlich 9 größtentheils auf den Hoch-Alpen: **Uri** mit Altdorf, **Schwyz** mit Schwyz, **Unterwalden** mit Stanz und Sarnen, **Glarus** mit Glarus, **St. Gallen** mit St. Gallen, **Appenzell** mit Appenzell und Herisau, **Graubünden** mit Chur, **Tessin** mit Lugano und Bellinzona, **Wallis** mit Sitten und St. Maurice; — fünf andere theils auf den Alpen, theils auf dem vorliegenden ebenen und Jura-Lande: **Lausanne** (Kanton Waadt od. Pays de Vaud) mit Lausanne, Vevay, **Bern** (der größte aller Kantone) mit Bern, U., Aarberg, F., u. Thun, **Freiburg** mit Freiburg und Murten, **Luzern** mit Luzern und Sempach, **Zug** (der kleinste Kanton) mit Zug, — 3 ganz außerhalb der Alpen, auf der schweizerischen Hochebene: **Zürich** mit Zurich, U., **Thurgau** mit Frauenfeld, **Schaffhausen** mit Schaffhausen; — 3 theils auf der Hochebene, theils auf dem Jura: **Aargau** mit Aarau und Aarburg, F., **Solothurn** mit Solothurn, **Basel**, (Stadt und Landschaft) mit Basel, U., F., und Liestall; — ganz auf dem Jura (**Neuenburg**: Neufchatel) mit Neuenburg, La Chaux de Fonds u. Le Lôcle; — in isolirter Lage: **Genf** m. Genf, U.

B. Volks- und Staats-Verhältnisse.

53. Bevölkerungszahl und Dichtigkeit.

Die ganze Schweiz zählt etwa 2,510000 Einwohner, daher im Durchschnitt etwa 3392 auf 1 □Ml. Es sind jedoch die Hochgebirgs-Kantone viel dünner bevölkert, als die Kantone der Ebene. In Graubünden nur etwa 710, in Uri 750, in Wallis 958, — dagegen in Baselland etwa 7000, Aargau 7700, Zürich 8500, Appenzell-Außerrhoden über 10000, in Genf sogar c. 15000 Menschen auf der □Meile. — Die absolut größte Volkszahl hat Bern mit über 467000, die kleinste Uri mit kaum 15000 Seelen.

54. Abstammung und Sprache. Die Schweizer gehören zwei verschiedenen Sprachfamilien, der germanischen u. lateinischen, an, und die Spuren einer dritten, der celtischen, sind noch mehrfältig zu erkennen. Die germanischen Schweizer sind, der Sprache nach, sämmtlich Deutsche (1⅘ Mill.), die romanischen, nach ihrer Zunge, entweder Rhätier (42000), oder Italiener (125000), oder Franzosen (500000). — Die Deutschen bewohnen die 14 Kantone der nördlichen Schweiz ausschließlich, und drei andere (Bern, Freiburg, Wallis) neben Franzosen, einen vierten (Graubünden) neben Rhätiern und Italienern; die Franzosen ausschließlich Neuenburg, Waadt und Genf, — die Italiener Tessin u. einige Thäler Graubündens, die Rhätier allein Graubünden.

55. Religion und Gesittung. Die Kantone Luzern, Uri, Schwyz, Zug, Unterwalden, Appenzell-Innerrhoden, Tessin, Wallis, Freiburg und Solothurn werden ausschließlich von Katholiken, — Zürich, Basel, Schaffhausen, Neuenburg, Waadt und Appenzell-Außerrhoden ausschließlich von Protestanten (Reformirten) bewohnt; außerdem herrscht die katholische Bevölkerung in St. Gallen, die protestantische in Bern, Glarus, Thur- und Aargau, Genf und Graubünden vor, so daß also die beiden Partheien weder nach Kantonen noch nach Zungen geschieden sind. Im Ganzen etwas über 1 Million Katholiken, der Rest, mit Ausnahme von 1800 Juden, also die große Mehrzahl, Protestanten. — Die Gesittung des Volkes ist im Allgemeinen in den protestantischen (deutschen wie französischen) Kantonen am weitesten gediehen, dann bei Deutschen, Rhätiern und Franzosen mehr als bei den Italienern, so daß die Kantone Tessin und Wallis in dieser Beziehung zurückstehen. Alte Sitteneinfalt nur noch in wenigen abgelegenen Gegenden; in den bewohnteren und vorgeschritteneren Kantonen moderne „Aufklärung," Kultur der auf materiellen Gewinn gerichteten Wissenszweige; im Durchschnitt gute Elementar-Schulbildung, aber dabei vorwaltend realistisches Streben (sowohl in den Volksschulen als in den höheren Lehranstalten); enge, selbstsüchtige Tendenzen im erfolgreichen Kampfe mit der alten Schweizer-Tugend und Herzensgesundheit; bedrohliche Gährung in allen gesellschaftlichen und politischen Beziehungen u. Verhältnissen.

56. Nahrungszweige. Fast ¼ des Schweizer Bodens ist Unland. Daher in allen Alpen-Kantonen u. den höheren Jura-Gegenden der Ackerbau auf geringe Strecken beschränkt; auf den Alpen dagegen ein eigenthümliches, auf Rinderzucht und Milchwirthschaft und die Natur des Hochgebirges gegründetes Hirtenleben, — Jagd und Fischerei; — Gewerbthätigkeit nur in Glarus, St. Gallen und Appenzell, so wie in den Jura-Thälern. — Dagegen in der Schweizer Ebene sorgfältiger, sehr gesegneter Ackerbau, der indeß das Getreidebedürfniß der Schweiz noch nicht zum dritten Theil deckt, — Weinbau an den nördlichen See- und Flußufern, allgemein sehr blühender Obstbau und eine große industrielle Thätigkeit in den Kantonen Thur- u. Aargau, Zürich, Basel und Genf. — Sehr gewinnreicher Handels- und Reiseverkehr, begünstigt durch eine große Zahl trefflicher Land- und Wasserstraßen.

57. Politische Verhältnisse. — Die 22 Kantone bilden einen Bund (die Eidgenossenschaft) souverainer Staaten mit vorherrschend demokratischer Verfassung. Mehrere Kantone (Unterwalden, Appenzell, Basel) zerfallen in sich wiederum in zwei, Graubünden sogar in drei selbstständige Staaten. Die gemeinsamen Angelegenheiten werden in der „Bundesversammlung" berathen und geregelt. Selbige besteht in dem aus Abgeordneten des gesammten Schweizervolks gebildeten „Nationalrath" u. dem „Ständerath," der aus je 2 Abgeordneten der 22 Kantone zusammengesetzt ist. Die ausübende Gewalt hat der von der Bundesversammlung auf je 3 Jahre ernannte, aus 7 Mitgliedern bestehende „Bundesrath." Seit 1848 ist Bern zur Bundesstadt erklärt. — Die Kriegsverfassung (Bundesheer, Landwehr) ist auf die allgemeine Wehrpflichtigkeit jedes waffenfähigen Schweizers gegründet.

VII. Die skandinavischen Königreiche Dänemark, Schweden und Norwegen.

A. Topische Verhältnisse.

58. Lage, Grenzen, natürliche Beschaffenheit dieser Länder. (wie oben!)

Bestandtheile und Flächeninhalt.

I. Die dänische Monarchie umfaßt in Europa 2587 □Mln., und besteht aus

a. dem Königreich Dänemark, dieses aus
den dänischen Inseln = 235,5 □Mln.
und Jütland . . = 457,5 „ } 693 □Mln.

b. den europäischen Nebenländern:
Faröer . . . . 24 „
Island . . . . 1870 „

II. Das Königreich Schweden hat ein Areal von 8026 „
III. „ Norwegen „ „ 5799 „
Ganz Skandinavien = 16,412 □Mln.

Eintheilung und Wohnplätze.

I. Dänemark zerfällt in drei Provinzen:

a. Die dänischen Inseln (einschließlich Bornholm in 3 Bezirke oder Stifter getheilt); auf Seeland: Kopenhagen (155,000 Ew.), U., F., K.-H., Roeskilde und Helsingor, F., H.; auf Fünen: Odensee und Nyeborg, F.; auf Bornholm: Rönne, H.; nahebei das stark befestigte Felseneiland Christiansöe.

b. (Norre-) Jütland (4 Stifter), worin Aalborg, H., Aarhuus, H., Randers, Friedericia, F.

c. Die Nebenländer — ohne Städte.

II. Schweden zerfällt in drei Landschaften und 24 Läne oder Hauptmannschaften, nämlich:

1. Swealand (7 Läne); hier Stockholm (128,000 Ew.), F., H., Upsala, U., Karlsberg, Falun;

2. Gothland (12 Läne); die Städte Gothenburg, F., H., Norrköping, H., Karlskrona mit Kungsholm, F., K.-H., Lund, U., Ystadt, H., Malmöe, H., Helsingborg H., Landskrona, F., H.;

3. Norrland (5 Läne und 5 Lappmarken); Gefle, Umeå u. e. a. unbed. Hafenorte.

III. Norwegen wird in 5 Stifter oder 17 Aemter oder 45 Voigteien getheilt. (Lage und Grenzen der Stifter, wie in Schweden der drei genannten älteren Provinzen!)

1. Stift Christiania mit der Hauptstadt Christiania, U., H., Drammen, Friedrichsstadt, F. H., Friedrichsvären, K.-H., Friedrichshald.

2. Stift Christiansand mit Christiansand, K.-H.

3. " Bergen, worin Bergen, F., H.

4. " Drontheim, worin Drontheim, F., H. und Roeraas.

5. " Tromsö (Nordland) mit Tromsö und Hammerfest.

B. Volks- und Staats-Verhältnisse.

59. Bevölkerungs-Zahlen.

Die dänische Monarchie	1,684000 Einw.;	daher auf 1 □Ml.				650
Im Königreich Schweden	4,160000	"	"	"	"	518.
Im " Norwegen	1,701000	"	"	"	"	293.

In allen skandinavischen Reichen daher kaum $7\frac{1}{2}$ Millionen Menschen, d. i. erheblich weniger als sich z. B. in Böhmen und Schlesien auf ungleich kleineren Räumen finden rc. — Aber nicht alle Theile sind gleich dünn bevölkert; während in Island nur etwa 35 Menschen auf 1 □Meile leben, haben die übrigen dänischen Inseln fast überall mehr als 3000 (Seeland sogar 4184 Menschen), dagegen Jütland nur 1530 M. auf 1 □Meile.

Auch in Schweden u. Norwegen ist die Bevölkerung sehr ungleich vertheilt, indem die südlichen und südwestlichen, namentlich die Küstengegenden viel dichter bewohnt sind, als die nördlichen, nordöstlichen und binnenländischen.

60. Abstammung und Sprache. Schweden und Norweger gehören mit den Dänen und Isländern zu einem und demselben Zweige der germanischen Völkerfamilie. Aber die Verschiedenheit ihrer Sprachen stempelt sie zu verschiedenen Nationen. In Norwegen hört man, außer der norwegischen (alt-norwegischen) Zunge, die sich in den Hochgebirgsthälern behauptet hat, auch die dänische, namentlich in den größeren Städten und Küstengegenden des Landes, und noch mehr einen dänischen Dialekt (Norske oder Neunorwegisch). — Außer Schweden und Norwegern gibt es auf der Halbinsel gegen 20000 Finnen und Lappen, vorzüglich im hohen Norden, aber auch an den bothnischen Küsten. In Dänemark wohnen innerhalb seiner gegenwärtigen Grenzen fast nur noch Bewohner skandinavischer (dänischer) Abstammung, die jedoch sowohl auf den Inseln wie namentlich im südlichen Jütland vielfach mit deutschen Elementen vermischt sind; hier auch an einzelnen Stellen eine reine deutsche Bevölkerung; die dänische ist auch über die Faroer u. Island, neben den dortigen, eigenthümliche Dialekte redenden skandinavischen Stämmen, verbreitet.

61. Religion. Die lutherische Kirche ist die allgemeine in allen drei Reichen. Die Zahl der Katholiken und Juden ist überall sehr gering. Außerdem, im äußersten skandinavischen Norden, wenige lappische Heiden, deren Bekehrung, durch

ihre Isolirung und ihr nomadisches Umherschweifen mit ihren Rennthierheerden zwar erschwert, jedoch im lebhaften Fortschreiten ist.

62. Volksthümlichkeit und geistige Kultur. — Die skandinavischen Nationen gehören zu den gesittetsten Völkern Europa's. Edle Naturanlage, eigenthümlicher Bildungsdrang und sorgfältige Pflege des Unterrichtswesens haben, — ungeachtet der aus der Weite und Unwirthbarkeit der spärlich bewohnten, unwegsamen Räume hervorgehenden Schwierigkeiten, — die allgemeine Verbreitung christlichen Sinnes u. nützlicher Kenntnisse möglich gemacht. Desto widriger das (indeß glücklicherweise abnehmende) durch die Berührung mit Fremden und den Branntweingenuß herbeigeführte sittliche Verderben, welches unter den Bewohnern der größeren Hafenstädte und in den Küstengegenden gefunden wird. — Aehnlichkeiten und Verschiedenheiten der skandinavischen und deutschen, — der dänischen, schwedischen und norwegischen Volksthümlichkeit.

63. Nahrungszweige. Die Landwirthschaft ist in Dänemark, ebenso in den südlichen Gegenden, doch auch in geschützten nördlichen Thälern der skandinavischen Halbinsel Haupterwerbsquelle, sie ist indeß nur im südöstlichen Jütland und im südlichen Schweden einigermaßen vorgeschritten, wird nur hier und auf den dänischen Inseln durch den Boden begünstigt. In dem westlichen größeren Theile der jütischen Halbinsel verweisen weite Sand- und Haideflächen auf die Schafzucht, das Marschland der Küsten dagegen auf die der Rinder und Pferde. Auf der skandinavischen Halbinsel wird die Ausbreitung des Ackerbaues durch die eigenthümliche Bodenbeschaffenheit (selbst der ebeneren Gegenden), durch klimatische Verhältnisse und den Mangel an Menschenhänden und Kommunikationen erschwert. Hier großartige, doch ungeregelte Waldwirthschaft, namentlich in Schweden (wo das ganze Land ein ungeheurer Wald mit wenigen beackerten Lichtungen); — außerdem gewähren Viehzucht, Bergbau und Jagd (auf Pelzthiere und Eidergänse) im Gebirge, Seehandel (vorzüglich mit Holz, Eisen, Kupfer), Rhederei und Fischerei an den Küsten die Aushülfe, die der Boden versagt. — Die Lappen weiden Rennthier-Heerden, fischen, jagen, und treiben seltener auch Acker- und Bergbau. — Auch N.-Jütland nährt sich vorzugsweise von Viehzucht und Fischerei. — Dies sind gleichfalls die ersten Erwerbsquellen auf den noch ärmeren Faröer und Island, wo Ackerbau fast ganz fehlt, und der Handel mit dem Ertrag des Fischfanges und Robbenschlages, mit Eiderdaunen und Moos nur kümmerlichen Gewinn bringt. — Die Industrie ist in allen drei Staaten von geringem Belang; am vorgeschrittensten in Seeland und den großen Städten Skandinaviens; der einst blühende Handel Dänemarks jetzt nur von mäßiger Erheblichkeit, von größerer die Rhederei. Es fehlen dem Innern aller drei Staaten gute Straßen und den Küsten Jütlands und Norlands gute Häfen. (Wichtigkeit der großen Wasserstraßen.)

64. Staatseinrichtung. In Dänemark eine erbliche konstitutionelle Monarchie, deren Verfassung der Volksvertretung sehr weitgehende Befugnisse eingeräumt und zeitweilig ein radikales, dem Staatswohl sehr nachtheilig gewordenes Parteiwesen begünstigt hat. Der langjährige Nationalitäten-Streit ist im Jahre 1864 durch Waffengewalt und die gänzliche Trennung der deutschen Herzogthümer von Dänemark beendet worden. — Das Landheer hat bei seiner gegenwärtigen Organisation wenig mehr Bedeutung als eine Miliz, und steht an innerer Güte der Seemacht nach, welche letztere indeß an allgemeiner Bedeutung sehr verloren hat.

Schweden und Norwegen haben Einen König, bilden aber zwei getrennte Gemeinwesen. Die monarchische Gewalt des Königs ist in Schweden durch die Reichsstände, in Norwegen durch den „Storthing" sehr beschränkt. — Geordnete Verwaltung. — Die Kriegsverfassung in beiden Ländern den Bedürfnissen und ökonomischen Verhältnissen wohl angepaßt. In beiden Ländern zusammen kaum 50000 M. stehende Truppen (mit Einschluß der sog. „Indelta-Rgmtr."); letztere bestehen in Schweden und sind ihrer Organisation nach als Militair-Kolonien zu bezeichnen; daneben in Schweden eine National-Reserve; in Norwegen Beurlaubungs- und Landwehr-System, allgemeine Dienstpflichtigkeit mit Ausnahme der Handwerker und Kaufleute. Die Seemacht ist in beiden Ländern, mittelst Unterhaltung einer vorherrschenden Zahl von kleinen Fahrzeugen (Skären-Flotte), mehr auf die Vertheidigung der Küsten, als auf auswärtige Expeditionen berechnet.

65. Die außereuropäischen Kolonien

1) der Schweden

beschränken sich auf die westindische Insel St. Barthelemy = ¾ □Mln.

2800 Einwohner (Negersklaven, Iren, Schweden, Franzosen), gewinnen Baumwolle und Zucker.

2) der Dänen.

a. Niederlassungen auf der S.W.-Küste Grönlands, nach neueren Angaben = 2200 □Mln.

b. Die westindischen Inseln St. Thomas, St. Croix, St. Jean = 5½ □Mln.

Die grönländischen Niederlassungen mit etwa 9000 Einw. sind für das Mutterland ohne großen Nutzen; Missionszwecke; Fischerei und Robbenfang. — Auf den westindischen Inseln werden von einer Bevölkerung von fast 40000 Menschen (unter denen etwa 6000 Europäer und gegen 30000 Negersklaven) Kolonialwaaren, besonders Zucker gewonnen.

VIII. Das britische Reich.

A. Topische Verhältnisse.

66. Lage, Grenzen und natürliche Beschaffenheit dieser Länder. (Behandlung wie oben!)

67. Bestandtheile und Flächeninhalt.

a. Die vereinigten Königreiche Großbritannien und Ireland		5629 □Mln.
Königreich England (einschließl. der Insel Wight)	2373 □Mln.	
Fürstenthum Wales	361 „	
Königreich Schottland mit den Nachbar-Inseln	1424 „	
Königreich Ireland	1471 „	
b. Europäische Nebenländer		31*) „
Die Insel Man	8,5 □Mln.	
Normannische Inseln	12,0 „	
Die Insel Helgoland	0,2 „	

*) Die früher hierher gerechneten ionischen Inseln sind seit 1863 mit Griechenland vereinigt.

Gibraltar . . . . 0,3 □Mln.

Die Jns. Malta, Gozzo u. Comino 10,3 =

68. **Eintheilung und Wohnplätze.** Die vereinigten Königreiche zerfallen hinsichtlich der Verwaltung ꝛc. in Grafschaften.

a. **England** zählt deren 41. Außerdem hier zu merken die ältere historische Eintheilung in 7 Königreiche:

Essex; darin die Reichs-Hptstdt. **London** mit gegen 3 Mill. Ew., besteht eigentlich aus 4 zusammengewachsenen Städten: **City** oder Altstadt, **Westminster** mit **Westend**, **Southwark** und **East-End**, H. Außerdem sind Chelsea, sowie mehrere Vorstädte und Dörfer in den letzten Jahren im Wesentlichen Theile Londons geworden. Im N.W. von London noch St. Albans u. m. kl. Städte.

Kent: Deptfort, H., und **Greenwich** (zusammenhängend und im weiteren Sinne gleichfalls Theile von London bildend), Gravesend, Chattam, F., K.-H., Dover, F., H., Woolwich, H., Canterbury; Maidstone.

Sussex, worin **Brighton**, H. und Hastings.

Westsex, worin **Portsmouth** (mit Gosport und Spithead, c. 95,000 Ew.), F., K.-H., **Plymouth** (mit Devonport und Stonehouse 128,000 Ew.), F., K.-H., **Bristol** (154,000 Ew.), H., Exeter, **Bath**, Southampton H., Falmouth, H, Windsor, Eton.

Ost-Angeln, worin **Norwich**, Yarmouth, F., H., Cambridge; — in

Mercia: **Birmingham** (296,000 Ew.), **Stockport**, **Nottingham**, Chester, F., H., Cheltenham, Shrewsbury, Leicester, Oxford, Macclesfield, Kidderminster, Coventry, **Wolverhampton**, Derby, Glocester, Stratfort, Tewskbury, Worcester, Bosworth.

Northumberland; darin **Leeds** (207,000 Einw.), **Liverpool** (444,000 Einw.), H., **Manchester** (338,000 Einw.), Halifax, **Bolton**, **Sheffield** (185,000 Ew.), **Bradford**, **Oldham**, **Blackburne**, Rochdale, **Hull**, F., H., **Newcastle**, H., Carlisle, F., H., **York**, Lancaster, H., u. v. a.

b. **Wales** zerfällt in 12 Grafschaften. Die wichtigsten Städte: Merthyr-Tydfil, Cardiff, H., Swansea, Pembroke, Milford, H., u. m. a. kl. Orte.

c. **Schottland,** und zwar:

die **Niederlande** (Süd-Schottland) mit 22 Grafschaften und den Städten **Edinburgh** mit Leith (202,000 Einwohner), H., **Glasgow** (395,000 Ew.), H., Paisley, Greenok, H., Perth, Dundee, H., **Aberdeen**, H., Stirling, F., u. a.

die **Hochlande** (Nord-Schottl.) mit 11 Grafschaften und wenigen kleinen Städten: Inverneß, H, Culloden, Inverary, H., Balmoral, ꝛc.

d. Ireland wird in 32 Grafschaften und 4 Provinzen getheilt:

Leinster mit Dublin (296,000 Ew.), H., Kilkenny, Wexford, H.;

Ulster mit Belfast (120,000 Ew.), F., H., Newry, H., Londonderry, H.;

Munster mit Cork (79,000 Einw.) F., K.-H., Limerik, F., H., Waterford, H.; — und

Connaught mit Galway, F., H.

In den europäischen Nebenländern zu merken, und zwar auf den normannischen Inseln: St. Helier, F., H. auf Jersey, und Peters Port, F., H. auf Guernsey.

Gibraltar, F. und K.-H.; — auf

Malta die Hptstdt. La Valetta, F., K.-H., U.

B. Volks- und Staatsverhältnisse.

a) In den vereinigten Königreichen.

69. Bevölkerungszahl und Dichtigkeit.

England und Wales	20 066000 M.;	auf 1 □Ml.	7339 M.
Schottland	3,062000 =	= =	2150 =
Ireland	5,799000 =	= =	3942 =
Die vereinigten Königreiche	28,927000 M.;	auf 1 □Ml.	5135 M.
(Dazu in den europäischen Nebenländern	296000 =	= =	9518 =)

70. Abstammung und Sprache. Die englische Nation, deren Sprache ein eigenthümliches Gemisch aus deutschen und französischen Elementen ist, bildet die Hauptmasse der Bevölkerung, bewohnt fast ausschließlich England, ist zahlreich in Nieder-Schottland und den großen Städten Irelands, und herrschend im ganzen Reiche. Außerdem etwa 10 Mill. celtische Bewohner (Iren, Ersen oder West-Gälen in Ireland die Hauptmasse der Bevölkerung, Gälen ebenso in Hoch-Schottland, Briten oder Kymmern u. Wälsche auf den Berglanden im W. von England) mit verschiedenen, aber verwandten, theils verschwundenen, theils mehr und mehr verschwindenden Sprachen — und Juden, nicht mehr als 13000.

71. Religion und Gesittung. Die anglikanische od. bischöfliche Kirche ist die herrschende. Zu ihr bekennt sich die große Mehrzahl der Engländer und Wälschen. Die schottische oder presbyterianische Kirche ist die allgemeinere in Süd-Schottland, hat aber auch im nordöstlichen Ireland und England Anhänger; — die katholische ist die vorherrschende in Ireland und Hoch-Schottland. Im Ganzen giebt es etwa 19 Mill. Anhänger der bischöfl. Kirche, 2½ Mill. Presbyterianer u. 7½ Mill. Katholiken (über 5½ Mill. in Ireland). Außerdem zahlreiche protestantische Sektirer (Dissenters), vorzüglich Methodisten 2c. — Zusammenhang der religiösen und sittlichen Elemente des Volks.

72. Geistige Kultur und Volksthümlichkeit. — Nur in Süd-Schottland und in den presbyterianischen u. einem Theil der Dissenter-Gemeinden erfreut sich das Volksschulwesen einer sorgfältigen Pflege. Daher findet sich bei dem gemeinen Manne in England und noch mehr in Ireland, ungeachtet der trefflichsten Naturgaben, eine große Rohheit, die gelegentlich zur entschiedensten Bestialität führt. Daneben in den höheren Volksklassen, besonders in England und Süd-Schottland, ein hoher Grad von Bildung und Humanität, befördert durch eigenthümlich eingerichtete Schulanstalten

und die Universitäten zu London, Oxford, Cambridge, Dublin, Edinburgh, Glasgow, St. Andrews und die katholische zu New-Aberdeen. — Merkwürdiger und heilsamer Gegensatz entschieden humanistischer Schul-Tendenzen und eben so entschieden realistischer Lebensrichtungen. — Der durchaus praktische und unternehmende, zugleich aber ebenso spekulative und besonnene Volksgeist der Briten hat sehr wesentlich dazu beigetragen, ihnen, in allen Beziehungen des äußeren Lebens, vor allen anderen Nationen, eine Weltbedeutung und den ersten Rang unter den Industrie- und Handelsvölkern der Erde zu verleihen. — Verschiedenheit im National-Charakter der Engländer, Schotten und Iren.

73. Nahrungsquellen. Es gibt kein Volk, welches alle Hülfsquellen seines reichen Landes in höherem Grade ausgebeutet, und zugleich kaum ein Land, welches den verschiedenartigsten Bestrebungen seiner thätigen Bewohner in reicherem Maaße entsprochen hat. Ueber- und unterirdischer Reichthum des Bodens. Daher hier alle Zweige der physischen wie der technischen Kultur auf der höchsten Stufe der Ausbildung. Ein außerordentlich entwickeltes Eisenbahn- u. Telegraphen-Netz bereitet sich über das ganze Land aus (2360 g. M. Eisenbahn- und c. 3500 M. Telegraphenleitung bestanden im Jahre 1867). Englische Landwirthschaft und Industrie und die Produkte der einen wie der anderen sind fast gleich berühmt. — Vorzügliche Pferde, Schafe, Rinder und die Erzeugnisse jeder Art von Gewerbthätigkeit haben einen Weltmarkt, begünstigt durch den Welthandel der Engländer (Handels-Marine zählt fast 29000 Schiffe u. beschäftigt mehr als 170000 Seeleute). — Doch neben diesem hellen Lichte tiefer Schatten. Die Erzeugnisse des Bodens reichen in der Regel für die dichte Bevölkerung nicht aus; der Besitz des beweglichen wie des unbeweglichen Kapitals ist in verhältnißmäßig wenigen Händen; der Erwerb der Mehrzahl entspricht nicht der Menge der Bedürfnisse. Daher, neben ungemessenem Reichthum die bitterste Armuth, namentlich in den Manufaktur-Bezirken und großen Städten, vorzüglich aber in Irland.

74. Staatseinrichtungen. Die englische Verfassung ist eine Frucht von Jahrhunderten, ist mit der Nation erblüht und gereift, — gealtert und erneuert. Der König (oder die Königin), dem die ausübende Gewalt zusteht, theilt die gesetzgebende mit dem Parlament (Häuser der Gemeinen u. der Peers). Neben bedeutenden, fast republikanischen Gerechtsamen des Geringsten, strenge Bewahrung der Privilegien jedes Höherstehenden bis hinauf zum Throne. Ein großer Reichthum organischen Lebens in allen öffentlichen Verhältnissen beseitigt alles Erstorbene. Beständiger Partheienkampf begünstigt hier nicht bloß egoistische Tendenzen, sondern auch das öffentliche Wohl. Das Verwaltungs-System, die Justiz- und Kriegsverfassung: jegliches ist auf die Landesgeschichte, auf Herkommen und Praxis, nicht auf Theoreme gegründet. Daher, ungeachtet eines gewissen Mechanismus, ungemeine Mannigfaltigkeit aller Erscheinungen und Verhältnisse des öffentlichen Lebens. — Die Finanzen zeigen eine unerschöpfliche Fülle von Hülfsmitteln neben einer unerschwinglichen Schuldenlast. Das Landheer, bisher gewöhnlich nicht zahlreich, ohne systematische Organisation, großentheils aus Brodlosen und Arbeitscheuen gebildet, entspricht dennoch, kraft seiner eisernen Disciplin und vom Nationalgeiste getragen, den allerverschiedensten und schwierigsten Anforderungen, während die Blüthe des Volkes den Dienst verschmäht und die neue Milizverfassung sich noch zu bewähren und zu entwickeln hat. — Die Seemacht, der Stolz der Nation, der Grundpfeiler ihrer Macht, ist den vereinigten Flotten Europa's gewachsen, beherrscht alle Meere, und verknüpft das Mutterland mit seinen fernen Kolonien.

b) In den europäischen Nebenländern, und zwar

auf der Insel Man	53000 M;	auf 1 □M.	6100 M.
auf den normannischen Inseln	95000 „	„	7750 „
Helgoland	2200 „	„	— „
Gibraltar	16000 „	„	— „
den Malta-Inseln	130000 „	„	12400 „

Auf den normannischen Inseln sind die Einw. französischer Abkunft, reformirter Religion, mit eigenthümlicher, alt-französischer, durch englische Beimischung verderbter Mundart; sie ernähren sich vom Gartenbau, von Viehzucht, Fischerei und vorzüglich vom Schleichhandel, werden durch einen englischen Gouverneur und ein einheimisches Parlament regiert.

Auf Helgoland protestantische Friesen, die Fischerei und Lootsendienst treiben. Besuchtes Seebad.

In Gibraltar, außer der Garnison, handelnde und schmuggelnde Engländer unter englischen Gesetzen.

Auf der Malta-Gruppe eine dichte, aber meist ärmliche Bevölkerung von zweifelhafter Abkunft und gemischter, vorherrschend romanischer Sprache. Handel, wenig Getreide-, mehr Obst- und Weinbau, Viehzucht, Fischerei, Seeverkehr.

Wichtigkeit aller dieser Besitzungen für die Seeherrschaft der Engländer.

75. Die britischen Kolonien.

a. Britisch-Asien oder das indo-britische Reich.

A. Topische Verhältnisse.

1. Bestandtheile und Flächeninhalt.

a. Aeltere Besitzungen der Krone: Ceylon (1204) und Hongkong (1,8)		1206 □Mln.
b. Aeltere Besitzungen der ehemal. ostind. Compagnie		68,580 „
Unmittelbarer Besitz in Vorder- und Hinter-Indien . . .	43,918 □Mln.	
Mittelbarer Besitz in Vorder-Indien	24,296 „	
Mittelbarer Besitz in Hinter-Indien c.	300 „	
In Austral-Asien c.	66 „	
	Im Ganzen:	69,786 □Mln.

2. Lage, Grenzen und natürliche Beschaffenheit dieser Gebiete. (wie oben!)

3. Eintheilung und Wohnplätze:

a. Aeltere Besitzungen der Krone: Ceylon, wo die Hptstdt. Colombo, Point de Galle, H. und Trinkomale, H., — der Insel Hongkong an der chinesischen Küste mit der Hafenstadt gl. N.

b. Besitzungen der ehemal. ostind. Compagnie, und zwar:

aa) In Vorder-Indien drei Provinzen (Präsidentschaften):

1) Bengalen oder Kalkutta, wo Kalkutta (mit Fort William

u. a. Vororten üb. 500,000 Ew.), H., Murschidabad (147,000 Ew.), Dakka, Patna (284,000 Ew.) Benares (186,000 Ew.), Mirzapur, Kanpur; in den gleichfalls unter Bengalen stehenden Landschaften Agra, Pendschab, Aude sind die wichtigsten Städte: Agra (126,000 Ew.), Allahabad, Delhi; Lahore (die alte Hauptstadt des Shiks-Reiches, 95,000 Ew.), Amritsir (100,000 Ew.), Pischawar (Pischaur), Multan; Lucknow (oder Lacknauh, alte Hauptstadt des Königreichs Aude, 300,000 Einw.), Feizabad.

2) Präsidentschaft Madras, mit Madras (720,000 Ew.), Masulipatnam, H., Trankebar, Kalikut u. a.

3) Präsidentschaft Bombay, wo Bombay (600,000 Ew.), H., Surate (135,000 Ew.), H; Puna, Ahmedabad (130,000 Ew.). Zur Pr. Bombay gehört auch die arabische Stadt Aden, F., H.

Die mittelbaren Besitzungen bilden zahlreiche, meist kleine, mehr oder minder abhängige (Schutz-) Staaten (Vasallen und tributpflichtige Bundesgenossen); Städte von Bedeutung in denselben: Kaschmir od. Srinagar (in dem bis vor Kurzem unabhängigen Staate Kaschmir); Leh (in Kl. Tibet); Gwalior (im Staate gl. N.), Haiderabad (200,000 Ew.) und Aurungabad (beide in Golkonda); Nagapura (110,000 Einw.), Dschodpur (im Lande der Radschputen); Mysore (55,000 Ew.), Bangalor und Seringapatnam (im Staate Mysore); Baroda (140,000 Einw., in St. Kattywar); Cambay u. a.

bb) In Hinter-Indien (zur Präsidentschaft Bengalen gehörig) die Landschaften Arakan, Pegu, Martaban, Tenassarim, Malakka, Singapore mit den gleichnamigen Hauptorten, von denen Singapore (85,000 Ew.) der bedeutendste; ferner die Insel Pulu-Pinang mit der Hauptstadt Georgetown, H.

Außer diesen unmittelbaren noch einige mittelbare Besitzungen (Land der Garros 2c.).

cc) In Austral-Asien: Handelsniederlassungen auf Sumatra, Borneo und der Insel Labuan bei Borneo, in denen keine Wohnpl. von Bedeutung.

B. Völker- und Staats-Verhältnisse.

1. Einwohnerzahl und Dichtigkeit.

a. Aelterer Besitz der Krone: Ceylon .	1,900000 M.;	auf 1 □Ml.	1578;
Hongkong	125000 „ ;		
b. Unmittelbarer Besitz in Vorder- und Hinter-Indien (nebst Aden) . . .	135,640000 „	„	3087;
c. Mittelbarer Besitz in Vorder-Indien	44,300000 „	„	1823;
d. „ „ Hinter-Indien	200000 „	„	667;
e. In Austral-Asien etwa	14000 „		
Indo-britisches Reich:	182,084000 Menschen.		

Am dichtesten bevölkert Bengalen, wo in einigen Theilen 6—10000 M. auf 1 □M. wohnen.

2. Abstammung und Sprache. Die Mehrzahl der Einwohner Hindu mit vielen verschiedenen, doch verwandten Sprachen. Außerdem Türken (Mongolen), Araber, Malayen, Parsen, Armenier, nur etwa 70000 Engländer. Verkehrssprachen der höheren Volksklassen sind die hindustanische, persische und englische; — zahlreiche andere Volks-Idiome.

3. Religion der Hindu ist meist die brahmanische (verschiedene Sekten), der Mongolen, Araber, Malayen die muhamedanische, der Europäer, Armenier und einer kleinen Zahl von Eingebornen die christliche, auf Ceylon und in Hinter-Indien die buddhistische. Die Hindu, mit ihrer abgeschlossenen, aber auch abgestorbenen Kultur, geben der eigenthümlichen Völkermischung den Grundton. (Man vgl. unten: Asien!)

4. Nahrungszweige. Landwirthschaft, Handel und Gewerbe blühen. Die Bestrebungen der eigenthümlichen einheimischen und der englischen Industrie begegnen sich. Die Erzeugnisse derselben (Gewebe aller Art, Metallwaaren u. s. w.) und der Reichthum an kostbaren Landesprodukten (Kolonialwaaren aller Art, Gewürzen, Früchten, Reis, Getreide, Sago, Assam-Thee, Baumwolle, Seide, Tiek-, Sandel- und Ebenholz, Edelsteinen, Metallen rc.) gewähren einen äußerst wichtigen Handel, der durch die Lage des Landes und gute Häfen, so wie neuerdings durch Anlagen von Straßen, Eisenbahnen und Telegraphen begünstigt wird.

5. Staatsverhältnisse. — Die Besitzungen der ehemaligen englisch-ostindischen Compagnie, — einer Handelsgesellschaft, welche, unter dem Schutz und der Oberhoheit der englischen Krone stehend, kraft eines von dieser von Zeit zu Zeit erneuerten Privilegiums, fast alle Souverainetäts-Rechte ausübte, — sind größtentheils durch Eroberung erworben worden; seit dem Jahre 1858 hat jedoch die Krone von England selbst auch die Regierung der bis dahin von der Compagnie verwalteten Besitzungen übernommen. Durch die Aufhebung des Monopols der Compagnie war die Kolonie schon vorher europäischen Ansiedlern zugänglicher. — Eigenthümliche Verhältnisse zwischen der Regierung und den Eingebornen, die man seit Kurzem an der Civil-Verwaltung und Rechtspflege thätigen Antheil nehmen läßt, während sie schon seit lange, wenngleich unter europ. Officieren, die Hauptmasse des sehr ansehnlichen Kriegsheeres (mit den Bundestruppen der Schutzstaaten üb. 300000 M.) ausmachen. — Der Sitz des General-Gouverneurs ist Kalkutta; Provinzial-Regierungen in den angeführten Präsidentschafts-Sitzen. Von den Haupttheilen der Präsidentschaft Bengalen werden 3 von besonderen „Gouverneur-Statthaltern,“ 3 von s. g. Haupt-Commissionären verwaltet. — Die mittelbaren Besitzungen bilden zwar eigene Staaten unter einheimischen Fürsten, welche zum Theil nur als Bundesgenossen, zum Theil als Schutzverwandte gelten; indeß haben jene wie diese keine größere Gewalt, als die Regierung ihnen zu lassen für gutfindet; sie sind Beamte mit dem Fürstentitel.

b. Australische Kolonien.

A. Topische Verhältnisse.

1. Bestandtheile und Flächeninhalt:

a. **Auf dem Kontinent werden in Anspruch genommen** . . . . fast 114,000 □Mln.

1. Neu-Süd-Wales (mit d. Ins. Norfolk)	14,526 □Mln.	
2. Victoria (in Süd-Australien)	4160 "	
3. Süd-Australien (Adelaide)	18,000 "	
4. West-Australien	46,000 "	
5. Queensland (N.-O.-Küste) c.	31,000 "	
b. Tasmania		1233 □Mln.
c. Neu-Seeland		5000 "
Zusammen: c.		120,000 □Mln.

2. Lage, Grenzen, Beschaffenheit ꝛc.

3. Wohnplätze. In Neu-Süd-Wales: Sydney (93,000 Ew.), H., Bathurst, Paramatta; — in Victoria (Australia felix): Melbourne (123,000 Ew.), H., Geelong, H.; — in Süd-Australien: Adelaide, H.; — in West-Australien: Perth; — in Queensland: Brisbane; — in Tasmanien: Hobarttown, H., Launceston; — auf Neu-Seeland: Aukland, H., und Wellington, H.

B. Ethnographische und statistische Verhältnisse.

Die Einwohnerzahl beträgt (1867) in

1. Neu-Süd-Wales	379000	Menschen.
2 Victoria	605500	"
3. Süd-Australien	126800	"
4. West-Australien	15000	"
5. Queensland	79000	"
6. Van Diemens-Land (Tasmania)	90000	"
7. Neu-Seeland	96000	"
Zusammen etwa:	1,356000	Menschen.

Nach Abstammung und Sprache sind die angegebenen Einwohner, — außer den Eingebornen in Neu-Seeland, welche fast sämmtlich Christen und zwar vorzugsweise Evangelische sind, und in einem festen Verhältniß zur Regierung stehen, — Engländer, Schotten, Iren, in Süd-Australien auch Deutsche, welche sämmtlich, auch in Betreff der Religion, mit dem Mutterlande übereinkommen, daher ist die Zahl der Protestanten überwiegend, die der Katholiken nur in N.-S.-Wales und Tasmania erheblich. — In Bezug auf Gesittung u. polit. Zustand müssen unterschieden werden: Freie Ansiedler, welche in Neu-Seeland, am Schwanenfluß, in beiden Kolonien von Süd-Australien die alleinige, in Neu-Süd-Wales die sehr überwiegende und in Tasmanien etwas mehr als die halbe Bevölkerung ausmachen, und Sträflinge (Deportirte) in Tasmanien und (in geringer Zahl) auch in N.-S.-Wales; die schwersten und unbändigsten Verbrecher in den Penal-Stationen auf der Insel Norfolk ꝛc.; außerdem (in N.-S.-Wales und Tasmania) auch „Emanzipirte," d. h. frei gewordene Sträflinge und deren Nachkommen. — Die wichtigsten Nahrungszweige sind Ackerbau, Vieh-, namentlich Schafzucht (durch Boden und Klima besonders begünstigt), Handel mit den rohen Produkten, Fischerei und einige Gewerbthätigkeit; seit Kurzem Bergbau auf Steinkohlen, Kupfer und sehr beträchtlicher Gold-Gewinn in N.-S.-Wales und Victoria.

Die Regierung und Verwaltung der australischen Kolonien geschieht durch Gouverneure, welche von der englischen Krone ernannt werden und in den oben zunächst genannten Städten der verschiedenen Provinzen residiren. Ihnen stehen Parlamente zur Seite. — Die Eingeborenen von Neuholland sind bis jetzt in keinem Unterthänigkeits-Verhältniß, die von Tasmania sind ausgetrieben, die von Neu-Seeland entwildern mehr und mehr, und erkennen die bei ihnen eingesetzte Regierung an.

c. Afrikanische Kolonien.

1. Das Kapland mit Britisch-Kafirland und Natal	12,000 □Mln.
mit der Kapstadt, H., Port Elisabeth.	
2. Die Insel Mauritius mit Dependenzen . .	32 „
wo Portlouis, F., H., und die Sechellen	3 „
3. Die Inseln St. Helena und Ascension .	5 „
4. Niederlassungen in Senegambien. (Sierra Leone ꝛc.) etwa	50 „
Zusammen:	12,090 □Mln.

(Lage, Grenzen, natürliche Beschaffenheit dieser Länder!)

1. Das Kapland einschließlich Natal ꝛc. hat 425000 Einwohner holländischer, deutscher, französischer und britischer Abkunft mit einem eigenthümlich gemischten Jargon; dann christliche, innerhalb der Kolonie wohnende Hottentotten und Neger; außerdem wilde Saabs (Buschmänner), Koranas, Griquas und andere Hottentotten- und Kaffern-Stämme — im Ganzen etwa	750000 Ew.
Viehzucht ist erste Nahrungsquelle, dann Acker-, Wein- und Obstbau, Handel. Die Kapstadt ist der Sitz des Generalgouverneurs für alle afrikanischen Besitzungen. Das Kapland, zu dem seit 1865 Britisch-Kafirland als eine Provinz gehört, hat eine besondere Verfassung und Vertretung. Natal ist jetzt eine selbstständige Kolonie.	
2. Die Niederlassungen in Senegambien mit	227000 „
bezwecken Handelsverbindungen mit dem inneren Afrika und die Abschaffung des Sklavenhandels. Die Mehrzahl der Bewohner Neger. Einfluß des mörderischen Klima's.	
3. Mauritius nebst den Sechellen mit	323000 „
vorherrschend (freie) Neger und Mulatten (80000), auch Malayen ꝛc., nur 8000 Weiße meist französischer Abkunft. Plantagenwirthschaft und Handel mit Kolonialwaaren und Ebenholz.	
4. St. Helena und Ascension.	10000 „
vorzugsweise als Erfrischungs-Stationen von Wichtigkeit. Die Bewohner britische Colonisten und (auf St. Helena) Neger.	
Im britischen Afrika überhaupt:	1,310000 Ew.

d. Amerikanische Kolonien.

A. Topische Verhältnisse.

1. In Süd-Amerika besitzt England		4933 □Mln.
Theil von Guyana	4710 □Mln.	
Die Falklands-Inseln	233 „	
2. In Mittel-Amerika u. Westindien		1509 „
Niederl. auf Yukatan (Honduras) .	800 „	
Jamaica, mit der Hptstdt. Spanish-Town und Kingston, H. . . .	301 „	
Die kleinen Antillen: Trinidad (wo Port of Spain, H.), Tabago, Granada, St. Vincent, Barbados (wo Bridgetown, H.), Sta. Lucia, Dominica, Antigua (wo St. John, H.) u. a.	166 „	
Die Bahama-Inseln ꝛc., Hauptort Nassau, F., H., auf Neu-Providence	241 „	
Die Bermudas-Inseln	1 „	
3. In Nord-Amerika		c. 170,000 „
Unter- und Ober-Kanada mit den Städten Ottawa (Bytown), Quebec, F., H., Montreal, H., Toronto und Kingston . . .	9878 „	
Neu-Braunschweig, Hptort. St. John	1275 „	
Neu-Schottland und Kap Breton mit der Hptstdt. Halifax . . .	878 „	
Prinz Edwards-Ins. oder St. John	102 „	
Neu-Fundland ꝛc. mit St. Johns, H.	1891 „	
Neu-Britannien (Hudsonsbay-Länder, mit Einschluß von Labrador, Britisch-Columbien, Neu-Caledonien, Vancouvers-Inseln u. a. Inseln an den Nordküsten) über	150,000 „	
Britisch-Amerika:		176,440 □Mln.

(Lage, Grenzen und natürliche Beschaffenheit dieser Länder!)

B. Volks- und Staatsverhältnisse.

1. Bevölkerung.

a. In Süd-Amerika		162600 Einw.
Guyana	162000 Einw.	
Falklands-Inseln	600 „	

b. In Mittel-Amerika und Westindien	. . . . . .		970000 Einw.
Honduras	26000 Einw.		
Jamaica	441000 „		
Die kleinen Antillen	453000 „		
Die Bahama-Inseln	40000 „		
Die Bermudas	11000 „		
c. In Nord-Amerika		c.	3,900000 Einw.
Kanada (1857)	2,783000 „		
Neu-Braunschweig	273000 „		
Neu-Schottland und Kap Breton	349000 „		
St. John (Prinz Edwards-Insel)	81000 „		
Neu-Fundland	138000 „		
Neu-Britannien (Hudsonsbay-Länder ꝛc.) . c.	300000 „		
		Britisch-Amerika: über	5,000000 Einw.

Am besten bevölkert die kleinen Antillen, namentlich Barbados, wo durchschnittlich 17—18000, am schlechtesten die Hudsonsbay-Länder ꝛc., wo nur 3—4 Menschen auf der □M. leben.

2. Abstammung, Sprache, Religion ꝛc. In Guyana, Westindien u. Honduras ist die schwarze und die Mulatten-Bevölkerung bei weitem die zahlreichste. In Jamaica sind allein über 300000, in Guyana über 90000 Neger, und auf allen britischen kleinen Antillen leben nur etwa 30000, in sämmtlichen brit. Kolonien des tropischen Amerika's nicht mehr als 80000 Weiße (Briten, Spanier ꝛc.) unvermischten Blutes. Die Schwarzen sind zum Theil, wenigstens äußerlich, zum Christenthum bekehrt. — In Westindien finden sich Ureinwohner nur noch auf Trinidad, und in Guyana sind sie bis jetzt ohne erhebliche Beziehungen zu der Kolonie. — Dagegen zählt man in den nord-amerikanischen Kolonien über 1½ Mill., doch nur in Kanada und Neu-Braunschweig theilweis christliche, Ureinwohner, aber fast keine Neger. Die europäische Bevölkerung besteht hier aus Briten, Iren und aus Abkömmlingen katholischer Franzosen, namentlich in Nieder-Kanada, doch auch in Neu-Braunschweig, Kap Breton und St. John. In den Hudsonsbay-Ländern ꝛc. nur wenige Europäer in den isolirten Handels-Faktoreien des Innern.

3. Nahrungsquellen. In Guyana u. Westindien blühende, durch Bodenfruchtbarkeit begünstigte Plantagenwirthschaft und lebhafter Handel mit Kolonialwaaren, Rum, Mahagony-Holz, Baumwolle ꝛc.; auf der Honduras-Küste Holzfällen und Handel mit Mahagony-, Campeche- ꝛc. Holz; in Kanada Landwirthschaft, Fischerei, vorzüglich Handel mit den rohen Landesprodukten (Bauholz, Getreide, Vieh, Pelzwerk ꝛc.); in den übrigen nord-amerikanischen Kolonien, die weniger durch den Boden begünstigt sind, mehr Viehzucht als Ackerbau, außerdem, besonders auf Neu-Fundland, bedeutende Fischerei (Wall- und Stockfische, Seehunde ꝛc.); lebhafter Handel; auf Kap Breton und Neu-Schottland einiger Bergbau, namentlich auf Steinkohlen; in den Hudsonsbay-Ländern und dem nordwestl. Gebiet sind der gewinnreiche Pelzhandel mit den Eingeborenen und die Jagd der Pelzthiere bis jetzt die alleinigen Zwecke der Niederlassungen.

4. Staatseinrichtungen. Alle diese Kolonien werden, meist unter Mitwirkung einheimischer Parlamente, von Gouverneurs verwaltet, die von der Regierung des Mutterlandes ernannt werden. — Die beiden Kanada's haben eine gemeinschaftliche Regierung; — Emanzipation der Neger in allen britischen Kolonien.

Wiederholung.

Großbritannien und Irland	5629 □Mln.;	28 927000 Einw.
Britische Nebenländer in Europa	31 „	296000 „
Britisches Reich in Europa	5660 □Mln.;	29,223000 Einw.
„ „ außer Europa	378316 „	189,780000 „
Das britische Reich:	383976 □Mln.;	219,003000 Einw.

IX. Die Niederlande
oder das niederländische (holländische) und belgische Königreich, nebst dem Großherzogthum Luxemburg.

A. Topische Verhältnisse.

76. Lage, Grenzen, natürl. Beschaffenheit. (Siehe oben!)

77. Bestandtheile, — Lage und Grenzen derselben, — Wohnplätze. — Drei von einander unabhängige Staaten:

das Königr. der Niederlande (Holland) mit Limburg	= 596,4	□Mln.,
„ „ „ Belgier	= 536,5	„
„ Großherzogthum Luxemburg	= 46,6	„

a) Das erstere besteht aus den eigentlichen Niederlanden und einem, früher zum vormaligen deutschen Bunde gehörigen Antheil von Limburg (40 □Mln.), und wird eingetheilt in 11 Provinzen:

Nord-Holland, worin die Hptstdt. Amsterdam (262,000 Einw.), Harlem, Hoorn, H., Zaardam, H., der Helder, F., H.; — Süd-Holland, mit der Residenzstadt der Haag oder s'Gravenhaag (87,000 Ew.), Rotterdam (115,000 Ew.), Leyden, U., Dortrecht, F., Delft, Ryswik, Briel, F., H., Helvoetsluys, F., H.; — Utrecht, worin Utrecht, U.; — Geldern, worin Arnheim, F., Nymwegen, F., und Zütphen, F.; — Overyssel mit Zwolle, F., u. Deventer; — Drenthe, worin Koeverden, F.; — Gröningen mit Gröningen, U., Delfzyl, F., H.; — Friesland, worin Leeuwarden, F., Franeker, Harlingen, H.; — (Nord-) Brabant (Generalitätslande), wo Herzogenbusch, F., Breda, F., u. Bergen op Zoom, F.; — Seeland, worin Middelburg und Bließingen, F., H.; — Limburg, worin Maestricht, F., und Venloo, F., und Roermonde.

b) Belgien besteht aus dem größten Theile der ehemaligen österreichischen Niederlande und einem kleineren der französischen, sowie aus Theilen von Luxemburg und Limburg, welche bereits vor Auflösung des ehemaligen deutschen Bundes an Belgien abgetreten waren, u. wird eingetheilt in 9 Provinzen: (Süd-) Brabant, worin Brüssel (189,000 Einw.), U., Löwen, U., Diest, F., Waterloo, Tirlemont; — Antwerpen, worin Antwerpen (122,000 Ew.), F., K.-H., Mecheln; — Ost-Flandern, wo Gent (123,000 Ew.), U., St. Nicolas, Oudenarde, F., Alost; — West-Flandern mit Brügge, Ostende, F., H., Ypern, F., Courtrai od.

Kortryk, Nieuport, F., H.; — Namur mit Namur, F., und Philippeville, F.; — Hennegau, worin Mons oder Bergen, F., u. Tournay oder Doornik, F., Charleroi, F., — Lüttich, wo Lüttich (102,000 Ew.), U., Verviers, Seraing, Spaa; — Limburg, wo Tongern und St. Tron; — Luxemburg, worin Arlon und Bouillon, F.

c) Luxemburg (bis 1866 zum ehemaligen deutschen Bunde gehörig) mit Luxemburg.

B. Staats- und Völker-Verhältnisse.

78. Bevölkerungs-Zahlen.

Das Königreich der Niederlande hat 3,529000 Ew., Belgien 4,940000 Ew., Luxemburg 207000 Ew.; daher leben durchschnittlich in den Niederlanden 5917, in Belgien 9207, in Luxemburg nur 4442 Menschen auf 1 □M. Aber in den Niederlanden sind Holland, Utrecht u. Seeland viel dichter, Overyssel und besonders Drenthe viel dünner bevölkert, — und ebenso in Belgien: Brabant, beide Flandern, Theile von Hennegau, Lüttich u. Antwerpen viel dichter (Ost-Flandern mit fast 15000, Brabant mit c. 13800 M. auf 1 □M.), — Luxemburg (nur 2143), Limburg, Namur, auch Theile des Hennegau's viel schwächer bewohnt, als angegeben.

79 Abstammung und Sprache. Die Bewohner des niederländischen Königreichs sowie Luxemburgs sind durchgängig germanischer Abstammung (Holländer, Friesen, Flamländer u. a.) mit eigenen niederdeutschen Dialekten. — In Belgien finden sich, wie in der Schweiz, germanische und celtisch-romanische Elemente vereint, doch nicht gemischt; indem die nördlichen und östlichen Provinzen vorherrschend von Flamländern (Vlämingen) und anderen Deutschen, die westlichen und südlichen mehr von dem celtisch-französischen Mischlingsvolke der Wallonen bewohnt sind. — Die höheren Stände Belgiens sprechen französisch, — was zugleich die offizielle Sprache des Staats ist, — die unteren wallonischen Volksklassen ein eigenthümliches Gewälsch, welches weder von Franzosen noch von Deutschen verstanden wird. — Der herrschende Dialekt des niederländischen Königreichs ist der, auch als Schriftsprache ausgebildete holländische, dem eine nicht ganz unbedeutende Literatur angehört.

80. Kirchliche Verhältnisse. — Im nördlichen Theile der Niederlande ist die reformirte Kirche die entschieden vorherrschende; ihr gehört im holländischen Königreiche nur etwa die größere Hälfte (1,906000 M.) der Einwohnerschaft an. In Nord- und Süd-Brabant, Limburg, ganz Belgien und Luxemburg ist die katholische Kirche die fast ausschließliche und die Zahl der Nicht-Katholiken äußerst gering. — Jansenistische „Kirche von Utrecht."

81. Volksthümlichkeit und Gesittung. — Der Charakter der Nord-Niederländer (Holländer), eine durch die Lage, Physik und Geschichte des Landes modifizirte Schattirung des deutschen, ist durchaus tüchtig und kraftvoll. Auch in Betreff der Gesittung stehen sie nicht hinter den übrigen Deutschen. Zahlreiche, wohleingerichtete Volksschulen. Universitäten zu Leyden, Utrecht, Gröningen und Franeker. — In Belgien dagegen vernachlässigte Volkserziehung, besonders in den wallonischen Provinzen; Bigotterie in den unteren, Freidenkerei in den oberen Schichten der Gesellschaft, für deren Bildung mehr, wenngleich wohl nicht durchweg auf die rechte Art, gesorgt ist. Universitäten zu Brüssel, Löwen, Gent und Lüttich. Uebrigens sind die Belgier, Flamländer wie Wallonen, ein regsames, erwerbrüstiges Geschlecht, welches für die Kultur der materiellen Interessen stets sehr geschickt und strebsam gewesen ist.

82. Nahrungsquellen. In Belgien daher großer Reichthum an natürlichen und industriellen Produkten; gartenmäßige Bodenwirthschaft, namentlich in Flandern, Hennegau, Brabant, Antwerpen; bedeutender Eisen- u. Kohlengewinn in und an den Ardennen; berühmte Gewerbthätigkeit in fast allen Zweigen der technischen Kultur, namentlich in leinenen und allen anderen Geweben, Spitzen, Papier, Tapeten, Leder, Waffen u. a. Metallwaaren; lebhafter, durch die Lage und alle Mittel der sorgfältigsten Pflege begünstigter Handel. — Nord-Niederland ist dagegen mehr auf Handel und Schifffahrt, Viehzucht und Gartenkultur, weniger auf Ackerbau im Großen angewiesen. Daher weniger Getreide-, mehr Gemüse- und Blumenbau, wichtige Käsebereitung, Fischfang und (in den westlichen Provinzen) Industrie in Leinen- und Seidenwaaren, Papier, Leder 2c. — In Holland wie in Belgien großer Reichthum neben großem Elend.

83. Staatseinrichtung. Holland und Belgien bilden beschränkte Monarchien. Dort haben die „General- und Provinzialstaaten," hier zwei aus erwählten Deputirten bestehende Kammern (Senatoren u. Repräsentanten) großen Theil an der Gesetzgebung; verantwortliche Minister; — die Kronen sind erblich. Das Großherzogthum Luxemburg ist nur durch Personal-Union mit Holland und in handelspolitischer Hinsicht durch den Zollverein mit Deutschland verbunden, und wird von einem besonderen Statthalter mit eigener Verwaltung und Volksvertretung regiert. Die „Neutralität" Luxemburgs ist vertragsmäßig festgestellt worden, die starke Befestigung der Hauptstadt des Ländchens wird aufgegeben. — Belgiens Kriegsverfassung, bisher eine schwache Nachahmung der französischen, hat neuerlich an Tüchtigkeit gewonnen; seine Seemacht unbedeutend; eine große Zahl von Festungen und die durch Staatsverträge garantirte Neutralität versprechen die Fortdauer politischer Selbstständigkeit. — Holland ist ein Handels-, kein Militair-Staat, daher nur eine beschränkte, doch sachgemäße Ausbildung des Heerwesens (Schuttery); auch die Seemacht ist, wenngleich tüchtig, nicht groß, ungeachtet eines sehr ansehnlichen Kolonial-Besitzes und der, bei der eingetretenen finanziellen Verwirrung, verdoppelten Wichtigkeit dieses Besitzes.

84. Holländische Kolonien.

a. In Asien: Java und die umliegenden Eilande (2444 □Mln.) mit den wichtigen Plätzen Batavia, H., Surabaya u. Ryswik; — Besitzungen auf Sumatra (5700 □Mln.) mit der Hauptstadt Padang, den Häfen Palembang und Barus; — auf den Molucken und Kleinen Sunda-Inseln (2700 □Mln.) mit Amboina, F.; — auf Borneo (8000 □Mln.); — auf Celebes (2300 □Mln.).

b. In Australien: auf Neu-Guinea (3200 □Mln.). Die Größe der obigen Besitzungen ist jedoch höchst unbestimmt, da die Holländer in manchen der beanspruchten Gebiete nur einzelne Distrikte faktisch besitzen.

c. In Amerika: Holländ. Guyana od. Surinam (2956 □Mln.) mit der Hauptstadt Paramaribo, H.; Curaçao u. e. a. kleine west-indische Inseln (17 □Mln.).

d. In Afrika: Handels-Faktoreien an den Küsten von Guinea, — im Ganzen ein Gebiet von höchstens 500 □Mln.

Die asiatischen Kolonien sind die reichsten und vortheilhaftesten. Der General-Gouverneur derselben residirt zu Ryswik auf Java, wo etwa **20000** Holländer c. **13** Millionen Menschen (eingeborne muhamedan. Malayen, chinesische und arab. Handelsleute, Mischlinge, Negersklaven) mit Klugheit und Gewalt in Unterwürfigkeit halten, u. durch die steigende Kultur von Kaffee, Zucker, Indigo, Baumwolle, Reis, Cochenille, Pfeffer, seit Kurzem auch von anderen Gewürzen und Thee, den einträglichsten Handel treiben. — Aehnliche Verhältnisse auf den Molucken, im nördlichen und südwestlichen Theil von Celebes und auf den Küsten von Sumatra und Borneo, wo sich die Macht der Holländer mehr und mehr ausbreitet und befestigt. Im Ganzen werden im niederl. Asien etwa 19 Mill. Menschen, als der Botmäßigkeit des Mutterlandes mehr oder minder unterworfen, angegeben, aber diese Herrschaft ist, namentlich auf Borneo, Celebes, Sumatra, Neu-Guinea, zum Theil sehr unsicherer Art. — In Surinam und dem holländ. Westindien etwa 90,000 Ew., unter denen mehr als 60,000 Negersklaven; mit ihrer Hülfe ebenfalls eine bedeutende und einträgliche Plantagen-Wirthschaft. — In sämmtlichen Kolonien der Holländer, die zu c. 33000 □Mln. veranschlagt werden, leben fast 19,500000 M. in größerer oder geringerer Abhängigkeit von ihnen, während die Gesammtbevölkerung der kolonisirten Länder u. Inseln auf das Doppelte, ja Dreifache jener Zahl geschätzt wird.

Dritter Abschnitt.

Die romanisch-griechischen Staaten Europa's.

I. Allgemeine Verhältnisse.

1. Land und Volk in gegenseitiger Beziehung. — Lage, orographischer und klimatischer Charakter des von den Nationen lateinischer und griechischer Zunge bewohnten Ländergebiets und der daraus hervorgegangene Einfluß auf die nationellen Eigenthümlichkeiten und Staatsbildungen der Süd-Europäer. — Vergleich der griechischen Halbinsel mit den romanischen ꝛc., dieser mit Frankreich.

2. Bevölkerungsverschiedenheiten. Fortsetzung des Vergleichs zwischen den verschiedenen Ländern dieser Völkergruppe. — Sie umfassen zusammen fast $\frac{1}{3}$ der Gesammtbevölkerung, doch kaum $\frac{1}{6}$ des Flächeninhalts von Europa. In Italien durchschnittlich über 4600, in Frankreich über 3800, auf der pyrenäischen Halbinsel c. 1860, auf der griechischen nur etwa 1270, in Rumänien gegen 1500 Menschen auf 1 □Meile. — In Frankreich ein einziges, auf der pyrenäischen und italischen Halbinsel zwei selbstständige Staatswesen. Auf der griechischen ebenfalls einst eine große Zahl politischer Einheiten; aus ihren Trümmern ist, nach tausendjährigem politischen Tode, ein junger Griechenstaat entstanden, — und an der unteren Donau hat der dort über eine sehr gemischte Bevölkerung herrschende romanische Stamm neuerdings gleichfalls eine fast vollständige politische Selbstständigkeit erlangt. — (Aufzählung aller dieser Staaten.)

3. Stammverschiedenheiten. Der Süden Europa's ist im Allgem. gleichartiger bevölkert, als die Mitte. Stammfremde giebt es verhälnißmäßig wenige, nämlich in Frankreich Deutsche, Basken und Cel-

ten (Bretons), in Spanien Basken und Morisken, in Rumänien zahlreiche Slaven, in Griechenland Slaven und Albaneser; in Italien fehlen sie fast ganz. Aber hier, wie in Frankreich und auf der pyrenäischen und griechischen Halbinsel, deckt die herrschende Volksschicht viele in sie aufgegangene fremdartige Elemente, in Griechenland und Rumänien vornehmlich slavischen, in den romanischen Staaten celtischen Blutes.

4. Kirchliche Verschiedenheiten von Belang fehlen ebenfalls. Die Völker griechischer und romanischer Zunge sind meist den gleichnamigen Kirchen zugethan, und die Zahl andersglaubender ist überall gering, am erheblichsten noch in Frankreich.

II. Frankreich.

A. Topische Verhältnisse.

5. Lage, Begrenzung, phys. Beschaffenheit. (wie oben!)

6. Flächeninhalt, Bestandtheile, Eintheilung, — Lage und Beschaffenheit der einzelnen Theile, — Wohnplätze. — Frankreich (nebst Corsika, Nizza und Savoyen) hat einen Gesammtflächeninhalt von 9850,47 □Mln., und wird in 88 Departements getheilt, welche fast sämmtlich nach Gebirgen, Flüssen oder Küsten benannt sind; Corsica bildet das 89ste. — Außerdem zu merken die ältere Eintheilung in 34, nach Anderen in 40 Provinzen, die man in folgende 22 Gruppen zusammenfassen kann.

a. Elsaß, worin Straßburg (84,000 Ew.), F., U., Mühlhausen, Colmar, Neu-Breisach, F., Schlettstadt, F., Belfort, F.

b. Lothringen mit den Städten: Metz (57,000 Einw.), U., F., Nancy, U., Lüneville, Thionville, F, Verdün, F, Montmédy, F., Longwy, F., Toul, F., Epinal, Bar le Duc, Pfalzburg, F.

c. Champagne, wo Rheims, Troyes, Châlons, F., Sedan, F., Mézières, F, Givet, F, Rocroy, F., La Fère Champenoise, F., Arcis, Brienne, Bar-sur-Aube, Langres, F, Epernay.

d. Isle de France mit den Städten Paris (1,825,000 Einw.), U., F. 2c. 2c., Versailles, St. Dénis, St. Cloud, Vincennes, F, St. Germain en Laye, Château-Thierry, Laon, F., Soissons, F., Fontainebleau, Boulogne, Neuilly, Beauvais, Compiegne.

e. Franz. Niederlande (Flandern und Hennegau); Lille oder Ryssel (154,000 Ew.), F., Dünkirchen, F., K.-H., Douay, F., U., Valenciennes, F., Cambray, F., Tourcoing, Roubaix, Condé, F., Maubeuge, F, Landrecy, F., Avesnes, F., Grävelingen, F., H. 2c. 2c.

f. Artois und Picardie, worin Arras, F., St. Omer, F., Boulogne, F., K.-H., Calais, F., H, St. Quentin, Amiens (58,000 Ew.), U., F., Abbéville, F.

g. Normandie, worin Rouen (103,000 Ew.), U., H., Havre de Grâce (74,000 Ew.), F., K.-H., Dieppe, F., H., Caen, U., Cherbourg, F., K.-H., St. Lô, Elbeuf, Granville.

h. Bretagne, worin Nantes (114,000 Einw.), H., Rennes, U., Brest, F., K.-H., Lorient, F., K.-H., St. Malo, F., K.-H., Paimboeuf, F., Vannes.

i. Anjou, Maine und Touraine; darin Angers, U., Saumur, Le Mans, Laval, Mayenne und Tours.

k. Poitou nebst Angoumois, Aunis u. Saintonge (Vendée); Poitiers, U., Niort, Angoulême, La Rochelle, F., K.-H., Rochefort, F., K.-H.

l. Auvergne nebst Limousin und Marche; darin Clermont-Ferrand U., Thiers, Limoges, U.

m. Guienne, Gascogne, Navarra u. Béarn mit den Städten Bordeaux (194,000 Ew.), U., H., Montauban, Perigueux, Cahors, U., Tarbes, Bayonne, F., H., Pau, U., St. Jean Pied de Port, F.

n. Languedoc nebst Foix u. Roussilon; darin Toulouse (126,000 Ew.), U., Nîmes, U., Montpellier, U., Carcassonne, F., Albi, Castres, Narbonne, Béziers, Cette, F., H., Perpignan, F., Bellegarde, F., Mont Louis, F.

o. Provence; darin Marseille (300,000 Ew.), F., H., Toulon, F., K.-H., Aix, U., Arles, Avignon, Antibes, F, H., Cannes, Tarascon.

p. Dauphiné, worin Grenoble, F., U., Valence und Vienne.

q. Lyonnais, wo Lyon (324,000 Ew.), U., F., St. Etienne, Roanne.

r. Bourbonnais, Nivernois u. Berry mit den Städten Bourges, U., Chateauroux, Nevers, Moulins und Bourbon.

s. Orléannais, wo Orléans, U., Blois, Chartres.

t. Burgund, worin Dijon, U., Auxerre, Mâcon, Châlons.

u. Franche-Comté, darin Besançon, F., U., Dôle, Pontarlier, F.

v. Savoyen, darin Chambery, Annecy.

w. Nizza, darin Nizza, F., Mentone, Monaco.

Corsica mit Ajaccio, H., Bastia, F., H.

B. Volks- und Staats-Verhältnisse.

7. Einwohnerzahl und Bevölkerungs-Dichtigkeit.

Frankreich (einschl. Savoyen u. Nizza)	37,814000 Einw.;	3902 auf 1 □M.
Corsica	253000 „ ;	1586 „ „
Zusammen:	38,067000 Einw.;	3866 auf 1 □M.

Ungefähr eben so schwach, ja zum Theil noch schwächer bewohnt als Corsica sind die hohen Alpengegenden der Dauphiné und Savoyens; auch die höheren Sevennen- und Pyrenäen-Kantone, so wie die Haiden der Gascogne sind nur spärlich, — dagegen die Ebenen von Flandern (12000), so wie die Thalgegenden der Rhone (10000), des Rheins (7000) und der unteren Seine sehr stark, — im Allgemeinen aber die östlichen und nördlichen Gegenden dichter bevölkert, als die westlichen und südlichen; — im Dep. der Hptstdt. fast 232000 M. auf 1 □Meile.

8. Abstammung und Sprache. Aus der Mischung gallischer (celtischer), römischer und einiger germanischer Elemente ist das Volk der Franzosen entstanden, in dessen Sprache das römische, in dessen Charakter das gallische Element vorwaltet. Es bildet in (nach Sprache und Sitte) sehr mannigfaltigen Abschattungen (Süd-Franzosen, Normands, Picarden, Burgunder ꝛc.) die große Mehrzahl der Bevölkerung, artet hinsichtlich der Mundart in der Gascogne durch baskische, wie im Artois und in der nördlichen Champagne durch wallonische u. in Flandern durch flämische Beimischung auf mannigfaltige Weise aus. Neben den Franzosen die ihnen verwandten Provençalen, deren Sprache nicht mehr als ein Dialekt der französischen betrachtet werden kann. — Außerdem in der Bretagne 1,300000 Bretons, im Elsaß und Lothringen etwa 1½ Mill. Deutsche, 156000 Juden — auf Corsica Italiäner und wenige griechische Ansiedler.

9. Kirchliche Verhältnisse. Die große Mehrzahl der Einwohner gehört der katholischen Kirche an; die Zahl der, vorzüglich im Elsaß und Languedoc wohnenden Protestanten wird auf c. 2 Mill. (700000 Lutheraner, 1,300000 Reformirte) angegeben. — Toleranz, bürgerliche Gleichberechtigung aller Religions-Partheien, selbst der Juden, theilweise hervorgegangen aus der vorherrschenden Gleichgültigkeit für religiöse Interessen.

10. Volksthümlichkeit und geistige Kultur. — Bei großer natürlicher Gewandtheit und Geistesbeweglichkeit sind doch die Franzosen, — aus Mangel an hinreichenden und guten Schulanstalten sowohl, als an Interesse für eine gründliche Bildung, — im Allgemeinen sehr wenig unterrichtet. Gelehrsamkeit bedeutend, doch auf Wenige beschränkt (Institut von Frankreich); die Zahl der Studirenden auf den 34 Facultäten u. 2 vollständigen Universitäten (Paris u. Straßburg) verhältnißmäßig klein; die „Facultäten" sind meist nur gelehrte Schulen; Straßburg allein gleicht den deutschen Univ.; die Pariser Univ. ist mehr Aufsichts-Behörde, als Lehranstalt. Das Streben der Mittelstände nach realistischen, sogenannten „nützlichen" Kenntnissen allgemeiner, als nach rein menschlicher Bildung: eine Erscheinung, welche mit der schlimmeren, der Entsittlichung des Volks, zusammenhängt. — Die Franzosen nennen sich die „gebildetste" und ausschließlich: „die große Nation;" andere haben sie die liebenswürdigste genannt. Dagegen werden mit Recht Eitelkeit, Selbstsucht, Leichtsinn und Mangel an Pietät als Nationalfehler gerügt. Die Franzosen haben sich (besonders im S. des Landes) der Bigotterie nicht begeben und auf der andern Seite, unter dem Vorwande den Aberglauben zu vernichten, zum Theil jede christlich-religiöse Ueberzeugung unter die Füße getreten. Daher Kultus der materiellen Interessen entschiedener als in der Schweiz und mit mehr Bewußtsein als in Belgien.

11. Nahrungszweige. Der mit geringen Ausnahmen (Landes, Marais, la Crau, Champagne pouilleuse, die höheren Gebirgs-Kantone der Alpen, Pyrenäen, Sevennen und Corsica's) fruchtbare Boden begünstigt alle ländlichen Gewerbe; dennoch sind sie nicht auf der Stufe der Vollkommenheit, welche sie in England, der nördlichen Schweiz, Theilen von Deutschland und Belgien erstiegen haben. Nachtheiliger Einfluß der übergroßen Theilung des Grundeigenthums. — Ackerbau, Obst-Kultur und Viehzucht nur in den nördlichen Provinzen bedeutend; Wein- und Seidenbau in den mittleren und südlichen. — Dagegen hat man sich, begünstigt durch die vortheilhafte Handelslage, durch natürlichen Reichthum an Kohlen, Eisen, Farbekräutern, Wolle u. s. w., so wie durch die nationelle Unternehmungslust, mit großem

Erfolge auf die Erzeugung von Kunstprodukten (Glas-, Stahl-, Bijouterie-, Baumwollen-, Wollen- und Seidenwaaren) und auf den Handel geworfen. — Daher großer Reichthum, aber, bei der Theuerung der ersten Lebensbedürfnisse, auch bittre Armuth; daher viel Luxus, ohne allgemeinen Wohlstand; daher auch häufig Glücksritterei und Schwindelgeist, an Stelle kaufmännisch-solider Speculationslust.

12. Staatseinrichtung. Nachdem in Folge der Revolution von 1848 der „unverletzliche König" nebst seiner „charte-vérité," einem v. d. wankelmüthigen Nation erwählten Präsidenten und einer republikanischen Verfassung gewichen, ist auch diese durch die neue Staatsumwälzung vom 2. Dezbr. 1851 beseitigt und die „Freiheit des souverainen Volkes durch die von dem selbstherrschenden Präsidenten, nunmehrigen erblichen „Kaiser der Franzosen" beliebte neue Verfassung v. 14. Jan. 1852 auf ein sehr bescheidenes Maaß beschränkt u. auch seitdem fast nur nominell vermehrt worden. Zwar verleiht diese Verfassung dem Volke, mittelst des von ihm zu erwählenden „gesetzgebenden Korpers," einigen Antheil an der Ordnung der öffentlichen Angelegenheiten; in der That liegt aber — auch nach den später erfolgten, fast ausnahmslos nur scheinbaren Conzessionen — die ganze Fülle der gesetzgebenden, wie der ausführenden Gewalt allein in der Hand des Staatsoberhaupts. Seit 1864 besteht die politische Selbstständigkeit des in der Grafschaft Nizza (Departement der See-Alpen) gelegenen Fürstenthums Monaco nicht mehr. — Die Staatsverwaltung, mittelst des dem Kaiser allein verantwortlichen Ministeriums u. der von diesem durchaus abhängigen Beamtenwelt (Präfecten, Unter-Präfecten, Maires), bedingt die vollkommenste Centralisation. Die Finanzverhältnisse sind sehr verwickelt; man sucht sie zwar zu ordnen, doch ist die Schuldenlast, trotz des natürlichen Reichthums des Landes, selbst relativ sehr bedeutend. — Die schon bisher sehr achtbare u. wohl bewahrte Kriegsverfassung ist neuerlich modifizirt worden; man bezweckt dadurch der Armee — dem Grundpfeiler der kaiserl. Macht — (welche im Frieden über 400000 M zählt) eine zahlreichere ausgebildete Reserve für den Krieg zu schaffen u. die Nationalgarde besser zu organisiren; die allgemeine Wehrpflichtigkeit ist beibehalten worden — gleichzeitig aber auch die dieselbe beschränkende Stellvertretung. Die bisher gesetzliche siebenjährige Dienstzeit bei der Fahne ist etwas abgekürzt, die Reserveрflichtigkeit dagegen bedeutend verlängert worden. Es bleibt abzuwarten, wie diese Institutionen auf französischem Boden gedeihen werden. — Militairisch zerfällt das ganze Land jetzt in 7 große Militair-Commando's, die in Paris, Lyon, Marseille, Nancy, Nantes, Lille, Bordeaux ihren Sitz haben.

13. Frankreichs Kolonien.

a. Amerikanische Kolonien:

Guyana mit der Hauptstadt Cayenne	1300	□Mln.
Guadeloupe (wo Basse-Terre, F.), Martinique (mit der Hptstdt. Fort-Royal, F. und St. Pierre) u. e. a. kleine antill. Inseln	48	„
Die kleinen Inseln St. Pierre und Miquélon an der S.-Küste von Neu-Fundland	8	„

b. Asiatische Besitzungen:

Die Hafenstädte Pondichery und Carical an der Coromandel-, Mahé an der Malabar-Küste, Tschandernagur in Bengalen u. e. a. Handels-

Comptoirs, sowie die neuerdings erworbenen Provinzen von Nieder-Cochinchina . . .	417 □Mln.
c. In Australien:	
Mehrere der Marquesas-Inseln.	24 "
Die Gesellschafts-Inseln.	51 "
Niederlassung auf Neu-Caledonien . . .	c. 260 "
u. e. a. austral. Inseln.	
d. Afrikanische Besitzungen:	
Die Insel Bourbon (oder de la Réunion) und e. a. Nachbar-Eilande mit der Hptstdt. St Denys, H.	73 "
Senegal mit dem Hauptort St. Louis, H., sowie einige Niederlassungen in Guinea	25 "
Algier, mit Algier, F., H. (53,000 Ew.), Oran, F., H., Constantine, F., Bona, H., u. m. a. festen Städten	12,150 "
Sämmtliche französische Kolonien	c. 14,300 □Mln.

Franz. Guyana zählt gegen . . . . unter denen über 16000 Negersklaven und 1100 Weiße.	26000 Einw.,
Die franz. Antillen . . . . unter denen mehr als 180000 Negersklav. u. nur 20000 Weiße.	280000 "
St. Pierre und Miquélon, bewohnt von franz. Fischern ꝛc. . .	1500 "
In Nieder-Cochinchina und den übrigen ostindischen Besitzungen . . . . unter denen 2000 Europäer, die übrigen freie Eingeborne.	1,200000 "
In den australischen Besitzungen höchstens . . . . die, zum allergrößten Theil Polynesier, fast nur durch den Anspruch des Mutterlandes an Frankreich geknüpft sind.	50000 "
Bourbon nebst Dependenzien . . . . darunter gegen 70000 Negersklaven.	206000 "
Senegal ꝛc. . . . . unter denen c. 20000 Negersklaven.	253000 "
Algier mit einer europ. Civil-Bevölkerung von c. 194000 Menschen, aus verschiedenen Nationen; mit Hinzurechnung der halb-unterworfnen Eingeborenen: .	3,062000 "
Sämmtliche französische Kolonien etwa:	5,078500 Einw.

Guyana, Bourbon und die westindischen Besitzungen haben Plantagen-Wirthschaft, und handeln nach dem Mutterlande mit Kolonialwaaren u. Gewürzen aller Art; namentlich sind die antillischen Inseln in dieser Beziehung von besonderer Wichtigkeit, weniger Guyana, wo es noch an Kolonisten und Verbreitung des Anbaues fehlt. — Die Kolonie am Senegal, ursprünglich eine bloße, des Gummi-Handels wegen gegründete Faktorei, erzeugt jetzt auf dem erworbenen Landbesitz vorzüglich Baumwolle und Indigo. — Die Besitzungen in Nieder-Cochinchina (6 Provinzen) befinden sich seit 1863 in französischem Besitz, nachdem die Franzosen einen mehrjährigen Krieg, den sie zum Schutze ihrer Missionäre geführt, siegreich beendet haben. Die übrigen ostindischen Niederlassungen haben vorzugsweise Handelszwecke, und sinken mehr und mehr in ihrer Bedeutung. — Auch die des Stockfischfanges wegen gegründeten Stationen auf St. Pierre und Miquélon haben nur eine untergeordnete Wichtigkeit. — Algier, dessen fruchtbarer Boden reiche Erndten an Getreide, Reis, Datteln, Südfrüchten u. s. w. zu geben, wegen seiner kriegerischen Eingebornen bisher aber mehr eine Schule für den Soldaten, als eine Goldgrube für den Kaufmann zu werden verspricht, entbehrt bis jetzt noch einer hinreichenden Zahl von Kolonisten und vorzüglich hinreichender bürgerlicher Sicherheit, ohne welche jene nicht gedeihen können. — Jungst sind indeß in dieser Beziehung sehr merkliche Fortschritte gemacht worden.

III. Die Königreiche Spanien und Portugal.

A. Topische Verhältnisse.

14. Lage, Grenzen und Landesbeschaffenheit. (Vergl. die Charte und die betreffenden §§ der 1. Abth.)

15. Flächeninhalt, Bestandtheile, Eintheilung u. Wohnplätze. — In Europa umfaßt Spanien 8981, Portugal (mit den Azoren und Madeira) 1786 □Mln.

Spanien besteht aus den Ländern:

A. der Krone Castilien (die Mitte des Landes mit dem nördl. Küstensaume) nämlich:

a) dem Königreich Neu-Castilien (5 Provinzen) mit den Städten Madrid (298,000 Ew.), Hauptstadt des ganzen Landes, Sitz der Regierung; Toledo, U., Ciudadreal, Requena, Almaden, Alcala, U., Aranjuez;

b) dem Königreich Alt-Castilien (8 Prov.); Burgos, Segovia, S. Ildefonso, Escorial, Santandér, H., F.;

c) dem Königreich Leon (3 Prov.); Valladolid, U., Salamanca U., Zamora, Ciudad Rodrigo, F., Leon;

d) dem Fürstenthum Asturien (1 Prov.); Oviedo, U.; Gijon;

e) dem Königreich Galizien (4 Prov.); S. Jago de Compostella U., Curuña, H., F., Ferrol, K.-H., F, Lugo, Vigo, F., H.;

f) Estremadura (2 Prov.); Badajoz, F., Caceres, Alcantara, F;

g) den Königreichen Sevilla, Cordova, Jaen (Andalusien und Granada (8 Prov.); Sevilla (118,000 Ew.), U., Cadiz, F., K.-H., Granada, U., Malaga, H., Cordova, Xerez de la Frontera, Medina Sidonia, Algeciras, Ecija, Almeria, Antequera, Jaen, Andujar, Loja, Ronda, Palos, H., Baylen;

h) dem Königreich Murcia (2 Prov.); Murcia, Cartagena, K.-H., F., Lorca.

B. der Krone Aragonien, nämlich:

a) dem Königreich Aragon (3 Prov.); Zaragoza, U., Tarazona;

b) dem Fürstenth. Catalonien (4 Prov.); Barcelona (190,000 Ew.), F., H., Rëus, Taragona, F., Tortosa, F., Lerida F, Mataro, Vich, Figueras, F., Urgel, F., Rosas, F., H.

c) dem Königreich Valencia (3 Prov.); Valencia (107,000 Ew.), U., Alicante, H., Elche, Orihuela, Murviedro (Sagunt);

d) dem Königreich Mallorca oder den Balearischen und Pithusischen Inseln (83 □Mln.); Palma, F., H., U., Mahon, H., Iviza, H.

C. der Krone Navarra (1 Prov.);

Pamplona, F., Tudela

D. den 3 baskischen Provinzen (139 □Mln.): Biscaya, Guipuscoa und Alava; Bilbao, S. Sebastian, F., H., Vitoria.

Portugal besteht aus den Ländern:

A. der Krone Portugal, diese aus den Landschaften:

a) Estremadura, worin Lissabon (224,000 Ew.), K.-H., Cintra, Setuval od. St. Ubes, H.;

b) Beira (2 Statthalterschaften: Ober- und Unter-Beira), worin Coimbra, U., Lamego, Viseu;

c) Tras os Montes, wo Braganza, F.;

d) Entre Minho e Douro (2 Statthalterschaften: Minho und Douro), worin Oporto (86,000 Einw.), H., und Braga;

e) Alemtejo, wo Elvas, F., Evora, Campo-Mayor, F., Ourique.

B. der Krone Algarve, worin drei Hafenplätze: Lagos, Tavira, Faro.

B. Volks- und Staats-Verhältnisse.

16. Einwohner-Anzahl Spaniens etwa 16,040,000.
" " Portugals (Festland) 3,987,000.

Daher in Spanien 1786, in Portugal durchschnittlich 2323 Menschen auf 1 □Ml. Am besten bevölkert die Küsten-Prov., besonders Entre Minho e Douro mit mehr als 6000 und Guipuscoa mit 4580 M. auf 1 □Ml.; am schlechtesten das Innere, namentlich beide Alemtejo, span. Estremadura und Theile von Castilien, wo in der Prov. Cuenca nur 725 M. auf 1 □Ml.

17. Abstammung und Sprache. Die Bewohner der Halbinsel stammen von der celtisch-iberischen Urbevölkerung, mit welcher sich Römer, Germanen und Araber, an den S.-Küsten auch phönizisch-carthaginiensische Elemente gemischt haben. In der Sprache ist das römische Gepräge durchaus vorherrschend. Viele Dialekte; der castilische ist Spaniens Schriftsprache; der portugisische hat sich ebenfalls als solche ausgebildet. — In den baskischen Provinzen die unvermischten Nachkommen der Urbewohner, etwa 300,000 K. Neben der baskischen Sprache hört man hier auch die spanische. — In den Alpujarren Morisken in geringer Zahl, — Zigeuner 2c.

18. Religion. Ausschließlich katholisch; auf der ganzen Halbinsel leben nur etwa 150,000 Akatholiken.

19. Die Gesittung ist sehr im Verfall. Die religiöse, eben so sehr in Aberglauben als in Unglauben ausgeartete, Verstimmung und der Mangel an Volksschulen und gebildeten Geistlichen werden nicht beseitigt durch die zahlreichen, noch aus bessern Zeiten stammenden Hochschulen des Landes*). Die Volksthümlichkeit zeigt eine

*) Die bedeutendsten Universitätssitze sind oben mit U. bezeichnet.

große Mannigfaltigkeit der Erscheinungen, eine Mannigfaltigkeit, welche einerseits der großen Zahl der verschiedenartigen im Blute des Volks enthaltenen Elemente, andrerseits den durch die Landesnatur bedingten provinziellen Gegensätzen entspricht.

20. Alle Erwerbs- und Nahrungsquellen sind in beiden Staaten, in Folge der südlichen Trägheit der Einwohner, des politischen Verfalls und der Unsicherheit des gesellschaftlichen Zustandes, im Versiegen. — Bettler, Vagabunden in großer Zahl. — Der durch die natürliche Fruchtbarkeit des Bodens begünstigte Ackerbau ist nur in den Küstenlandschaften von Bedeutung, wird nur in Minho, Valencia u. e. a. beschränkteren Distrikten mit Sorgfalt betrieben, ist überall an die Bewässerung der Felder geknüpft, und fehlt fast auf der Hälfte des Areals; daher gewöhnlich Getreidebeziehungen aus dem Auslande. Dem wichtigen Weinbau (Porto, Malaga 2c.) fehlt ebenfalls die nöthige Sorgfalt. — Die Vieh-, besonders die einst so berühmte Schafzucht, gleichfalls vernachlässigt, wenngleich, zum Nachtheil des Ackerbaues, sehr allgemein, vorzüglich in Castilien, Aragon, Estremadura, Tras os Montes, Ober-Beira und Alemtejo; Rinderzucht in den Gebirgen, besonders in der Sierra Morena, aber auch in dem Mündungslande des Guadalquibir; Pferdezucht unbedeutend; Esel- und Maulthierzucht ansehnlich; die der Ziegen allgemein, die der Schweine nur in den nördl. und westl. Küsten-Prov. — Der sehr vernachlässigte Bergbau wird nur in den Blei-, Silber- und Quecksilberminen der Alpujarren und der Sierra Morena mit erheblichem Nutzen betrieben; Salz und Eisen im Baskenlande und Asturien. — Die auf die Küstenstädte, namentlich Cataloniens, beschränkte Gewerbthätigkeit liefert kaum das Nothwendigste in wenigen Gegenständen. — Der Handel ist außerordentlich im Verfall, vertreibt nur die rohen Produkte: Wein, Südfrüchte, Wolle, Seide, Baumwolle, Hanf und Flachs, Quecksilber, Blei und wenige Kunstprodukte in Wollen-, Leinen-, Seiden-, Eisen-, Stahl- und Lederwaaren.

21. Staatseinrichtung. In beiden Staaten konstitutionell-monarchische Verfassungen, deren Inhalt zwar durch Eide und Paragraphen, weniger aber durch die Natur der Verhältnisse garantirt, und daher bis in die neueste Zeit häufigen Veränderungen unterworfen ist. Die 3 baskischen Provinzen haben besondere Privilegien. — Gegenwärtige administrative Eintheilung Spaniens in 48 Provinzen, Portugals in 8 Statthalterschaften; — Finanzen hier wie dort in völliger Zerrüttung, ebenso wie der ganze gesellschaftliche Zustand beider Länder; — die Kriegsverfassung ist in beiden Königreichen mangelhaft; die einst so berühmte Seemacht beider Staaten ist fast nicht mehr vorhanden.

22. Spaniens außer-europäische Besitzungen (circa 8000 □Mln. mit 6,768,000 Ew.).

A. Afrikanische Besitzungen (213½ □Mln.).

a) **Die Presidios (1½ □Mln.):** einige feste Plätze an der Nord-Küste Afrika's; Ceuta der bedeutendste.

b) **Die südlichen canarischen Inseln (152 □Mln.).** Auf Teneriffa die Hauptstadt Sta. Cruz, H., u Orotava, auf Gran Canaria: Palmas.

c) **Einige kleine Inseln (Fernando Póo u. a) im Golf von Guinea = 60 □Mln.**

a. Die Presidios sind Verbannungsorte für Verbrecher; selbst die Garnisonen bestehen aus Sträflingen; gemischte Bevölkerung von 12,000 S. — Auf den Guinea-Inseln etwa 13,000 Einw.

b. Die canarischen Inseln, deren Ureinwohner ausgestorben, haben eine aus Spaniern, Negern und Mulatten bestehende Bevölkerung von 263,000 Seelen mit der Sprache und Religion des Mutterlandes; — sie beschäftigen sich mit der Gewinnung von Getreide, Wein, Südfrüchten, Kolonialwaaren ꝛc., welche der (mit Ausnahme der wasserarmen Inseln Fuertaventura und Ferro) fruchtbare Boden begünstigt, — mit der Zucht von europäischen Hausthieren und Kameelen. Die Inseln gehören nicht zu den Kolonien, sondern bilden die 49. Prov. Spaniens, werden auch von den Spaniern zu Europa gerechnet.

B. Westindische Kolonien (2333 □Mln.).

a) Cuba mit den kleinen Nachbareilanden (2158 □Meilen); die Hptstdt. La Havaña (152,000 Ew.), U., H., F., Puerto del Principe, Sant Jago, H., Matanzas, H., u. a. volkreiche Städte.

b) Puerto Rico (169 □Mln.) mit der Hauptstadt S. Juan de Puerto Rico, H., F., und

c) die spanischen Jungfern- (Virginischen) Inseln = 6 □Mln.

Cuba, die wichtigste aller Kolonien, zählt 1,400,000 Einwohner, unter denen gegen 460,000 Spanier u. a. Weiße; die übrigen Neger und Farbige, darunter circa 350,000 Sklaven.

Puerto Rico's Bevölkerung (580,000 M.) besteht aus denselben Bestandtheilen, in einem ähnlichen Verhältnisse; die Jungfern-Inseln haben 2600 Einw.

Auf allen diesen Inseln Religion und Sprache des Mutterlandes; auf den ersten beiden werden Kolonialwaaren, Taback, Schiffbauholz und zahlreiche andere Produkte gewonnen, welche dem Handel, ungeachtet der ungünstigen Verhältnisse des Mutterlandes, noch immer eine große Bedeutung geben; daher auch die Havaña noch immer ein Welthafen. — Hier u. in S. Juan die Sitze der Gouverneure (General-Capitaine).

C. Austral-asiatische Kolonien (5368 □Mln.).

a. Auf den Philippinen, namentlich auf Luzon, wo die Hptstdt. Manila (165,000 Einw.), U.

b. Die Marianen u. Carolinen.

Die Bevölkerung der austral-asiatischen Besitzungen besteht aus etwa $4^1/_2$ Mill. S., — darunter nur circa 10,000 Spanier, eine ansehnliche Zahl von Mischlingen, vorzüglich aber malayische Ureinwohner, die sich übrigens in großer Unabhängigkeit erhalten haben, jedoch theilweis Christen geworden sind; außerdem Negersklaven, Mulatten, Chinesen ꝛc., — welche sich von dem Anbau u. Verkauf der Landesprodukte: Kolonialwaaren, Reis, Baumwolle, Gewürze, Sago, Ebenholz ꝛc., ernähren. — Auf den Marianen, wo die Ureinwohner ausgerottet, andere Malayen, Spanier und übersiedelte Mexikaner. Hier wie auf den Carolinen ist die spanische Herrschaft fast nur noch eine nominelle.

23. Portugals Kolonien.

a. Die Azoren, wo Angra (auf Terceira) der bedeutendste Hafen . . . . 53 □Mln.

b. Die Madeira-Inseln mit der Hauptstadt Funchal auf Madeira 16

c. Die capverdischen Inseln, nebst einigen ganz unbedeutenden Presidios und Handels-Faktoreien auf der Küste von Guinea . . . . 79 =

d. Die Inseln San Thomas u. e. a. . . . 21 =

e. Gouvernement Angola mit der Hauptstadt S. Paolo de Loanda, u. nebst Benguela, Ambriz ꝛc. . . . 14,700 =

f. Gouvernement Mosambique (mit d. Hptstdt. gl. Namens), Sofala u. a. Dependenzen . . . . 18,000 =

g. Gouvernement Goa mit Neu-Goa, F., H., und einem Gebiet von 70 □Mln auf der Küste Malabar; außerdem Macao, Jns. u. H. an der chinesischen Küste, Dilli, eine Niederlassung auf Timor u. die Insel Kambing; im indischen Asien überhaupt . . . . 210 =

Für sämmtliche portugisische Kolonien werden über 33,000 □Mln. in Anspruch genommen, doch ist ein großer Theil dieses Besitzes nur nominell oder von den Niederländern bestritten.

Lage, Grenzen u. natürl. Beschaffenheit dieser Inseln und Länder. (wie oben!)

a. Die Azoren, reich an Getreide, Wein, Holz und Rindvieh, haben 250,000 Einwohner von vorherrschend portugisischer Abkunft.

b. Die Madeira-Inseln, mit dem Boden, den Nahrungszweigen und Produkten der spanischen Canarien, sind von Portugisen, Negern u. Mulatten bewohnt; 112,000 Einwohner.

c. Die capverdischen Inseln, in nassen Jahren fruchtbar, in dürren ohne allen Ertrag, ernähren 89,000 Einw.: Portugisen, Neger und Mulatten; unbedeutend ist die Bevölkerung in den kleinen Handelsfaktoreien Guinea's.

d. San Thomas ꝛc. (18,000 Ew.) erzeugt Zucker und Baumwolle; Haupt-Station für die Sklavenhändler.

e. Die afrikanischen Besitzungen Angola u. Mosambique, letzteres mit 300,000, das erstere mit angeblich über 9 Mill Einw., von denen aber nur ein geringer Theil den Portugisen wirklich unterworfen ist — bestehen aus kleinen Niederlassungen portugisischer Handelsleute, sowohl an den Küsten, als längs der Strome und Handelswege im Innern. Eine eigentlich auf Boden-Kultur gegründete Kolonisation findet nur hie und da statt, und die Abhängigkeit der einheimischen Fürsten und Völker ist, bei der Ohnmacht des Mutterlandes, sehr unsicher. Die portugisischen Kolonisten der ungesunden Mosambique-Küste sind meist verbannte Verbrecher. Ihr Einfluß auf die Eingebornen!

f. Das Gouvernement Goa, der letzte Rest eines weit ausgedehnten Besitzes des „Vicekönigreichs von Indien," zählt circa 100,000 portug. Unterthanen u. über 400,000 andere Einw., die meist in sehr loser Abhängigkeit von der Regierung leben. Hauptbeschäftigung der ersteren ist der Handel. — Auf diesem beruht auch die bisherige Wichtigkeit von Macao (29,000 Einw.), wo die Portugisen die chinesische Oberhoheit anerkennen. — In dem portugisischen Theil von Timor und auf der Insel Kambing sollen circa 900,000 meist malayische Einw. leben.

IV. Italien.

A. Topische Verhältnisse.

24. Lage, Grenzen, natürl. Beschaffenheit der Halbinsel im Allgemeinen. (wie oben!)

25. Bestandtheile und Flächeninhalt.

a. Königreich Italien m. d. Republik San Marino (1 □M.) 5167 □Mln.

aa. die alten Provinzen Sardiniens:

1) Die Insel Sardinien	440,4	□Mln.
2) Fürstenthum Piemont u. Herzogth. Genua (oder Ligurien) . . .	623,4*)	„
bb. die neuen Provinzen:		
3) Die Emilia (die früheren Herzogthümer Parma, Modena und die Romagna)	404,8	„
4) Die Marken u. Umbrien (früher Theile des Kirchenstaates) nebst San Marino	352,4	„
5) Toscana (früher Großherzogth.) .	404,5	„
Das frühere Königreich beider Sicilien:		
6) Die neapolitanisch. Provinzen	1549,3	„
7) Die Insel Sicilien	531,0	„
Der früher österreichische Besitz:		
8) Lombardei	404,7	„
9) Venetien	456,7	„

b. Der Kirchenstaat . . . . 214 □Mln.

Ganz Italien (nebst den Inseln) = 5381 □Mln.

Lage, Grenzen und natürl. Beschaffenheit dieser Staaten und ihrer Bestandtheile. (Behandlung wie oben!)

a. Das Königreich Italien ist für die Verwaltung in 68 Provinzen eingetheilt — abgesehen von den hier aufgeführten Gruppen, welche den historischen Verhältnissen resp. der ehemaligen politischen Eintheilung mehr entsprechen.

Die wichtigsten Wohnplätze sind:

auf der Insel Sardinien: Cagliari, F., H., U. und Sassari, U.;

in Piemont: Turin (180,000 Ew.), F., U. — die Hauptstadt des alten Königreichs Sardinien; — Mondovi, Coni (Cuneo), Pinerolo, Saluzzo, Aosta, F., de Baid und die kleinen Alpenfesten Fenestrelles, Exilles, Lesseillon; ferner Alessandria, F., Vercelli, Asti, Casale, F.;

*) Savoyen und Nizza, siehe Frankreich.

in Ligurien: Genua (128,000 Ew.), F., U., K.=H., Novi, Savona, H., Spezzia, F., K.=H.;

in der Emilia: Parma, U., Piacenza, F., Modena, U., Reggio, Guastalla, Massa, Carrara; Bologna (89,000 Ew.), U., Ferrara, F., U., Ravenna, Faenza, Forli, U., Rimini;

in den Marken und Umbrien: Ancona, F., H., Urbino, Loreto, Macerata, Rieti, Terni, Perugia; und von diesem Gebiet umschlossen die Republik San Marino, mit d. St. gl. N.;

in Toscana: Florenz (115,000 Ew.), U., jetzt Reichshauptstadt, Livorno (83,000 Ew.), H., Pistoja, Pisa, U., Lucca, U., Volterra, Siena, Piombino; Porto Ferrajo (auf Elba), F., H.;

in den neapolitanischen Provinzen (Campanien, Abruzzo, Calabrien, Apulien): Neapel (418,000 Ew.), mit mehreren Forts (Castellen), H., U., Portici (Herculanum u. Pompeji), Castell a Mare (Stabiä), Benevento, Caserta, Capua, F., Gaëta, F., H., Salerno, Avellino, Aquila, Chieti, Foggia, Barletta, H., Bari, F., H., Brindisi, H, Lecce, Taranto, Cosenza, Reggio u. v. a.;

auf Sicilien: Palermo (167,000 Ew.), F., K.=H., U., Messina (62,000 Ew.), F., K.=H., U., Catanea (64,000 Ew.), H., U., Acireale, Siragosa, F., K.=H., Modica, Caltagirone, Piazza, Girgenti, Marsala, F., H., Trapani, F., H. u. a.;

in der Lombardei: Mailand (196,000 Ew.), Monza, Pavia, U., Voghera, Tortona, F., Vigevano, Novara, Varese, Como, Bergamo, Lodi, Pizzighettone, F., Cremona, Brescia, u. v. a.;

in Venetien: Venedig (118,000 Ew.), H., mit mehreren Forts, Chioggia, H., Mestre, Padua (53,000 Ew.), U., Este, Adria, Rovigo, Legnago, F., Mantua, F., Peschiera, F., Verona (59,000 Ew.), F., Vicenza, Bassano, Treviso, Udine, u. a.

b. Der Kirchenstaat ist in 5 Provinzen eingetheilt. Wohnplätze sind: Rom (210,000 Ew.), U., Civita=Vecchia, F., H., Viterbo, Albano.

B. Staaten= und Volks=Verhältnisse.

26. Bevölkerungs=Vertheilung.

a. Das Königreich Italien . . . . 24,377,000 Ew.
(mit San Marino 8000 Ew., auf 1 □Ml. 4718 M.)

Es haben nämlich:

1.	Insel Sardinien . .	588,000	Ew.,	auf 1 □Ml.	1336	M.
2.	Piemont u. Ligurien	3,536,000	=	=	5675	=
3.	Emilia	2,147,000	=	=	5309	=
4.	Marken	833,000	=	=	4722	=
	Umbrien	513,000	=	=	2933	=
5.	Toscana	1,826,000	=	=	4514	=
6.	Neapol. Provinzen	6,787,000	=	=	4380	=

7. Sicilien	2,392,000 Ew.,	auf 1 □Ml.	4505 M.
8. Lombardei	3,105,000 "	" "	7647 "
9. Venetien	2,592,000 "	" "	5673 "

b. Der Kirchenstaat (auf 1 □Ml. 3234 M.) . . . . . . 692,000 Ew.

Ganz Italien: 25,069,000 E.*)
(auf 1 □Ml. 4659 M.)

27. Abstammung und Sprache. Die heutigen Italiener sind die Nachkommen der alten lateinischen Ureinwohner und sehr verschiedener Einwanderer (Griechen, Celten, Germanen, Araber), aber das ursprüngliche Gepräge herrscht, vorzüglich in Mittel- und Unter-Italien, entschieden vor, namentlich in der Sprache. Unter den zahlreichen Dialekten der letzteren gilt der toscanische für den wohlklingendsten und gebildetsten. In Piemont hört man auch französisch-celtische, in den Alpen-Thälern am S.-Fuß des Monte Rosa, so wie in den sogenannten 7 und 13 Gemeinden bei Vicenza und Verona auch deutsche, in Sicilien und Apulien griechische und albanesische Mundarten.

28. Religion und Gesittung. — Die römisch-katholische Religion ist herrschend und fast allgemein, die übrigen Konfessionen werden geduldet (Waldenser im westlichen Piemont). Das Erziehungs- und Schulwesen ist großentheils in den Händen der sehr zahlreichen, aber meist ungebildeten Geistlichkeit, und mit Ausnahme von Toscana, und Theilen der Lombardei und Venetiens auf einer sehr niedrigen Stufe; die zahlreichen sogenannten Universitäten sind fast ohne Einfluß auf die Gesittung und Bildung nicht nur des Volkes, sondern selbst der höheren Stände. — Daher in Italien, neben vielen natürlichen Talenten und Gaben, namentlich für die Kunst, große Unwissenheit selbst bei Personen höheren Ranges; — zugleich Mangel an wahrer Religiosität; Bigotterie das einzige Gegengewicht der Selbstsucht; — natürliche Mäßigkeit begünstigt die nationelle Vorliebe für den Müssiggang. — Vergleich des Italieners mit dem Spanier und dem Franzosen!

29. Nahrungszweige. — Der Ackerbau bringt in Piemont, im Mailändischen, in Parma, Modena, Toscana, Campanien und Sicilien in guten Jahren reichen Gewinn an Waizen, Mais und Reis; die „Malaria," noch mehr die Trägheit der Einwohner beschränken ihn. Wein wird fast überall in großer Menge, doch nirgend, wenige südliche Lokale abgerechnet, in ausgezeichneter Güte gewonnen; wichtiger die (Terrassen-) Kultur der Oliven, Kastanien und edlen Süd-Früchte. — Die Viehzucht sehr bedeutend für alle Theile der Halbinsel; Hirtenleben und Wanderheerden im Apennin; schöne Rinder im Po-Delta und in den Ebenen überhaupt, namentlich im Parmesanischen; wenig mittelmäßige Schafe, mehr Ziegen, besonders auf dem Apennin und in Apulien; gute Pferde nur in Neapel; desto mehr Esel und Maulthiere; Büffel in den Marschen des Arno, der Tiber 2c.; selbst Kameele in den toscanischen Maremmen 2c. — Seidenzucht wichtig, am bedeutendsten in der Lombardei; — wenig Bergbau; — Fischerei; — lebhafter Handel mit den rohen Produkten; — die gewerbliche Industrie hat sich dagegen meist nur an einzelnen Punkten (Turin, Genua, Florenz, Neapel u. a. großen Städten) einer regsamen Thätigkeit zu erfreuen; sie ist gegen frühere Zeiten entschieden zurückgeblieben, beginnt erst neuerdings sich auch im Allgemeinen etwas mehr zu heben. — Der Handel, erst vor Kurzem von lästigen Schranken befreit, scheint damit jetzt gleichfalls an Bedeutung zu wachsen u. wird, namentlich im Norden des Landes, durch gute Straßen, mehrere neue Eisenbahnen (1867 wa-

*) Ohne Savoyen und Nizza.

ren 256½ Ml. im Betriebe) und die über 13,000 Schiffe (mit circa 680,000 Tons) zählende Handelsmarine sowie ein ausgedehntes Telegraphen-Netz begünstigt.

30. Staatseinrichtungen. Die einzelnen Bestandtheile des im Jahre 1860, nach Vertreibung der übrigen italienischen Fürsten und mit französischer Hülfe, gegründeten, seitdem noch vergrößerten „Königreichs Italien" haben so wesentliche innere Verschiedenheiten, daß ihre politische Verschmelzung zu einer staatlichen Einheit noch auf große Schwierigkeiten stößt.

Italien ist, wie das bisherige Königreich Sardinien, eine erbliche konstitutionelle Monarchie, in welcher aber dem Volke verfassungsmäßig ein sehr wesentlicher Antheil an der Gesetzgebung rc. überlassen ist. (Senat und Deputirten-Kammer — allgemeines Stimmrecht.)

Die kleine Republik San Marino steht unter dem Schutze des Königs von Italien.

Die in Sardinien bestandenen zweckmäßigen Verwaltungsgrundsätze auf das ganze neue Königreich zu übertragen, findet bei den oben erwähnten Wesens-Verschiedenheiten der einzelnen Stämme, zumal im Süden, erhebliche Hindernisse; besonders da die Finanzlage, in Folge der früher in einigen Theilen sehr vernachlässigten Verwaltung, sowie wegen der politischen Anstrengungen, welche der junge Staat während und nach seiner Einigung bisher machen mußte, sich keineswegeѕ glücklich gestaltet und zunächst auch eine sehr trübe Zukunft hat. Ebenso hat die neu organisirte Armee (im Frieden circa 218,000 M.) noch nicht ganz die Tüchtigkeit gewonnen, welche die kleinere sardinische Armee auszeichnete, doch ist die Kriegs-Verfassung wohl geeignet, das Land sehr wehrhaft zu machen. Auch die Seemacht ist noch in der Entwicklung begriffen und kann sich bedeutender Leistungen nicht rühmen (für 1867 werden 75 kriegstüchtige Kriegsfahrzeuge angegeben).

Der Kirchenstaat, dessen unumschränktes Oberhaupt der Papst ist, wurde durch die in Italien stattgehabten politischen Umwälzungen um mehr als ⅔ seiner früheren Größe verkleinert und wird auch in seinem gegenwärtigen Bestande seit Jahren durch die unmittelbare oder mittelbare Feindseligkeit Italiens bedroht, gegen welche er sich nur durch französischen Einfluß zu behaupten vermag. Verwaltung und Finanz-Zustände sind mangelhaft, die bewaffnete Macht relativ nicht unbedeutend und neuerlich durch französische Hülfe innerlich gut organisirt. (Vgl. Italien mit Großbritannien in Bezug auf die Lage und die See- und Handelsmacht beider Länder!)

V. Griechenland.

A. Topische Verhältnisse.

31. Lage, Grenzen und natürl. Beschaffenheit. (Behandlung wie oben angedeutet!)

32. Der Flächeninhalt des Königreichs beträgt 948 □Mln.; seine vorzüglichsten Bestandtheile sind:

a) das Festland von Hellas (Livadien); Athen, Hauptstadt, U., F., mit dem Hafen Piraeus, Livadia, Theben (Thiva), Missolunghi, F., Lepanto, F., H.;

b) Peloponnes (Morea); — Nauplia, F., H., Argos, Misitra, F., Korinth, F., Koron, F., H., Navarino, F., H., Tripolitza, Patras, F., H.;

c) die östlichen Inseln, nämlich Chalkis (Euböa oder Negroponte) mit der Stadt gl. N., F.; die westlichen Sporaden, und die nördlichen

Cykladen; wichtig Hydra mit der gleichnamigen Stadt, F., und Syra mit Hermopolis;

d) die westlichen, die ionischen Inseln (7 größere, 16 kleinere); unter ihnen sind Korfu mit der Hptstdt. gl. N., F., H., U., Kephalonia, und Zante mit der Hptstdt. gl. N., H. — die bedeutendsten.

B. Staats- und Volks-Verhältnisse.

33. Bevölkerung = 1,350,000 M; daher 1424 auf 1 □Mle.; über ein Drittel der Bevölkerung im Peloponnes; am schlechtesten bewohnt Hellas, am besten die ionischen Inseln.

34. Abstammung und Sprache. Die Mehrzahl der Bewohner sind Neu-Griechen, nämlich Abkömmlinge der Alt-Griechen mit slavischer u. a. Beimischung, doch so, daß das ursprüngliche griechische Gepräge in Sprache, Blut und Sitten entschieden vorwaltet. Außerdem eine erhebliche Zahl von Albanesern (Arnauten, Skipetaren, Thraziern), Bulgaren und Wlachen, die in Hellas u. im Peloponnes vorherrschen sollen; sodann eine beschränkte von Türken (auf Euböa), Italienern, und von deutschen Kolonisten.

35. Religion und Gesittung. Die griechische Kirche ist die herrschende; alle übrigen sind geduldet. — Das durch eine mehrhundertjährige harte Sklaverei herabgewürdigte Volk erwartet seine sittliche Wiedergeburt von der neuen Ordnung der Dinge; bis jetzt nur erst Keime des Guten, — ob sie Früchte bringen werden, steht dahin; namentlich in den Seestädten und Küstengegenden ist die Entsittlichung sehr weit gediehen; im Innern Rohheit, aber auch Kraft.

36. Nahrungszweige. Der Landbau und alle Zweige der physischen Kultur (Obst-, Oel- u. Weinbau, Seidenzucht 2c.) sind vieler Verbesserungen und großer Erweiterungen fähig; die Viehzucht im Landinnern, Handel und Schifffahrt auf den Küsten und Inseln Haupterwerbsquellen. Eine verhältnißmäßig große Handelsflotte (1867 werden gegen 5000 Schiffe mit 2—300,000 Tons angegeben).

37. Staatseinrichtungen. Ein König aus deutschem Blute theilt die gesetzgebende Gewalt mit den Volksvertretern; die Krone kann nur ein Thronfolger griechischer Konfession erben. Für die Zwecke der Verwaltung ist das Königreich in 14 Provinzen (Nomarchien) getheilt. Die Finanzen sind dürftig. Die Kriegsmacht ist unerheblich und die einheimische Volksbewaffnung ein bedenklicher Vorzug.

Die ionischen Inseln bildeten früher eine aristokratische Republik unter englischer Oberherrlichkeit, sind aber seit 1863 mit Griechenland vereinigt.

VI. Rumänien (oder „die Donaufürstenthümer“) ein sogenannter Vasallen-Staat der Pforte (s. Asien, II.).

A. Topisches.

38. Lage, Grenzen und natürl. Beschaffenheit. (wie oben!)

39. Der Flächeninhalt des Fürstenthums Rumänien beträgt 2584 □Mln, wovon auf die Walachei 1330, auf die Moldau 1254 □Mln. zu rechnen sind.

Die wichtigsten Wohnplätze sind:

a) in der Walachei: Bukarest (122,000 Ew.), Braila (Ibrail), H., Giurgewo, F., Craiowa;

b) in der Moldau: Jassy (70,000 Einw.), Galacz, Tutschkow mit Fort Ismail.

B. Volks- und Staats-Verhältnisse.

40. Bevölkerung = 3,860,000 M.; daher etwa 1490 auf 1 □Mle; auf die Walachei kommen davon 2,400,000 M., dieselbe ist daher auch relativ stärker bevölkert als die Moldau.

41. Abstammung und Sprache. Die Bewohner der Walachei sind vorwiegend, die der Moldau zu einem großen Theile romanischer Abstammung („Wlachen" oder „Rumänen"); außerdem zahlreiche Slaven, Zigeuner, Armenier, Juden, auch Griechen. Die rumänische Sprache gilt als Landessprache, doch herrscht in den gebildeten Kreisen der Gebrauch der französischen Sprache vor.

42. Religion und Gesittung. Die überwiegende Mehrzahl der Bewohner gehört zur griechischen Kirche (nur 50,000 röm. Katholiken und 10,000 Protestanten). Die Schulbildung und damit zugleich die allgemeine Gesittung und die gesellschaftlichen Zustände befinden sich noch auf einer sehr niedrigen Stufe. Große Entsittlichung unter dem sehr zahlreichen und bisher allein herrschenden Adel („Bojaren" und niederer Adel), Reformen bis jetzt noch ohne sichtbaren Erfolg, wenn auch der Kern des niederen Volkes gut und kräftig ist.

43. Nahrungszweige 2c. Der natürliche Reichthum und besonders die große Fruchtbarkeit des Landes werden wegen der erwähnten allgemeinen Zustände und des trägen Volks-Charakters sehr wenig ausgebeutet, die Landes-Cultur steht daher noch auf niedriger Stufe und die Verkehrsverhältnisse sind wenig entwickelt.

44. Staatseinrichtungen Im Jahre 1858 wurden die Fürstenthümer Moldau und Walachei als „Donaustaat" unter der Oberhoheit der Pforte vereinigt. Der erwählte Fürst gab eine „freie Constitution," die indessen wegen der traurigen sozialen Verhältnisse, trotz mehrfacher Modifikationen, und obwohl seitdem ein deutscher (Hohenzollern-) Prinz auf den Thron berufen wurde — bis jetzt keineswegs die Garantie für ein gesundes und geordnetes Staatsleben bietet. — Trotz nomineller „Gleichheit aller Rumänen" bestehen für die Bojaren zahlreiche Privilegien fort. Die bewaffnete Macht sucht man zu heben; sie beträgt gegenwärtig circa 20,000 M.

Vierter Abschnitt.

Das slavische Europa.

I. Allgemeine Betrachtung.

1. Das Ländergebiet der selbstständigen Slaven ist eben so ausgezeichnet durch physische Eintönigkeit, als die germanische Mitte und der romanische Süden durch Mannigfaltigkeit der Bodenformen und des Naturlebens. — Dieser Eintönigkeit des Landes entspricht die Einförmigkeit des Volks hinsichtlich seiner politischen, kirchlichen, Abstammungs- und sonstigen Verhältnisse.

2. Unter den Slaven sind zur Zeit allein die Russen im Besitz eines völlig selbstständigen staatlichen Daseins; die neuen Staatenbildungen

in Servien und Montenegro stehen nominell noch unter türkischer Oberherrschaft.

3. Dem slavischen Europa ist der größte Theil der asiatischen Völkerschaften einverleibt, die in Europa heimisch geworden sind. Dennoch wird die Stammesgleichheit seiner Bewohner dadurch nur wenig geschmälert, da die große Mehrzahl slavischen, namentlich russischen Blutes ist.

4. Dieselbe Einartigkeit zeigt sich auch in den kirchlichen Verhältnissen, und wird in Rußland aus politischen Tendenzen zudem eifrig gefördert.

II. Das russische Reich.

A. Topische Verhältnisse.

5. Lage, Grenzen und natürliche Beschaffenheit des Ganzen wie der einzelnen Theile. (wie oben!)

6. Bestandtheile und Flächeninhalt.

Das russische Reich umfaßt überhaupt . . . . . 368,432 □Mln.
wovon in Europa 100,429*) □Mln.
" Asien . 268,003**) "

I. Europäisch-Rußland und zwar:

A. Das Czarthum Rußland besteht aus:

a. Groß-Rußland (19 Gouvernements). — Hier die Städte Moskau (377,000 Einw.), U., Kursk, Orel, Rjäsan, Tula, Kaluga, Twer, Jaroslaw, Woronesch, Nischnei-Nowgorod, Jelez, Tambow, Smolensk, F., Nowgorod, Archangel, H., Moschaisk, Rybinsk, Pskow, Petrosadowsk, Wologda.

b. Klein-Rußland (3807 □Mln.) oder die Ukraine (4 Gouv.) — mit den Städten Kiew, U., Charkow, U., Pultava, Krementschug, Tschernigow, Betischdew.

c. Süd- oder Neu-Rußland (8265 □Mln.; 3 Gouv. und die Prov. Tschernomorien und Beßarabien (860 □Mln.) und das Land der donischen Kosacken); — Odessa (118,000 Einw.), F., H., Kischenew, Cherson, F., H., Nikolajew, F., K.-H., Sewastopol, K.-H, F., Baktschiserai, Simferopol, Kertsch-Jenikale, F., H., Eupatoria, Akjerman, F., H., Neu-Tscherkask, Taganrog, F., K.-H., Jekaterinoslaw, Chotim, F., Bender, F., Rostow, H., Asow.

---

*) Mit Einschluß Cis-Kaukasiens, der Landseen (= 1608 □Mln.) und der esthländischen Inseln (= 24 □Mln.).

**) Mit Einschluß der großen Steppenseen, von denen allein der Caspi-See (russischen Antheils) zu 4000, der Aral-See zu 1100□Mln. berechnet wird. Die bisherigen Besitzungen in N.-Amerika (= circa 27,000 □Mln.) wurden 1867 an die Vereinigten Staaten von N.-Amerika verkauft.

d. West-Rußland (7629 □Mln.; 8 Gouvern.) besteht aus den größtentheils einst polnischen Landschaften:

A. Podolien, — worin Kaminiez-Podolsk;

B. Volhynien, — wo Schitomir;

C. Weiß-Rußland und Litthauen, woselbst Wilna, U., Bobruisk, F., Minsk, Witebsk, Mohilew, Grodno, Brest-Litowsk, F., Bialystok, Dünaburg, F. und Kowno.

e. Die Ostsee-Provinzen (2710 □Mln.; 4 Gouv.) und zwar:

A. Kurland (497 □Mln.); — woselbst Mitau und Libau, H.;

B. Livland (856 □Mln.); — darin Riga, F., H., Dorpat, U., Pernau, H., Dünamünde, F.;

C. Esthland (377 □Mln.); — wo Reval, F., K.-H., Baltisch-Port, H.;

D. Ingermanland, — worin St. Petersburg (546,000 Ew.), U., H., Kronstadt, F., K.-H., Schlüsselburg, F, Narwa, F., H. ꝛc

f. Königreich Kasan (11,264 □Mln.; 5 Gouv.); — Kasan, U., Ssamara, Pensa, Wjätka, Perm, Jekaterinburg, Nischnij-Tagilsk, Ufa.

g. Königreich Astrachan (15,637 □Mln.; 4 Gouvern. nebst Cis-Kaukasien und dem Lande der uralischen und orenburgischen Kosacken); — Astrachan, H., Saratow, Orenburg, F., Uralsk (uralische Festungslinie), Jekaterinodar, F., Stawropol, F., Mosdok, F, Kisljär, F., und die cis-kaukasische Linie.

B. Das Großfürstenthum Finnland (6883 □Mln.).

(8 Gouvrmts.); — Helsinfors, U, mit der F. Sweåborg, Åbo, Wiborg u. m. a. durchgängig kleine Städte.

C. Das Königreich Polen = 2331 □Mln.

(5 Gouvrmts.); — Warschau (206,000 Ew.), U., F., Kalisch, Czenstochow, F., Lodz, Radom, Lublin, Zamoscz, F., Iwanogorod, F., Neu-Georgiewsk (Modlin), F, Plozk, Pultusk, Ssuwalki, Augustow.

II. Asiatisch-Rußland, und zwar

A. Trans-Kaukasien (5408 □Mln.); 6 Gouvern. und Gebiete, nämlich:

a. Grusien (Georgien) nebst Armenien, Imerethien, Mingrelien und Abchasien (3 Gouvern.); — hier Tiflis, Eriwan, Achalzych, F, Kutais, Wladikaukas, F., Anapa, F., H., und die trans-kaukasische Festungslinie;

b. Gouvern. Kaspien mit Daghestan ꝛc.; darin — Derbend, F., H., Alt-Schamacha, F., Baku, F., H., u. m. a. kleine F.;

c. Tscherkessien, nur mit wenigen und kleinen russischen Zwingburgen.

B. Die Kirghisen-Steppen (23,000 □Mln.), ohne Städte, nur an den Grenzen Schanzen u. Warten: orenburgische u. ischimsche Festungslinien.

C. Sibirien (239,595 □Mln.),*) welches getheilt wird in:

a. West-Sibirien (2 Gouvern.), — worin Tobolsk u. Omsk, F., Tomsk, Barnaul, Semejinogorsk, Kolywan; — die sibirische Festungslinie; ferner die Prov. Turkestan (früher ein Theil des Chanats von Chokan — vgl. Asien III.) — mit der Hptstdt. Taschkend (80,000 Ew.); und der Distrikt von Semipalatinsk mit dem (befestigten) Hauptorte gl. N.;

b. Ost-Sibirien (3 Gouvern., Prov. Daurien, 2 Bezirke (Kamschatka mit Saghalin und Amurgebiet), und das freie Tschuktschien); — Kraßnojarsk u. Jeneßeisk; — Irkutsk, Nertschinsk u. Kiachta; — Jakutsk; — Ochotsk, H., — Petropawlowsk, H., Sofijsk, und Nikolajewsk, F.

B. Staats- und Völker-Verhältnisse.

7. Bevölkerungs-Vertheilung.

Im eigentlichen Rußland u. in den Ostseeländern	62,022,000 M.;**)	a. 1 □Ml. 678.
In Finnland	1,829,000 " ;	" 269.
In Polen	5,366,000 " ;	" 2302.
In Trans-Kaukasien ***)	3,198,000 " ;	" 590.
In den Kirghisen-Steppen	750,000 " ;	" 28.
In Sibirien	3,521,000 " ;	" 13.
Im ganzen russischen Reich:	76,656,000 M.;	a. 1 □Ml. 208.

Davon im europäischen Rußland: 67,717,000; auf 1 □Ml. 674 M.;
" asiatischen " 8,939,000; " " 33 "

Der Unterschied in der relativen Bevölkerung ist überall sehr bedeutend. In den mittleren Gouvern. des europäischen Rußlands wohnen zum Theil 2000 M. und darüber; in einem (Moskau) sogar 3500 M. auf 1 □M., auch Polen und Podolien sind dichter bevölkert; im Gouvern. Archangel dagegen wohnen nur 20, im finnischen Gouvern. Uleåborg nur 57, im Gouvern. Astrachan nur 119, im Gouvern. Olonetz nur 121 M. auf 1 □M.; doch macht die Dichtigkeit der Bevölkerung im europäischen Rußland große Fortschritte; in Sibirien sind vorzugsweise nur die Flußthäler, namentlich zunächst am Gebirgsfuße, stärker bevölkert, wogegen in den weiten Steppen des Nordens auf Tausenden von □Mln. theilweise kein einziger Mensch wohnt.

8. Abstammung und Sprache. Unter den 64 Völkern des Reichs ist das ost-slavische der Russen und Kosacken (55 Millionen) das Hauptvolk. Außer diesem das west-slavische der Polen (üb. 5 Mill.); sodann die lettischen Völkerschaften (1½ Mill.); deutsche Kolonisten in Rußland und Polen über ¾ Mill.; ferner Walachen und Neu-Griechen; etwa 1¾ Mill. Juden; ferner die zahlreichen, vielnamigen kaukasischen Stämme (Tscherkessen, Lesghier, Abassen u. a.), die Grusier, Armenier, Perser (Tadschick) u. a. zum indisch-europ. Stamme gehörige Völkerschaften; — dann gegen 4 Mill. tschudische Völker (Finnen und Samojeden [vergl. oben], Wogulen und Ostjaken [zu beiden Seiten des uralischen Gebirgs und des mittleren u.

*) Mit Einschluß von circa 5000 □Mln., östlich des Ural, welche zu europäischem Gouvern. gehören.

**) Mit Hinzurechnung der Bevölkerung von Cis-Kaukasien (circa 960,000 M.) sowie der Bewohner der Gebiete östlich des Ural (s. vorstehend), welche schon zu Asien, aber zu europäischem Gouvern. gehören (etwa 1½ Mill.).

***) Wo neuerdings die bisher noch freien Tscherkessen fast gänzlich unterworfen wurden.

unteren Ob], Tscheremissen auf dem linken, Mordwinen auf dem rechten Wolga-Ufer, Permier und zahlreiche ost-sibirische Stämme: Jukagiren, Kamtschadalen, Korjäken u. a. m.); — ferner einige Zweige des amerikanischen Stammes: Tschuktschen, Aleuten, Eskimos rc.; — ebenso verschiedene Zweige des hoch-asiatischen Sprach- und Völkerstammes, nämlich aus der tungusischen Familie: die eigentlichen Da-urier, die Tungusen (eigentlichen) zwischen dem Jeneßei und dem lamutischen Meere; aus der tatarischen Familie (im engeren Sinne): Buräten in Da-urien und Kalmücken am unteren Don und der unteren Wolga; aus der türkischen Familie: die Jakuten u. a. im östlichen Sibirien an der Indigiska, der Lena und ihren Nebenflüssen; die Tschuwaschen im W. des südl. Ural; die turk-tatarischen Völkerschaften und zwar die sibirischen der Barabinzen, Teleuten rc. im südwestlichen Sibirien, die uralischen der Baschkiren an der unteren Wolga, an und auf dem Ural und an der Kama; die wolgaischen Tataren an der mittleren Wolga; die Nogayen und Kumucken am Nord-Fuße des Kaukasus, in der Krim und am unteren Dnjepr; die transkaukasischen Tataren; die Kirghisen in den Ländern des Kaspi- und Aral-Sees.

Aber alle diese Völker und Völkerschaften erscheinen unbedeutend neben den herrschenden slavischen, die zusammen über 60 Millionen zählen. Von dem herrschenden Volke ist die russische Sprache über das ganze Reich verbreitet worden, wenngleich im russischen Asien nur eine verhältnißmäßig geringe Zahl von Russen angesiedelt ist. Die polnische Sprache wird in verschiedenen Dialekten nicht nur in Polen, sondern auch in ganz West-Rußland gehört; die deutsche ist in den Ostsee-Provinzen, unter den Kolonisten am schwarzen Meere, außerdem aber auch (neben der französischen) unter den Personen höheren Standes sehr verbreitet. Alle übrigen Mundarten haben nur eine örtliche Bedeutung.

9. Religion und Gesittung. Die russischen, polnischen, deutschen, lettischen, finnischen, armenischen u. a. Bewohner des Reiches (etwa 70 Millionen) sind Christen und ansäßig, und unter den übrigen Volkerschaften, namentlich unter den Jakuten, Buräten, Kamtschadalen, Wogulen u. a., macht das Christenthum Fortschritte; ungefähr 6 Mill. sind nicht getauft; — die kaukasischen Bergvölker, aber auch die meisten turk-tatarischen Stämme sind Muhamedaner (circa 3 Mill.) und gleichfalls großentheils ansäßig; — die übrigen Nicht-Christen, mit Ausnahme der Juden (deren es in Polen allein 600,000 und im übrigen Reiche fast 1¼ Mill. giebt), großentheils Wanderhorden und schamanischem, buddhistischem oder anderem Götzendienst ergeben (über ½ Mill.). — Unter den Christen fast 2 Mill. Protestanten (besonders in den Ostsee-Provinzen und Finnland), über 6 Mill. römische Katholiken (fast 3 Mill. außerhalb Polen) und gegen 400,000 nicht unirte armenische Christen; die übrigen (circa 61 Mill.) sind der griechischen Kirche zugethan, wiewohl nur etwa 56 Mill. der eigentlichen griechisch-orthodoxen (Staats-) Kirche, der Rest den „Altgläubigen" und andern griechisch-katholischen Sekten anhangen. Für die griechisch-orthodoxe Kirche wird in den letzten Jahrzehnten von Seiten des Staates sehr energische Propaganda gemacht — mit gleichzeitiger intoleranter Bekämpfung der andern Confessionen. — Die Gesittung der Russen ist im Steigen, entbehrt indeß, selbst im europäischen Theile des Reichs, in vielen Beziehungen des christlich-europäischen Gepräges; erscheint häufig nur als eine dünne Tünche äußerlicher Civilisation auf hyperboräischer Barbarei, um so mehr als die höhern Stände, zwar talentvoll und theilweis wohl unterrichtet, nicht selten ohne die strengeren Ansichten von sittlicher Würde sind, zu denen sich andere Kulturvölker bekennen, und als bei den unteren Volksklassen eine befriedigende religiöse Er-

ziehung u. hinreichender Schulunterricht fehlt, wenngleich dieser an Ausbreitung zu gewinnen scheint. Am gefördertsten sind die Ostsee-Länder. Neuerdings sehr ausgeprägte Tendenzen zur Russifizirung der nicht russischen — namentlich auch der deutschen — Bevölkerung bemerkbar. — National-Charakter der Russen, verglichen mit denen der anderen Slaven, der romanischen und germanischen Völker. — Unter die dem Reich einverleibten Barbaren, in die Länder nördlich und jenseit des Kaukasus, sowie in die weiten sibirischen Ebenen haben die Russen, wo es ihr Vortheil verlangte, auf ihre nationelle Weise einige Körnlein europäischer Kultur, nach Sibirien zum Theil durch Missionen, zum Theil aber auch durch das bedenkliche Mittel der Verbrecher-Kolonien verpflanzt.

10. Nahrungsquellen und Lebensweise. Der vorzüglichste Erwerbszweig der großen Mehrzahl der Bevölkerung, der Ackerbau, wird durch die weite Ausdehnung des Steppenbodens und den Einfluß des ungünstigen Klima's beschränkt. Durch Beides wird die Lebensweise der Einwohner bestimmt. Man unterscheidet daher die Zonen: 1) der Fischer und Jäger, zu beiden Seiten und im N. des nördlichen Polarkreises, mit ewigem Schnee und Moossteppen und wenigen schweifenden Einw.; 2) der nördlichen Nomaden oder der Wälder, der Heerdenzucht und des beginnenden Ackerbaus, südwärts der vorigen bis zu einer von der Dwina- zur Irtysch-Mdg. u. zum K. Lopatka gezogenen Linie, mit circa $1^1/_2$ Mill. meist nomadisirenden Bew. und einzelnen Winterdörfern; 3) des Kulturlandes und fester Wohnsitze (nördl., südl. Landstrich des Feldbaus), in Rußland zwischen der obigen Linie und dem 48.° N.B., in Sibirien auf die Thalgründe beschränkt, mit mehr als 65 Mill. Menschen in Städten und Dörfern; 4) des südlichen Steppen- und Nomadenlandes, südw. bis zu den Meeresgestaden und den nordkaukasischen Vorbergen, mit hie und da vorkommender Kultur südl. Nahrungspflanzen, wasserarmen Salzsteppen, wandernden Zeltdörfern, einzelnen Kolonien und zahlreichen (Küsten-) Städten, und circa 5 Mill. Menschen; — 5) der trans-kaukasischen Natur mit halb-wildem Alpenleben auf den Gebirgshöhen und sub-tropischen Kulturen in den Ebenen und unteren Thalgründen. — Im Ganzen ist nur etwa $^1/_{20}$ der Bodenfläche landwirthschaftlich und zwar meist nur sehr mangelhaft benutzt, am besten in den Ostsee Provinzen, in den deutschen Kolonien und im Gouv. Moskau. Doch gewinnt man hinreichend Getreide und Wein. — Die für alle Provinzen wichtige Viehzucht ist besonders für die südlichen von hoher Wichtigkeit; in den weiten Steppen liefern wandernde Heerden schöner Pferde, großer Rinder und Büffel, feinwolliger Schafe, Kameele (in Taurien und Transkaukasien), Wolle, Häute, Talg, Seife 2c. in großer Menge und Güte; doch ist der Viehstand der Landbauern meist dürftig. — Einträgliche, aber ungeregelte Waldwirthschaft (Holz, Theer, Pech 2c.) in den Ländern der 2. u. 3. Zone. — Wichtiger, als in irgend einem europ. Lande die Jagd (auf Pelzthiere), besonders in Sibirien — und die Fischerei, vorzüglich in der Wolga und an den arktischen Küsten. — Bedeutender und gewinnreicher der Bergbau, der im Ural, Altai und da-urischen Geb. reiche Ausbeute an Gold, Platin, Silber und Edelsteinen gewährt. — Pflege der Bienen (Baschkiren) und Seidenraupen (Süd-Rußland). — Die auf Kosten des Landbau's künstlich belebte Industrie Rußlands ist vorzugsweise in der 3. Zone, namentlich in den Gouvern. Moskau, Wladimir, Nischnij-Nowgorod, Kasan, Kaluga und Tula heimisch, und liefert besonders Leder, Taue, Seife, auch Metallwaaren und Gewebe aus Wolle, Baumwolle, Leinen, selbst aus Seide, aber diese Erzeugnisse, meist mittelmäßig und theuer, haben nur mit Hülfe der strengen Grenzsperre im Inlande und bei den asiatischen Nachbarn Absatz. — Wichtiger der durch die überseeische — (pro 1867 wurde die Größe der Handelsflotte auf circa 1500 Seeschiffe mit etwa 200,000 Tons angegeben) und binnenländische Schifffahrt (auf den zahlreichen, natürlichen und künstlichen Wasserstraßen) und die winterliche Schneebahn begünstigte, zugleich aber durch strenge Zollgesetze rc. beengte Handel, besonders der asiatische, dessen Stapelorte Tiflis, Orenburg, Kiachta rc. geworden sind (Peking-Karawanen); — Pelzhandel (russisch-amerikanische Handelsgesellschaft); Menschenhandel im Kaukasus.

11. Staatseinrichtung. Die Verfassung des kolossalen Reiches ist absolut monarchisch, wenngleich sein Herrscher sich selbst an gewisse Staats-Grundgesetze bindet. Der nach dem Erstgeburtsrechte zum Thron gelangende Kaiser (Czar), der „Selbstherrscher aller Reußen," — welcher nebst seiner Familie der griechisch-orthodoxen Kirche angehören muß — steht selbst an der Spitze der Staatsverwaltung, ihm zur Seite der Reichsrath, dirigirende Senat, dirigirende Synod und das Staats-Ministerium. Unter diesem Civil- u. Militär-Gouverneure an der Spitze der Provinzial-Verwaltungen. In Polen ein Statthalter u. Provinzial-Stände, denen indeß, nach dem organischen Statut, keine gesetzgebende Gewalt zustand, u. die in Folge der neuesten Revolution (1862) jeden Einfluß verloren haben. Seit dieser Zeit hat auch die nach dem „organischen Statut," noch theilweise vorhanden gewesene Selbstständigkeit der Verwaltung und Justiz Polens ganz aufgehort. Die finnischen Stände sind gleichfalls ohne große Bedeutung, doch hat Finnland eine eigene Verwaltung, und der Kaiser ist in Bezug auf dieselbe durch alte Gesetze und Freiheitsbriefe gebunden — Das ursprünglich orientalische Gepräge des Staates (nur 2 Stände, leibeigene Knechte und Herren, diese ihrerseits dem Czar unbedingt unterthan) ist durch die Tendenz der Herrscher zur Europäisirung des Volks einigermaßen verwischt worden. Die willkürliche Eintheilung der zahlreichen Beamtenwelt in 14 Rangklassen ersetzt nur unvollkommen die fehlende organische Schichtung nach Ständen, und der Versuch, den fast fehlenden Bürgerstand zu stärken (Ehrenbürger) soll noch erhebliche Früchte tragen. Die weit überwiegende Mehrzahl der Bevölkerung indessen wird durch die Volksklasse der sehr zahlreichen, meist kleinen Landbauern gebildet. Dieselben sind durch die gänzliche Aufhebung der Leibeigenschaft neuerdings sämmtlich frei geworden, und zwar auch im eigentlichen Rußland — während die Bauern in Finnland, Ostseeprovinzen, Polen schon vordem frei waren. Die tatarischen und die Nomaden-Stämme haben eigene Stammhäupter, besondere Berechtigungen, und zum Theil den Charakter von schutzverwandten Bundesgenossen. — Die Ansiedlung fremder Kolonisten wird begünstigt. — Die Verwaltung ist in allen Zweigen fast militärisch organisirt, aber die Weite der Räume erschwert den Gang der Staatsmaschine, und begünstigt die Willkür der Beamten, die im Allgemeinen übel berufen sind. — Sehr achtbar die Kriegsmacht u. Kriegsverfassung: Rekrutirung der regulären Landmacht (das stehende Heer angeblich etwa 500,000 M. stark) vorzugsweise aus der russischen Landbevölkerung — Dienstzeit von 15 Jahren — allgemeine Wehrpflichtigkeit der Kosacken so wie der nomadischen Stämme. — Die Weite der Räume und die Länge der Grenzen erschweren indeß nothwendig concentrirte Kraftentwickelungen. Daher die Einrichtung der Militär-Kolonien im Innern, sowie zur Grenzbewachung. Daher auch die große Wichtigkeit der neuerlich entstandenen und schon recht bedeutenden Eisenbahn- u. Telegraphen-Netze (pro 1867 werden 602 M. Eisenbahn- und fast 5000 M. Telegraphenlinien als vollendet bezeichnet). — Rußlands Seemacht ist bedeutend (angeblich 325, doch nicht sämmtlich mehr gefechtsfähige, Kriegsschiffe), allein ihre Geschichte bisher noch arm an Thaten.

III. Die Fürstenthümer Servien und Montenegro sogenannte „Vasallenstaaten" der Pforte (s. Asien, II.).

A. Topisches.

12. Lage, Grenzen und natürl. Beschaffenheit (wie oben!).

13. Der Flächeninhalt beträgt für

a) Servien = 998 □Mln.

b) Montenegro = 80 „

Die wichtigsten Wohnplätze sind:

in Servien: Belgrad, F., Semendria, F., Passarowitz, Kragujewaz;

in Montenegro: Cetinje (oder Zernagora).

B. Volks- und Staats-Verhältnisse.

14. In Servien etwas über 1 Mill. (circa 1100 auf 1 □M.), in Montenegro nicht ganz 200,000 Bewohner (circa 2400 auf 1 □M.) — hier ausschließlich, dort — bis auf etwa 40,000 M. (Zigeuner, Türken, Juden und deutsche Ansiedler) — fast nur slavischen Stammes.

15. Die christliche Religion ist in demselben Verhältnisse vorwiegend, u. zwar gehören die Bewohner Montenegros fast ausnahmslos, die in Servien zum größten Theile zur griechischen Kirche. Die Sprache ist allgemein die serbische; Gesittung und Volksbildung in Servien verhältnißmäßig gefördert, in Montenegro gering. Hier hauptsächlich Viehzucht, da die Naturbeschaffenheit des Landes wenig Ackerbau erlaubt; letzterer wird dagegen in den meisten Gegenden Serviens fleißig betrieben — was hier einen gewissen Wohlstand zur Folge hat.

16. Montenegro hat sich, durch russischen Schutz und die Wildheit des Landes begünstigt, der türk. Herrschaft fast ganz entzogen u. steht unter einem erwählten Fürsten (Vladika), der zugleich kirchliches Oberhaupt ist. Das Fürstenthum Servien ist der Pforte tributär; doch ist die Oberherrlichkeit derselben nur noch nominell; es ist eine erbliche constitutionelle Monarchie, welche neuerlich relativ bedeutende Anstrengungen zur Bildung einer tüchtigen bewaffneten Macht aufwendet.

Die eigentliche europäische Türkei (6175 □Mln. mit $10\frac{1}{2}$ Mill. Bew.) ist, der Mehrzahl der Bevölkerung nach, gleichfalls als ein Slavenreich zu betrachten; steht jedoch unter Herrschaft eines asiatischen Volksstammes (s. daher das Nähere unter Asien, II.).

Asien.

I. Allgemeine Verhältnisse.

1. Asien ist wahrscheinlich die Urheimath des Menschengeschlechts. Seine zugerundete Gestalt, seine Größe und seine reichen Naturverhältnisse eigneten Asien dazu wie keinen anderen Erdtheil. Dieselben Eigenschaften begünstigten Auswanderungen und die Verbreitung alt-asiatischer Kultur; zugleich aber gaben sie dem Erdtheile und seinen Bewohnern eine Abgeschlossenheit, welche alles Fremdartige mit Entschiedenheit zurückstößt.

2. Die Asiaten (im Ganzen c. 798 Millionen) sind vorzugsweise kaukasischer oder mongolischer Race. Die letztere herrscht im N. u. O., die erstere im W. und S. des Kontinents vor. Außerdem Malayen (auf der hinter-indischen Halbinsel und dem benachbarten Archipelagus), und sehr mannigfaltige Misch- und Uebergangs-Völkerschaften.

3. Eine noch größere Mannigfaltigkeit zeigt sich in Betreff der Nationalität und Sprache. Asien beherbergt sämmtliche Völker des sinisch-japanesischen Sprachstammes ausschließlich, dann die Mehrzahl der Völker und Zungen tatarischen (mongolischen) oder hoch-asiatischen Stammes. Dazu kommen tschudische, amerikanische, malayische Völker und viele Nationen indisch-europäischen Stammes, so daß allein der afrikanische auf dem völkerreichen Kontinente keine Repräsentanten hat. (Vgl. Kap. IV., 6. der III. Abth.)

a. Zu den Völkern sinisch-japanischen Stammes (etwa 60 Prozent der Gesammtbevölkerung Asiens) gehören die Chinesen, Koreaner, Japaner und Indo-Chinesen, welche letztere in eine westliche Gruppe (Barmanen oder Birmanen am oberen Menam und mittleren Thalayn, Peguaner am unteren Thalayn und Irawaddy, Laos am mittleren May-Kaung und Thalayn und Siamesen am unteren Menam) und die östliche der Anam-Völker zerfallen; diese (Tonkinesen, Cochinchinesen und Cambodja-Völker) nehmen den südöstlichen Theil der hinter-indischen Halbinsel ein.

b. Unter den Völkern tatarischen oder hoch-asiatischen Stammes (8 Proz. der Gesammtbevölkerung) sind die Familien der Tibetaner (auf und am Himalaya, in Groß- und Klein-Tibet, in Butan und muthmaßlich auch in den oberen Stufenländern der beiden großen chinesischen Ströme) — und der Tungusen (nördliche oder eigentliche T. im südöstlichen Sibirien und Da-urien, und südliche Tung. oder Mandschu in der Mandschurei und [gemischt] in China und ganz Chinesisch-Asien) dem Erdtheil ausschließlich eigen; — aus der tatarischen Familie (im engeren Sinne) die Ost-Mongolen im N. und S. der Gobi, die West-Tataren oder Kalmücken am Kuku-Nor, im S. des Küen-Lün und in der Dsungarei, und die Buräten in Da-urien und am Nord-Fuße dieses Gebirgslandes; — aus der türkischen Familie die eigentlichen Turk-Völker, nämlich die Osmanen, die sich, neben anderen Nationen, vom unteren Euphrat bis zum schwarzen und Mittelmeere finden, die Uiguren und Usbeken in Turkestan und Turan, die Turkomanen (Truchmenen) an den Ufern des kaspischen Sees und (vermischt) in ganz Vorder-Asien, die sogenannten Turk-Tataren, zu denen die ostindischen „Mongolen", die Nogayen und Kumucken, die Baschkiren (vergl. oben), dann die Kirghisen oder Kirghis-Kasaken in Turkestan, in der Dsungarei, im nördlichen Turan und südwestlichen Sibirien, die Barabinzen u. a. sibirische Völker gehören; endlich die den Turk-Völkern verwandten Jakuten u. v. a.

c. Tschudischen Stammes (wenig über ½ Prozent der Gesammtbevölkerung), und zwar aus der Familie der eigentlichen Ugrier (Uralier): die Ostjaken (Asjach) am mittleren und unteren Ob; — aus der samojedischen Familie: die ostjakischen Samojeden am Jeneßei und unteren Ob, so wie an den rechten Nebenflüssen des letzteren, und die südlichen Samojeden (Schoten und Sayanen) an der Südwest-Spitze des Baikal und in den Thälern des Altai; — aus der ost-sibirischen Völkergruppe: die jeneßeiskischen Ostjaken, Jukagiren, Korjäken, Kamtschadalen ꝛc.

d. Amerikanischen Stammes, d. h. der Sprache nach, scheinen die Tschuktschen, die zu beiden Seiten der Behrings-Straße wohnen; sie bilden jedenfalls ein bedeutsames Mittelglied zwischen beiden Erdtheilen und wahrscheinlich einen lebendigen Beweis für die Zusammengehörigkeit der asiatischen und amerikanischen Menschheit.

e. Von malayischen Völkern (über 3 Prozent der Gesammtbevölkerung) wohnen auf dem Continent von Asien vorzugsweise aus der westlichen Familie des Stammes diejenigen Völkerschaften und Kolonisten, die dem ganzen Stamme den Namen gegeben haben: die eigentlichen Malayen auf der Halbinsel Malakka ꝛc. Dieselben bilden auch die Hauptbevölkerung von Sumatra und einigen anderen Inseln. Der bei Weitem größte Theil der West-Malayen (vergl. auch Australien!) bewohnt jedoch die Inselwelt von Austral-Asien im indischen Ozean, und zerfällt in zahlreiche und vielnamige Völkerschaften, von denen namentlich die Tagalos (auf den Philippinen), die Javaner und die Völker von Borneo, Celebes, der Molukken u. s. w. — meist endamenischen Stammes — zu erwähnen sind. (Ueber die gleichfalls westmalayischen Madekassen vergl. Afrika!)

f. Zu den Völkern indisch-europäischen Stammes in Asien (gegen 27 Prozent der Gesammtbevölkerung) gehören alle Nationen der indischen (Sanskrit-), persischen und kaukasischen, die meisten der großen semitischen und einige der griechischen Familie. Die erstere zerfällt in die (etwa) 40 Völker der vorder-indischen Halbinsel mit verschiedenen, doch verwandten Sprachen (siehe unten!); — die zweite in die Beludschen (am unteren Indus und in Beludschistan), Afghanen, Parsen, Neu-Perser (Tadschiks) und Medo-Perser oder Kurden in Iran, Kurdistan und den benachbarten Landschaften und die Osseten in einigen Thälern des Kaukasus; — die kaukasische Völkergruppe in die Armenier (außer ihrer Heimath in ganz West-Asien), Georgier und zahlreiche Bergvölker auf und am Kaukasus (Tscherkessen, Lesghier, Abassen 2c.); — aus der griechisch-lateinischen Familie die Neu-Griechen (zerstreut in ganz West-, besonders in Klein-Asien); — aus der semitischen: Syrer (im engeren Sinne) in Syrien, zerstreut auch in Mesopotamien und Kurdistan, Araber, außer ihrer Urheimath, in und an allen Wüsten West-Asiens, so wie (Einzelne) an allen Küsten des indischen Ozeans, Juden, zerstreut in allen Ländern, selbst in China, in größerer Zahl in Türkisch-Asien. — Außerdem russische Kolonisten, wie oben angeführt worden.*)

4. Das südöstliche Asien ist vorzugsweise von ansäßigen, die Mitte, der Westen und Norden des Kontinents großentheils von Wandervölkern bewohnt. Zu jenen gehören die zahlreichen, gedrängt wohnenden Japaner, Chinesen, Tibetaner, Hindu, Perser, die Mehrzahl der Bewohner von Austral-Asien, und zum Theil die Türken und Afghanen; zu diesen die Araber, Kurden, Turkmannen, Tataren und die anderen mongolischen Stämme im Innern und im N. — Das Kameel und das Pferd, Schaf und Rind 2c. und im sibirischen Norden das Rennthier und der Hund sind die Begleiter und Ernährer der asiatischen Wandervölker. Unter dem Einflusse der Russen und Chinesen nimmt die Zahl derselben in Nord- und Mittel-Asien ab. — Vegetirende Völkerschaften vielleicht im Innern der süd-asiatischen Gebirge.

5. Die asiatischen Staaten sind fast ohne alle politische Bedeutung, weil sie sich bisher entweder von jeder Berührung ausgeschlossen haben, wie China und Japan, oder weil sie zur Ohnmacht herabgesunken sind, wie Persien, Indien und die Türkenherrschaft, oder weil die Staatsverhältnisse noch wenig entwickelt sind, wie bei allen Nomaden und Halb-Nomaden. Die nationelle Unfriedsamkeit der Malayen-Stämme hat auch in Austral-Asien das Bestehen größerer Staatsvereine verhindert und die Unterwerfung unter die Herrschaft der Fremden (s. Europa, Colonien!) begünstigt. — Die Staatsform der asiatischen Reiche ist von jeher despotisch gewesen; sie ist es noch bei allen ansäßigen Völkern Asiens. Die patriarchalische Form der Gesellschaft finden wir dagegen bei allen Nomaden, sofern sie nicht zu einem festeren Staatsverbande und damit auch zum Despotismus gelangt sind.

6. Alle wichtigeren Religionen der Erde sind in Asien entstanden; aber die monotheistischen haben sich dort entweder, wie die christliche

*) Dem Schüler eine deutliche Uebersicht dieser verwickelten ethnographischen Verhältnisse zu verschaffen, giebt es kein besseres Mittel, als ihn, nach vorstehenden Angaben, ein Kärtchen illuminiren zu lassen, wozu entweder der früher von ihm selbst entworfene topische Umriß oder eins der in Munster erschienenen (Kayserschen) sehr sauberen Netzblätter benutzt werden kann.

und mosaische, nur kümmerlich, oder, wie die muhamedanische, nur durch das Schwert und ihre orientalischen Formen behauptet. Herrschend sind, außer dem Islam, bei allen Einheimischen nur polytheistische Religionen: der Brahma- und Buddha- (Lama-) Dienst und die Lehre des Konfu-tse. Ihnen gehört der Osten, der Süden und die Mitte, dem Islam der Westen und theilweise der Süden des Erdtheils; im Norden rohes Heidenthum. — Nur in Armenien, Syrien, Kurdistan und Indien finden sich wenige Bekenner ureinheimischer christlicher Sekten, in Indien, den asiatischen Inseln u. a. O. wenige, durch europäische Missionen Bekehrte, und in Sibirien breitet sich die griechische Kirche aus. — Zoroasters Lehre hat nur noch wenige Anhänger in Persien und den Nachbarländern. — Die Gesittung und Volksthümlichkeit der Asiaten steht mit ihren religiösen Zuständen in engster Verbindung.

II. Das Reich der osmanischen Türken.

A. Topische Verhältnisse.

7. Lage, Bestandtheile und Flächeninhalt.

a. Europäische Türkei	6175,5	□Mln.
b. Asiatische "	31,600	"
Unmittelbarer Besitz	37,775	□Mln.
c. Außerdem mittelbarer Besitz:		
Vasallenstaaten u. tributpflichtige Länder	fast 52,000	"
in Europa 3662 □Mln.		
in Afrika c. 48,000 "		
Das türkische Reich also =	c. 89,000	□Mln.

8. Lage, Grenzen und Beschaffenheit dieser Hauptbestandtheile, so wie der folgenden Provinzen (Behandlung wie oben!).

9. Eintheilung und Wohnplätze.

a. Die eigentliche europäische Türkei (unmittelbarer Besitz) zerfällt in die Ejalets (Statthalterschaften):

Edirné (Adrianopel, das alte Thrazien), Silistria (Ost-), Widdin (West-), Nissa mit Sophia (Süd-Bulgarien), Bosna (Bosnien, Türk.-Kroatien und Herzegowina), Uskub (Theile von Ost-Albanien und Mazedonien), Rumili (Nordwest- u. Mittel-Albanien), Janina (Theile von Thessalien, Epirus, Süd-Albanien), Salonichi (Mazedonien und Theile von Thessalien), Dschesair (Rhodus u. ägäische Inseln), Kirid (Kandia od. Kreta).

Zu merken in:

Thrazien die Reichshauptstadt Konstantinopel (718,000 Ew.), K.-H., Adrianopel (150,000 Ew.), Philippopel (100,000 Ew.), Kirkilissa, Gallipoli (80,000 Ew.), F., K.-H., Rodosto, F., H., und die Dardanellen-Schlösser;

Mazedonien: — Salonichi (70,000 Ew.), F., H., Seres;

Albanien und Epirus: — Janina, F., Skutari, Prisrend, F., Durazzo, H.;

Thessalien: — Larissa, Volo, H.;

Bulgarien: — Sophia, F., Widdin, F., Rustschuk, F., Silistria, F., Varna, F., H.;

Bosnien: — Serajewo (od. Serai-Bosna), F.;

auf den Inseln Kandia, Rhodus, Thasos, Lemnos u. s. w. die gleichnamigen, meist unbedeutenden Städte.

b. Die asiatische Türkei

zerfällt in 19 Statthalterschaften, und besteht aus den Ländern:

Kleinasien oder Natolien (10,000 □Mln.; 8 Statthalterschaften); — wo Smyrna (138,000 Einw.), H., Brussa (70,000 Einw.), Skutari, H., Tokat, Angora, Ikonium (Konjeh), Tarsus, Trapezunt (Tarabosan), H.;

Türkisch Armenien, Georgien u. Kurdistan (2 Statthalterschaften, 3000 □M.) — wo Erzerum, Kars; — Diarbekir, Wan;

Mesopotamien, Assyrien und Babylonien (Al Dschesira und Irak Arabi; 3 Statthalterschaften, 6000 □Mln.); — wo Bagdad (80,000 Einw.), Mossul, Bassora, Ruinen von Ninive;

Syrien (Soristan; 2 Statthalterschaften); — wo Aleppo (Haleb 100,000 Ew.), Damask (150,000 Einw.), Antiochia;

Palästina und Phönizien; — wo Jerusalem (30,000 Einw.), St. Jean d'Acre (Ptolemais), F., H., Beirut, H.

die Insel Cypern (250 □Mln.) mit Nikosia und Famagusta, H., u. s. w.

Arabistan, oder die arabischen Küstenlandschaften: Hedschas u. Jemen (2 Statthalterschaften: 8000 □Mln. mit Ssanaa, Dschidda, H., Mekka und Medina, F.

c. Die Vasallen-Staaten resp. tributpflichtigen Länder, nämlich:

1. in Europa (siehe dort: Rumänien, Servien und Montenegro);

2. in Afrika:

aa) Paschalik Aegypten, welches besteht aus: Aegypten (mit den Oasen im Westen c. 8000 □Mln.) mit Kahira (300,000 Ew.), Alexandria (170,000 Ew.), F., H., Rosette, H., Damiette, H., Koßeir, H., El Arich, F., H., Assuan od Syene, Suez. — Nubien mit Sennaar u. Kordofan (= c. 22,000 □Mln.); darin: Chartum, Sennaar, Dongola.

bb) Paschalik Tripolis mit Barka und Fessan (über 16,000 □Mln.), worin Tripolis, F, H., Benghasi, Ghadames.

cc) Paschalik Tunis (über 2000 □Mln.), worin Tunis, F., H., Cabes, H, Kairwan.

B. Staats- und Völker-Verhältnisse.

10 Bevölkerungsvertheilung.

Die eigentliche europ. Türkei (unmittelb. Besitzungen) hat etwa		10,500,000 Einw.
Die asiatische Türkei überhaupt etwa		16,500,000 „
Anadoli oder Kleinasien	11,000,000 Einw.	
Türkisch-Armenien ꝛc. u. Kurdistan . . .	1,550,000 „	
Syrien, Mesopotamien ꝛc.	3,000,000 „	
Arabistan	950,000 „	
In sämmtlichen Vasallen-Ländern überhaupt		13,500,000 „
in Europa (s. oben) etwa 5 Mill.		
in Afrika überhaupt etwa $8^3/_4$ Mill.		
Aegypten, lybische Oasen ꝛc.	4,300,000 Einw.	
Nubien, Kordofan ꝛc.	3,100,000 „	
Tripolis ꝛc.	750,000 „	
Tunis	600,000 „	
Das ganze türkische Reich c.		40,000,000 Einw.

11. Abstammung und Sprache. Das herrschende Volk, die osmanischen Türken, bildet fast nirgend die Hauptmasse der Bevölkerung, und soll im ganzen Reich, wahrscheinlich mit Einschluß der ihnen verwandten, größtentheils in Asien hausenden Turkmannen und der zahlreichen Uebergetretenen griechischen und slavischen Blutes, überhaupt nur circa 13 Mill., in dem europäischen Theile nicht mehr als 1,000,000, im afrikanischen sogar kaum 100,000 K. zählen. Zahlreich die semitischen Völker: die Araber (4—5 Mill.) in Arabien, Syrien, Mesopotamien, Aegypten und ganz N.-Afrika (Fellah, Beduinen ꝛc.); — minder bedeutend die Kopten in Ober-Aegypten und Tunis;. — die Syrer (Maroniten, Drusen ꝛc. auf und am Libanon, Nestorianer in Kurdistan) und Juden, welche letztere überall im Reiche, nur nicht in Armenien und dem östlichen Theile von Kleinasien gefunden werden (spanische Juden; ackerbauende u. nomadisirende). — Außerdem fast in ganz Vorder-Asien nomadisirende Kurden (1 Mill.); in Asien und Europa handelnde Armenier ($2^1/_2$ Mill.) und vagabondirende Zigeuner. — Die Griechen (3 Mill.) bilden im westl. Kleinasien (türkisch redend) die Hauptbevölkerung, und sind in der europäischen Türkei fast eben so stark als die Türken; die Albaneser ($1^1/_2$ Mill.) und Wlachen (4 Mill.), nicht blos in Rumänien (s. oben), sondern auch in den Provinzen der eigentlichen europäischen Türkei. — Am zahlreichsten (fast 7 Mill.) die slavischen Völker der Bulgaren und Serben (Bosnier, Kroaten, Montenegriner ꝛc.) ausschließlich in der europ. Türkei. — In den afrikanischen Vasallenländern, außer den oben genannten, meist halb-nomadische oder vegetirende Berber- und Nuba-Völkerschaften und Neger-Sklaven.

12. Religion und Gesittung. Der Islam ist herrschend. Zu ihm bekennen sich die Türken, Turkmannen, Araber und Libyer, ein Theil der Bosnier, Bulgaren und Syrer, die Mehrzahl der Albaneser und Kurden, überhaupt fast 25 Mill.; — die christlichen Bewohner des türkischen Reichs: die Griechen, Serben und Wlachen, die Armenier und Kopten, die Mehrzahl der Bosnier und Bulgaren, die Maroniten und Nestorianer, zählen etwa 14 Mill., von denen 13 Mill. der griech. und armenischen und 900,000 der römischen Kirche angehören. In der europäischen Türkei (einschließlich der

europäischen Vasallenländer) verhält sich die Zahl der Christen zu der der Moslem etwa wie 9 : 4, in der asiatischen wie 1 : 2, in der afrikanischen wie 1 : 50. — Der Zustand der Gesittung und Volksbildung ist überall äußerst beklagenswürdig. — Der Einfluß des Islam und der politischen Knechtschaft der christlichen Völker mußte alle Keime der Fortbildung und Veredlung unterdrücken und zerstören.

13. Nahrungsquellen. — Die christlichen Bewohner des Reichs sind durchgängig mit dem Ackerbau (Griechen und Armenier auch mit dem Handel) beschäftigt; ebenso ein großer Theil der muhamedanischen Bevölkerung, namentlich die Türken, die muhamedanischen Bulgaren, Bosnier und Albaneser, ein geringer Theil der Kurden u. Turkmannen, der Araber (Fellahs ꝛc.) und Berbern. Die Mehrzahl der Araber (Beduinen), Turkmannen, der Kurden und Libyer nähren sich nomadisirend von ihren Heerden (Pferden, Kameelen, Rindern, Ziegen ꝛc.), gelegentlich aber auch von Raub und Jagd. Die Nomaden, hier wie überall, Wüsten-, Steppen-, Bergbewohner; die Ackerbauer haben dagegen die besseren, — d. i. in diesen heißen, dürren Ländern, — die durch Natur oder Kunst wohl bewässerten Gegenden inne. Am besten kultivirt ist das gesegnete Nil-Thal (750 □M.), wo daher auch mehr als 3300 M. auf 1 □M., eine für das Türken-Reich ungewöhnlich dichte Bevölkerung. — Gewerbe und Handel haben eine gewisse Bedeutung, obgleich die öffentlichen Zustände jede höhere Entfaltung derselben verhindern.

14. Staatseinrichtung. Das Staatsoberhaupt: der Sultan od. Padischah; seine Gewalt ist nur durch die Vorschriften des Korans beschränkt. — Drei verschieden berechtigte Klassen: Moslems, Rajahs u. Sklaven. — Verwaltung der Provinzen durch große, von der Pforte ernannte, übrigens sehr willkürlich herrschende Statthalter (Pascha's). Die Vasallenländer bilden selbstständige Staatswesen, deren Abhängigkeit von der Pforte nur noch nominell ist (vergl. Rumänien, Servien, Montenegro bei Europa!). Auch sonst ist die Oberherrschaft des Sultans von den entfernteren Statthaltern fast nur dem Namen nach anerkannt. Dies gilt besonders von dem erblichen Pascha (Vice-König) von Aegypten, aber auch von dem Pascha von Tripolis und dem „Bey" von Tunis. — Die einst so gefürchtete, auf allgemeine Waffenpflichtigkeit der Moslem gegründete Kriegsverfassung ist, ungeachtet (oder vermöge) des Versuchs europäischer Organisirung, noch nicht wieder zu dem alten Ruf gekommen; — auch die Seemacht, seit dem Abfall der Griechen, sehr gesunken. — Allgemeine Auflösung aller inneren Verhältnisse, nur durch Schrauben von Außen noch nothdürftig zusammengehalten. — Die Versuche, christlich-europäische Prinzipien geltend zu machen, mehr Kennzeichen als Gegenmittel für jene Auflösung.

III. Die Türken-Herrschaften in Turan und Turkestan.

15. Lage, Begrenzung, Beschaffenheit.

Chanat von Khiwa od. Chiwa (7000 □M.) am unteren Gihon; nur ein geringer Theil des großen Gebietes ist bebaut; Hptstdt. Khiwa, und Neu-Urgendsch.

Chanate von Bokhara (die große Bucharei), Balkh u. Khokand*) — dieses am mittleren Sihon (zusammen etwa 11,000 □Mln., jetzt un-

*) Ein Theil des alten Chanats von Khokand ist jetzt unter russischer Herrschaft (s. Europa!)

ter einer Herrschaft); wichtigste Wohnplätze: Bokhara (180,000 Ew.), Samarkand, Balkh (Baktra), Khokand (60,000 Ew.).

Chanat von Kundus (2400 □Mln.) im Quellgebiet des Gihon, mit der Hptstdt. gl. N.

Drei andere kleinere Gebirgsstaaten und das Land der Schwarzen Kirghisen oder Burut (7000 □Mln.), das östliche Grenzland Turkestans gegen die chinesische Tatarei.

16. Das herrschende Volk in allen diesen von fast 8 Mill. Menschen bewohnten Ländern sind die usbekischen und uigurischen Türken; zahlreicher die angesessenen, ackerbauenden, gewerbtreibenden Bokharen, Tadschiks oder Sarten, die Nachkommen der alten Baktrier und Perser. — Außerdem handelnde, nomadisirende, gleich den Usbeken, räuberische Turkmannen, nomadisirende, nur geringentheils den Usbeken unterworfene Kirghisen u. e. a. Stämme. — Alle Muhamedaner, die Mehrzahl Sunniten. — Die Herrschaft der Chane ist patriarchalisch-despotisch. — Nachtheiliger Einfluß derselben auf die Entwickelung aller Kultur-Verhältnisse Inner-Asiens.

IV. Trans-Kaukasien.

Ein Gebiet von c. 5400 □Mln. mit über 3 Mill. Einw. Das Nähere s. Rußland (Europa, 4. Abschn. II.).

V. Persien oder West-Iran.

17. Lage, Begrenzung, Beschaffenheit (wie oben!).

Flächeninhalt = 26,450 □Mln.

Wohnplätze: Teheran (115,000 Ew.), Ispahan (150,000 Ew.), Tebris od. Tauris (100,000 Ew.), Schiras, Hamadan (das alte Ekbatana), Schuster, Meschhed (100,000 Ew.), Asterabad, Abuschehr, H.

18. Persien hat c. 5 Mill. Einw., größerentheils Nachkommen der alten Perser, Meder, Baktrier rc., zum geringeren Theil turkmannische, arabische od. kurdische Stämme; — jene sind, mit Ausnahme der Luren, angesiedelte Ackerbauer u. handelnde, gewerbthätige (Seiden-, Metall- und Lederwaaren rc.) Städtebewohner (Tadschik), — diese kriegerische, räuberische Nomaden (Ilat); — die einen wie die anderen Muhamedaner, jene schiitischer, diese zum Theil sunnitischer Sekte; wenige Parsen (Guebern). — Die Turkmannen bilden die politisch herrschende Volksschicht — Das Staatsoberhaupt, der Schah, nur den Tadschiks ein Despot; den Ilat gegenüber machtlos. — Eintheilung in 11 von Sardars verwaltete Provinzen. — Kriegsmacht zwar seit einiger Zeit theilweis nach europäischem Zuschnitt organisirt, doch unbedeutend im Verhältniß zur Weite des Landes und Länge der Grenzen, welche sie nicht zu schützen vermag gegen die Einfälle der benachbarten Nomaden-Stämme.

VI. Die Staaten von Ost-Iran.

19. Lage, Begrenzung, Beschaffenheit der Afghanen-Staaten:

Herat (2000 □Mln.), worin Herat (45,000 Ew.), — und Kabul (6800 □Mln.), worin Kabul u. Kandahar; — und des

Beludschen-Landes (6000 □Mln.), dessen Hauptstadt Kelat.

20. Die Afghanen-Länder haben etwa 5, Beludschistan über 1 Mill. Einw. — Die Afghanen sind ein indisch-persischer Volksstamm, dem turk-tatarische Elemente beigemischt sein mögen; die Beludschen ein Gemisch von Persern, Indern, Semiten und Mongolen. Außer diesen beiden herrschenden Völkern in allen drei Ländern: Perser, Turk-Tataren, Hindu, Armenier, Araber, Kurden und Juden. — Der Islam ist die herrschende Religion; — Sunniten und Schiiten. — Die Mehrzahl dieser Bevölkerung, besonders der Afghanen und Beludschen, lebt nomadisch. In den Städten, wie in Persien, einige Industrie; wichtiger Durchgangshandel. — Stammverbindungen der nomadischen Bevölkerung mit sehr losem Gemeinverband; wo dieser fester geworden, wie in Herat und Kabul, da sind auch die patriarchalischen Zustände zeitweise in despotische übergegangen. — Afghanistan, welches sich von Persien losgerissen und später auch von englischer Herrschaft wieder befreit hat, steht unter der Hoheit eines kriegerischen Fürsten, dem auch Herat unterthan ist. Beludschistan, das früher gleichfalls zu Persien gehörte, besteht aus mehreren kleinen Bundesstaaten unter verbündeten Fürsten. Auf und an den Terrassen des Paropamisus nomadisiren freie Hirtenvölker turk-tatarischen Ursprungs, welche türkisch-persische Mundarten sprechen, u. von Stammeshäuptlingen beherrscht werden.

VII. Vorder-Indien.

21. Außer den oben (vgl. Europa!) angeführten unmittelbaren und mittelbaren Besitzungen der Briten in Vorder-Indien (nebst Ceylon etwa 66,000 □Mln.) finden sich auf der Halbinsel, nachdem Lahore od. der Staat der Shiks (Seiks) durch die Briten geschwächt und zerstückelt worden, nur noch vier, von ihnen unabhängige, aber wenig bedeutende Staaten, und zwar auf den nördlichen Gebirgsgrenzen, deren Gesammtflächeninhalt höchstens 5000 □Mln.; nämlich:

a. Nipâl (Nepal), das Land der Ghorka's mit der Hauptstadt Katmandu (50,000 Ew.);

b. Butan, wie Nepâl ein Alpenland; Hauptstadt Tassisudon;

c. Tipperah und Dholpore, Ueberreste des Shiks-Reichs; der früher dazu gehörige Staat Kaschmir ist jetzt ein Theil des britischen Indien (unmittelbarer Besitz).

(Lage, Begrenzung, Beschaffenheit dieser Länder.)

22. Ethnographisches. — Ganz Vorder-Indien hat (mit Ceylon) die bedeutende Bevölkerung von 185½ Mill. Menschen (2621 auf 1 □M.); davon kommen auf die genannten bis jetzt noch unabhängigen indischen Staaten nur circa 5 Mill. Menschen. — Die Grundmasse der höchst mannigfaltigen Einwohnerschaft Vorder-Indiens bilden die zahlreichen Hindu-Völkerschaften. Verschiedenheit derselben, der Hindustaner, Hindi-Völker (i. N.), Bengalesen, Orissas, Cingalesen, Telingas, Tamulen oder Malabaren, Kanaresen, Karnatas, Mahratten, Konkanesen, Guzeraten, Sindhi, Shiks u. s. w. unter sich und mit den turktatarischen Eroberern, so wie mit den beiden stammfremden wilden Berg- und Waldbewohnern, den räuberischen Bhils, Kulis, Ramusis, Santals 2c., den negerartigen Pulindas, Gonds u. Doms u. s. w. u. s. w. Während letztere mehrentheils

ganz rohe Götzendiener sind, gehören erstere, mit Ausnahme der buddhistischen Eingalesen und einer nicht unbedeutenden Anzahl, welche den Islam angenommen hat, der Mehrzahl nach, dem Brahmanenthum an, welches jedoch auf die mannigfaltigste und oft — wie bei den Shiks ꝛc. — sehr ketzerische Weise von ihnen aufgefaßt worden ist. Daher zahlreiche Sekten Während die nördlichen Hindi-Völkerschaften, die Nipalesen ꝛc., daneben oder vorherrschend buddhistische Lehrsätze und mancherlei Götzendienst und Aberglauben gelten lassen, und damit alle oder viele der aus der Religion auf das bürgerliche Leben übertragenen Ansichten und Einrichtungen des Brahmanenthums verworfen haben, behaupten die strengeren Sekten dagegen jene merkwürdige Kasten-Eintheilung in Brahmanen oder Brahminen, die Priester u. Lehrer, Kschatryas, die Krieger und Herrscher, Vesa's, die Ackerbauer und Kaufleute, Sudra's, die Handwerker und Diener (außerdem eigentliche Sklaven außer aller Kaste, wie die Paria's und andere verworfene Stämme, welche geringer als Thiere geachtet werden; überdies zahlreiche Aberspaltungen der Kasten), — welche dem religiösen und gesellschaftlichen Zustande der Hindu sein eigenthümliches Gepräge verliehen, zugleich aber empörenden Ausgeburten des Aberglaubens: Wittwenverbrennen (Suttis), Kindermord, Menschenopfer u. s. w. nicht gewehrt, ja sie befördert und die politische Schwäche der Hindu begründet hat. — Doch bewahrt das Brahmanenthum auch noch immer interessante Reste einer auf merkwürdige Weise gesteigerten, nun im Absterben begriffenen einheimischen Kultur (prächtige und kolossale Bauwerke, eine reiche Literatur ꝛc.); daher auch Ausbildung des Ackerbaus und der Gewerbe (Webereien, Metallwaaren ꝛc.). — Das Christenthum hat bis jetzt wenig Eingang gefunden; Thomas-Christen auf Malabar, Katholiken im portugisischen und französischen Indien, wenige Armenier und Protestanten, im Ganzen höchstens etwa 1½ Mill Christen — Die sogenannten „Mongolen" (Turk-Tataren u. Turkmannen), nächst den Hindu das wichtigste eingeborene Volk, haben den Islam nach Indien gebracht, und als Eroberer und frühere Herren des Landes unter der Urbevölkerung verbreitet, und sich vielfältig mit ihr vermischt. — Außerdem Afghanen im Pendschab ꝛc., Beludschen im Indus-Delta, Araber in den Küstenstädten, Parsen (½ Mill.) in der Präs. Bombay, Juden, Malayen, Chinesen u. s. w. — Eine verhältnißmäßig äußerst geringe Zahl von Engländern u. a. Europäern beherrscht alle diese zahlreichen Völker. — Der kürzlich von ihnen überwältigte Staat der Shiks, bis dahin in einer ähnlichen Verfassung wie die Afghanen-Länder, ist gegenwärtig nur auf geringe Theile des Thales von Kaschmir beschränkt, doch sind ihm auch die benachbarten Alpenlandschaften Ladak ꝛc. mehr oder minder zinsbar, nicht aber Kafiristan, das Land der unabhängigen Siahposch, auf den südlichen Terrassen des Hindu-Khu. — In Nipâl herrscht der kriegerische Stamm der Ghorkas über das Kulturvolk der Niwaris. — In Butan eine Doppel-Despotie.

VIII. Hinter-Indien.

23. Außer dem britischen Hinter-Indien (zusammen etwa 3600 □Mln. mit c. 1½ Mill. Bew.) drei größere, unabhängige indo-chinesische Staaten:

a. Das Birmanen-Reich (c. 9000 □M.), die Landschaften Ava und Ober-Laos mit den Hauptstädten Amerapura (Umerapura) u. Ava.

b. Das Königreich Siam (über 14,000 □Mln.), mit den Landschaften Süd- od. Nieder-Laos u. Siam und den Hauptstädten Bangkok (500,000 Ew.), H., und Schantabun, H.

c. Das Kaiserthum Anam (oder Cochinchina), welches die Landschaften Tonkin, Cochinchina, Tschampa und Theile von Cambodja &c. umfaßt (10,000 □Mln.) mit den Hauptstädten Kescho (80,000 Ew.), Hue (100,000 Ew.), F., Saigon, H. — Seit 1863 ist ein etwa 400 □Mln. großes Gebiet mit c. 1 Mill. Ew. („Nieder-Cochinchina") an Frankreich abgetreten (s. Europa!).

Mehrere kleine Malayen-Staaten auf der Halbinsel Malakka.

Lage, — Begrenzung, — Beschaffenheit dieser Länder!

24 Im Birmanen-Reich 4, in Siam 5, in Anam 11 Mill. Einw.; am bevolkertsten Tonkin (5400 M. auf 1 □Mle.) und Ober-Laos. — Außer der indchinef. und buddhistischen Hauptmasse des Volkes (vergl. oben!) zahlreiche Chinesen, muhamedan. Malayen u. v. a. unbekannte, wilde Gebirgs-Tribus; in Siam auch einige 1000 christl. Portugisen-Abkömmlinge. Außerdem circa ½ Mill. ureingeborne, durch katholische Missionen bekehrte Christen. — Trümmer indischer und chinesischer Kultur. — Bali- und chines. Sprache. — Landwirthschaft, Gewerbe und Handel, durch die reiche Natur zwar begünstigt, gedeihen aber, in Folge der auf dem Volke lastenden krassen Despotie, nur den minder bedrückten chinesischen Ansiedlern. — Der Verfall des Birmanen-Reiches wie das weitere sieghafte Eindringen europäischer Civilisationskeime scheint eine andere Zukunft für Hinter-Indien anzubahnen.

IX. Das chinesische Reich.

A. Topische Verhältnisse.

25. Bestandtheile, — ihre Lage, — Begrenzung u. natürl. Beschaffenheit!

a. China oder Sina, mit sehr vielen und sehr großen Städten: Peking 1,700,000 Ew.), Hang-Tscheu (über 1 Mill. Ew.), H., Sutscheu (angeblich 1 bis 2 Mill. Ew.), Nanking (1,000,000 Ew.), Kantong (1,236,000 Ew.), H., die sehr nahe bei einander liegenden großen Handelsstädte Wu-tschang, Hankeu u. Han-yang (zusammen angeblich 4—5 Mill. Ew.), Shangai (250,000 Ew.), H., Amoy (300,000 Ew.), H., Ningpo (300,000 Ew.), H., Futscheu (600,000 Ew.), und noch c. 130 a. Städte mit angeblich 200,000 Ew. und darüber.

b. Die Mandschurei, mit den merkenswerthen Städten Mukden oder Schingking (200,000 Ew.) und Tsitsihar.

c. Die Schutz- und Vasallenländer:

Korea mit der Hauptstadt Han-Tsching (Hanyang);

die Lieu-Khieu-Inseln;

Tibet (Groß-) mit Lassa (Hlassa) und Tischulumbu;*)

die Mongolei, und zwar die eigentliche Mongolei (oder Kalmückei) mit der Stadt Urga und dem Kiachtaer „Maimatschin" (d. h.

*) Kl. Tibet mit Leh oder Ladak gehört jetzt zu den britischen Schutzstaaten. (s. Europa!)

Tauschhof); und die Dsungarei (auch Thianschan-Pelu, d. h. Nordland) mit den Städten Guldscha (oder Ili) und Kuckara Ussu.

die hohe Tatarei (kleine Bucharei oder Ost-Dschagatai oder Turfan), das „Westland" China's mit den Städten: Yarkand oder Yarking (200,000 Ew.), Kaschgar (80,000 Ew.) ꝛc.

Nipâl, Butan, Siam und Anam werden gleichfalls als Vasallenländer betrachtet, ohne jedoch in eigentlicher Abhängigkeit von China zu stehen.

26. Das ganze chinesische Reich hat einen Flächeninhalt von über 220,000 □Mln., wovon auf das eigentliche China 73,300, auf Tibet etwa 31,000 □Mln. kommen.

B. Staats- und Völker-Verhältnisse.

27. Das chinesische Reich hat nach den neueren Angaben etwa 476 Mill. Einw., von denen 436 Mill. im eigentlichen China, hier also im Durchschnitt 5948 Mill. auf 1 □Ml., leben, doch so, daß in einzelnen Gegenden desselben sogar noch eine etwa fünfmal so dichte Bevölkerung zu finden ist; in Korea etwa 9, in Tibet 11 Millionen; in den weiten Nomaden-Ländern der Mandschurei, Mongolei und Tatarei zusammen etwa 20 Mill. Bewohner.

28. Die große Mehrzahl des Volks sind Chinesen, die herrschende Nation aber die Mandschu, die einen wie die anderen, außer ihren Heimathländern, üb. das ganze Reich verbreitet, als Soldaten, Beamte, Handwerker, Kaufleute ꝛc. — Die Chinesen sind eins der ältesten Kulturvölker der Erde; ackerbauend, höchst gewerbthätig, erfindsame Techniker, unternehmende Handelsleute, bieten sie dennoch das merkwürdige Beispiel eines feststehenden Bildungsstandes dar, indem sie sich bisher in dem Kreise althergebrachter Eigenthümlichkeit pedantisch festbannten und die Fortschritte ausländischer Kultur verachteten. Aehnliches gilt von den Koreanern und Tibetanern ꝛc.; — auch die Mandschu, und zwar nicht allein die in China eingewanderten, haben sich den Gewohnheiten und Ansichten des unterworfenen, doch gebildeteren Volkes gefügt, und sogar seine Sprache angenommen. — Im Westlande, wo der chinesische Kulturkreis den altpersischen berührt, muhamedanische Bucharen (Tadschiks) und ihre Ueberwinder, uigurische und usbekische Türken, mit Ackerbau und Gewerben beschäftigt. — Dagegen sind die im nördl. Theil ihres Heimathlandes verbliebenen Mandschu, ebenso wie die Mongolen u. Kalmücken, wie die Dsungaren, einige Turk-Stämme und die Kirghisen der hohen Tatarei ꝛc., Nomaden, Reitervölker von kriegerischen Neigungen, die nur wenig mit der chinesischen Civilisation und Verweichlichung vertraut geworden sind. — Alle diese Nomaden-Völker, mit Ausnahme der türkischen, sind Buddhisten in verschiedenen Ausprägungen. Dasselbe gilt von den Tibetanern, bei denen sich der Buddha-Dienst auf die konsequenteste und eigenthümlichste Weise, als Lama-Dienst, ausgebildet hat. — Residenz des Dalai-Lama (d. i. des Großen Priesters), der von allen mongolischen Buddhisten als die Verkörperung des Göttlichen verehrt wird, in Hlassa (Lha-Ssa). Auch im eigentlichen China ist der Buddha-(Fo-)Dienst allgemein; daneben, namentlich bei den hoheren Ständen der Chinesen, aber auch bei den eingewanderten Mandschu, ein eigenthümlicher (600 v. Chr.), durch Kung-Fu-Dsü oder Konfu-tse (Confucius) gegründeter, auf Moralität und maaßrechten Wandel, die Verehrung der Natur und des Staatsoberhauptes, als eines Himmelssohnes, berech-

neter Kultus, der daher mehr eine politische, als religiöse Tendenz hat. — Kathol. und evangel. Missionen haben das Christenthum seit einer Reihe von Jahren mit einigem, doch nicht ermitteltem Erfolge im eigentlichen China und Korea auszubreiten gesucht.

29. Seit der Eroberung des durch seine berühmte „große Mauer" (275 Mln. lang) nicht geschützten „Reiches der Mitte" ist die Rolle des „Sohnes des Himmels," den die Fremden „Kaiser" nennen, in die Hände der Mandschu-Dynastie übergegangen. — Despotische Regierungsweise unter patriarchalischen Formen; — Korea und die Lieu-Khieu-Inseln, die mongolischen Nomaden und die Türken-Stämme haben eigene, mehr oder minder unterthänige Erbfürsten; — in Groß-Tibet eine durch chinesische Statthalter beaufsichtigte Priesterherrschaft, — im eigentlichen China Mandarinen-Despotismus. — Die ganze Staatseinrichtung, in Folge der allgemeinen Entsittlichung, des politischen Drucks und des moralischen und physischen Elendes des Volkes, im tiefsten Verfall; — willkürliche, daher auch ungedeihliche Verwaltung der Finanzen; — Verwahrlosung und Verweichlichung des ungeheuren, doch übel bewaffneten und fast unerzogenen Kriegsheeres, in welchem die irreguläre Reiterei der Nomaden wahrscheinlich die meiste Beachtung verdient. — Die als politischer Grundsatz bisher festgehaltene strenge Abschließung gegen alle Fremden (Barbaren), die den Handelsverkehr (Thee, Baumwolle, Gewebe, Rhabarber, Porzellan und verschiedene andere Kunst-Produkte, gegen Reis, Pelzwerk, Opium u. a. Artikel) nur als eine „Wohlthat" gestattete, und bisher mit Briten, Portugisen, Spaniern, Holländern und N.-Amerikanern auf den Hafen von Kantong, mit Rußland auf den einzigen Punkt Maimatschin und die Peking-Karavane beschränkt war, und alle Christen im Reiche mit dem Tode bedrohte, ist durch die Erfolge der Engländer, sowie neuerlich der Franzosen wesentlich gemildert worden, indem schon früher (1842) Hongkong abgetreten wurde, u. außer Kantong jetzt im Ganzen noch elf andere Häfen, sowie die Schifffahrt auf dem Yantsekiang, dem europäischen Handel geöffnet worden sind. Durch den 1858 beendeten anglo-franz. Krieg gegen China ist dies neuerdings wesentlich befördert, auch die Duldung des Christenthums und der Schutz seiner Missionäre durch die chinesische Regierung erwirkt worden.

X. Das japanische Reich.

30. Bestandtheile, Lage derselben u. s. w.

Flächeninhalt über 7000 □Mln.

Hauptstädte: Jeddo (über 2 Mill. Einw.), H., Miako ($\frac{1}{2}$ Mill. Ew.), Osakka (150,000 Ew.), H., Kanagawa, H., sämmtlich auf Nipon; Nangasaki, H, auf d. Insel Kiusiu; — viele andere bedeutende Städte.

31. Die Einwohnerzahl beträgt circa 35 Mill.; die Inseln Nipon (Niphon) und Kiusiu sind am stärksten bevölkert. Religions- und Gesittungs-Verhältnisse zum Theil wie in China, doch ist die geistige u. wissenschaftliche Bildung hier zum Theil noch bedeutender. — Unter den Nahrungszweigen steht Ackerbau obenan; auch die Industrie sehr bedeutend; der Handel mit dem Auslande beschränkte sich früher auf den Hafen von Nangasaki, wohin auch nur Chinesen und Niederländer kommen durften, welche Metall-, Glas-, Porzellan-, Seiden-, lackirte und Baumwollenwaaren einhandeln; 1854 wurden sodann den Nord-Amerikanern zwei andere Häfen (auf Nipon und Jeso) geöffnet, u. seitdem haben sich die Handelsverträge vermehrt, durch welche Japan jetzt mit einem großen Theile Europa's in lebhaftem Verkehr steht, deren Haupt-Staa-

ten gegenwärtig dort ihre Vertreter haben. — Die Staatsverfassung ist despotisch und feudal; die Unterthänigkeit Jeso's und der andern nördl. Inseln ist zweifelhaft.

XI. Sibirien,

nebst dem Amurgebiet, Daurien, Kamtschatka, den Kirghisensteppen = fast 263,000 □M. mit zusammen 4—5 Mill. Ew. (s. Europa, 4. Abschn. II.)

XII. Austral-Asien,

eine Inselwelt, deren Flächeninhalt = c. 35,000 □Mln.

32. Lage, Beschaffenheit rc. (wie oben!).

33. Die Gesammtbevölkerung beträgt c. 27 Mill. (etwa 770 M. auf 1 □Mle.). Die Hauptmasse ist malayischen Stammes (West-Malayen), dem fast 25 Mill. angehören; außerdem etwa 2 Mill. Chinesen, Japanesen, Mischlinge (besonders auf den Philippinen) und höchstens ½ Mill. Europäer.

34. Bei der malayischen Hauptbevölkerung ist das eigenthümliche malayische Heidenthum früher durch brahmanische und buddhistische, später durch muhamedanische und christliche Einflüsse gemodelt — doch nicht verwischt worden. Ihre Religion daher meist ein Gemisch aus diesen verschiedenen Elementen; das muhamedanische herrscht darin vor. Die Javaner, die Bugis (Celebes), die Tagalos (Philippinen) u. a. bekennen sich äußerlich theilweise zum Christenthum.

Fast Allen sind Acker- und Bergbau, Gewerbe und Handel bekannt, aber nur als Krieger und Seefahrer haben sie eine gewisse Stufe der Vollkommenheit erreicht.

35. Der größte Theil des ganzen Gebietes von Austral-Asien steht direkt unter europäischer, u. zwar besonders niederländischer u. spanischer Herrschaft (s. europ. Kolonien!). Trotz der im Vergleich mit den Ost-Malayen (vergl. Australien) hier relativ größern Kultur ist das Bestehen größerer Staatsvereine durch die schon oben (I. 5) erwähnte nationelle Unfriedsamkeit der Malayenstämme vereitelt worden.

Die noch vorhandenen unabhängigen Malayenstaaten auf Sumatra, Borneo, Celebes, Mindanao u. s. w. sind sämmtlich unbedeutend, nachdem die Holländer das mächtige Königreich Menangkabu (Sumatra), die Urheimath der eigentl. Malayen, zerstört haben. — Die Regierungs-Verfassung ist bei allen Staaten, den unabhängigen, wie den unterworfenen, despotisch und feudal. — Die Wohnplätze in den unabhängigen Staaten (Bruni auf Borneo, Delhi auf Sumatra u. a.) sind unwichtig.

XIII. Arabien.

36. Arabien bildet, durch seine Lage, Naturbeschaffenheit und Bevölkerung, den Uebergang zwischen Asien und Afrika. — Die Unwirth-

barkeit des Innern beschränkt die Bevölkerung auf die gebirgigen Küsten-Terrassen, und begründet ihre politische Zersplitterung. — Daher, außer der ohnmächtigen und blos nominellen Türken-Herrschaft an der West-Küste und (im S., in der Landschaft Jemen), dem kleinen britischen Besitzthum Aden, an den gesammten West- und Süd-Gestaden nur machtlose Häuptlingschaften. Allein an der Ost-Küste eine bedeutendere politische Macht, die des Imams von Maskat, der wichtigsten Handels- und Hafenstadt der ganzen Halbinsel.

37. Die Araber, vorzugsweise Nomaden, nur im „glücklichen" Arabien u. e. a. ähnlich ausgestatteten Thal- u. Küstenlanden auch allgemeiner mit der Boden-Kultur beschäftigt, leben im Allgemeinen noch heute wie zur Zeit der Erzväter. — Nächst dem Hirtenleben reizt sie der Meerverkehr. — Auf diesem beruht die Herrschaft des Imams von Maskat, der durch die glückliche Lage seiner Stadt und die Unthätigkeit seiner Nachbarn fast zum Alleinhandel mit Arabiens Stapelwaaren (Perlen, Datteln, Kaffee, Weihrauch u. s. w.) und mit Negersklaven, auf diese Weise zu Reichthum und dadurch zu Macht und Ansehen gelangt ist. — Seine Herrschaft erstreckt sich, wie man annimmt, über 8000 □Ml. mit $2^1/_2$ Mill. Ew., und umfaßt, außerhalb Arabiens, mehrere benachbarte afrikanische Küstenstriche.

Afrika.

I. Topisches.

1. Afrika ist, in Bezug auf die Natur seines Bodens und Klima's, der einförmigste Kontinent; nur der australische übertrifft ihn in dieser Hinsicht. — Eine ähnliche Einförmigkeit zeigt sich auch in seinen ethnographischen Verhältnissen. — Der Mangel an Meereseinschnitten und großen Küsten- und Stufenländern, so wie die durch die Sahara und die Unaufgeschlossenheit Hoch-Afrika's erzeugten Trennungen bedingen den Mangel an großen Staatsvereinen und selbstständiger Kultur-Entwickelung; Aegypten macht in diesen Beziehungen eine Ausnahme. — Andere Hemmnisse sind die ursprüngliche Naturanlage der Afrikaner und die historischen Verhältnisse.

2. Afrika scheint nur schwach bevölkert (man berechnet gegenwärtig c. 188 Mill.), am besten an den meisten Küsten, mit Ausnahme der Ostk., und an den größeren Strömen, vorzüglich am unteren Nil. — Vier Fünftel seiner Bewohner gehören dem afrikanischen Haupt-Sprach- und Volksstamm an, und das letzte Fünftel, fast ausschließlich in den nördlichen Küstenländern, besteht zum bei Weitem größten Theile aus Angehörigen weniger Familien des indisch-europäischen, sehr geringentheils auch aus Mitgliedern einer Familie des hoch-asiatischen Stammes, sowie — auf den Inseln an der Ostküste — aus malayischen Volksstämmen.

3. Der afrikanische Stamm scheint ebenfalls keine große Mannigfaltigkeit darzubieten. Man hat die zu demselben gehörigen Völker in drei Hauptgruppen getheilt:

a. Die nord-afrikanische, welche besteht aus: aa) der Familie der libysch-atlantischen V., zu denen die Berber-Völkerschaften (Kabylen, Schelluh, Mauren od. Mohren rc.) auf dem Atlas, den benachbarten Ebenen und Küsten, die diesen nahe verwandten Tuariks auf den Oasen und an allen Rändern der westlichen Wüste und die Tibbu's (Ost-Libyer) auf den Oasen und Rändern der östlichen Wüste gehören; — bb) der Familie der Aethiopen-Völker der Abessinier (4 Zweige), der in viele Stämme zerfallenden Nuba-Berbern oder Nubischen Beduinen und der Kopten, der Nachkommen der alten Aegypter.

b. Die mittel-afrikanische od. nigrizische Hauptgruppe, die Neger-Völker und zwar: aa) die östlichen, nämlich Nuba-Neger (Fungi, Furi, Schilluk, Dinka u. a. m., vielleicht auch die Gallas) am N.- und W.-Fuße von Habesch, in Sennaar, Dar-Fur und Nubien; — Tschad-Völker (Bagirmi-, Kanem-, Bornu- und a. im Gebiet des Tschad-S. wohnende V.); — Fellan (Fellatah) oder Fulah (Pula) als Herrscher und Eroberer vom oberen Shary und Yeu bis zum unteren Binue und mittl. Quorra, außerdem auch im W. des letzteren bis zum Kong-Geb. und als Kolonisten selbst im O. des Tschad bis Dar-Fur verbreitet; ihre Ursitze im O. des oberen und im S. des unteren Senegal; — Haussa-Neger in der gleichnam. Landschaft, deren Sprache als Geschäftsspr. g. N. bis zur Wüste, g. S. bis weit a. unt. Niger verbreitet ist, u. v. a. schwarze Völkerschaften, oft aus vielen verschiedenen Stämmen gemischt, wie bei den V. von Dschinnie und Timbuktu rc.; — bb) westliche Nigrizier oder die Völker von Hoch-Sudan und Senegambien, mehr als 50 sprachlich wohl verwandte Völker, unter denen die auf dem N.-Hange von Hoch-Sudan heimischen, aber als Kolonisten in alle Nachbar-Länder verbreiteten Mandingo das merkwürdigste; außerdem die Aschanti, Fanti u. Juta an der Goldküste und auf dem S.-Rande von Hoch-Sudan, die Joloffen in Senegambien u. v. a. m.

c. Die süd-afrikanische Völkergruppe zerfällt in zwei Hauptabtheilungen von sehr ungleicher Bedeutung, nämlich: aa) die große südafrik. Völker-Familie, zu welcher gehören: die Atam- und Moko-V. am unt. Quorra u. Benue, so wie a. d. Biafra-Küste; die Kongo-V. im unteren Gebiet des gleichnam. Stroms; die vielnamigen Bunda-V., unter denen die weitverbreiteten Alua oder Milua im oberen Stufenl. d. Zaire u. d. V. v. Angola u. Benguela zu nennen; die negerartigen Owampo u. Owaherero (Damaras) i. N. d. südl. Wendekreises; die zahlreichen Sitschuana-V., denen nicht blos die im inneren S.-Afrika von den Quellen des Oranje=Stroms bis zum Ngami=See und (?) bis zum mittleren Zambeze, ja bis zum N'yassi=See u. i. N. desselben verbreiteten, meist hellfarbigen Bidschuanen=, so wie die fast eben so zahlreichen, aber nicht selten negerartigen Kaffern=Stämme, welche die östl. Küstenländer nordw. bis zum 10.° S.B. bevölkern, sondern auch die von hier nordw. bis zum K. Guardafui und bis zum Habesch=Hochlande wohnenden, weniger bekannten Völker hinzugezählt werden müssen, unter welchen letzteren die einander körperlich, wie den Bunda=V. sprachlich ähnlichen Suaheli im S. und Somauli i. N. zu merken sind. — bb) Die kleine süd=afrikan. Völker=Familie der Hottentotten (wie es scheint ohne sprachliche und hist. Verwandtschaft mit der großen), welche die S.=Spitze des Erdtheils, wiewohl nicht ausschließlich, bewohnt, und in die Saabs oder Baroas oder Buschmänner (schwache Horden im Gebiet des oberen Nu=Gariep, i. N. des Oranje=Str. bis z. Wendekreise, ja bis z. 20.° S.B.) und die eigentlichen Hottentotten oder Quaiqua zerfällt, die z. Theil getauft und unter den europ. Kolonisten wohnen, zum Theil, unt. versch. Namen, zu beiden Seiten des Ky=Gariep (Koronas), auf den westlichen Küstenterrassen zw. 18 u. 30° S.B. (Namaquas) und an den Wüstenrändern der innern Scheitelfläche als Nomaden und Jäger heimisch sind; zu ihnen zählen auch die Griquas zu beiden Seiten des mittl. Oranje, welche aus der Vermischung von Hottentotten und Kaffern entstanden sind.

Aus dem indisch=europäischen Stamme finden sich allein semitische Völker in größerer Zahl, und zwar: Araber (Beduinen, Fellahs) auf den westlichen Atlas=Terrassen (hier fälschlich „Mauren" genannt), an den nord=afrikanischen Meer= und Wüstenrändern und im ganzen Nil=Lande; zahlreiche arabische Kolonisten auf Madagaskar; Juden in allen Küstenländern und europäische Kolonisten verschiedener Nationalität, — welche letztere an allen Mittelmeer=Küsten mit dem gemeinsamen Namen „Franken" (Frenghi, Feringhi) bezeichnet werden.

Aus dem hoch=asiatischen Stamme allein Türken (Osmanen) in geringer Zahl und blos in den Vasallenländern der Pforte.

II. Völker und Staaten.

4. Die dem afrikanischen Stamme zugezählten Völker unterscheiden sich in der äußerlichen Erscheinung sehr wesentlich. Die Libyer und Aethiopen sind im Allgemeinen und vorherrschend von kaukasischer Bildung, die Bidschuanen und Hottentotten u. theilweise auch die Kaffern aber in Gestalt und Farbe weder negerartig noch kaukasisch. Zugleich tragen auch die mittelafrikanischen, die Negervölker, keineswegs sämmtlich den ausgeprägten Stempel der Negerbildung. Während die Völker der Mozambique=Küste, die Nubas und einige Stämme von Hoch=Sudan und Senegambien in Farbe und Gestalt vollständige Neger, sind die entfernteren Völker von

Kongo zwar negerartig, aber nicht schwarz, sondern fahl u. graubraun, u. die schwärzesten Völker, die Somaulis, Suahelis, Joloffen und Mandingo, doch zugleich von vollkommen kaukasischer Gesichts- und Körperbildung. Die weit verbreiteten Fulah sind bald von dunklerem, bald von hellerem Braun und zuweilen sogar schlichthaarig, und unter den Berber-Völkern findet man die Kabylen-Stämme des Atlas ganz hell, zuweilen fleischfarbig, die Tuariks dagegen dunkelbraun, die Mauren schwärzlich, die nubischen Berbern fast negerartig. — (Uebergangs-, nicht scheidende Farben und Formen.) — Den gesellschaftlichen Verhältnissen der Afrikaner fehlt jede höhere Entwickelung. — Selbst im muhamedanischen Afrika, nämlich in den türkischen Provinzen, in der Berberei und in den muhamedanischen Neger-Ländern des Sudan, sind die Bewohner, namentlich die arabischen und libyschen, mehr durch patriarchalische und religiöse, als durch politische Bande verknüpft, und ihre Staatenbildungen — das marokkanische Reich (im N.W. der Berberei), die Reiche der Fulah, Mandingo, Bornu rc. (in Sudan) daher ohne festen Zusammenhang. — Noch roher die Stammverbindungen und Despotien im übrigen, heidnischen Afrika. — Einheimische christliche Staaten fehlen; nur Keime und Trümmer davon (Liberia rc. — Habesch).

5. Die überwiegende Mehrzahl der Afrikaner ist noch der rohesten Götzendienerei, dem Fetisch-Dienste ergeben. — Die Nord-Afrikaner, namentlich die Araber, Türken, die Mehrzahl der Berbern, Fulah, Mandingo und viele andere Negervölker der mittleren Gruppe hangen dem Islam an; ebenso einige Küstenvölker im N.O. des süd-afrikanischen Völkerkreises. — Außer den Abessiniern, welche es nur in sehr verunstalteter Gestalt besitzen, den Kopten, den europäischen Kolonisten, gehören dem Christenthume auch die südlichen Hottentotten und eine erhebliche Zahl von Negern im portugiesischen, englischen und französischen Afrika rc., überhaupt circa 5 Proz. der Bevölkerung an; — Thätigkeit christlicher Missionare unter den Kaffern, Koranas u. s. w., wie in Liberia und in den britischen Niederlassungen.

6. Ein großer Theil der heidnischen Afrikaner vegetirt od lebt nomadisch von Jagd, Krieg und Heerdenzucht; sogar noch einige muhamedanische Stämme (Beduinen, Mauren, Berbern und andere Bewohner der Wüste). Unter dem Einflusse des Islam und des Handels-Interesses hat sich aber in fast allen Theilen, selbst im Innern Afrika's eine eigenthümliche Kultur entwickelt, welche sich in der Lebensweise, der Ausbildung mancher Nahrungszweige und der Vervollkommnung der kriegerischen und Handels-Einrichtungen kund giebt. In den Küstenlandschaften, im Nil-Thal, in Habesch, Flach- und Hoch-Sudan, dem Kaplande und vielen Gegenden Hoch-Afrika's ist der Ackerbau sehr allgemein, aber beschränkt durch die Landes-Natur einer-, die Unsicherheit des Eigenthums andererseits; Viehzucht besonders am Atlas, in Habesch, Hoch-Sudan, im Kap-, Kaffern- und Bidschuanen-Lande. Der Bergbau ist in Hoch-Sudan, Habesch und Inner-Afrika bekannt. Industrie fehlt nicht ganz; Färben, Gerben, Bereitung von wollenen, baumwollenen, leinenen und seidenen Zeugen, von Schmiede-, Sattler- und Topferwaaren sind fast überall bekannte Gewerbe, namentlich bei den muhamedanischen Völkern, deren Erzeugnisse (wozu im Sudan auch schlechtes Schießpulver gehört) sogar theilweise nicht ohne einen gewissen Ruf sind; auch aus dem inneren, unerforschten Hoch-Afrika kommen zierliche Goldgeschmeide rc. Der Handel der Küstenlandschaften, Sudans rc. (Kaffee, Zucker, Reis, Datteln, Palmöl, Gummi, Baumwolle, Spezereien, kostbare Holzer, Elfenbein, Thierfelle, Straußfedern, Moschus, Goldstaub u. Sklaven) ist bedeutend, nur in der Nähe ihrer Kolonien in den Händen der Europäer, sonst, besonders der Binnenhandel, in denen der Araber, der Mandingo und Fulah (Messen zu Timbuktu, Sakkatu, Kano, Kuka u. a. O.); — er hat mit der Unsicherheit aller Ver-

hältnisse, dem Mangel an Kommunikationen und Transportmitteln, mit der unzugänglichen Lage des Innern, der Rohheit der Einwohner u. religiösen Vorurtheilen zu kämpfen. Geprägtes Geld nur an den Küsten; im Innern statt desselben Muscheln (Kauris), Glasperlen, Salz, Leinwandstreifen, Baumwollenzeuge als Tauschmittel. — Wissenschaft und Kunst sind dagegen unbekannt; doch haben die Muhamedaner, selbst die Fulah und Mandingo, Schulen, in denen aber nur der Koran gelesen wird; nur wenige Einzelne können schreiben. Weit roher sind indeß die nicht-muhamedanischen Völker Afrika's, namentlich die Aschanti, Inta, Galla-Neger, die Saabs u. a.

7. Staats-Verhältnisse. Afrika zählt — abgesehen von dem französischen Algier (circa 3 Mill. Bew.), den übrigen europ. Kolonien mit zusammen etwa 13 Mill Bew. — siehe „Europa" — und sämmtlichen türkischen Vasallen-Ländern mit in Summa circa 9 Mill. Bew. (vgl. Asien, II) — eine große Menge gesonderter Gemeinwesen von meist patriarchalischen od. despotischen Formen, aber wenige größere Staaten. Die wichtigsten sind:

a) Marokko, das äußerste Abendland der Muhamedaner, 12,210 □Mln. (Lage, Begrenzung; natürliche Beschaffenheit!). Die Araber, fälschlich Mauren genannt (3 Mill.), sind das herrschende Volk; außerdem Beduinen, Berbern (nomadische u. angesiedelte od. Schelluh), Juden, Fulah, Türken rc. (zusammen vielleicht 1 Mill.), — welche den Landbau nachlässig, Viehzucht in großer Ausdehnung, einige Gewerbe, nämlich die Anfertigung von Wollen-, Seiden- u. Lederwaaren (Marocquin, Saffian), in einer gewissen Vollkommenheit und lebhaften Handel, durch Karavanen nach dem Landinnern, durch die Häfen: Tetuan, Tanger, Saffi, Magadore rc. seewärts, betreiben, und von dem in Fez (85,000 Ew.) oder Marokko (50,000 Ew.) residirenden „Kaiser" oder „Beherrscher der Gläubigen" despotisch regiert werden.

b) Die sehr zahlreichen Oasen-Landschaften der Sahara (z. B. Tuat, Ahir u. a.) u. der lybischen Wüste, deren Bevölkerung zusammen auf etwa 4 Mill., fast ausschließlich den lybisch-atlantischen Volksstämmen angehörigen Bewohner geschätzt wird.

c) Die Sudan-Staaten (etwa 39 Mill. Bew.), unt. denen im O. des Tschad zu nennen: das Reich Fur (Dar Fur) mit etwa 5 Mill. Ew. u. der Hptstdt. Tendelty; — das Reich Waday (Uaday), scheint sehr mächtig und volkreich, wurde von Europäern bisher wenig besucht; — Bagirmi (Baghermi) mit der Hptstdt. Messeña; — im W. des Tschad: das Reich Bornu (5 Mill.) mit der Hptstdt. Kuka, dem auch die benachbarten Landschaften: Kanem im N., Mandaira und Loggene rc. im S. des Sees zinspflichtig zu sein scheinen; — die Reiche der Fellatah oder Fulah, einst ganz Mittel-Nigrizien vom Kong-Geb. im W. bis zu den Grenzen von Bornu und bis zum Shary im O. umfassend, gerathen in neuester Zeit durch Empörung der eingeborn. Negerstämme in Verfall; das bedeutendste, d. Reich von Sakkatu (oder Sokoto, angeblich 18 Mill. Bew.) mit der Hptstdt. gl. N., reicht noch vom Quellbez. des Yeu südostw. bis über d. Landschaft Adamava (Hptstdt. Jola) und zum mittl. Binue, umfaßt viele zinspflichtige Landschaften u. außer den genannten Hauptstädten die wichtigen Handelsplätze: Kano, Zaria, Jakoba; der nördliche Theil desselben besteht aus dem Lande Haussa u. ist größtentheils von dem Negervolke dieses Namens bewohnt; das Fulah-Reich von Nufi mit der Hptstdt. Rabba scheint in noch entschiedenerem Verfall. — Von hier am Niger aufw., zu beiden Seiten desselben eine große Menge von kleinen Neger-Staaten, von denen die nördlichen mehrentheils unter dem Einfluß der räuberischen Tuariks stehen, während Jauri und Gando auf dem linken, so wie Bussa, Niki und andere in dem — namentlich im Nigerthale sehr dicht bevölkerten — Lande Borgu auf dem rechten Ufer des großen Stroms sich sowohl von diesen, als von den

Fulah unabhängig erhalten; andere, namentlich im Lande Guima, sind noch ganz ungekannt; die nördlichsten und bedeutendsten dieser Neger-Reiche sind Dschinnie oder Massina und Timbuktu (Tumbuktu) mit den beiden gleichnamigen, sehr bedeutenden Haupt- und Handelsstädten am Djoliba.

d) In den Berg- u. Küstenlanden von West-Nigrizien (Hochsudan, Ober-Guinea und Senegambien — von etwa 38 Mill. M. bewohnt) sind vorzüglich zu merken die zahlreichen Mandingo-Staaten, unt. denen östlich von Senegambien Bambarra mit der Hptstdt. Sego am Djoliba der wichtigste, sodann die kleinen Fulah-Herrschaften in Fulahdu, Bondu, Futa-Toro und Futa-Djallon (Reich Timbo); — ferner, außer sehr vielen kleinen, in Ober-Guinea die größeren Heiden-Reiche der Aschanti (mit 4 Mill. theilweise aber nur zins- und lehnspflichtigen Einw. und der Hauptstadt Kumasi, circa 70,000 Einw.), von Dahomeh (mit der Hptstdt. Abomeh), von Jarriba und von Benin; — endlich

die Republik Liberia (an der Körnerküste) umfaßt circa 500 □Mln. (bei etwa 100 Mln. Küstenlänge) mit etwa 300,000 Einw., theils christlichen, aus Amerika zurückverpflanzten, größerentheils aber einheimischen, entweder bekehrten oder in der Christianisirung begriffenen Negern von verschiedenen Stämmen, die sich freiwillig dem nach dem Muster Nord-Amerika's eingerichteten Staate unterworfen haben, und deren Beispiel, bei dem Gedeihen dieses Keimes einer beginnenden Civilisation, unter den Negern weitere Ausbreitung verheißt, so daß dies junge Staatswesen für Afrika's Heidenwelt die Bedeutung einer großen Erziehungsanstalt erlangen dürfte. Die Haupt- und Hafenstadt Monrovia vermittelt den überseeischen Verkehr mit den Erzeugnissen der fleißig und erfolgreich betriebenen Landwirthschaft.

e) Mittel-Afrika ist noch gegenwärtig, auch in Bezug auf seine Bevölkerung, fast vollkommen unbekannt; doch darf man annehmen, daß es, ebenso wie das durch neuere Forschungen jetzt etwas bekannter gewordene Süd-Afrika, eine viel zahlreichere Bevölkerung hat als man früher voraussetzte. Man schätzt dieselbe in Summa auf circa 70 Millionen.

Im tiefen Innern von Süd-Afrika fand man zahllose größere und kleinere Reiche u. Häuptlingschaften mit despotisch-patriarchalischen oder auch mit feudalen Regierungsformen, von denen einige vorübergehend eine größere Bedeutung erlangten; — zu den größeren scheinen das Reich des Kazembe (im S. des Tanganjika-Sees, Hptstdt. Lucinda), — der Alua oder des Muropue (Hptstdt. Musumba), ferner Moluwa, Makololo u. m. a. zu gehören. — Neuerdings sind innerhalb dieses Völkerkreises

die beiden Bauern-Republiken 1) am Oranje-Fluß (2300 □Mln, zwischen den beiden Haupt-Quellflüssen dieses Stroms) und 2) die sogenannte Transvaal'sche Republik (3500 □Mln, im N.O. des oberen Ky-Gariep- od. Vaal-Fl., auf den oberen Terrassen des O.-Randes, nordw. bis zum Wendekreise), von Auswanderern aus dem Kap-Lande gegründet worden. Diese, meist holländischer Abkunft, zählen in der erstgenannten Republik nur 15,000, in der zweiten etwa 40,000 Seelen; da sich ihnen aber einheimische Hottentotten-, Bidschuanen- und Kaffern-Stämme angeschlossen haben, so sind diese jungen Staaten dennoch als gedeihliche Keime für die Civilisation S.-Afrika's zu betrachten.

An der Westküste von Hoch-Afrika, in Nieder-Guinea befinden sich, außer den portugisischen Kolonien Angola u. Benguela, eine große Menge despotischer Staaten in den nur von Eingeborenen bewohnten u. jeder Kultur unzugänglich gebliebenen Landschaften, unter denen Loango und Congo die bekannteren.

Im S. von Hoch-Afrika die Kap-Kolonie nebst Britisch-Kafirland u. Kolonie Natal (an der Ostküste); zusammen etwa ¾ Mill. Einw. — (vgl. engl. Kolonien unter „Europa").

An der Ostküste liegen im N. von Natal die ungesunden und sehr schwach bevölkerten Landschaften Delagoa, Sofala und Mozambique, in welchen die europ. Niederlassungen ohne alle Bedeutung und Einfluß für die Kultur und nirgends Spuren größerer staatlicher Bildungen bemerkt worden sind. Weiter nordlich an der Küste Zanzibar eine Menge kleiner Staaten, die dichter bevolkert sind, und unter denen der des Sultans von Zanzibar der mächtigste; — unfruchtbar und dünn bevölkert ist dagegen wieder das nördl. von Zanzibar bis zum Aequator ausgedehnte Land der Sowahili's; die dort befindlichen portug. Kolonien ebenfalls ohne Bedeutung, nur von deportirten Verbrechern bewohnt.

f) Habesch oder Abessinien (3—4 Mill. Bew.), einst ein mächtiges christliches Reich, von dem nur noch Trümmer vorhanden sind. Der sogenannte Beherrscher desselben (Negus, auch Kaiser genannt) residirt in Gondar, der alten Reichshauptstadt, und hat, trotz despotischer Willkür, bei den vollig zerrütteten Verhältnissen eine oft sehr bestrittene und bekämpfte Oberhoheit über die Trümmer des einst circa 20,000 □Mln. umfassenden Reiches, von dessen sich häufig bekriegenden Staaten, an deren Spitze meist erbliche Statthalter stehen, die sog. „Konigreiche" Gondar oder Amhara, Schoa u. Tigre die wichtigsten sind; in nomineller Abhängigkeit von Abessinien stehen auch die südlich u. südw. gelegenen Landschaften Kaffa und Narea.

Mit dem politischen Verfall war der der Religion und Kultur verbunden. Das Christenthum herrscht auch nur dem Namen nach nicht einmal mehr in allen Landestheilen; im Staate Narea z. B. herrschen muhamedanische Gallas; in allen übrigen macht der Islam Fortschritte. Der allgemeinen Entsittlichung u. Unsicherheit entspricht die Vernachlässigung des Ackerbaues u. aller übrigen Culturzweige. — Es ist zu hoffen, daß ein neuerdings in der Ausführung begriffenes bewaffnetes Einschreiten von englischer Seite dem Lande Ordnung und damit eine seiner reichen Natur entsprechende Entwicklung verschaffen wird.

Südöstlich von Habesch wohnen, in unabhängigen staatlichen Verbänden, die Völkerschaften der Gallas und Somalis in den weiten bis an die Küsten des indischen Ozeans ausgedehnten, gleichnamigen Landschaften.

g) Von den afrikanischen Inseln ist nur die bedeutendste, Madagascar (ihre Bevölkerung und die der Comoren wird zusammen auf circa 5 Mill., fast ausschließlich malayischen Stammes, angegeben) — von europäischem Einfluß ganz unabhängig — so daß sogar die christlichen Missionen dort nicht mehr bestehen; zur Zeit wird die Insel von den kriegerischen Howas beherrscht. Diese sind auf den Bergterrassen im Innern der Insel heimisch und unter sämmtlichen Madekassen (oder Malgaschen) durch hellere Hautfarbe, größere Kultur und geordnete Zustände ausgezeichnet. Despotisch-feudale Regierungsweise.

Sämmtliche Madekassen sind heidnische, theils vegetirende oder heerdentreibende, theils ackerbauende Völkerschaften, die auch zu weben und zu schmieden verstehen. — Die dunkleren Stämme der Westküste, welche man wohl irrthümlich für Stammverwandte der Kaffern gehalten hat, scheinen, der Sprache nach, dennoch Malayen zu sein.

Australien.

I. Topisches.

1. Die Bewohner Australiens und Austral-Asiens gehören fast allein zum malayischen Völkerstamme, der daher in großer Zerstreuung einen ungeheuren Raum fast ausschließlich bevölkert. Diese maritime Zersplitterung und die ungeheure Entfernung Australiens von der Kulturwelt haben für seine Bewohner ähnliche Nachtheile zur Folge gehabt, wie die kontinentale Abgeschlossenheit Inner-Asia's oder Inner-Afrika's. — Man hat die zahlreichen kleinen Völkerschaften des Malayen-Stammes nach ihrer Körperbildung in zwei oder auch in drei Hauptgruppen getheilt, deren Eigenthümlichkeiten an die anderer Racen erinnern, nämlich in die schwarzen oder schwärzlichen sogenannten Austral-Neger oder Negritos und die lichtbraunen Australier, und aus der ersteren Hauptgruppe sodann noch eine dritte minder negerartige, aber meist noch verwilderte ausgesondert, deren Mitglieder Endamenen oder Alfurus (Haraforas) genannt werden, während die negerartigeren dunklen Völkerschaften mit dem Namen Papuas bezeichnet werden; daneben finden sich dann noch mehrere Zwischen-Racen. — Die Papuas bewohnen den Norden v. Neu-Guinea u. d. benachbarte west-australische Inselreihe und ihnen ähnliche Zwischen-Racen Timor, Neu-Caledonien, einige Inseln der Neuen Hebriden und (vormals) Vandiemens-Inseln; die Endamenen aber ausschließlich den australischen Kontinent und, neben anderen Malayen-Stämmen, Neu-Guinea, so wie (mit Ausnahme von Java und Sumatra) fast alle übrigen Inseln des indischen Ozeans von den Philippinen bis einschließlich Madagaskar, endlich auch die Gebirge der Halbinsel Malakka. — Dagegen gehört den helleren Malayen-Völkern die weite Inselwelt der Südsee ostwärts bis zur Osterinsel und nordostwärts bis zur Sandwichs-Gruppe ausschließlich. Zugleich aber finden sie sich neben den Alfurus auf allen Inseln vom 19.° N.B. bis zum 11.° S.B. und von Madagaskar bis zu den Philippinen, und ebenso in den kontinentalen Landschaften Malakka's ꝛc.

2. Ueber die ethnographische Klassifikation fast aller Negritos-Völkerschaften ist man noch im Dunkel, weil man ihre Sprachen fast gar nicht kennt. — Die hellfarbigen malayisch-polynesischen Völker zerfallen dagegen, aus sprachlichen Gründen:

in eine westliche Familie, die von Madagaskar bis zu den Philippinen verbreitet ist, und zu der die eigentlichen Malayen (auf Malakka, Sumatra und allen Inseln und Küsten des indischen Ozeans) gehören; — vergl. Asien! —

in eine östliche Familie, die polynesische, welche alle Völker der

Südsee von der äußeren australischen Inselreihe und den Marianen bis Neu-Seeland und zur Sandwich-Gruppe umfaßt.

II. Ethnographisches.

3. Ganz Australien hat im Ganzen eine Bevölkerung von nicht ganz 4 Mill. Einw. — davon etwa $1^1/_2$ Mill. in Neu-Holland. Danach kommen durchschnittlich 24 M. auf 1 □Mle.; einzelne Gebiete, namentlich fast das ganze Innere von Neu-Holland, sind jedoch noch viel dünner bevölkert oder ganz menschenleer.

Der Abstammung nach gehören von diesen Bewohnern Australiens etwas mehr als 1 Mill. zum europäischen Volks- u. Sprachstamme (die Kolonisten u. deren Nachkommen) sowie zu gemischten Völkerschaften. Der größte Theil der sämmtlichen Eingeborenen (circa $2^1/_2$ Mill) gehört dagegen dem großen Malayen-Stamme (Ost-Malayen) an.

4. Während die West-Malayen (Madekassen u. asiatische Malayen) zu einem kleineren Theile (fast 5 Mill.) die Inseln an der Ostküste von Afrika und zum größten Theile (25 Mill.) Austral-Asien bevölkern (vergl. oben bei Afrika und resp. Asien!) und relativ schon eine größere Kultur besitzen, gehörten und gehören die viel weniger zahlreichen, aber auf noch größere Entfernungen verstreuten Ost-Malayen, Polynesier oder Südsee-Insulaner, — die helleren oder dunkleren (niemals aber negerartigen) Stämme der australischen Inselwelt — großentheils zu den vegetirenden Völkern. Indessen treiben sie einigen Landbau, aber ohne andere Hausthiere, als das Schwein und den Hund, u. nähren sich von Baumfrüchten, vorzüglich von der allverbreiteten Kokos-Palme und den Gaben des Meeres. Lebendig, fröhlich, zutraulich, aber zugleich kindisch-schwach, gelegentlich diebisch, arglistig und grausam; in religiösen Vorstellungen befangen, welche zu Menschen-Vergötterung führten, Menschenopfer und Menschenfressen heiligten, — sind sie mehr noch als die West-Malayen, besonders auf den Sandwichs-, Gesellschafts-, Freundschafts- und neu-seeländischen Inseln, dem Christenthum und europäischer Civilisation, aber auch europäischen Lastern zugänglich geworden; am günstigsten gestalten sich die Folgen der Christianisirung auf Neu-Seeland. — Die nahe Verwandtschaft ihrer Sprachen unter einander und mit den west-malayischen, ihre einstigen weiten Seefahrten, die Künstlichkeit ihres Zahlen-Systems, ihrer feudalen, mehr od. minder verfallenen Staatsverfassungen u. s. w. beweisen, daß sie einst auf einer höheren Gesittungsstufe standen und erst nach und nach verwildert sind.

5. Papuas und Haraforas oder Endamenen. — Diese beiden eigenthümlichen Erscheinungen müssen, ungeachtet ihres neger- oder kaffeartigen Aeußeren, als Nebenzweige nicht der afrikanischen, sondern der australischen Race und zwar als ihre ausgeartetsten, verwildertsten Nebenzweige angesehen werden. Obgleich sie, wegen ihrer dunklen Hautfarbe (die sich übrigens auch bei einigen Gliedern der polynesischen Fam. findet) und ihres schwarzen, krausen, bei den Papuas selbst wolligen Haares, an Kaffern und Neger erinnern, so unterscheiden sie sich doch von ihnen durch den Schädel- und Körperbau. Es sind die rohesten und häßlichsten Völker der Malayen-Race. Die Endamenen scheinen noch tiefer als die kräftigeren und thätigeren Papuas zu stehen u. von diesen, wo sie, wie auf Neu-Guinea, beisammen wohnen, geknechtet zu werden. Eben so ist es, wo sie mit hellfarbigen Völkerschaften (s. oben!) gemeinschaftlich dieselben Inseln bewohnen; überall sind sie da in die Schlupfwinkel der Gebirge und Wälder gescheucht. Dies scheint ihre Verwilderung theilweise zu erklären, nicht aber den fast thierischen Zustand der ihnen zuzuzählenden Neuholländer. Träge und thierisch, aber zugleich genügsam, harmlos, frohsinnig, muthig u. auffassungsfähig, scheinen diese den-

noch zu ewiger Rohheit verdammt zu sein. Von der armen Natur des australischen Festlandes, die ihnen weder Wild, noch Fische, noch eßbare Früchte in ausreichender Menge, ja nicht einmal überall Trinkwasser bietet, zu immerwährendem Umherschweifen, familienweise oder in schwachen Horden, gezwungen; ohne andere Hausthiere als den Hund, ohne Kleidung und feste Wohnungen ist ihr Dasein nur durch den Besitz des Feuers und die Abwesenheit jedes Raubthieres möglich geblieben. Aber auch bei ihnen finden sich Spuren eines früheren, glücklicheren Zustandes. — Am wenigsten versunken scheinen die schwärzlichen Stämme Madagaskars, die man den Endamenen ähnlich gefunden hat; aber auch hier sind sie im Zustande der Unterdrückung, obgleich die Uebereinstimmung ihrer Mundarten mit denen der herrschenden hellfarbigen Stämme die Abstammungs-Gemeinschaft beider Farben deutlich zu machen scheint.

III. Staatliche Verhältnisse.

6. Der tiefen Kulturstufe, auf welcher sich die australischen Völkerschaften noch befinden, entspricht die fast gänzliche Abwesenheit jeglichen staatlichen Verbandes: in den der europäischen Herrschaft bisher nicht unterworfenen oder unzugänglich gebliebenen Theilen Australiens scheinen kaum lockere Stammes-Verbände zu existiren. Die Anfänge der Staaten-Bildungen, welche sich an einigen Stellen, z. B. auf den Gesellschafts- und Sandwichs-Inseln rc., finden und ihre Entstehung namentlich der mit den Erfolgen des Christenthums vermehrten Kultur verdanken, stehen gleichfalls unter europ. Protektorat — oder lehnen sich an vorhandene europ. Kolonien an.

In Neu-Holland haben, namentlich im O. und S. des Kontinents, die engl. Kolonien — ebenso wie auf Neu-Seeland — neuerdings einen größeren Aufschwung und damit auch eine relativ größere Selbstständigkeit dem Mutterlande gegenüber gewonnen (vgl. Abschn. II. 75. b).

Nicht ganz $1\frac{1}{2}$ Mill. aller Bewohner Australiens mögen gegenwärtig Christen sein; unter ihnen bis jetzt höchstens etwa 200,000 Eingeborene.

Amerika.

I. Allgemeine Verhältnisse.

1. Nach den vielfältigen Bedrückungen und Verfolgungen, blutigen Kriegen und sittlichen Herabwürdigungen, welche die Europäer über die Ureinwohner von Amerika gebracht haben; nach den zahlreichen Kolonisationen, welche Jahrhunderte hindurch von Europa und auf zwanghafte Weise auch von Afrika aus in Amerika statt gefunden haben, bilden die Ureinwohner im Ganzen nur etwa den fünften Theil der Gesammt-Bevölkerung ($74\frac{1}{2}$ Mill.), und nur im inneren Süd-Amerika die Mehrzahl der Einwohner, während in Westindien die Neger und in Nord-Amerika die Weißen entschieden vorwiegen. — In Nord-Amerika mit Mittel-Amerika über 46, in Süd-Amerika über 24, in Westindien etwa 4 Mill. Ew.; — 112, 75, 872 Menschen auf 1 □Ml.

2. Die Ureinwohner, deren es in ganz Nord-Amerika nur 1,7, in Mittel-Amerika 4,8, in Süd-Amerika etwa 9 Mill. und in Westindien

fast gar keine mehr giebt, zeigen, bei großer Gleichförmigkeit der äußeren Gestalt und der inneren Seelenstimmung, in sprachlicher Hinsicht, neben einer überraschenden Gleichartigkeit der Sprachbildungsgesetze, eine ganz ungemeine Mannigfaltigkeit (vgl. Kap. IV., 4. der 3. Abth.) der Sprachbildungen selbst; jedoch vielleicht nur darum, weil uns ihre Sprachen mehrentheils noch nicht hinlänglich bekannt sind. — Nach dem gegenwärtigen Standpunkte unserer Kenntniß theilt man die Ureinwohner daher in sieben Völkergruppen, nämlich:

a. Die Polarvölker, zu denen die Tschugatschen, Aleuten, Eskimo u. a. gehören.

b. Westliche Völker von Nord- u. Mittel-Amerika und zwar: aa) Toltekisch-aztekische auf der Nordwest-Küste und den benachbarten Inseln, sowie auf dem Plateau von Anahuak und seinen Vorterrassen. Zu ihnen scheinen nicht blos die einst mächtigen historischen Kultur-Völkerschaften Mexiko's, sondern auch die zwischen 50 und 60° N.B. die West-Küsten und Inseln bewohnenden schwachen Stämme der Kenaitzen, Koluschen rc. zu gehören; — bb) vortoltekische V. von Mittel-Amerika, neben und zwischen den Resten der aztektischen V.; ihnen sind die sogenannten „Pueblos-Indianer" zuzuzählen; — cc) die schwachen versunkenen Horden der Halbinsel Kalifornien.

c. Atlantische oder Ost-V. von Nord- und Mittel-Amerika und zwar: aa) Paduka-V., denen die Komantschen (zw. Red River und dem mittl. Rio del Norte), die Apatschen (zu beiden Seiten d. S. Madre, zwischen d. Rio del Norte im O. und dem Colorado im W.), die Schoschonen am oberen Oregon u. Colorado und andere angehören; — bb) Missuri-Oregon-V., viele sprachlich unbekannte Horden, neben Stämmen der vorigen und der Gruppe dd), zwischen dem Arkansas im S.O. und dem oberen Oregon in N.W.; — cc) Tschippewäer, im O. des Felsengeb., im Mackenzie-Gebiet; — dd) Algonquin-Lenape-V., zu denen die Algonquins von Canada und die Völker zu beiden Seiten des Saskatschawan, die Delawaren oder Lenni-Lenape (die Miami am Illinois, die Tschirokis unweit des Arkansas, die Delawaren am Kansas, die Seminolen von Florida und mehrere andere aussterbende Stämme dieses einst vom atlantischen Ozean bis zum Mississippi verbreiteten mächtigen V.) und die Irokesen gehören, von welchen letzteren nur noch die Sioux-Völkerschaften der Assiniboins (zwischen Winnipeg und Mississippi), Tetons (zwischen dem Missuri und oberen Mississippi) und Osagen (im S. des Kansas) merkenswerth erscheinen.

d. Nördliche Völkergruppe von Süd-Amerika, eine unübersichtlich große Zahl von Völkerschaften. Unter ihnen scheinen einer Sprachfamilie anzugehören: die Karaiben, die einst im nördl. S.-Amerika vom Golf von Darien bis zur Marañon-Mündung geherrscht und die Antillen bevölkert zu haben scheinen und noch heute zwischen Orinoco und Marañon das bedeutendste Volk sind; die Arawaken im östl. Guyana, die Tamanaken und Chaymas auf dem rechten und linken Ufer des unteren Orinoco. Außer diesen zu merken: die Guaraunos auf den Inseln des Orinoco-Delta's; die Atures, Ottomaken und Maypuren am Orinoco; — 116 Nationen an den Golfen von Panama, Darien, Maracaibo, so wie auf den Cordilleren von Neu-Granada und Quito; — 16 Nationen am mittleren Marañon und seinen linken Nebenflüssen; — m. a. geringere.

e. Die peruanische Völkergruppe, zu welcher zunächst die eigentlichen Peruaner, das Volk oder vielmehr die Völker der Inkas — mit gemeinsamer, sehr gebildeter, weit verbreiteter Sprache (Quichua), die in viele Dialekte zerfällt; — sodann die Nationen am Ucayale, unter denen die merkwürdigen Panos; — ferner die Chiquitos und Moxos an den Quellflüssen des Madeira; — endlich die Völker von Chaco im W. des mittleren und unteren Paraguay und auf dem linken Ufer dieses Flusses (Abiponer), gehören.

f. Die brasilianische Gruppe, auf der Ost-Seite Amerika's von der Plata-Mündung bis zum Marañon; ebenfalls eine große Zahl von Völkerschaften, deren viele einer großen Familie, der der Guarani, angehören, welche, wie die Karaiben und Inka's, einen ungeheuren Verbreitungsbezirk einnehmen, weshalb ihre Sprache in diesem Theil von S.-Amerika überall gekannt ist.

g. Die südliche Völker-Familie von Süd-Amerika, ungefähr vom 36.° S.B. bis zum Kap Hoorn. Unter ihnen die merkwürdigen Arraukaner oder Molu-tsche, im W. der Cord. von Chile, — die Paatagonen oder Puel-tsche in der gleichnamigen Steppe, — die Peescheräh auf Feuerland und an der Magalhaens-Straße und andere V., die den genannten sprachverwandt sind.

3. Die verhältnißmäßig geringe Zahl der amerikanischen Ureinwohner und die dünne Bevölkerung des Erdtheils haben nicht allein in seinen historischen, sondern auch in seinen physischen Verhältnissen ihren Grund, namentlich in der vorherrschenden Meridian-Ausdehnung und der dadurch bedingten klimatischen Sonderung, in der Weite seiner Steppen, der Geschiedenheit der West- und Ost-Küsten, dem ursprünglichen Mangel an Hausthieren u. s. w., sodann in der eigenthümlichen Temperamentsstimmung der Eingeborenen. — Sie sind, in Folge dieser Verhältnisse überall in Abhängigkeit von den eingewanderten Europäern, und haben sich entweder der Weise ihrer weißen Beherrscher gefügt, und jede volksthümliche Selbstständigkeit eingebüßt — wie in Mexiko, Guatemala, The

len von Columbien, Peru und Brasilien, — und leben dann in festen Wohnsitzen von Landwirthschaft und Bergbau, — oder sie erkennen die Oberherrschaft der Weißen, ohne bis jetzt ihre Eigenthümlichkeit aufzugeben, — oder sie schweifen, in sehr viele kleine Stämme getheilt, als Jäger in den unermeßlichen Urwaldungen und weiten Steppen, als Fischer an den riesenhaften Seen und Strömen und den Küsten des Kontinents, und betreiben den Ackerbau als Nebengeschäft. Auf das Schicksal Aller hat die Einführung und Verbreitung der europäischen Hausthiere einen wesentlichen Einfluß geübt, namentlich auf die kriegerischen Reitervölker der Steppen, auf die Araukaner und einige Völker der südlichen Anden, die das Jäger- mit dem Hirtenleben vertauschen konnten. Am rohesten sind die durch das Klima nicht begünstigten Stämme an den beiden äußersten Enden des Kontinents. — Mit geringen Ausnahmen sind Amerika's Ureinwohner, selbst die angesiedelten mit eingeschlossen, nicht der Segnungen der europäischen Civilisation, sondern nur der an ihr haftenden Verderbnisse theilhaftig geworden, und das ihnen meist gewaltsam aufgezwungene Christenthum ist im Allgemeinen für sie ohne lebendige Früchte geblieben.

4. Die Neger Amerika's, welche mit Hinzurechnung der Mulatten und andern Mischlingen gegenwärtig mehr als den fünften Theil seiner Bevölkerung ausmachen, sind als Sklaven oder Freigelassene in den tropischen oder subtropischen Gegenden des Kontinents vertheilt und verhältnißmäßig in Westindien am häufigsten (3 Mill. Neger u. Mulatten), zahlreicher noch (6 Mill.) in Nord- und Mittel-Amerika, am zahlreichsten wahrscheinlich in Süd-Amerika, wo die Gesammtzahl der Neger, Mulatten, Mestizen und Zambo's c. 9 Mill. beträgt. Darunter jetzt noch etwa 4 Mill. Sklaven (fast 1 Mill. in Westindien, über 3 Mill. in Süd-Amerika), nachdem die Sklaven-Emanzipation in den nord-amerik. Freistaaten neuerdings an etwa 3 Mill. Sklaven nominell die Freiheit gegeben hat. — Ein großer Theil der Neger und fast alle Mischlinge sind getauft, und bekennen sich zu der Kirche ihrer jetzigen oder ehemaligen Herren. Sie haben auf Haiti eigene Staaten gebildet.

5. Die weißen Bewohner Amerika's (über 41 Mill.), mehr als die Hälfte seiner Gesammtbevölkerung, sind in Nord-Amerika größtentheils britischen, übrigens auch französischen, spanischen, deutschen und russischen, — in Mittel-Amerika, auf der West-Seite und den Nord-Küsten Süd-Amerika's, so wie am La Plata-Strom fast ausschließlich spanischen, — auf der Ost-Seite Süd-Amerika's (mit Ausnahme der Ansiedlungen in Guyana) dagegen vorherrschend portugisischen Stammes. — Die weiße Bevölkerung Westindiens, so wie aller Kolonial-Länder, ist bereits oben näher bezeichnet worden. — Die Europäer oder ihre

Nachkommen (Kreolen) in Amerika sind in der südlichen Kontinental-Hälfte und ebenso in Mittel-Amerika fast ausschließlich, in Westindien vorherrschend katholische, in Nord-Amerika dagegen vorherrschend protestantische Christen. — Die Zahl der Juden ist gering.

Die europäischen, größtentheils auf höchst gewaltsame Weise eingewanderten Kolonisten sind überall auf dem ganzen Kontinent zu Herren geworden, wenngleich sie, der Zahl nach, nur in N.-Amerika vorherrschen, wo es fast 30 Mill. Weiße gibt, während in Mittel-Amerika kaum 3, in Westindien wenig über 0,7 und in Süd-Amerika wenig mehr als 5 Mill. leben. — Ihre Sprachen werden daher auf allen Küsten und in einem großen Theile des Inneren verstanden. — Sie haben sich meist von den Mutterlanden losgesagt, und bilden eigene Staaten, unter denen einer bereits Weltbedeutung gewonnen hat.

II. Die vereinigten Freistaaten von Nord-Amerika.

A. Topische Verhältnisse.

6. Lage und Begrenzung, — Flächeninhalt der eigentlichen Staaten = 95,000 □Mln.; mit Einschluß der noch nicht als Staaten aufgenommenen Territorien und Indianer-Gebiete, sowie des 1867 erworbenen, ehemals russischen Gebietes über 165,000 □Mln.

7. Bestandtheile. 36 eigentliche Staaten, nämlich 14 ältere und 22 neuere. Die älteren, ursprünglich nur 13, haben die Union gestiftet; es sind: 1) Neu-Hampshire, 2) Massachusetts, 3) Rhode-Island, 4) Connecticut, 5) Neu-York, 6) Neu-Jersey, 7) Pensylvanien, 8) Delaware, 9) Maryland, 10) Virginien, 11) West-Virginien (welches sich während des Bürgerkrieges von Virginien getrennt hat), 12) Nord-, 13) Süd Carolina, 14) Georgien. Dieselben liegen sämmtlich auf der atlantischen Seite der Alleghanis; ebenso auch die beiden ersten der folgenden 22 neueren Staaten: 15) Maine, 16) Vermont, 17) Ohio, 18) Kentucky 19) Indiana, 20) Illinois, 21) Michigan, 22) Missouri, 23) Tenessee, 24) Louisiana, 25) Alabama, 26) Mississippi, 27) Arkansas, 28) Florida, 29) Texas, 30) Wisconsin, 31) Jowa, 32) Kalifornien, 33) Minesota, 34) Kansas, 35) Oregon, 36) Nevada; außerdem der Bundes-Distrikt Columbia, 11 einverleibte Territorien: Dakota, Montana, Idaho, Washington, Wyoming, Utah, Colorado, Nebraska, Arizona, Indianer-Terr. und Neu-Mexiko; — und das bisher russische Gebiet.

Lage, Grenzen, natürl. Beschaffenheit des Ganzen wie der einzelnen Theile (Behandlung wie oben!).

8. Wohnplätze*)

*) Die kleinen Zahlen in ( ) neben den Ortsnamen bezeichnen hier die Staaten, in denen die Orte liegen.

Washington (65,000 Einw.) im Bundes-Distrikt; Boston, H. (178,000 Einw.) (2); Providence (51,000 Einw.) (3); New-York (805,000 Ew.), U., H., Brooklyn (267,000 Ew.), Albany u. Buffalo (81,000 Einw.) (5); Newark (72,000 Ew.) (6); Philadelphia, U., H. (562,000 Ew.) u. Pittsburg, U., H. (7); Baltimore, U., H. (212,000 Ew.) (9); Richmond (10); Charleston, H. (13); Savannah (14); Cincinnati, H. (161,000 Ew.) (17); Louisville (68,000 Ew.) (18); Chicago (109,000 Ew.) (20); Detroit (21); St. Louis (160,000 Ew.) (22); Memphis (23); New-Orleans (168,000 Einw.), H. (24); Montgomery (25); Milwauki (30); San Francisco (32).

B. Staats- und Völker-Verhältnisse.

9. Einwohnerzahl: Etwa 33 Millionen, von denen gegen 300,000 in den Territorien und circa 50,000 in dem vormals russischen Gebiete wohnen; daher im Durchschnitt nur 200 M. und in den eigentlichen Staaten 344 auf 1 □Ml.; die meisten älteren Staaten, namentlich Massachusetts, Rhode-Island, Connecticut, Neu-Jersey, Neu-York, Pensylvanien, auch Ohio, Delaware und Maryland sind indeß viel dichter bewohnt.

10. Abstammung und Sprache der Einwohner. Die große Mehrzahl, gegen 27 Mill., Weiße, vorherrschend britischen, doch auch irischen, holländischen, deutschen, französischen u. spanischen Ursprungs; über 4 Mill. Schwarze u. Mulatten. Von den innerhalb der Gebietsgrenzen der Union noch etwa vorhandenen 314,000 Ureinwohnern sollen nur noch 18,000 im O. des Mississippi sich finden; diese sind, wie die Cherokees u. a. Volkstrümmer in den Staaten angesiedelt, getauft und europäisirt. — Die englische Sprache ist die vorherrschende.

11. Religion und Gesittung. In kirchlicher Beziehung findet sich dieselbe, ja eine größere Mannigfaltigkeit, als in nationeller. — Römisch-Katholische, vielleicht kaum 1 Mill., am zahlreichsten in Ohio, Louisiana, Florida, Kentucky; mehr als 25 protestantische Kirchen-Parth. und Sekten, darunter die Methodisten, Baptisten und Presbyterianer am zahlreichsten, alle übrigen (bekannte u. unbekannte) mehr oder minder vertreten; Mormonen in Utah. Die meisten Gebildeten gehören der anglikanischen oder presbyterianischen Kirche an. — Sitten und Lebensart der Weißen sind in den östl. Staaten ganz europäisch. Gegensatz in Sitte und Lebensart zwischen den südlichen u. nördlichen. Das Unterrichtswesen wird eifrig gepflegt, hat jedoch, in Folge des vorherrschenden Handelsgeistes und der durchaus materiellen und selbstsüchtigen Tendenzen, die im Volke, namentlich der südlichen Staaten, vorherrschen, oft noch eine einseitige Richtung, und Schulen sind noch nicht überall hinreichend vorhanden, namentlich in den neueren und den Süd-Staaten.

12. Nahrungszweige. Der Landbau ist, ungeachtet der gleichzeitig bedeutenden Handels- u. Gewerbthätigkeit, die vorzüglichste Grundlage des herrschenden Wohlstandes. Er wurde bisher in den nördlichen u. südlichen Staaten sehr verschiedenartig betrieben und wird in den letzteren, in Folge der Abschaffung der Sklaverei, mehrfache Umgestaltungen erfahren müssen, bis zu deren Durchführung zunächst eine Verminderung der Produktivität wahrscheinlich nicht ausbleiben wird. — Außerdem Fluß- und Seefischerei, großartige Waldwirthschaft, bedeutender Bergbau, der neuerdings in Kalifornien eine überraschend reiche Goldausbeute gewährt, und in Wisconsin, Michigan, Illinois und Missouri sehr ergiebige Kupfererze, Kohlen und Eisen in v. a.

Gegenden fördert; rüstige Gewerbthätigkeit, besonders in den nordöstlichen Staaten, und Handel mit allen Theilen der Erde, begünstigt durch die Lage des Staats, durch zahlreiche Land- und Wasserstraßen, die ungemein reiche Landesnatur, die unternehmungskräftige Tüchtigkeit des Volks und eine sehr bedeutende Handelsflotte, deren Größe im Jahre 1867 auf circa 37,000 Fahrzeuge und 5 Mill. Tons angegeben wird.

13. Staatseinrichtung. Jeder der genannten Staaten regiert sich selbst nach eigenen Gesetzen, und hat eine eigene Verwaltung und besondere demokratische Verfassung, wonach allen Bürgern gleiche Rechte zugesichert werden; dieser theoretischen Gleichheit widerspricht die faktische Aristokratie des Geldes und der Hautfarbe, welche auch der kürzlich beendete mehrjährige Bürgerkrieg keineswegs beseitigt hat. - In gemeinsamen Angelegenheiten hat ein aus Abgeordneten bestehender Kongreß die gesetzgebende, der auf je 4 Jahr gewählte Präsident die vollziehende Gewalt. Der Sitz dieser Behörden zu Washington, in dem zu keinem der Staaten gehörigen Distrikt Columbia. Zur Bildung eines neuen Staats ist eine Bevölkerung von 60,000 Bürgern erforderlich. Diese fehlt noch den oben genannten „Territorien," weshalb sie unmittelbar unter der Verwaltung des Präsidenten und des Kongresses stehen. — Die Kriegsmacht besteht aus zahlreichen Milizen, indem jeder waffenfähige Bürger nöthigenfalls zum Kriegsdienste verpflichtet ist, und (im Jahre 1867) aus circa 55,000 M. stehender Truppen, d. h. etwa fünfmal so viel als vor Beginn des Bürgerkrieges. Größere Festungen fehlen; zahlreiche Forts an den Landgrenzen und Küsten. Die Seemacht ist sehr ansehnlich (im Jahre 1867 werden 294 Kriegsfahrzeuge angegeben), die Bemannung trefflich.

Abgesehen von den Vereinigten Freistaaten und von Grönland, wo die Dänen Niederlassungen gegründet haben (s. Europa, dänische Kolonien) — ist das gesammte übrige N.-Amerika britischer Besitz, dessen Flächen-Inhalt auf etwa 170,000 □M. -- mit nur 3—4 Mill. Einw. — angegeben wird. (Das Nähere s. Europa, englische Kolonien!).

III. Die Staaten von Mittel-Amerika.

A. Topische Verhältnisse.

14. Auf dem Festlande des ehemals spanischen Mittel-Amerika's (c. 45,000 □Mln. mit 10—11 Mill. Ew.) bestehen zur Zeit sechs, von einander unabhängige Republiken.

1. Mexiko	36,000 □Mln.	mit	8,200,000 Einw.
2. Guatemala	1918 „	„	1,000,000 „
3. San Salvador	345 „	„	600,000 „
4. Honduras	2205 „	„	350,000 „
5. Nicaragua (mit Mosquito)	2736 „	„	400,000 „
6. Costa-Rica	1011 „	„	130,000 „

außerdem in Central-Amerika die brit. Kolonie Belize (oder Britisch-Honduras) = 800 □Mln. mit circa 26,000 Einw. (s. Europa, brit. Colonien).

Lage, Begrenzung, natürl. Beschaffenheit (wie oben!).

15. Mexiko besteht zur Zeit aus 23 „Staaten", dem Territorium Nieder-Kalifornien und dem Federal-Distrikt Mexiko; die Verwaltungs-Eintheilung ist neuerdings mehrfach verändert worden.

Die bedeutendsten Wohnplätze: Mexiko (200,000 Ew.), U., Puebla (75,000 Ew.), Guadalajara, Guanajuato, Oajaca (75,000 Ew.), Durango, San Luis de Potosi, Merida, Colima, Queretaro, Metamoros u. m. a. größere Städte; die Hafenorte Vera Cruz und Tampico an der Ost-, Tehuantepek, Acapulco, San Blas u. m. a. an der West-Küste.

16. In den kleineren Staaten von Mittel-Amerika sind die bedeutendsten Wohnplätze: Neu-Guatemala, U., San Salvador, Comayagua (in Hond.), Leon, U., und Nicaragua, S. José (in Costa-Rica).

B. Völker- und Staaten-Verhältnisse.

17. Bevölkerung. (S. oben!) S. Salvador u. einzelne Gegenden von Mexiko am besten, Nieder-Kalifornien ɪc. und die Tierra caliente am dünnsten bevölkert.

18. Abstammung und Sprache. In Mexiko mehr als die Hälfte der Bevölkerung Ureinwohner unvermischter Abstammung; etwas üb. 1 Mill. spanische Kreolen; die Uebrigen Mischlinge, Neger u. Fremde verschiedener Art. — In den kleineren Staaten herrscht die kreolische Bevölkerung nur in Costa-Rica, die Urbevölkerung dagegen in Mosquito und Guatemala, die Mischlings-Bevölkerung in S. Salvador und Honduras entschieden vor, während diese drei Elemente in Nicaragua ungefähr zu gleichen Theilen vorhanden sind. — Neben der spanischen Sprache werden überall viele einheimische Dialekte geredet.

19. Religion und Gesittung. Herrschende und Staatsreligion ist in Mittel-Amerika die katholische. In Folge der Rohheit und Verderbtheit der Geistlichkeit, des höchst mangelhaften Religions- und Schul-Unterrichts besteht das Christenthum hier aber nur aus leerem Ceremoniell; die Indianer haben nur ein halbes Herz dafür, u. hangen heimlich ihren alten Götzen an; viele (im N. von Mexiko) sind noch ungetauft. In Mosquito bis jetzt nur ein sehr leiser Anflug von christlich-europäischer Civilisation.

20. Nahrungszweige. Der durch ungemein reiche Naturverhältnisse begünstigte Landbau ist die wichtigste u. ergiebigste Erwerbsquelle, aus der nicht blos die Kreolen, sondern auch, mit Ausnahme der Wanderstämme im N., die Ureinwohner schöpfen. Andauernde bürgerliche Unruhen waren u. sind jedoch der Boden-Kultur wie der Viehzucht und dem einst mit so großartigem Erfolge betriebenen Bergbau (Silber), noch mehr aber der kaum keimenden Gewerbthätigkeit und dem ohnehin durch den Mangel an sicheren und guten Straßen und Häfen, so wie durch andere Verhältnisse leidenden Handel mit den reichen Naturerzeugnissen (Mahagony- u. Campeche-Holz, Baumwolle, Indigo, Zucker u. a. Kolonialwaaren, Tabak, Cochenille, Getreide, Vieh, edle Metalle u. a.) nachtheilig.

21. Staatseinrichtungen. Nach der blutigen Abwerfung der spanischen Herrschaft hat man mit der Nachahmung der nord-amerikan. Staatseinrichtungen begonnen, — in Mexiko seit 1824, nachdem dort ein kurzes Kaiserthum vorangegangen war; die (nicht sehr zahlreichen) Sklaven hat man für frei, die eben so unmündigen Urbewohner und alle Farben, ihrer thatsächlichen Ungleichheit ungeachtet, für gleichberechtigt erklärt, und fährt fort diesen Widerspruch demokratischer Grundsätze u. Folgerungen mit den aristokratischen, auf die Kasten-Unterschiede der Farbe gegründeten Gewohnheiten u. Traditionen, in unaufhörlichen bürgerlichen Umwälzungsversuchen, durchzukämpfen. Daher häufiger Wechsel der Regierungsformen und allgemeine Zerrüttung des ganzen Staatslebens. Die Anarchie der Zustände in Mexiko hatte neuerdings Frankreich zum Einschreiten veranlaßt; das darauf nach hartnäckigen Kämpfen durch franz. Waffen ge-

stiftete Kaiserthum konnte sich jedoch nur unter fortgesetztem Bürgerkriege behaupten; im Jahre 1867 ist der Kaiser, und mit ihm die monarchische Regierungsform, den republikanischen Parteien unterlegen.

In den übrigen mittelamerikanischen Staaten haben die einzelnen Republiken und in denselben die verschiedenen Parteien sich ebenfalls vielfach blutig bekämpft; vorübergehend verbanden sich einzelne derselben zu Föderativ-Republiken, bestehen aber gegenwärtig ohne staatliche Verbindung nebeneinander. — In den von ihnen in Anspruch genommenen Gebieten haben noch zahlreiche Ureinwohner (Indios bravos) ihre Unabhängigkeit bewahrt.

IV. Süd-Amerika.

a) Die Staaten spanischer Kultur.

A. Topische Verhältnisse.

22. Gesammt-Größe über 150,000 □Mln. (mit fast 16 Mill. Ew.). Dies weite Gebiet zerfällt gegenwärtig in die Republiken:

1.	Verein-Staaten von Columbien: (Neu-Granada u. Panama) . . .	16,800	□Mln.	mit	2,900,000	Einw.
2.	Venezuela	17,300	"	"	2,200,000	"
3.	Ecuador	13,300	"	"	1,300,000	"
4.	Peru	24,000	"	"	2,500,000	"
5	Bolivia	25,200	"	"	2,000,000	"
6.	Chile	6360	"	"	1,800,000	"
7.	Verein-Staaten am la Plata (Argentin-Republik)	38,900	"	"	1,500,000	"
8.	Uruguay (od. Banda-Oriental) .	3375	"	"	240,000	"
9.	Paraguay	6000	"	"	1,330,000	"

Lage, Beschaffenheit, Begenzung (wie oben!).

23. Wichtigste Wohnplätze:

a. In Columbien oder Neu-Granada (ein Staaten-Bund von 9 Republiken): Sta. Fé de Bogota, U., Panama, H., Cartagena, H., Ambalema.

b. In Venezuela: Caracas, U., H., Maracaybo, H., Barinas, Cumana, H, Puerto-Caballo, H., Ciudad-Bolivar, Valencia (Tacarigua).

c. In Ecuador: Quito (80,000 Einw.), U., Guayaquil, H., Cuenza, U.

d. In Peru: Lima (100,000 Einw.), U., Callao, H., Truxillo, Huamanga, U., Arequipa.

e. In Bolivia: La Paz (76,000 Ew.), Chuquisaca, U., Potosi, Cuzco, Cochabamba.

f. In Chile: Santjago (115,000 Ew.), Valparaiso (70,000 Ew.), H., Caziapo, Baldivia, F., H., Conception.

g. In den La Plata-Staaten: Buenos-Ayres (130,000 Ew.), U., H., Cordova, U., Mendoza, S. Juan, S. Luis, Tucuman, Salta.

h. In Uruguay: Montevideo, F., H.
i. In Paraguay: Asuncion.

B. Völker- und Staaten-Verhältnisse.

24. Bevölkerungs-Vertheilung. — Die Volksmenge des ehemals spanischen S.-Amerika's (s. oben!) beträgt im Ganzen etwa 16 Mill.; daher durchschnittlich nur etwa 98 M. auf 1 □Ml. Columbien u. Chile am besten, Uruguay und La Plata am dünnsten bewohnt; eine dichtere Bevölkerung in einzelnen Distrikten; die Pampas, Llanos 2c. dagegen fast menschenleer.

25. Abstammung und Sprache. — Die Bevölkerung ist eine sehr gemischte. In dem gesammten „spanischen" Süd-Amerika leben etwa:

Kreolen (Weiße)	3,400,000	d. i. 22 Prozent	der Gesammtbevölkerung.
Neger	310,000	„ 2 „	
Eingeborene	7,200,000	„ 46 „	
Mischlinge	4,700,000	„ 30 „	

und zwar bilden die	Weißen:	Ureinw.:	Schwarzen:	Mischlinge:
in Columbien	20	18	3	59
Venezuela	29	18	5	48
Ecuador	4	54	1	41
Peru	14	60	2	24
Bolivia	12	67½	½	20
Chile	13	72	—	15
d. La Plata-Staaten	11	70	1	18
Uruguay	15	50	2	33
Paraguay	38	50	2	10

Prozent der betreffenden Bevölkerung.

Unter den Ureinwohnern sind aber gegen 2 Mill. Indios bravos (Unabhängige), u. unter den Negern fast die Hälfte Sklaven, meist in Venezuela, während die andern Staaten die Sklaverei abgeschafft haben.

Die allgemein verbreitete Sprache ist die spanische; außerdem wird auch das Quichua in beiden Peru 2c. u. das Guarani in Paraguay selbst von Weißen vielfach gesprochen.

26. Religion und Gesittung. — Die katholische Religion ist unter den Kreolen allgemein; die Ureinwohner sind, mit Ausnahme der Indios bravos, mehrentheils getauft; eben so die anderen Farbigen u. Neger. Die Gesittung steht leider auch hier, wie in den mittel-amerikanischen Staaten, auf einer sehr niedrigen Stufe, denn die Geistlichkeit ist im Allgemeinen weder geachtet noch achtungswerth, das Schulwesen sehr vernachlässigt und der gesellschaftliche Zustand fortwährend unsicher.

27. Nahrungsquellen. Die überall durch Boden u. Klima begünstigte Landwirthschaft liefert, ungeachtet des allgemein höchst nachlässigen Betriebes, sehr reiche Erndten an tropischem und europäischem Getreide, sowie, mit Ausnahme der höheren Gebirgsgegenden, an Kolonialwaaren aller Art, an Baumwolle, Indigo, Thee (Paraguay), Tabak u. s. w. Auch spielt überall die Viehzucht eine sehr bedeutende Rolle, ganz besonders in den Pampas, wo verwilderte Heerden von Rindern und Pferden von ihren ebenfalls verwilderten kreolischen Hirten (Gauchos) mehr gejagt als gehütet werden; in Peru und Chile Zucht der einheimischen Hausthiere (Llama, Vicuña, Paco). — Der einst so wichtige Bergbau ist in den süd-amerikanischen Staaten fast eben so gesunken, als in Mexiko; doch bildet er in den Anden-, besonders in den peruanischen

Staaten, noch immer einen sehr bedeutenden Erwerbszweig, und die Masse der dort (meist durch Fremde) gewonnenen edlen und unedlen Metalle ist sehr ansehnlich. — Der Handel mit den überflüssigen rohen Produkten ist, ungeachtet der vielfachen Fesseln, welche ihm die politische Zerrüttung dieser Staaten und der Mangel an guten Kommunikationen anlegen, noch immer sehr bedeutend, wiewohl wegen des fast gänzlichen Mangels an eigener überseeischer Rhederei und Gewerbthätigkeit kaum vortheilhaft. — Die über den Isthmus von Panama geführte Eisenbahn und die neuerdings in Chile eröffneten Schienenwege versprechen bedeutungsvolle Einwirkungen auf den Verkehr.

28. Staatseinrichtungen. Die politischen Verfassungen dieser Länder sind durchgängig republikanisch, dem Namen nach sogar meist mehr oder minder demokratisch; da indeß die Aristokratie der Farben und der Selbstsucht, hier wie in Mexiko, nicht abgeschafft ist, so ist die republikanische Tünche nur höchst oberflächlich, — und da der politische Gährungsprozeß nirgend, am wenigsten am La Plata und Uruguay, beendigt scheint, so läßt sich auch über die Form des gesellschaftlichen Zustandes nichts Bestimmtes beibringen. — Am festesten scheint derselbe in Chile, wo eine der nord-amerikanischen ähnliche Verfassung eingeführt ist, so wie in Paraguay, wo ein patriarchalischer Despotismus herrscht. — Der schon mehrere Jahre andauernde Krieg zwischen letzterem Staat einer- und Brasilien, den Plata-Staaten und Uruguay andererseits wird vielleicht eine theilweise staatliche Veränderung der südamerik. Verhältnisse zur Folge haben; bis 1867 war ein entscheidendes Resultat dieser Streitigkeiten noch nicht vorhanden.

b) Die ehemals portugisischen Besitzungen.

Das Kaiserthum Brasilien.

A. Topische Verhältnisse.

29. Lage, Grenzen, Beschaffenheit (wie oben!).

30. Flächeninhalt = 152,000 □Mln. (mit Einschluß der in den Grenzen des Kaiserthums liegenden Distrikte der freien Indianer).

31. Eintheilung in 20 Provinzen; die wichtigsten Wohnplätze: Rio de Janeiro (390,000 Ew.), H., San Paulo, San Salvador oder Bahia (180,000 Ew.), U., H., Sergipe del Rey, H., Pernambuco oder Recife, H., San Luis, H., Pará oder Belem, Villabella (Mattograsso) u. m. a.

B. Staats- und Völker-Verhältnisse.

32. Bevölkerung beträgt etwas über $8^1/_2$ Millionen, daher auf 1 □M. nur 57 Menschen.

33. Abstammung, Sprache, Religion rc. Die Bevölkerung ist ihrer Abstammung nach gleichfalls eine sehr gemischte. Man rechnet circa $^1/_4$ derselben als „Weiße“ — zu denen die Abkömmlinge der portug. Kolonisten, die portug. Kreolen („Brasilianer“), eingewanderte Deutsche u. v. a. Fremde gehören; — mehr als 2 Mill. sind Schwarze, fast 2 Mill. Farbige verschiedener Mischlingsklassen; die übrigen (circa 2 Mill.) Ureinwohner (im S. vorherrschend vom Guarani-, im N. vom karaibischen Stamme) meist ungetauft, roh, umherschweifend und nur etwa zur Hälfte der Staatsgewalt unterworfen. — Etwa $^1/_3$ der Bevölkerung (die meisten Schwarzen und ein Theil der anderen Farbigen) sind Sklaven, obwohl die Sklaven-Einfuhr nominell

verboten ist. — Außer der portugisischen Sprache die „Lingua geral." Die katholische Religion ist herrschend, aber in Folge der Verderbniß der Geistlichkeit, hier wie im übrigen Amerika, fast nur auf äußere Gebräuche beschränkt; jede andere Religion geduldet.

34. Nahrungszweige. Die keineswegs fleißig u. einsichtig betriebene Landwirthschaft erzeugt dennoch eine Fülle von Cerealien, Zucker, Kaffee, Tabak, Baumwolle und Vieh, und zwar gedeihen die Kolonialwaaren, mit Hülfe von Sklaven-Arbeit, in den nördlichen, Getreide und Vieh vornehmlich in den südlichen Provinzen, wo sich zum Theil das eigenthümliche Hirtenleben der Pampas wiederfindet. — Die Wälder liefern gesuchte Farbehölzer, — der Bergbau Gold und Diamanten. — Der Handel mit den Roherzeugnissen ist sehr bedeutend; alle Kunst-Produkte müssen indeß aus der Fremde bezogen werden, da die einheimische Gewerbthätigkeit sehr gering ist.

35. Staatsverfassung beschränkt monarchisch; — die Thronfolge ist erblich.

Außerdem in Süd-Amerika dessen südlichste Theile Patagonien, Feuerland und die (engl.) Falklands-Inseln (zusammen circa 16,000 □Mln.), welche fast menschenleer sind (man rechnet ihre Gesammtbevölkerung auf circa 30,000 M.) — und daher nirgends Staatenbildungen besitzen; — sowie die von den Europäern in Anspruch genommenen Theile von Guyana (etwa 9000 □Mln. mit nur 250,000 Ew.) — siehe Europa, Kolonien.

V. West-Indien.

A. Topische Verhältnisse.

36. Lage, Begrenzung, Beschaffenheit (wie oben!).

West-Indien besteht aus den großen und kleinen Antillen und den Bahama-Inseln, deren Gesammtflächen-Inhalt = 5575 □Mln. mit nicht ganz 4 Mill. Ew., die sich auf etwa 400 Inseln vertheilen.

Der größte Theil derselben ist europäischer Besitz (vgl. Europa, Kolonien!); nur auf einer der großen Antillen, der Insel Haiti oder San Domingo, finden sich selbstständige Staatenbildungen. Es sind dies die Negerstaaten:

Republik Haiti (im W. der Insel = 513 □Mln.

Republik San Domingo (im O. der Insel) = 838 □Mln.

(mit Einschluß einiger kleiner Inseln in der Nähe der Hauptinsel).

37. Wohnplätze: Port au Prince (jetzt „Port-republicain"), H. und Hauptstadt von Haiti, Cap Haitien, F., H.; — San Domingo, H. u. Hauptstadt der Republik gl. Namens.

B. Staats- und Volks-Verhältnisse.

38. Die Bevölkerung der Negerstaaten, im Ganzen gegen 1 Mill., meist Neger u. Mulatten (nur 30,000 Weiße), scheint in beiden Staaten sehr ungleich vertheilt, denn in der Republik Haiti wohnen fast 700,000, in der größeren Republik San Domingo kaum 200,000 M. Letztere sind der Mehrzahl nach Mulatten. Hier im O. wird spanisch, im W. französisch gesprochen. Die katholische Religion ist als

Volksreligion allgemein, die kirchliche Oberherrschaft des Papstes aber, wenigstens in Haiti, nicht anerkannt; — Volksunterricht u. Gesittung haben kaum die oberflächlichste europäische Tünche angenommen.

39. Nahrungszweige. Vorzugsweise Plantagenwirthschaft und Handel (mit Kaffee, Kakao, Baumwolle, Tabak u. a. rohen Produkten); Industrie fehlt fast ganz.

40. Staatseinrichtung. In Haiti bis vor Kurzem ein ebenso widerliches als lächerliches Zerrbild monarchisch-despotischer Formen und Zustände. Seit 1859 ist die Regierungsform auch hier wieder republikanisch. San Domingo hat sich, nach vielfachen früheren Trennungen und Wiedervereinigungen, seit 1844 definitiv von dem ehemals französischen Theil der Insel getrennt. Sklaven giebt es weder hier noch dort; die Weißen sind politisch nicht gleichberechtigt, sondern nur geduldet; — fortdauernde Reibungen zwischen den Mulatten und Vollblut-Negern.

Kolibri 360 GmbH
Ferdinand-Jühlke-Straße 7
99095 Erfurt, Deutschland
produktsicherheit@kolibri360.de